BEUTE-KRAFTFAHRZEUGE UND -PANZER
DER DEUTSCHEN WEHRMACHT

ヴァルター・J・シュピールベルガー
高橋慶史 [訳]
Translator: Yoshifumi Takahashi

捕獲戦車

Walter J. Spielberger

大日本絵画 Dainippon Kaiga

Beute-Kraftfahrzeuge und-Panzer der deutschen Wehrmacht
Walter J. Spielberger

Copyright©Motorbuch Verlag, Postfach 103743, 70032 Stuttgart

Japanese Edition Published by Dainippon Kaiga Co.,Ltd
Kanda Nishikicho 1-7, Chiyoda-ku, Tokyo 101-0054 Japan

Translation by Yoshifumi Takahashi
Supervised by Atsuhiko Ogawa
Copyright ©Dainippon Kaiga 2008
Printed in Japan

はじめに
Vorwort

「軍用車両」シリーズは、今まで紹介されていなかったドイツ装甲車両の開発の全体像を掲載して来ました。時間が経ってから出版される最新版には、多くの新たな知見が盛り込まれるべきです。

本巻「ドイツ国防軍の捕獲車両および戦車」は、そういう意味ではとりあえずの暫定的な取り纏めということで出版しました。厳しくなる一方の原材料の調達や二次大戦期間中における敵軍事力の圧倒的な優位性、この分野でのドイツ企業の極めて限られた能力なども相まって、ドイツ国防軍は敵からの捕獲車両を自分たちの規格基準に適合するように改修し、継続使用することを余儀なくされました。

また、占領された国々の企業の生産プロセスは躊躇なく転換され、特にオーストリア、チェコスロヴァキア、フランスとイタリアはそれにより生産性は飛躍的に向上し、生産数もそれに伴って上昇しました。

オーストリアとチェコスロヴァキアについては、既刊の出版物により取り上げられており、この巻においてはドイツ国防軍に占領されたその他の国々の主要製造メーカーについて要約しています。

本書のための調査にあたって、資料の捜索については非常な困難を伴いました。というのは、自国の企業がドイツ国防軍の自動車化（機甲化）のために大いに関与貢献したということを、それらの国々は40年経た今日でも認めたくないという事情があるためです。

従って、最大限の努力を払ったのですが、埋めることが不可能なやむを得ない空白部分があり、そのため本巻はパーフェクトな仕上がりではありません。

しかしながら、（企業の）関与については、その時々に起こった事柄（マイルストーン）がきちんと把握されており、記述された内容は資料による裏付けがなされています。おそらくは、（今後の研究においては）信頼に足る興味深い詳細を有するより確かな文献の公開が、成功の鍵になるといえるでしょう。

経験豊かな現場部隊の手により悪名高い「応急対策」が施され、（捕獲戦車の）一部は自分達のオリジナル車両の製造に利用されたのはご承知の通りですが、現実的にそれは卓越した効果と部隊戦力の強化をもたらしました。

もとより各国の戦車開発の詳細を述べるのが本巻の本意ではありませんし、すでに内外において多数の論文が出版されています。従って、本巻の車両紹介の重点は、ドイツ国防軍によって引き継がれ運用された車両に置かれています。

筆者は本巻を出版するにあたり、情報の欠落部分を埋める今まで公開されていなかった資料を拠り所にしました。これにより、例えばこれまで取り扱いが不充分であったフランス製弾薬輸送車を考察する際には、ドイツの開発計画との比較がなされています。

そして本巻により、ここ十数年の間にもはや復元が不可能となっている歴史的な技術開発の概要が書き記されたということを、再度指摘しておきたいと思います。

その傑出した図面により本巻を完全なものとしたヒラリー・L・ドイルの精力的な協力、トム・イェンツ氏とバルト・H・ファンデアヴェーン氏を通じての多数の照会に対する情報入手並びにヴェルナー・レーゲンベルク博士の貴重な資料提供に対して、この場を借りて御礼申し上げます。

また、私の友人であるミヒェル・アウブリー中佐の深い経験や個人資料の提供がなければ、「フランス」の章は成り立ちませんでした。

本巻に対する読者からの補筵的な指摘や批評を、心から歓迎する次第です。

ヴァルター・J・シュピールベルガー

目　次
Inhaltsverzeichnis

はじめに 3

■ポーランド共和国 6
　乗用車およびトラック
　装甲化車両
　装甲化装輪式車両
　小型戦車TK量産シリーズ
　水陸両用偵察車両PZInz130／戦闘戦車VAU33と7TP／戦闘戦車10TP戦闘戦車14T／ポーランド軍におけるフランス製戦車

一般事項 19
　捕獲総数の把握

■オランダ王国 20
　オランダによる「マウルティーア」開発・製造の参画
　補助走行装置装備のロシア・フォード（r）／3t牽引車走行装置および仮設走行履帯装備のボルクヴァルトA型／通常型3t牽引車走行装置装備のボルクヴァルトS型／ユニック履帯走行装置装備の3tオペルおよびフォードS型／ヴィッカース・アームストロング履帯走行装置装備の武装SS仕様3tオペル／ファン・ドールネ前輪駆動装置およびイギリス製捕獲履帯装備のLC8仕様／Trado走行装置装備のLC8仕様オペルS型／LC8仕様フォードS型／Ⅰ号戦車用履帯装備のオペルS型
　装甲化車両
　最初の量産化が実現した路上装甲車

■ベルギー王国 36
　乗用車、トラックおよび装輪牽引車
　半軌道式車両
　ドイツ国防軍向けの生産
　装甲化車両

■フランス共和国 44
　M・ベルリエ自動車株式会社
　ベルナール・トラック
　アンドレ・シトロエン株式会社
　ドライエ自動車会社
　エルザス自動車製作所（ELMAG）
　フランス・フォード株式会社
　マットフォード工場
　オールド・エスタブリッシュメント・オチキス・カンパニー
　イソブロック（SACA）会社
　ラフリー・エスタブリッシュメント
　ラティル自動車工業

　ロレーヌ自動車エンジン会社
　オールド・エスタブリッシュメント・パナール＆ルヴァソール株式会社
　プジョー自動車株式会社
　ルノー工場株式会社
　ザウアー自動車工業
　シムカ工業
　タルボット社
　砲兵機械製造工場会社（SOMUA）
　トリッペル製造工場有限会社
　ユニック自動車株式会社
　ウィレム・エスタブリッシュメント
　一般事項
　国防軍における自動車用公式識別記号の種類
　木炭ガスエンジンの使用
　装甲化全軌道式車両
　装甲化弾薬輸送車UE
　ドイツ弾薬輸送車の開発
　野戦補給車ルノー37L
　装甲戦闘車両17/18R（f）－識別番号730（f）
　装甲戦闘車両D1（f）－識別番号732（f）
　装甲戦闘車両D2（f）－識別番号733（f）
　装甲戦闘車両35R－識別記号731（f）
　装甲戦闘車両R40（f）－識別番号736（f）
　装甲戦闘車両35H（f）－識別番号734（f）
　装甲戦闘車両38H（f）－識別番号735（f）
　装甲戦闘車両FCM（f）－識別番号737（f）
　装甲戦闘車両ソミュア35S（f）－識別番号739（f）
　装甲戦闘車両B1/B1－bis（f）－識別番号740（f）
　重"突破"戦闘車両2c（741）（f）
　装甲偵察車VM（f）－識別番号701（f）
　装甲偵察車AMR ZT Ⅰ/Ⅱ型（f）－識別番号702/703（f）
　装輪式装甲偵察車
　"ベッカー・プロジェクト"

■大英帝国 192
　第一次大戦の捕獲装甲車両
　一般および非装甲化車両
　非装甲化全装軌式シュレッパー
　装甲化装輪車両
　戦闘戦車および装甲化全装軌車両
　歩兵戦闘戦車
　巡航戦闘戦車
　軽装甲車両
　2cm高射砲搭載ブレン・キャリア（e）／軽装甲戦闘車マーク

ⅥI 736（e）シャーシベースの火砲車／兵装／軽装甲戦闘車
　　　マークⅥ 736（e）シャーシベースの観測戦車／軽装甲戦闘
　　　車マークⅥ 736（e）シャーシベースの弾薬運搬戦車／軽装
　　　甲戦闘車マークⅥ 736（e）シャーシベースの7.5cmPak40型
　　　搭載自走砲
　　　まとめ
　　　英連邦の車両製造メーカー
　　　カナダ／オーストラリア／インド／南アフリカ／ニュージー
　　　ランド

■ソビエト連邦　224
　　　概要
　　　乗用車
　　　トラック
　　　ソ連向けの賃貸借供与（レンドリース）
　　　全軌道式牽引車
　　　装甲化装輪車両
　　　装甲化全装軌式車両
　　　第二次世代のロシア製戦闘車両
　　　ドイツにおけるT34のコピー生産／T34ベースの戦車駆逐車
　　　重戦闘戦車
　　　KWをベースとした戦車駆逐車
　　　軽戦闘車両
　　　T70ベースの戦車駆逐車
　　　まとめ

■イタリア王国　256
　　　概要
　　　非装甲化車両のタイプおよびメーカー
　　　アルファロメオ　アルファロメオ有限会社／ンサルド・フォ
　　　ッサーティ　ジェノバ／ビアンチ　エドュアルド・ビアンチ・
　　　エンジン機械有限会社／ブレダ　エルネスト・ブレダ会社／
　　　セイラノ　ジョヴァンニ・セイラノ有限会社／フィアット
　　　フィアット有限会社／イソッタ・フラスキーニ　イソッタ・
　　　フラスキーニ自動車工場／ランチア　ランチア＆自動車工場
　　　カンパニー有限会社／OM　オフィチーネ機械有限会社／パ
　　　ヴェージ　パヴェージ・トロッティ有限会社／SPA　リグリ
　　　ア・ピエモンテ自動車会社
　　　装甲化車両
　　　装甲偵察車　フィアット／SPA　AB40（i）／装甲偵察車
　　　フィアット／SA　AB41（i）／装甲偵察車　フィアット／
　　　SPA　AB43（i）／リンチェ装甲化連絡車／
　　　装甲化全軌道車両
　　　装甲戦闘車両P40（i）／イタリアにおける装甲戦闘車両パン
　　　ターのコピー生産／消防警察向け補助工作車両

■北アメリカの連合諸国　272
　　　概要
　　　乗用車
　　　トラック
　　　半軌道車両
　　　装甲化装輪車両
　　　装甲化全軌道車両
　　　アメリカ戦闘戦車の「グライフ」作戦への投入

終焉　278

技術的戦訓報告　279

技術データ　280

参考文献および写真出典　295

ポーランド共和国

　第一次大戦後に新たに誕生したポーランドは、自国の軍隊の組織化に素早く着手した。
　しかしながら、その保守的な考えは進歩的な軍の機械化思想に否定的であり、さらにそれに必要な社会インフラ設備、すなわち工業基盤の必要条件や高機能な道路網などが欠けていた。そして相変わらず、戦闘および運搬手段は馬匹が優先されていた。
　軍事自動車の自国開発は1920年代では珍しく、自動車のコピー生産のライセンス取得により外国の進歩にある程度遅れずについていくというのが当時の主流でもあった。
　国家たるポーランドは自国の需要に対応するため、国営製造工場「パインストヴィ・ザクワット・インジニィエリ (Panstwowy Zaklad Inzynieril=PZInz)」をワルシャワに設立し、軍およびその他の自動車需要をまかなうこととなった。そこで幾つかの興味深い不整地走行用車両の設計がなされたが、量的にプロトタイプの域を出なかった。

乗用車およびトラック

　ポーランド軍は、幾つかのフィアット社ライセンスを取得してPZInzで生産した。これらの車両は、当時の一般的な「キューベル座席型」の上部ボディを有するもので、指揮車両、無線および武器運搬車両として部隊へ供給された。
　メインの4気筒PZInz108型エンジン搭載のポルスキ・フィアット (Polski-Fiat) 508/IIIWは、ボア／ストローク65×75㎜、排気量995㎤、出力22から24馬力という性能であった。
　そのシャーシは、救急車両 (508/III) および軽トラック (508/IIIW) としても流用された。
　若干重量が大きいクラスのポルスキ・フィアット508/518 I は、排気量1944㎤の45馬力エンジンを搭載し、専ら3.7㎝対戦車砲や軽トレーラーの牽引車両として供用された。その他に四輪駆動型や軽トラック型が存在した。

ポーランド軍の標準型トラック2.5－3tのポルスキ・フィアット621L型。この写真では小型戦車TKを積載している。

ポーランド軍の2.5tから3tまでの標準トラックはフィアットのコピー生産であり、ポルスキ・フィアット621Lとして1931年からPZInzで量産が開始された。(出力)増強型は軽戦車用輸送トラックとして用いられた。

装甲化車両

ポーランド戦車部隊の育成は、専らフランス軍を雛型としており、最初のポーランド戦車部隊は、フランスで設立・訓練された。

フランス軍のコンセプトは、戦闘車両は主に歩兵支援に使用するというもので、それはフランス人教官によってそっくりそのまま受け継がれた。最初のポーランド戦車部隊は、軽戦車ルノーFTを装備して1919年6月にフランスからポーランドへと帰還した。

帝政ドイツより本国へ持ち帰ったA7V戦車はすぐに内戦に投入され、その後、可動車両は1919/1920年のポーランド-ロシア戦争に投入された。ワルシャワ周辺の戦闘

国営製造工場「パインストヴィ・ザクワット・インジニィエリ」のエンブレム

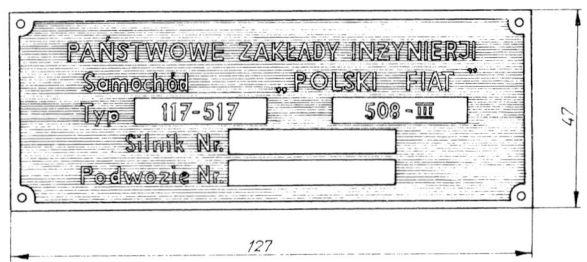

ポルスキ・フィアット508/IIIの型式銘板（製造ロッド表記）

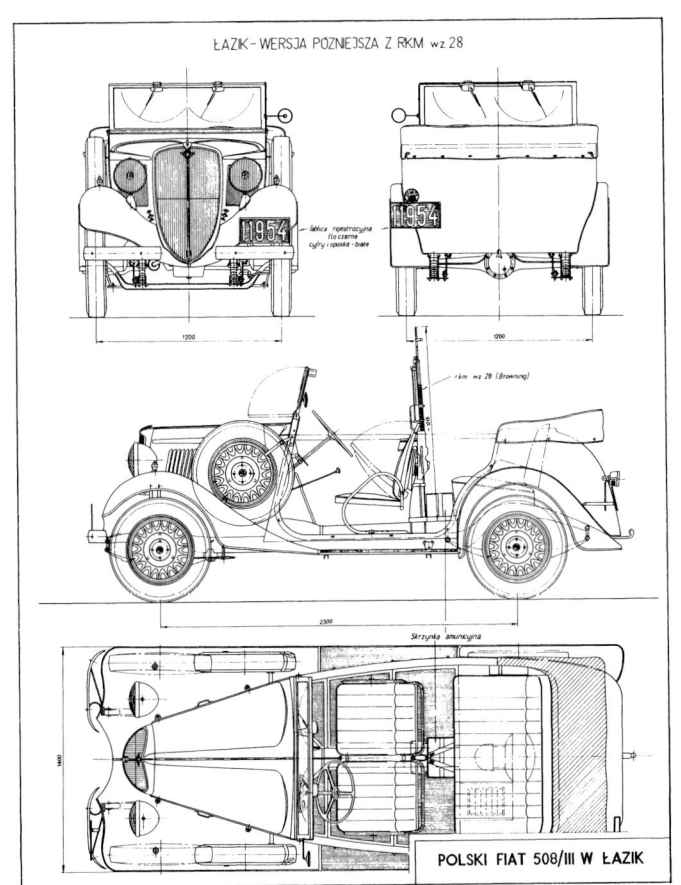

ポーランド軍の標準型キューベルヴァーゲンはポルスキ・フィアット（Polski-Fiat）508/IIIW "Lazik"であった。下図は機関銃wz28（ブローニング）搭載型。予備タイヤはフェンダー（泥除け）手前に装備された。

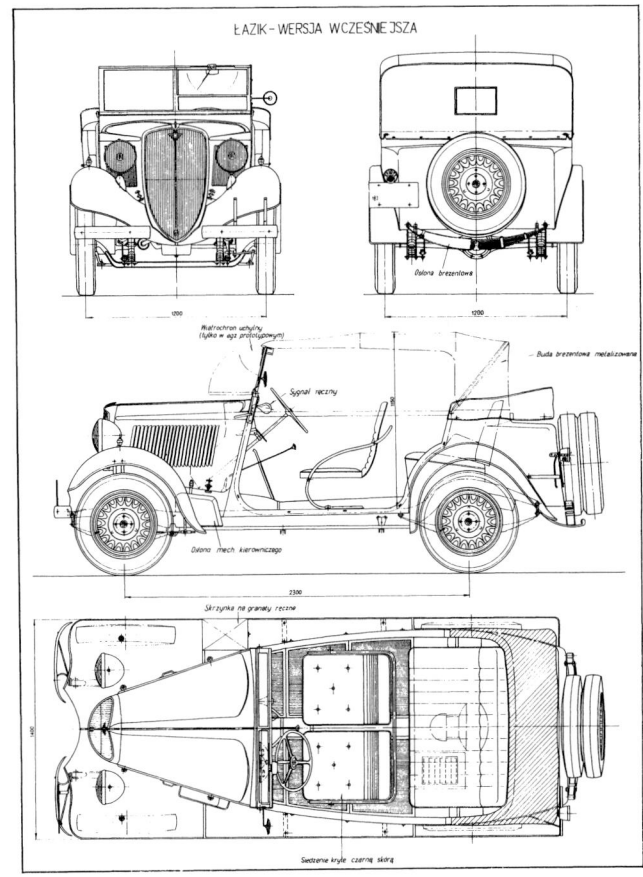

後部横置きスプリング増強型のキューベルヴァーゲン508/III。予備タイヤ2個は車両後部に装備された。

ドイツ戦闘戦車A7Vの模型。

ポーランドで使用されたフランス製戦闘戦車ルノーFT17型。ブレスト・リトフスク付近の戦闘により撃破された（1939年9月16日）。

ポーランド軍によって使用中のシトロエン・ケグレス半軌道車両。

では、ポーランド側はA7V戦車5両を投入して良好な戦果を挙げた。その他にロシアによって捕獲されたマークV型戦車も存在し、それらはA7Vと供に1921年まで部隊で使用された。

しかしながら、ポーランド側の主力はやはりFT17戦車を装備する1個戦車大隊であり、大いに勝利に貢献した。

FT17戦車は特に走行装置に幾多の改修がなされ、その後の長い年月に渡り供用された。

使用されたルノーFT17戦車150両のうちの大多数は、1938／1939年にスペイン共和国軍に譲渡され、戦争が開始された1939年9月1日の時点では、僅か67両が可動状態にあった。これらは主にブレスト・リトフスク周辺の戦闘において、分散配置されて消耗されてしまった。

ポーランド－ロシア戦争により、ポーランドは1920年に何両かの装甲化車両を入手することができたが、その中にはフランス製プジョー路上（走行）装甲車やオースチン・プティロフ（Putilov）半装軌式車両などが含まれており、それらはポーランドの貧弱な道路網事情とも相まって、偵察部隊の作戦におあつらえ向きであった。

フランスへ派遣された視察団はフランス製半装軌式車両に特別興味を示し、最終的に数百両のこの種の車両を購入したが、その多くはシトロエン・ケグレスB10型であった。その幾つかのシャーシを流用し、オープン式上部構造を有する指揮車両が製作・使用されたと言われている。8mm厚の装甲板はカトヴィッツのバイルドン（Baildon）鉄鋼所で加工され、車両はワルシャワにある軍の自動車工場で組み立てられた。これらは1928年から独立戦車大隊へ配備された。この公式名称は1928年式戦車（SAMOCHOD PANCERNY＝サモフット・パンツェルネイwz28）であり、車両重量2.2tで回転式砲塔には3.7cmカノン砲または機関銃が装備され、乗員数3名であった。

しかしながら、この車両のゴム製走行転輪の磨耗は激しく、すぐに重量的欠陥があることが明らかとなったが、それを是正することはできなかった。

1933年にポーランドは半装軌式には見切りをつけ、装軌式走行装置を装輪式に取り替えることを決定した。

装甲化装輪式車両

1920年代から既に軍直営工場において、フォードA型シャーシを流用した指揮戦闘車両の設計がなされ、1929年にはポルスキ・フィアット621Lトラックシャーシを流用した装甲車両14両が製造され、wz29"ウルズス（Ursus）"装甲車として納入された。

車両重量4.8tの装甲車両は10mmまでの装甲板を有し、乗員数4名で最大速度は35km/hであった。回転砲塔には37mmカノン砲と7.92mm機関銃が搭載され、三番目の機関銃は車両後部に装備されていた。

wz28型の半軌道式駆動機構を装輪式駆動機構に切り替えた車両の研究は1933年3月に始められ、良好な研究結果が得られたことから、さらにwz28 15両が改修されwz34装甲車両と呼称された。

wz34型は使用されたコンポーネントの違いにより3つの型式がある。基本型のwz34は、wz28の駆動ユニット（シトロエンB－T4/20馬力エンジン）をまったく変えずにポルスキ・フィアット614の後輪駆動ユニットとして利用していた。

wz34－1型の後輪駆動ユニットは、614型トラックに搭載された新しいポルスキ・フィアット108（23馬力）エンジンを用いていた。

最終型のwz34－2型には、設計変更された後輪駆動ユニットを有する改良型ポルスキ・フィアット108－Ⅲ（25馬力）エンジンが利用された。

これらの型式は外見上では互いに相違点はないが、wz28の場合と同様、武装に関しては2種類ある。回転式砲塔には乗員2名が搭乗し、7.92mmオチキス25型機関銃または3.7cmカノン砲プトーSA18が使用可能で、車両の約3分の1がカノン砲タイプであった。

wz28からwz38への改修は1937年をもって終了した。戦闘重量は2tをようやく越える程度で、車両の戦闘能力はあまりにも小さすぎたためである。

●小型戦車TK量産シリーズ

工業化の創設期にあるポーランドには、自ら戦闘車両を開発し生産することは不可能であった。その他の諸国と同様に、ポーランドもこの時代の主流としてヴィッカース・カーデン・ロイド小型戦車マークⅥに興味を抱き、イギリスからシャーシを調達して生産ライセンスを取得した。1929年に合計16両の車両が購入された。生産のための詳細な研究がなされた後、1929年に小型戦車を意味するTK（訳者注：タンクッテの略称）としてコピー生産が開始された。TK1型は車両重量1.75tで、周囲装甲板は3mm厚で22.5馬力のフォードT型4気筒エンジンを搭載していた。武装としては乗員2名で7.9mmオチキス機関銃が利用可能であった。この車両は限定された数のみ生産され、すぐに改良されたTK2型に生産が移行された。新型タイプは40馬力のフォードA型エンジンが搭載されており、改良された駆動部と走行装置が新たな変更点であった。TK両型はポーランド軍により30型として運用された。

このプロジェクトは国家研究機関に移管された後、1930年には改良された31型が誕生し、1932年から軽戦車TK3としてワルシャワのトラック工場"ウルズス（URSUS）"で量産が開始された。戦闘重量は乗員2名で2.43tであった。

外側寸法は2580×1780×1320mmで、地上隙間と接地圧はそれぞれ300mmと0.56kg/㎠、最大速度は46km/hに達し航続距離は200kmであった。4気筒のフォードA型エンジンが40馬力の出力を供給し、4段変速機構にはディファレンシャル・ステアリング装置が連結されていた。走行装置の転輪ユニットはリーフスプリング（板バネ）で懸架されており、装甲厚は3mmから8mm、乗員数2名で7.92mm機関銃1挺が使用可能であり、その他に車両外側に対空銃架1基が装着可能であった。この車両は総計で約300両が生産された。

これに関して興味深いのは、小型戦車TK用として2車軸式のトレーラー車両が開発されたことである。このトレーラーは不整地では小型戦車により牽引され、長距離の路上移動の際には戦車を搭載して走行する。その場合、履帯を

装甲偵察車wz34－1（通常はオチキス機関銃1挺を装備しているが、写真では搭載していない）。

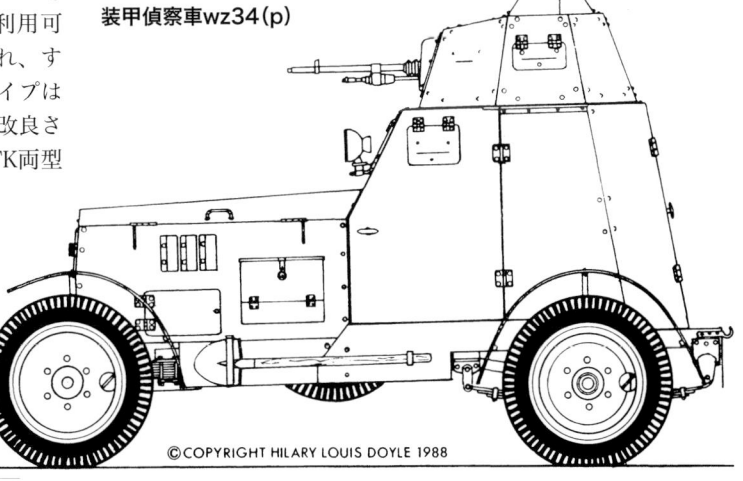

装甲偵察車wz34(p)

大型トランスポーター621L型に積載されたTK3型小型戦車TK（兵器は無装備）。

遺棄された小型戦車TKを点検するドイツ軍兵士。

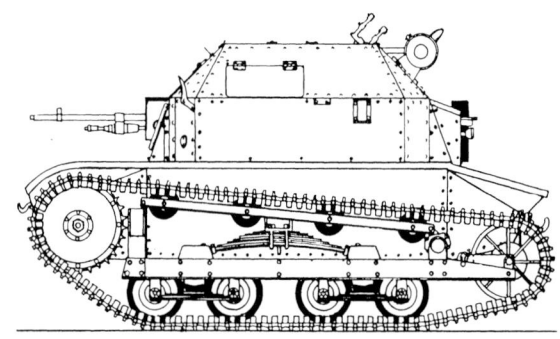

軽装甲戦闘車TK3(p)

取り外し、戦車の駆動輪を用いて特殊な履帯をトレーラー車両に取り付けて特殊駆動装置と連結させた。これにより積載された小型戦車は、自分自身の駆動力によってトレーラー車両を動かすことができた。そして、簡単な前輪ステアリング装置により、トレーラー車両は路上を自走することが可能であった。

1933年にさらに改良されたTKSが開発され、1934年から1932年型として390両が部隊へ配備された。装甲化された上部構造の形状はより洗練されたが、装甲厚は3mmから8mmのままであった。42馬力のポルスキ・フィアット・キャブレターエンジンを搭載していたが、戦闘重量が2.74tと増えており、その分、最大速度（40km/h）と航続距離（180km）はある程度の低下を余儀なくされた。

この小型戦車の戦闘能力はどう見ても低いのは明らかであり、専ら歩兵支援に用いられた。対戦車戦闘を可能とさせるため、幾つかの自走砲化プランが提案された。1932年に不充分な能力ながらも4.7cm歩兵砲25型を搭載したものが製作され、1936年には更なる解決策として3.5cmボフォース36型搭載の型式が派生した。

C2Pと呼ばれた非装甲型については、7.7cm野砲、10cm榴弾砲、3.7cm対戦車砲および4cm高射砲の牽引車として用いられた。駆動ユニットはポルスキ・フィアット122B型、46馬力の4気筒ガソリンエンジンであった。総重量は2750kgで牽引重量は2000kg、最大速度は45km/hとされ、乗員数は4名であった。そしてTK量産シリーズは、新たに開発された4TP（PZInz140）型と交替することとなった。

この4.4t戦車の最初の設計は、1936年に行なわれた。戦闘重量は乗員2名で4.3tと決定され、外寸は3840×2030×1850mm、地上間隙と接地圧はそれぞれ320mmと0.34kg/cm²と確定された。出力重量比は21.9馬力/tで航続距離は450km、最大速度は55km/hとされた。

PZInz425型水冷式6気筒ガソリンエンジンの出力は95馬力に達し、4段変速機構は駆動力をクラッチ式ステアリング装置へと伝達した。走行転輪懸架装置は、トーションバー機構と油圧式ダンパーから構成されていた。装甲厚は4mmから7mmであり、武装としてはポーランド製2cmカノン砲1門と機関銃2挺が計画された。

この車両は479両の生産が要求されたが、それは1940年以降に見込まれており、その時点ではポーランド自体が一時的に存在しなくなっていた。僅か1両のプロトタイプが製造されたが、それ以上の製造は戦況が許さなかった。

車両を対戦車戦闘に用いることを可能とするため、緊急改造プログラムによりTK/TKS車両150両が3cmカノン砲を有する新たな上部構を据え付けることとされた。しかしながら、1939年9月1日の時点で、使用可能な車両は僅かに20両であった。TKWと呼称された型式は、主武装を回転式砲塔に装備していた。

小型戦車TKの長距離運搬用特殊輸送車両。小型戦車の起動輪をチェーンにより輸送車両のシャフトに結合（カップリング）させ、小型戦車のエンジンによって無動力の輸送車両を動かすことができた。操向については通常の前輪操向（フロントステアリング）であった。

1939年、ワルシャワでの戦勝パレードの際にドイツ軍乗員の手によって操縦・行進する小型戦車TKS。（ドイツ公文書館）

1939年9月1日の時点で、合計693両のTK/TKS小型戦車が使用可能であったが、機械的故障が多かったため、そのうち440両のみが直接実戦に投入された。

残った車両はドイツ戦車師団群の攻撃の渦に巻き込まれて消滅し、捕獲された戦車は長年に渡って色々なドイツ部隊で補給段列や補給運搬車両として使用された。

●水陸両用偵察車両PZInz130

軽戦車PZInz140（4TP）の開発と同時に、装甲化水陸両用偵察車両の設計が行われ、両車両は同じ駆動機構を有するものとされた。プロトタイプは乗員2名で3.8t、外寸は4220×2080×1880mmであった。陸上では最大速度は60km/h、水上では10km/h、航続距離は360kmが見込まれた。回転式砲塔には2cm機関銃1挺のみが計画され、装甲厚は4mmから8mmであった。4TPがトーションバー機構を採用したのに対し、PZInz130型はリーフスプリング（板バネ）機構であった。

●戦闘戦車VAU33と7TP

従来使用された小型戦車は技術的かつ戦術的にも不充分であったため、緊急に新たな解決策が必要とされた。大英帝国においては、1920年代末には小型戦車（ヴィッカース・カーデン・ロイド）だけでなく、ヴィッカース・アームストロング社製の「6t戦車」*の妥当性が声高に主張されていた。ほとんどすべての戦車製造国は、この両タイプのライセンス生産により戦車部隊の基礎を作ったのであった。「6t戦車」は火力、機動性、防御力においてバランスがとれて

宣伝映画のために撮影中の小型戦車TKS。（ドイツ公文書館）

軽装甲戦闘車TKS(p)

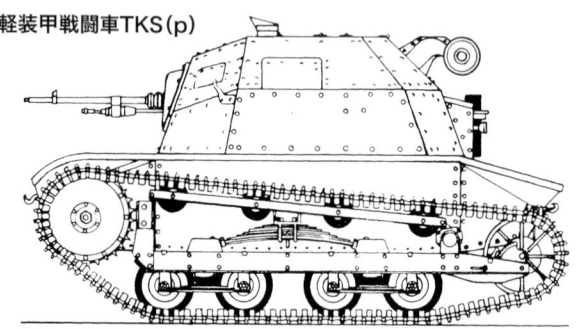

非装甲型のTK系列は、C2Pの呼称で軽中級重量物の牽引機材として使用された。写真はドイツ軍整備部隊における車両の1台である。（ガイ・フランツ・アーレント・コレクション）

おり、何よりも比較的安価な必要コストであったことから、両大戦の中間期においてはもっとも有名な量産戦車となった。基本的に「6t戦車」は2種類の型式があり、顧客の要望によって武装の種類は幅広く選択可能で、A型は機関銃のみ装備の限定回転式砲塔2基、B型はカノン砲搭載の全周回転式砲塔を有していた。

*訳者注：ヴィッカース・マークE型戦車、通称「6t戦車」は1928年に開発された。車体はリベット構造で、車体装甲はオリジナル原型では25mm、重量は7.3tであった。アームストロング・シッドレイ社製「ピューマ」ガソリンエンジンは80馬力であり、最大速度は路上で35km、航続距離は160kmであった。走行装置は走行輪2個からなるボギー式懸架装置2セットがスイングアーム機構に連結されて1組となっており、それが両側面に4組ずつ装備されていた。B型は二人乗り砲塔としては画期的な火力を誇る4.7cm短砲身カノン砲を搭載しており、さらにデュープレックス（Duplex）式砲架のため他のカノン砲、榴弾砲、機関砲などと容易に換装が可能であった。しかしながら、イギリス軍は走行装置や駆動装置の信頼性に疑問を呈し、採用は見送られた。

本文にも記述されている通り、「6t戦車」は火力、機動性、防御力においてバランスがとれており、三人乗りでコストパフォーマンスに優れ、手軽に自国製兵器へ主砲が転換できる6t戦車を海外諸国は歓迎した。ソ連、ギリシャ、ポーランド、ボリヴィア、フィンランド、ポルトガル、中国、ブルガリアやタイなどが購入し、生産台数は153両にも上った。第一次大戦から第二次大戦の中間期において、各国軍隊の機械化に大きな影響を及ぼした戦車であったといえる。

ポーランドは1929年の導入決定後、1932年に「6t戦車」A型38両を購入した。このうち22両はB型へ改修され、回転砲塔の他にイギリスから供与された3.7cmカノン砲と7.92mm機関銃が装備された。A型は原型通りの13.2mmおよび7.92mm機関銃を各1挺ずつ装備していた。重量7tの車両は乗員数3名で13mmまでの装甲厚であった。空冷式アームストロング・シッドレイ4気筒ガソリンエンジンは出力80馬力であり、最大速度は35.4km/hまで可能であった。エンジンおよびクラッチ機構について脆弱であることが判明し、冷却器用の空気供給の改善も必要とされたが、ヴィッカース社は対策を講じると請合った。

すでに1931年からポーランド国営製造会社「パインストヴィ・ザクワット・インジニィエリ（Panstwowy Zaklad Inzynierii＝PZInz）」は、自国製造部品により車両の改善し、外国技術に頼らず自立することに努めていた。こうして導入されたVAU型（Vickers - Armstrong - Ursus）は、PZInz120と呼称された。ライセンス生産されたザウアー社の110馬力の空冷式6気筒VBLD型ディーゼルエンジンを搭載するために機関室上部が基本的に変更され、変速装置は前進5段、後進1段のステアリングクラッチ方式が計画された。

派生型として220mmスコダ臼砲（メルザー）用の非装甲牽引機材が発注され、1934年に71両が供給された。ライセンス生産の115馬力ザウアーCBLD6型ディーゼルエンジンは5400kgの牽引力を生み出し、最大速度は25km/hであった。牽引車両はC6PおよびC7Pと呼称されたが、C7Pは張り渡し長さ8mの架橋戦車の母体となった。

1933年にイギリスに対して、7TP型と表される戦闘戦車用としてさらなる車両の契約が発注された。最初の新型車両による試験走行は1934年に行なわれ、その年の秋には7TPの開発が完了した。強化されたクラッチ装置が搭載され、車両の基本装甲厚は17mmにアップされた。

1935年3月18日、ツイン砲塔型の22両の契約が発注されたが、各々の砲塔にはポーランド製ブローニング30型機関銃が搭載されていた。この水冷式機関銃は装甲外殻を有していた。

ルノー戦闘戦車FT17用と同様に7TP用のフラットベッド（低舷側）型鉄道貨車が開発・製作されたが（約10両）、戦闘戦車自体の駆動機構により60km/hまでの速度で自走することができた。

限定方向射界を有するツイン砲塔型は、この当時のその他の戦闘車両に比べて火力が劣ることがすぐに明らかとなったが、ポーランド側の解決策として対戦車武装を装備する回転砲塔を開発するのは困難であった。そのため、ボフォース製37mm対戦車カノン砲36型を組み込んだ装甲砲塔の採用を決定し、再びスウェーデンのボフォース社に協力を要請し、同社によって3.7cm戦車砲1937型を装備する新型砲塔が開発された。

ツァイス製照準鏡と組み合わせた機構は当時としては卓越した火力を有しており、砲塔背面には一体化された雑納箱（ゲペックカステン）があって車内空間の省スペース化がはかられていた。ツイン砲塔型7TPwと対照的な回転砲塔1基を有する新型は7TPjwと呼称された。ボフォース社は1936年2月から1937年1月までに、新型砲塔16基を供

VAU並びに7TPをベースに製作された臼砲用牽引機材C6PおよびC7P。写真は戦争勃発前に撮影された220mmスコダ臼砲装備の重臼砲中隊である。

1939年の戦闘で使用された砲兵シュレッパーC7P。(ドイツ公文書館)

1939／1940年冬にドイツ軍はC7P砲兵シュレッパーを用いて自軍およびポーランド軍の車両を回収した。

給している。

　ツイン砲塔型用として計画された車両の何両かは新型単砲塔ヴァージョンへ改修され、7TPjwは国内名称PZInz220を持つに至った。1938年5月から砲塔の製造は、最終的にポーランド国内で行なわれるようになった。

　戦争が勃発した1939年9月までに、135両の7TPが製造され、そのうち40両がツイン砲塔型であった。なお、可動状態の戦車は114両であった。7TPjwの最終型は改良された空冷装置を有しており、砲撃に対して脆弱な車体後部の排気グリルがなくなり、排気筒は密閉式隔壁装甲の上部に設置された。

　この車両は諸外国の興味を引き、ユーゴスラヴィアから36両、アフガニスタンから12両の発注を受けたが、大戦勃発により供給は中止された。

　7TPの火力に関してはドイツ側が投入したⅠ号、Ⅱ号および35(t)戦車より優れており、ヨーロッパの量産戦車としては初めてディーゼルエンジンを搭載していた。

　ポーランド戦役の後、走行可能な戦闘戦車7TPは1939年にワルシャワにおけるドイツ側の戦勝パレードに参加し、その後第1戦車連隊によって訓練戦車として用いられ、最終的には警察部隊によりパルチザン掃討戦で使用・消耗尽くされた。*

*訳者注：1940年2月25日現在で、7TPが第1戦車師団で3両、第4戦車師団で3両、第1軽師団（後の第6戦車師団）で2両、そして ツイン砲塔型の7TPwが第31歩兵師団で1両使用されていた。さらに可動するTKSおよび7TPを装備した軽戦車中隊"ワルシャワ"が1940年6月12日に編成され、軽戦車中隊"オスト"と改称されて1940年10月6日にワルシャワで開催された軍事パレードに参加した。従って、本文中の「1939年にワルシャワにおけるドイツ側の戦勝パレード」というのは筆者の事実誤認である。警察部隊においては、1941年6月に編成された警察連隊ミッテの戦車小隊に7TP 3両が装備されたことが知られている。その後、この小隊は戦車中隊ミッテに引き継がれ、1944年1月10日現在でなおも7TP 1両を保有していた。

臼砲牽引機材C7P(p)

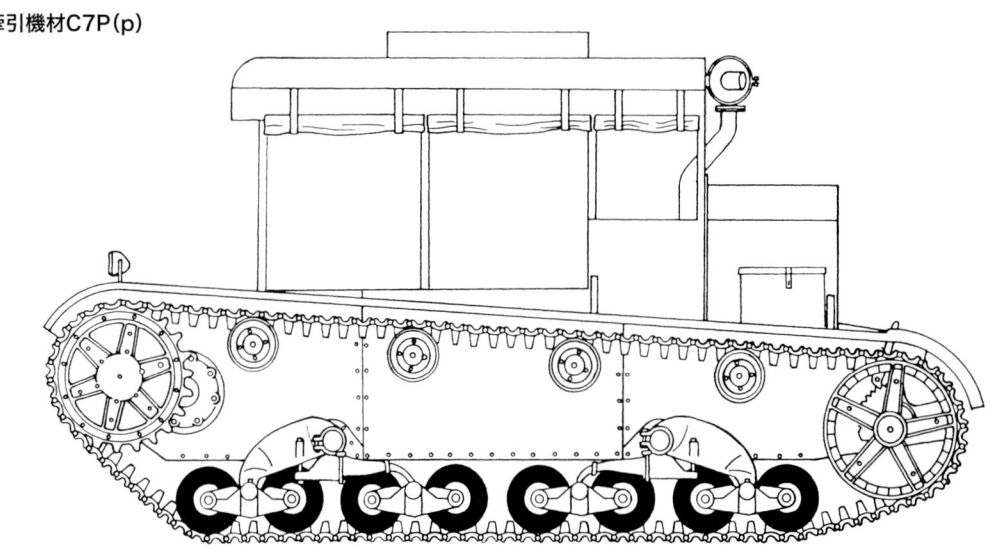

7TPjwと呼称された単砲塔型は優先的に製造され、ドイツ軍に対して投入された。

ドイツ軍との戦闘後の戦闘戦車7TPjw。

7TPの車両後部。排気筒装備のエンジンルームの詳細がよく分かる。(ドイツ公文書館)

ドイツ国防軍で使用中の戦闘戦車7TP。

装甲戦闘車7TP(p)

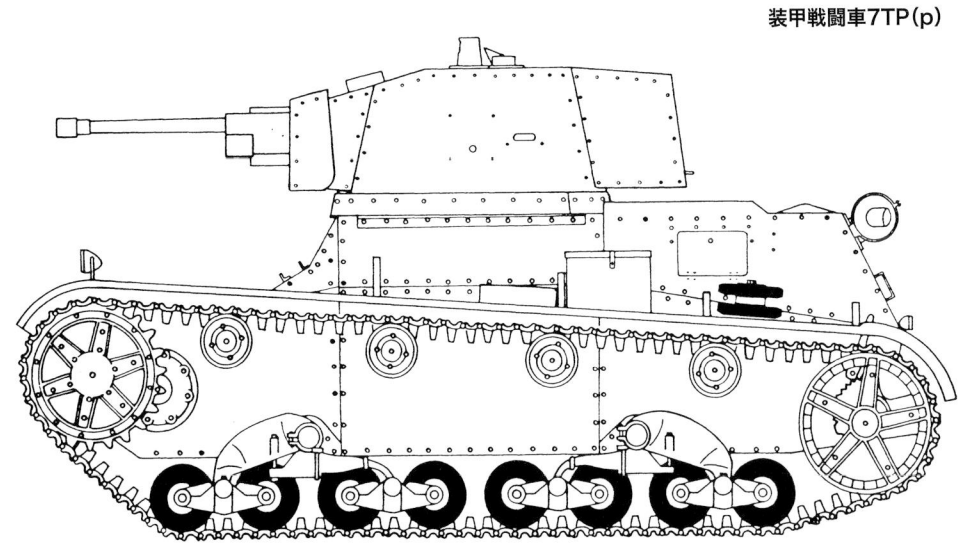

Copyright D.P.Dyer

1939年にワルシャワで開催された戦勝パレード*の際に、ドイツ軍乗員の手によって行進するポーランド製7TP型戦闘戦車。(ドイツ公文書館)
*訳者注：本文中の注釈で述べた通り、これら3枚の写真は1940年10月6日にワルシャワで開催された軍事パレードで撮影されたものである。

戦勝パレード*における戦闘戦車7TPの前方および後方からの写真。車両はその当時のドイツ陸軍車両と同じダークグレーに塗装されている。

●戦闘戦車10TP

　1926年にポーランド軍の兵器および装備局は新型戦闘戦車を公募したが、応募の中には高名なアメリカ人研究家のJ・ウォルター・クリスティーの提案も含まれていた。ポーランド側への代行業務を引き受けた兵器商会「ドリッグス＆コンプ（Driggs&Comp.）」を通じ、彼は装輪／装軌車両の設計を提案したが、それは基本的にはM1921およびM1919型クリスティー戦車の改良型であり、当時、アメリカ軍によって実験供用中のものであった。ポーランド軍はクリスティー方式には大いに興味を持ったが、原案については採用に至らなかった。1929年にポーランド軍の専門家が合衆国を訪問した後、2両のクリスティー試作車両M1931型を購入することとなったが、そうこうしているうちにソ連がクリスティー式車両のコピー生産ライセンスを取得したことを知り、ポーランドは契約を破棄した。ソ連軍においては、この車両がBT戦車シリーズの基礎を造り、後年に戦闘戦車T34へと発展するのであった。

　このプロジェクトが挫折した後、1930年になって国産戦闘戦車の開発が開始された。相変わらず基本設計は、路上では装輪走行、不整地では履帯走行可能な装輪／装軌車両であった。

　プロジェクトは1935年まで継続され、10TPの名称を冠するいわゆる「追撃戦車」の構想が示され、新たに編成予定の機械化旅団の戦車大隊へ優先的に配備されることとなった。中隊兵力は16両、合計で64両の戦闘車両が必要と決定された。

　1936年末、ワルシャワのウルズス社にある技術実験局の装甲部隊用実験工場において、最初のプロトタイプの製造が着手された。最大の問題点は、適合する駆動機構であった。最初に第一次大戦時代に開発されたラ・フランセ・リバティ（La France Liberty）・エンジンの改良型が選択され、出力は240馬力の見込みであった。最初のプロトタイプが1937年6月に製造され、走行装置のレイアウトはクリスティー式設計を手本としていた。車両は履帯で動き、乗員によって履帯を取り外してフェンダー上に仕舞い込むことが可能であった。前部走行転輪は操向可能であり、装輪駆動時にステアリング動作を容易にするために2番目の転輪が油圧により上下動することができた。装輪駆動の際、最大速度は75km/hに達した。乗員による履帯駆動への転換は、30分から40分必要とされた。

カムピノスの森林地帯で試験走行中の戦闘戦車10TPプロトタイプ。クリスティー走行装置がはっきりと確認できる。

車両は溶接構造で施工され、回転砲塔はボフォース社が開発し、戦闘戦車7TPjwに搭載された3.7cmカノン砲vz37と同じものが導入された。

水冷式7.92mm機関銃vz30は、回転砲塔のカノン砲と同軸に装備され、さらに車両正面には別な機関銃が球形銃架（ボールマウント）に据え付けられていた。

最初の工場実験によって基本的な欠陥が取り除かれ、1938年7月には部隊実験が開始された。1939年には2000km以上の走行が実施され、多くの問題点が確認された。駆動機構の冷却問題、伝動装置の問題、不充分な油圧系統、走行装置構成部品の早期消耗、エンジンと伝動機構へのアクセス性の悪さなどが明らかとなり、このような品質の車両は部隊へ配備をしないことが決定された。そしてこの車両は、改良型14TP用の実験トレーラーとして使用されることとなった。

戦闘重量は12.8t、乗員数は4名で、車両の長さは5400mm、幅2550mm、高さは2200mmと、非常にコンパクトであった。地上間隙は400mmに設定された。3.7cmカノン砲用砲弾を80発、機関銃用弾薬4500発、燃料130リットルを携行可能で、その12気筒4ストロークエンジンの燃費は100kmあたり110から150リットルであった。

正面、側面および後部面の装甲厚は20mm、回転砲塔は16mmであり、無線機材と車内電話（インターコム）が採用予定であった。

●戦闘戦車14TP

軽攻撃戦車14TPは、10TPのプロジェクトとは別に着手された。10TPとは対照的に35mmまでのより厚い装甲を採用しており、10TPと同時期に開発されたが、欠陥を有する装輪／装軌駆動機構の搭載を取りやめた。

装輪／装軌駆動機構用の複雑な装置がなくなったおかげで、装甲厚は50mmまで増加させることができた。基本設計は1938年に完了し、ウルズス社の実験工場に詳細設計が委託された。駆動装置に関わる問題は、未解決のままであった。アメリカ製エンジンは耐久性が不充分であり、ポーランド国内で開発されたエンジンで行った最初の実験では、400馬力以上の出力は実現不可能であった。すでに10PTのプロジェクトにおいては、ドイツ製マイバッハ12気筒高出力エンジンHL108型を採用予定であったが、このエンジンはIII号およびIV号戦車に搭載されていたエンジンであった。1938年末には車両の60％が出来上がったが、マイバッハ社に発注したエンジンと半オートマチッククラッチ機構は未だに供給されていなかった。ウルズス社の実験工場にあった未完成の14PTのプロトタイプ車両は、1939年の大戦勃発の際にそこで破壊されたということである。設計上の車両戦闘重量は14t、乗員数は4名であり、回転砲塔にはポーランド製新型4.7cmカノン砲1門と機関銃1挺が搭載予定であった。出力重量比は21.4馬力/t、最大速度は50km/hが計画値であった。

●ポーランド軍におけるフランス製戦車

フランス製戦闘戦車で装備された装甲部隊の設立の後、自国の戦車生産企業の育成はうまく進まず、一方で政治的情勢により早急に自国装甲部隊の強化を急ぐ必要に迫られたポーランドは、戦車車両に関するフランスとの購買交渉を開始した。

騎兵戦車S35が最優先ということであったが、フランスはこの戦車の輸出をまだ解除していなかった。そのため、現実的な策として1939年の戦争直前に35両のルノー二人乗り戦車R35型がポーランドへ引き渡された。これにより編成された大隊は、1939年のポーランド戦役の際にはほとんど実戦へ投入されず、その後、ルーマニアへ譲渡されてそこで使用された。*

*訳者注：ルーマニア軍は1938年から1939年にかけて、フランスから41両、ポーランドから34両のルノーR35を取得した。1941年4月17日にルーマニア第1戦車師団が編成された際、これらの合計75両のR35は第2戦車連隊を形成し、「バルバロッサ」作戦時にドイツ軍と伴にソ連に侵攻したが大きな損害を蒙った。

一般事項

捕獲された車両を整理・分類するため、いわゆる「外国器材の識別シート」が発行され、自動車および装甲化車両用としてD50/12（マニュアル番号）が要約編纂された。

- 各捕獲器材は一つの識別番号（KNr）を付与され、それにより明確に区別可能とされた。KNrは3桁の器材番号と2桁の生産地番号からなり、1桁の生産地番号の場合、最初の位は0が入った。捕獲器材用KNrは（）内に国名の頭文字が小文字で入った捕獲記号が付加された（例えば（t）はチェコ、（f）はフランスなど）。KNrは武器局により付与された。
- 器材番号は定められたドイツ記号に則っており、口径別やカテゴリー類別－大概はアルファベット－で区分されていた。
- 捕獲器材が供用されて部隊器材となると（）内の捕獲記号は消え、ドイツ軍の器材クラス記号－空軍はL、海軍はM－が捕獲記号の後に付いた。
- 器材の部品用に識別番号を必要とする場合は、記号の後ろに部品番号が付いた。

捕獲総数の把握

ポーランド戦役での捕獲作業の結果、陸軍最高司令部（OKH）の指令が1940年4月2日、すなわち西部戦線での攻勢前に発布され、「捕獲軍需器材の回収およびリストアップ」に関する事項が、次のように定められた：

1. 捕獲軍需器材の回収およびリストアップのため、最初にz.b.V（特別編成）野戦軍需本部を8箇所設ける。
2. z.b.V（特別編成）野戦軍需本部は、必要に応じてAOK（軍司令部）の指揮下に置く。
3. 任務
    a)ドイツ部隊に占領された地域における陸軍固有の捕獲軍需器材のリストアップは以下とする：
    - 武器、器材および弾薬
    - 自動車
    - 被服および装備品
    - 糧秣集積所
    - 兵器、器材および弾薬に関するマニュアル

    燃料のリストアップは別途指示する。
    b)味方陸軍の放棄された旧式および空の物資（撃ち尽くされた弾薬、不要な武器、自動車、タイヤなど）のリストアップ
4. すべての種類の原料と工業製品並びに特殊機械、特に軍需企業が必要とされるものについては、特別指令「OKH GenQu/I Wi」参照のこと。
5. 捕獲器材の集積および種別区分については、鉄道輸送が可能な広い集積施設が必要である。現地部隊は捕獲器材の破壊および略奪禁止命令を明確に指示すること。これは特に照準器、観測および測距器材および自動車に対して有効である。
6. 捕獲軍需品の利用
    a)返還すべきもの
    - 兵器、器材、弾薬
    - 軍用、非商用自動車

    商用自動車については、現地部隊の不足分の補充ではなく、経済活動を維持に必要とされる軍事行政目的に限定する。
    - 被服および装備品
    - 規定－マニュアル類

    b)現地部隊および軍事行政のために利用可能なもの
    - 商用自動車
    - 燃料ストック
    - 糧秣在庫
7. 必要に応じて軍および軍集団司令部は、捕獲器材を収集するための輸送器材と労働力および運営担当者を、充分にz.b.V（特別編成）野戦軍需本部に用意すること。
捕獲数量が膨大な場合、当面の策として各野戦軍需本部へ収集および運搬のために1個60t段列と労働力として1個労働支援大隊を補充する。
8. 捕獲器材の本国への発送時期については、運輸担当大臣の指示による。
9. 本国の集積所の決定は軍需担当大臣が行う。
10. 陸軍最高司令部（OKH）の各軍が構成する統合司令部が国防軍最高司令部（OKW）（WI軍需局）によって占領地域に設立されるまでは、各軍司令官は各部隊から至急軍司令部宛に（捕獲器材についての）報告を行うよう指令すること。
11. 各軍司令部は、軍によって得られた捕獲器材のリストおよび捕獲数量を、10日ごとに報告すること。
Ic（情報参謀）は、捕獲兵器と器材の種類および数量並びに新型または特に注目する確認事項について直接、軍司令部Icへ報告し、それらを集計して迅速に下記へ報告すること。
- 軍需担当大臣（ベルリン）
- 陸軍参謀本部、西方国外陸軍課（OKH本営）

オランダ王国

オランダは第一次大戦時こそ中立を保ったが、(第二次大戦においては)1940年5月のドイツ国防軍の進攻により、それが再現されることはなかった。オランダでは大戦中間期に自動車工業会社が創立されたが、それは主にアムステルダム近郊のフォード社の組み立て工場を礎にしたものであった。アイントホーヴェンの国内企業であるDAF社(Van Doorne Aanhangwagenfabriek NV。ファン・ドールネ・トレーラー製造工場有限会社) は、1935年に軍用車両の製造を開始した。フォード社とDAF社は、占領時代もドイツ軍用の車両を製造した。オランダ軍で供用されていた車両器材はドイツ国防軍によって接収され、さらに継続して使用された。

フォード社が供給したのはそのほとんどが商用自動車であったが、DAF社はその量産シャーシを基にして装輪式装甲車両も含めた特殊車両も製造した。

オランダで開発されたTORADO (トラド) 変換装置は、商用4輪車両を路外走行可能な6輪車両へ変換可能であった。希望によっては、それに加えて前輪駆動にすることもできた。

フォード製とシボレー製自動車は、オランダ軍において大量に使用され、軽トラックシリーズは兵員輸送車のシャーシ部分や火砲牽引車両としても供用された。

DAF社は、一般の4輪式車両を不整地走行可能な6輪式車両へと変換したり、前輪の補助駆動装置によって4輪駆動に変換可能とするいわゆるトラド (TRADO)・コンヴァージョンキットで名高い会社であった。

このタイプの車両は諸外国へ供給され、売却も行われた。オランダ製自動車部材の一部は、ベルギーのフォード社およびゼネラルモータース社の組み立て工場で製造された。

第二次大戦中、DAF社は「マウルティーア」量産シリーズの開発に参加し、短期間のうちに量産に成功した。これについての詳細は後述する。

オランダ軍は第一次大戦中に勃興した軍の機械化を詳細に検討し、重要な結論を導き出した。国土は1930年代末には非常に良く発達した道路網が整備されたが、多数の運河と強度不足の橋梁が大半のため活動範囲は限定され、大規模な機械化部隊の運用には不向きであった。従って、装甲化部隊の運用にとって、装軌式車両よりも装輪式車両が好ましいとされた。

第一次大戦終了後、最初の装甲化車両としてドイツ製エアハート路上装甲車が調達され、その後、オランダのシデリウス (Siderius) 社によって新たな装甲上部構造が取り付けられた。この車両は6cmカノン砲を装備していたが、これによりオランダ装甲部隊の基礎が築かれた。

非装甲軍用車両の開発を一瞥すると、オランダ企業の製造能力を見て取ることができる。

すでに前述したように、ファン・デア・トラッペン (van der Trappen) 大尉とファン・ドールネ (van Doorne) 氏 (各々の頭文字をとってTORADOと呼称された) によって、トラド・コンヴァージョンキットが1934年から1935年にかけて開発され、商用自動車用シャーシの軍用転用が提案された。

このキットは、通常の後輪シャフトを取り付ける代わりに、トランスミッションボックス、オイル充填式ギア装置などから構成されたバランスギア装置2組を増設するものであった。シボレー社製シャーシにこの種の改装を施した6輪車両は、もっぱら砲兵用牽引機材として利用された。4輪車両に関しては、地形によっては牽引力を増すために履帯を設置することも可能であった。

アムステルダムのフォード社は、大量の1tトラックシャーシをオランダ軍の契約によりDAF社へ供給し、同社で前輪駆動装置と乗員用上部ボディが取り付けられ

TORADO装置により改修された1939年式シボレートラックVD型。捕獲された車両は長年の間、ドイツ国防軍の為に走り続けた。

DAF社製上部ボンネットを装着した1939年式シボレー乗用車。ドイツ国防軍向けに無線車両としての装備が施されている。

TORADO装置により改造し砲兵牽引機材として使用される1937年式フォードトラック79型。

1939年式フォード（USA）1tトラック91Y型。商用車両にDAF社製特殊上部ボンネットを装着している。指揮車両として40台が西方快速旅団に配備された。

1939年式シボレーシャーシにDAF社製上部ボンネットを装着した通信トラック。オランダ軍用の軽牽引機材の草分け的存在。

1940年式フォード（USA）1tトラック01Y型で組み立てはオランダ国内である。ドイツ国防軍によって多方面で使用された。

ドイツ国防軍で任務につく1937年式ダイアモンドT（USA）80型商用トラック。

民間車両もドイツ国防軍によって接収された。写真は1936年式フォード51型。

タンクローリー仕様のフォードBB型1.5tトラック。製造年は1932／1933年である。

DAF社は1939年に水陸両用偵察車両のプロトタイプを発表したが、量産には至らなかった。

た。1939年には91Yおよび1940年には01Y型（シボレー1939/40型、1938年は81Y型と称された）が導入された。シボレー1940型は車両前部の補助空気タイヤにより、ある程度の障害物を乗り越えられることが可能であった。この車両の一部は長年に渡ってドイツ国防軍にも供給され、軽砲兵用の牽引機材として利用された。

1939年にDAF社は、不整地走行機能を有する水陸両用車両のプロトタイプを製造したが、戦争勃発により量産には至らなかった。車両はシンメトリック（対称）にレイアウトされ、前進・後進の両方において4輪駆動、4輪ステアリング機能を有していた。背中合わせに乗員4名が乗車し、銃架付きの機関銃2挺が使用でき、必要に応じて前面および後面の軽装甲化も可能であった。スクリューによる水上走行機能を有しており、ステアリングは前後輪の角度により行なわれた。

オランダは自国製の乗用車を製造していなかったため、駆動装置はシトロエン社の協力を仰いだ。エンジンは直列4気筒で排気量1900cc、48馬力であり、車両中央部に進行方向に向かって斜めに取り付けられた。フロント駆動装置全体はシトロエン社によって供給されており、トーションバーによる独立懸架装置が採用され、全部で3組のディ

ファレンシャルドライブ機構により制御された。車軸幅は2500mmで全体外寸は3500×1700×1600mm（幌カバーを除く）と非常にコンパクトな車両であり、4輪駆動によって軽快な機動性を有しており、偵察用車両として運用が見込まれていた。

オランダによる「マウルティーア」開発・製造の参画

ロシアの劣悪な道路事情に対して、ドイツ国防軍は自らの戦闘支援および補給車両についてこれらの過酷な条件を満たす必要に迫られた。そこで、通常の後輪部分を履帯走行に代替することで、省コスト・省資材の解決策を得ようと試みた。元々は武装SSの提案であったが、ご多分に漏れず各兵科ごとに自分のアイディアの具体化を試み、包括的に互いに調整がとれた開発ではなかった。

1942年11月、「マウルティーア」車両に関する専門委員会は次のような決定をした。

「軍需省が委託して実施したトラック軌道式車両、すなわち武装SS、オペルおよびフォード・ファン・ドールネ型についての試験結果は以下の通りである：

3タイプともすべての軍事的要求を満たしてはいない。決定的な要素が走行転輪のバランス的配置にあるのは明らかであった。転輪ゴムタイヤの寿命が一番高いのは武装SS型であり、現地部隊の運用に適しているが、大量生産の遅れによりオペル型より決定的に生産台数が少ない。フォード・ファン・ドールネ型は不適と判断される（TRADOシステム採用）。従って、暫定解決策としてSS仕様、大型化した転輪を装備したオペル型を最終解決策として提案するものである」

なお、フォード・ファン・ドールネ型は、空軍省LC8課により選定対称に推薦されたものであった。

1942年12月までに、次のような提案が研究され専門家により審査された。

●補助走行装置装備のロシア・フォード（r）

ロシア製捕獲車両の後輪シャフトに補助走行装置を取り付けたタイプであり、フランスのユニック（Unic）社製ゴム製履帯を装備した。

●3t牽引車走行装置および仮設走行履帯装備*のボルクヴァルトA型（4輪駆動式）

トーションバー装備の牽引車両履帯走行装置は、補助フレームによって車両フレームにボルト付けされた。地上間隙は、前輪シャフトのディファレンシャルハウジングのた

DAF社車両の正面に据え付けられた機関銃の概略図

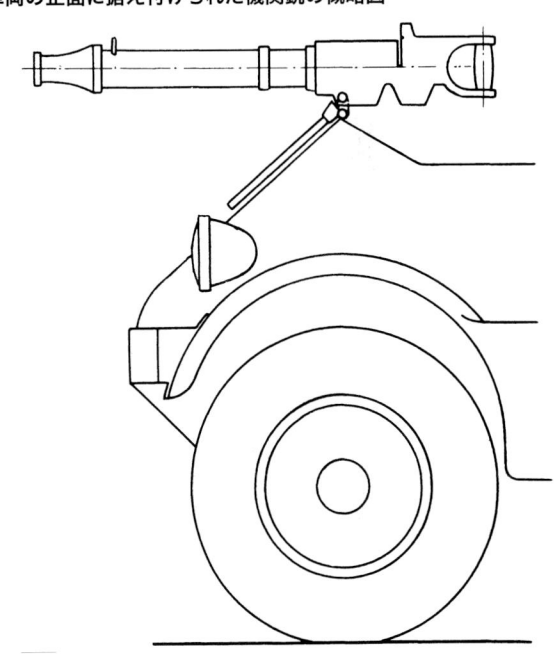

DAF社車両の側面および後面の外観図

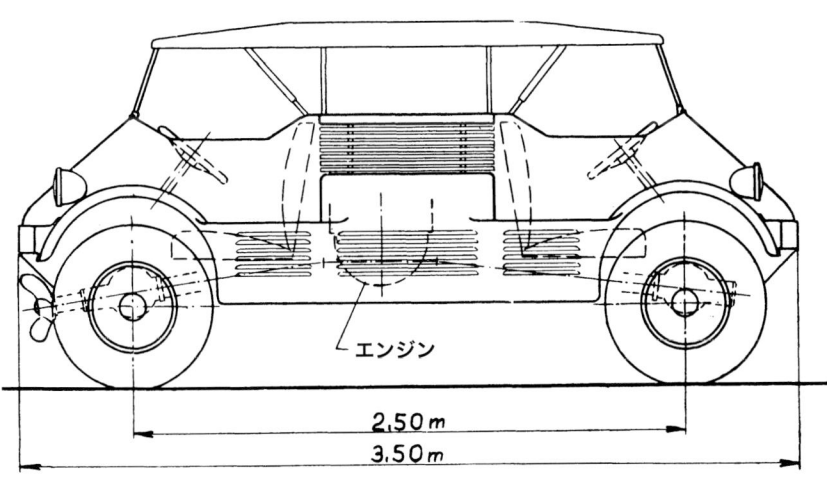
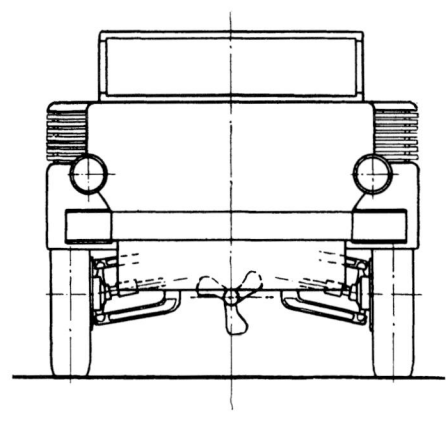

2枚の写真はマウルティーア系列の走行装置にDAF仕様走行装置を装備した例である。オペルシャーシに取り付けられたTORADO懸架装置がよく分かる。ドイツ空軍によってLC8として制定された。

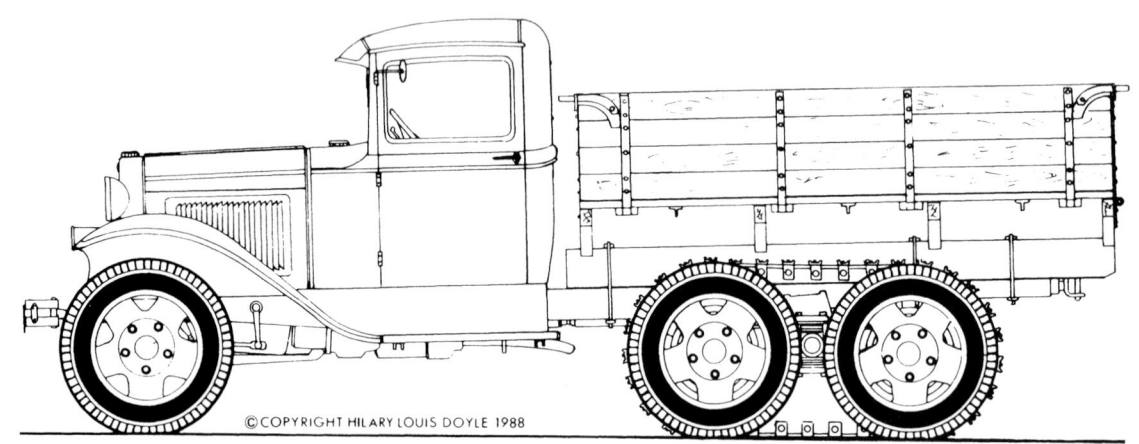

マウルティーア開発プロジェクトの研究の一例。GAZ AAA(r)トラックに補助走行装置を装着したモデル

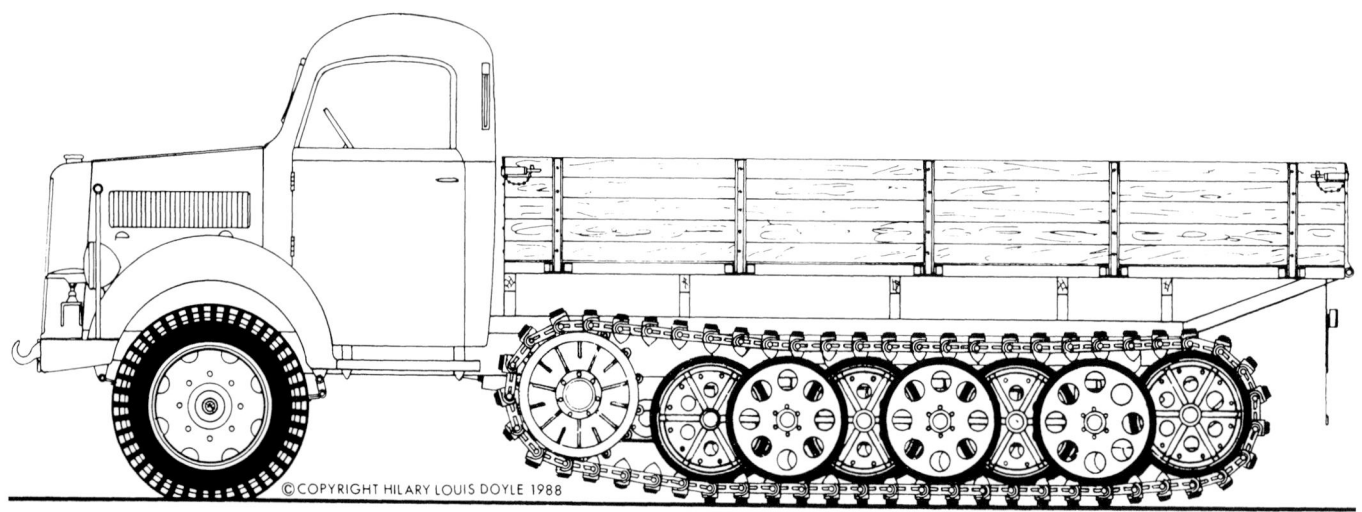

3t牽引車の走行装置を装着したボルクヴァルトS3000

後輪の替わりに履帯走行装置を装備したフォードS型をベースとした空軍仕様のマウルティーアで、10.5cmLeFH18（軽榴弾砲18型）用牽引機材として使用中の写真。

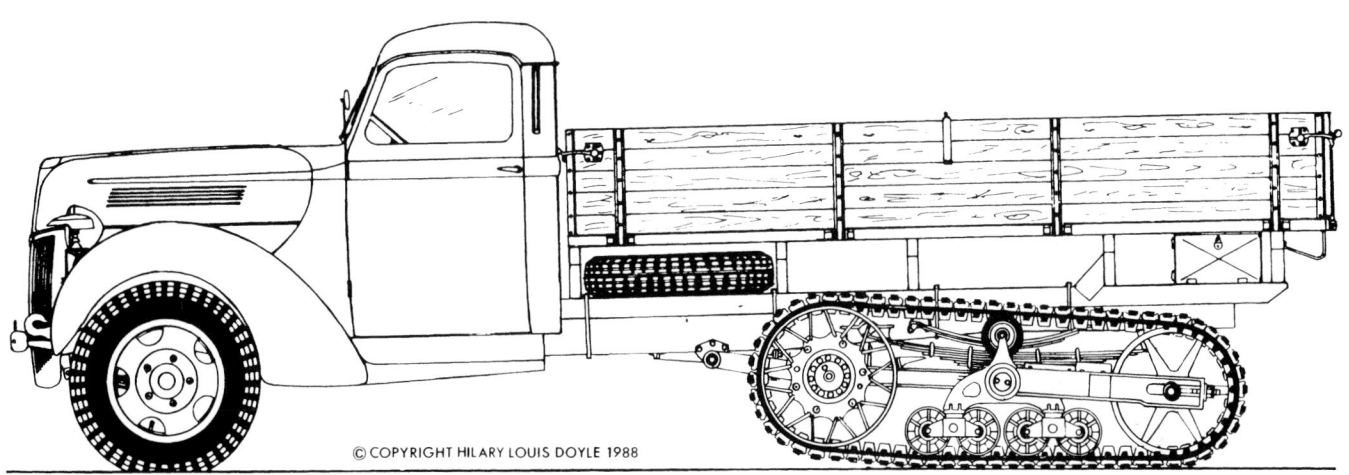

フランス製ユニック走行装置（プロトタイプ）を装着した軌道式2tトラックフォードS型

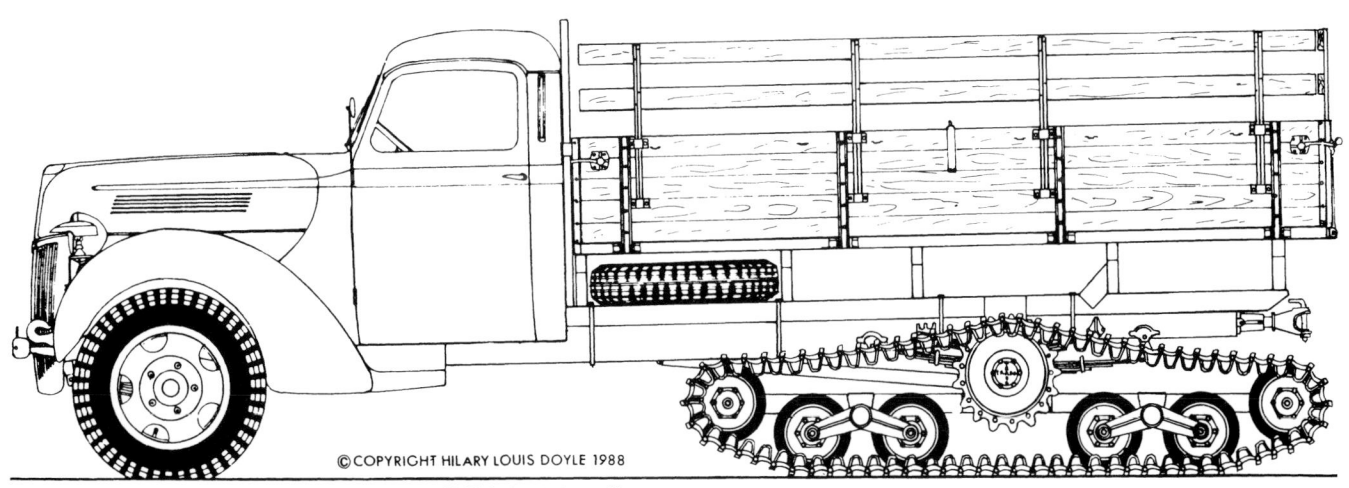

軌道式2tトラックフォードS型ファン・ドールネ仕様（プロトタイプ）

めに小さくなっている。

*訳者注：zgw50/2800/140型履帯は、従来使用していたゴムクッション付きに代わって、順次、金属キャップ付きの物に置き換わって装備されることとなっていた。これにより、最大速度は30km/hと見込まれた。しかしながら、現地試験によりこの履帯は不適と判断され、計画は中止された。

● 通常型3t牽引車走行装置装備のボルクヴァルトS型（後輪駆動式）

走行装置はA型と同じ取り付け方法であったが、その大きな牽引力は前輪駆動部の消耗を招き、不適と判断された。このためボルクヴァルト社でのトラック生産量は序々に減らされ、このプロジェクトはそれ以上進められなかった。

● ユニック履帯走行装置装備の3tオペルおよびフォードS型

両車両の場合、後輪シャフトスプリングは通常位置にそのまま残され、後輪シャフトが履帯走行輪の駆動のために前方に移動した。量産には至らなかった。

● ヴィッカース・アームストロング履帯走行装置装備の武装SS仕様3tオペル

2つの型式が計画されたが、両車両の相違は車体フレームの違いだけであった。この車両の場合、履帯接地長が特に長く、前述した武装SS仕様と異なる種類の操向ブレーキを装備していた。

オペル3t S型の下部にオペル走行装置の装着準備中の写真。

完成したオペル車両。しかしながら、量産には至らなかった。

● ファン・ドールネ前輪駆動装置およびイギリス製捕獲履帯装備のLC8仕様（空軍）

走行装置は、後輪シャフト周りを自由にスィング可能なフレームから構成され、駆動力は4つのコーンスプリング（円錐バネ）を経て、前部に置かれた履帯駆動輪へと伝達された。履帯自体は幅が狭く華奢であった。前輪シャフト駆動のため（ファン・ドールネ型）、地上隙間は極めて制限された。従って、前輪駆動のメリットはなくプレ開発の段階に止まった。

● トラド（TRADO）走行装置装備のLC8（空軍）仕様オペルS型

履帯走行装置はパイプ製横桁に取り付けられ、後輪シャフト周りを自由に回転可能なように装着された。履帯の地形への順応性は非常に良好であったが、走行転輪のスプリングに問題があった。また、ピニオンギアとベベルギア（傘歯車）の耐久性にも欠陥があった。

● LC8（空軍）仕様フォードS型

今まで得られた知見に基づき、空軍省LC8課がファン・ドールネ社との協力により、車両を改修しないで後輪シャフトに装着するためのアタッチメント履帯を開発した。履帯駆動部は車両中央へと移動され、以前から用いられたピニオンギアとベベルギア（傘歯車）によりサポートされた。

● I号戦車用履帯装備のオペルS型

走行装置はU字型ラーメン（外枠）構造に取り付けられ、後部にある通常の後輪シャフトと前部のセミイリプティック（半楕円）スプリングによりサポートされた。後輪シャフトは前方に移され、短いカルダンシャフトにより駆動した。この車両はベルカ車両試験場において行われた試験で、故障なしに500kmを走破した。

（現存する）クンマースドルフの試験機関が作成した実験報告書オリジナルの要約により、この緊急計画に必要とされるコストが明らかになっている。1942年12月9日の覚書によれば、問題となっている「マウルティーア」型について、次のような対比がなされていた。

・空軍仕様のいわゆる「アタッチメント履帯」は極めて簡単に換装可能であるが、履帯は極めて小さい巻き付け角度（取り付けの遊び）しか有しておらず、運転の安全性に問題がある。前輪接地圧は他の仕様に比べて高く、補助ラーメン（外枠）も剛性が不充分である。

・SS仕様の場合、なんと言っても欠点は車両ラーメン（外枠）構造にボルトで取り付けられた補助ラーメン（外枠）構造にあり、部分的に車両ラーメン（外枠）構造の補強が必要な点である。さらに補強用ボルトの穴あけにより、車両ラーメン（外枠）自体の剛性が弱くなる。換装作業

2t軌道式トラック、オープン型マウルティーア（Sd.Kfz.3）の一例で、オペル2tトラック3.6/36 S/SS M 武装SS仕様（量産車両）

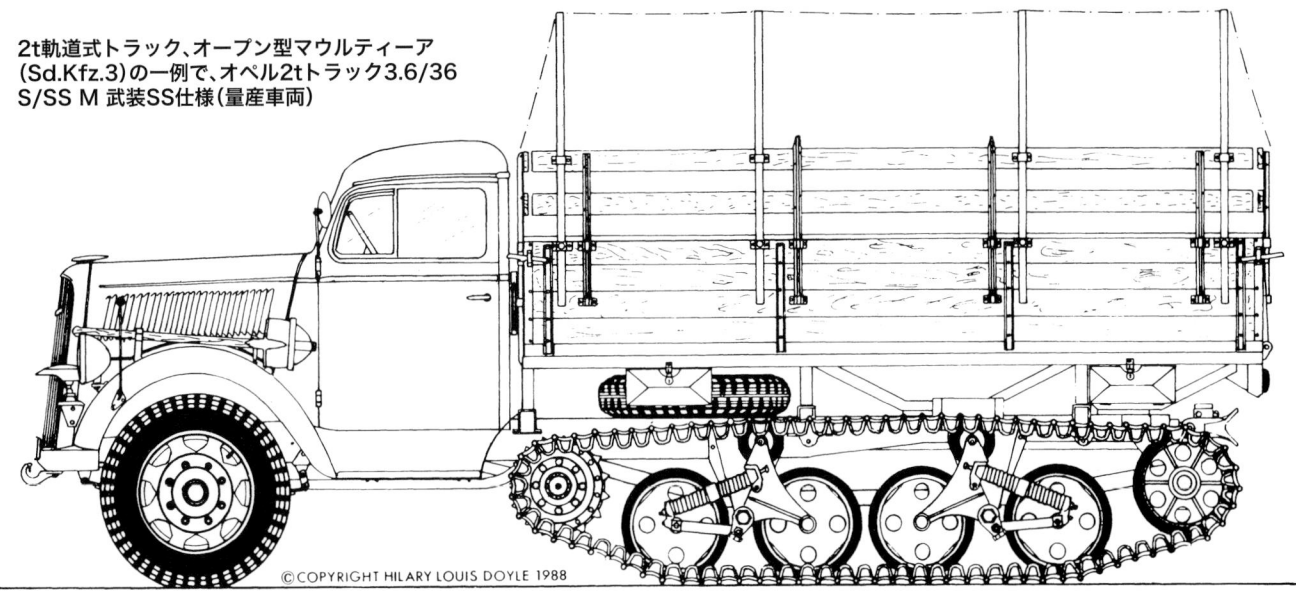

2t軌道式トラック、オペル・リュッセルスハイム仕様（プロトタイプ）

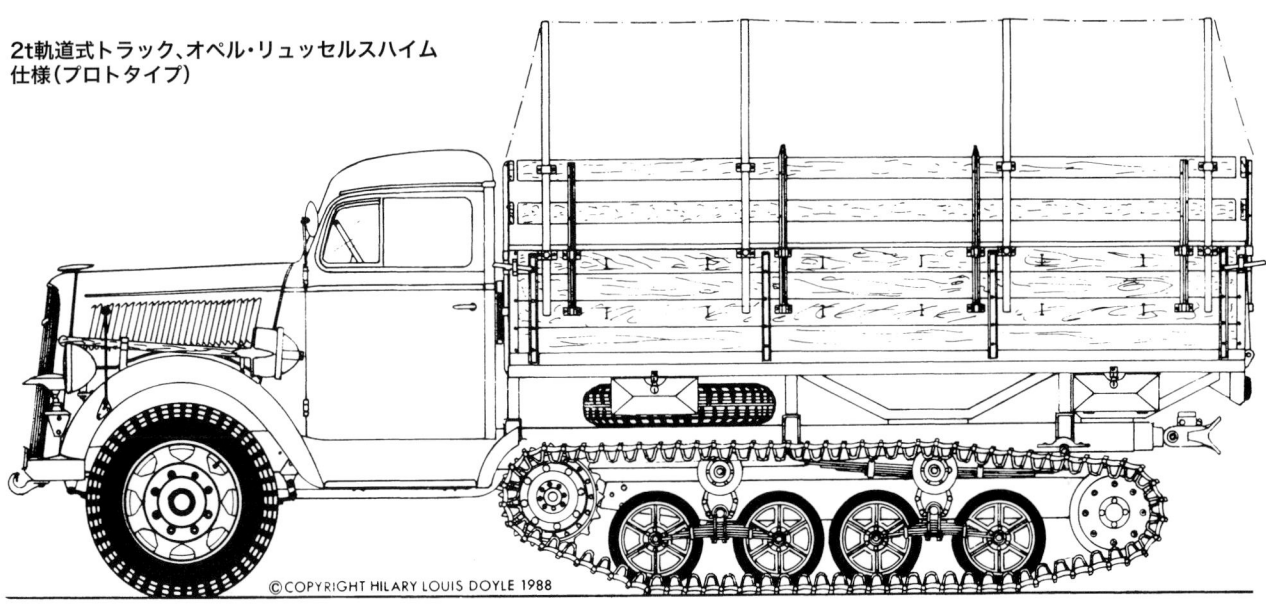

2t軌道式トラック、LC8（空軍仕様）で、TORADO走行装置を装備したオペルS型（プロトタイプ）

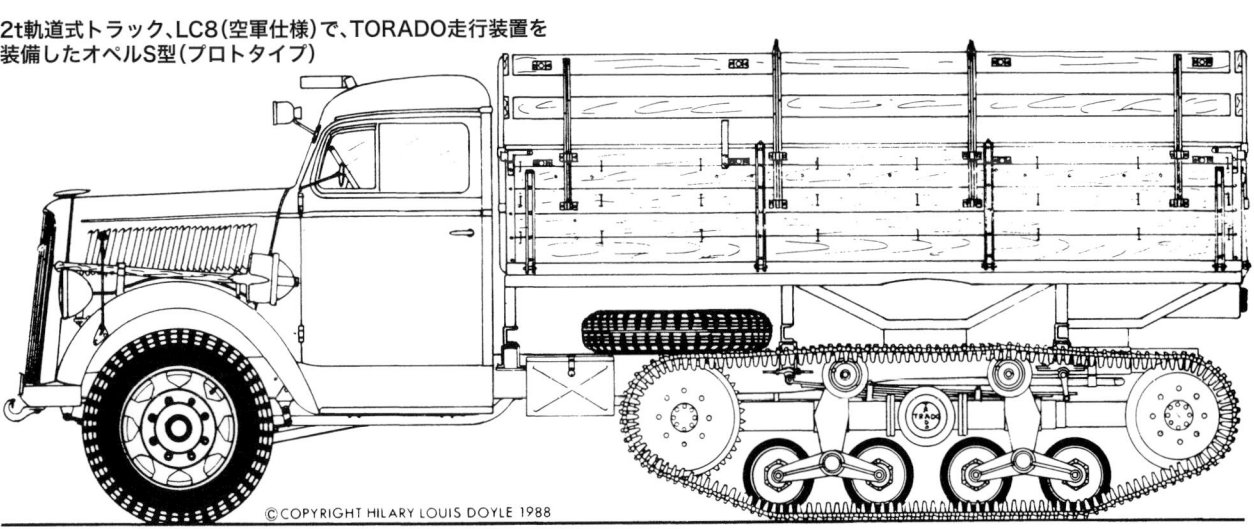

マウルティーアの量産型は武装SSの開発したタイプであった。公式名称は2t軌道式トラック、オープン型"マウルティーア"(Sd.Kfz.3)で、写真はオペルMTV3000 S/SS Mである。

マウルティーア系列プロジェクトにおける走行装置の開発

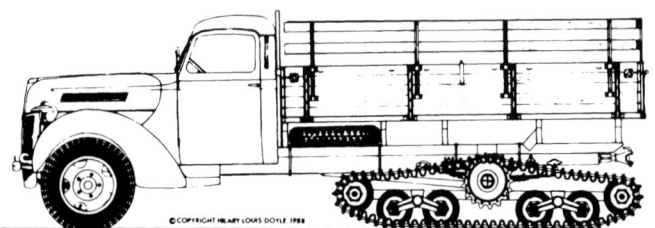

3t牽引車両の走行装置装備の3tボルクヴァルトS型

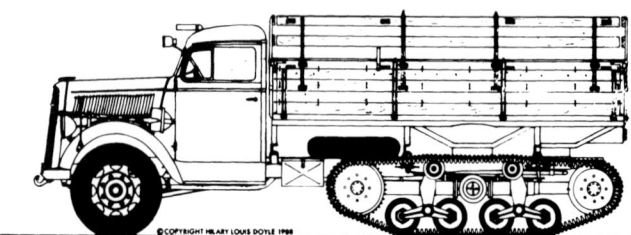

フランス製ユニック走行装置装備の3tフォードS型

LC8(ファン・ドールネ)走行装置装備の3tフォードS型

TORADO懸架装置とイギリス製履帯装備の3tオペルS型

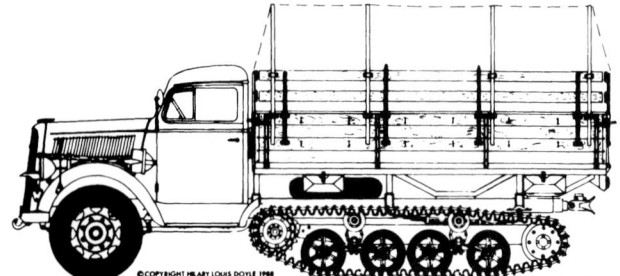

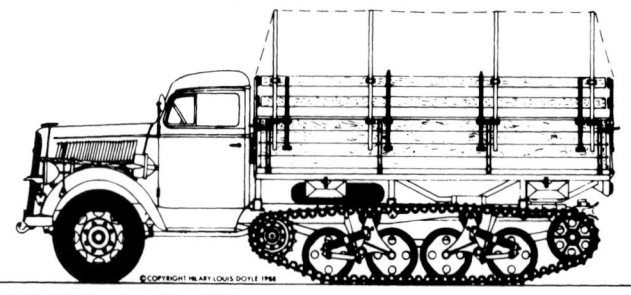

オペル走行装置装備の3tオペルS型

武装SS開発の走行装置装備の3tオペルS型量産タイプ

が極めて難しいので全面的換装は不可能であり、労働力がかかりすぎる。
- オペル仕様の場合、走行輪の直径が大きいため（走行性に優れており）、この仕様が最良と思われる。
- 走行輪－荷重と走行輪－直径

Ⅱ号戦車	600kg	550mmφ
SS仕様	700kg	508mmφ
新オペル仕様	700kg	480mmφ
旧オペル仕様	700kg	450mmφ
空軍仕様	700kg	上記より小さい直径

　要約すると、車両全体（エンジン、駆動部、ラーメン構造、前輪シャフト）の荷重負荷は、半軌道式にすると通常のトラックより大きくなる。それ故、車両寿命は短くなる。これはすべての型式に共通の当てはまるものである。

　アムステルダムのオランダ・フォード・オートモービル（自動車）工場は、1942年に97両、1943年に2703両、そして1944年8月31日までに1617両の「マウルティーア」車両をドイツ国防軍のために生産した。この頃になると、戦争の舞台は序々に西ヨーロッパへと移って来ており、良好な道路網が再び利用可能となったことから、ロシアの道路状況下がコンセプトの「マウルティーア」は限られた需要しかなくなっており、1944年に生産は中止された。

装甲化車両

　最初の装甲化車両として1920年にオランダ軍に配備されたシデリウス社製上部ボンネットを有するウニカート・エアハートは、長年に渡って唯一のオランダの装甲車であったが、実運用には役に立たずほとんど利用されなかった。

　1925年と1926年に、最初の装甲化全軌道式車両が導入された。それはほとんど定番の第一次大戦のルノー二人乗り戦闘戦車であり、戦闘戦車を装備する上で多くの国々で軍の基礎を造った戦車であった。ルノーFT17型は3.7cm砲1門を回転砲塔に搭載していた。詳細についてはフランスの章で説明することとする。

　1940年以降、オランダ軍が所有したルノーは、外国器材の識別シート（D50/20）12号により装甲戦闘車両識別番号FT731（h）（hはオランダを意味する）のコードが与えられた。

　1936年にその後継者であるR35が試験車両として購入され、ルノーと同様な綿密な試験が行われた。第二次大戦が勃発するまで、オランダ軍は戦闘戦車を本格導入することはなかった。それ以前の1935年、オランダはヴィッカース・アームストロング社製カーデン・ロイド全装軌式車両

オランダのシデリウス社製上部ボンネット装着したウニカード・エアハート路上装甲車。これがオランダ軍の最初の装甲化車両であった。

5両を発注した。これらは牽引機材またはトレーラー車両として用いられ、そのうちの1両は指揮車両として活用された。これらの一部はドイツ軍の手に落ち、そこで「装甲化ガンキャリア（機関銃運搬車）CL730（h）－オランダ・カーデン・ロイド」と呼称された。以上がオランダ軍における装甲化全装軌式車両の開発状況のすべてである。

　1932年1月、イギリスのモーリス社から3シャフト型モーリス・コマーシャルのシャーシ3台が購入されたが、駆動するのは後輪シャフトのみであった。シャーシは前輪のみに作用する第二のステアリング装置を有しており、その後、命令により簡単な装甲上部ボディが被せられた。機関銃用の銃眼4個が利用可能であり、専ら国内の治安維持活動に用いられた。3両の車両には、それぞれビュッフェル（水牛）、ビゾン（バイソン）およびヴィセント（ヨーロッパ・バイソン）と名づけられ、1940年にドイツ軍に対して投入され捕獲された。その後、これらがドイツ軍側でどのように用いられたかは不明である。

　1933年にシデリウス社は、アウストロ・ダイムラー社の3シャフト型車両をベースとした路上装甲車の設計を行ったが、実際に製造されることはなかった。

　DAF社とフォード社による共同設計についても同じような経緯を辿ったが、多数のプロジェクトの中で後に日の目を見たのは、TORADO駆動装置を装備した軽装甲化指揮車両一両のみであったと言う。

最初の量産化が実現した路上装甲車

　1934年末に、車両12両を装備する最初の装甲車両（騎兵）中隊の編成が決定された。車両の供給はスウェーデンのランズヴェルグ（Landsberg）社であったが、シャーシはドイツのダイムラー・ベンツ社から入手し、砲塔およびカノン砲はボフォース社製であった。ベルリン・マリエンフェルト工場で製造されたシャーシはG3a/Pと呼称され、ダイムラー・ベンツ6気筒キャブレターエンジンM09型を装備していた。排気量3663ccのエンジンは2900回転/分で68馬力、軸距（ホイルベース）は3000＋950mmであった。ヴァイマール共和国軍が使用した装甲偵察車とは対照的に、ランズヴェルグ社は防弾措置を施したスリッドゴム型タイヤを採用した。大量生産された同型の通常トラックシャーシと比べて、前輪部分の全てに渡って強化され、スプリングや懸架装置も大型化された。ハンドルシャフトの傾斜は急角度であり、ハンドルは通常車両に対して90度下向きに取り付けられた。車両には第二の後部ステアリング装置が装備され、後方にあるステアリング装置と唯一操向可能な前輪は、ステアリングロッドで結合されていた。変速機は逆転可能であり、後進の際も多段変速シフトが可能であった。ダイムラー・ベンツ社の場合、逆転により各変速シフトの速度は75％に減少された。ラジエターはトラック型の場合と比べて小型であり、その代わり低い位置に取り付けられ、冷却能力はリア上部に装備された補助タンクにより増強されていた。

　ランズヴェルグ社によって設計・製造された装甲上部車体は、ドイツのオリジナルに比べて極めて簡素化されていた。L181型と呼称された車両は、5人乗りで戦闘重量は6.1tであった。オランダ軍によって輸入された車両は「M36装甲車（Pantserwagen M36）」と命名され、これにより1936年4月1日に最初の騎兵中隊が編成された。

　この時点で、オランダ軍用装甲化車両の需要は150両を見込んでいた。L181は大部分が1940年にドイツ軍の手に落ち、識別番号「装甲偵察車L202（h）」と呼称され、長年に渡ってドイツ軍部隊、特に警察部隊によりパルチザン掃討戦に用いられた。＊ボフォース社製3.7cmカノン砲は対

イギリス製カーデン・ロイド・ガンキャリア（機関銃運搬車）5両がオランダ軍によって調査された。

イギリス製モーリス6輪シャーシをベースとして3台の指揮装甲車が製造されたが、その戦闘能力は極めて低かった（訳者注：側面に「BUFFEL（水牛）」の愛称が描かれている）。

ダイムラー・ベンツG3a/Pシャーシをベースとした路面装甲車12台が、オランダ軍の新たな装備として加わった。写真はヴァイマール共和国軍向けのシャーシ型式である。

戦車砲でその時代では一級品であり、その他に機関銃2挺が使用可能であった。車両における現実的な弱点は車両床面の防護がないことであり、乗員は主に地雷による危険に曝された。

*訳者注：1940年中頃から1942年4月にかけて、第227歩兵師団がランズヴェルグ装甲車6両を装備する1個装甲車小隊を有している。警察部隊においては、警察連隊ミッテの戦車中隊にL181 2両が配備されていたことが知られている。同中隊は1943年7月5日に編成された第14警察戦車中隊へと引き継がれ、その第2小隊はL181 3両を装備しており、驚くべきことに1944年9月19日の時点でこの3両は健在でライバッハ付近で治安維持の任務にあたっていた。その他、増強第1警察戦車中隊の第2小隊も装備した可能性がある。

1938年夏、第二の装甲車（騎兵）中隊の編成が下令され、更なる12両に関してもランズヴェルグ社に発注された。ダイムラー・ベンツ社製6気筒エンジンは性能が不充分であったため、新たな発注は150馬力V8キャブレターエンジンL89V型装備のビュッシングNAG社製シャーシが指定された。この駆動装置はドイツ軍の8輪装甲偵察車に組み込まれて実績があり、大量生産されていた。ダブルステアリングのビュッシングNAG社製シャーシの設計は、ダイムラー・ベンツ社製車両と全く同じであった。

この新しい車両は1938年6月から配備され、ランズヴェルグ社の呼称はL180、オランダ軍での呼称は「M38装甲車（PantserwagenM38）」と名づけられた。外見上の特徴は、V8エンジン搭載のために拡張されたエンジンボンネットにある。

主要項目と寸法の簡単な比較は次の通りである。

L181		L180
ダイムラー・ベンツ社		ビュッシングNAG
6気筒、68馬力	エンジン	8気筒、150馬力
6×4	駆動	6×4
65－70km/h	最大速度	65－70km/h
300－350km	航続距離	300km
5600mm	車長	5870mm
2000mm	車幅	2240mm
2330mm	車高	2330mm
6100kg	重量	7000kg
5－9mm	装甲厚	7－9mm

その他にL180はさらに2両、すなわち改造された砲塔を装備する指揮装甲車が製造された。

これらの車両も識別番号を変えることなく、可能な限り

ランズヴェルグ180型装甲車、識別番号L202(h)

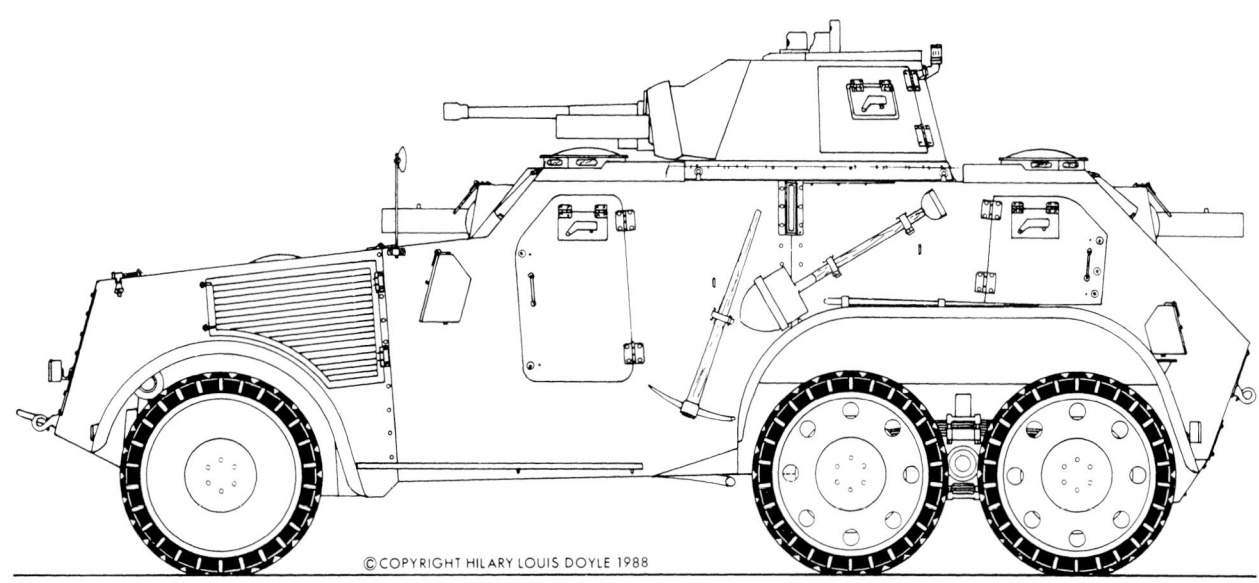

ドイツ国防軍の備蓄品として組み込まれた。
　それ以前のすでに1933年の時点で、ウィルトン・フェイエノールト・ドックおよび造船所有限会社（Dock und Werftfabrik Wilton Fijenoord NV）が、オランダ植民地軍用、主にはインドネシア向けに装甲化装輪車両の製造に着手した。シャーシとして用いられたのは2輪後輪駆動のクルップ社製3シャフトシャーシL2H43型であり、60馬力の空冷式ボクサー（対向ピストン型）ラジエターエンジンを装備していた。3両の車両が実際に製造され、1934年4月26日に最初の車両が貨物船「コータ・ティアンディ（Kota Tjandi）」に積載されて船出した。総重量4.5t、乗員数3名で兵装は機関銃であった。確証はないが、残りの2両は

スウェーデンのランズヴェルグ社によって装甲化上部ボディと回転砲塔が装備されたL181型装甲車。この工場写真はオリジナル型式のL181である。

改良型のL180はビュッシングNAGシャーシがベースであり、2個装甲車（騎兵）中隊の装備として使用された。ランズヴェルグ社はこの車両を合計14台供給し、1940年にほぼすべてドイツ軍の手に落ちた（ビュッシングNAG型式名称KLA、シャーシ番号67483－67496）。

1940年の戦闘により撃破された装甲偵察車DAFM39。

後にブラジルへ売却された。最初の車両はインドネシアから送り返され、1938年に騎馬砲兵軍団の備蓄品として譲渡された。この車両の技術的特長は、車両が近接戦闘を遂行するために上部装甲車体へ高電圧を印加可能としたことである。*

*訳者注：1942年5月、デン・ハーグに駐留する第68警察大隊は、クルップ仕様の装甲車1両の操縦者育成のため、12名を運転教習課程に派遣している事実が知られており、後日配備された可能性が高い。なお、1両については1944年10月20日に編成された増強警察戦車小隊"ベルリン"に配備されて末期のベルリン攻防戦に投入され、総統官邸中庭でソ連軍に撃破されて数奇な運命を終えている。

ファン・ドールネ・トレーラー製作所・有限会社は、第3にして最後の装甲車（騎兵）中隊の装備についてオランダ軍より委託された。12両が1939／1940年に完成し納入されたが、この車両はDAF－PT3型と呼称され、オランダ軍の識別呼称は「M39装甲車(Panserwagen M39)」であった。

この車両構造は非常に進歩的なものであり、通常のラーメン（外枠）構造ではなく上部車体に自律剛性を持たせるよう設計されており、いわゆるユニット構造で防護されていた。ラーメン（外枠）構造ではない利点としては、装甲板が厚くできることや同じ装甲厚の場合に重量を節約できることにあった。すでにDAFプロジェクトであるパントラド（Pantrado：TRADOシステム装備の戦車）においては、前方に戦闘室、後方に駆動部機構を有する新しい内部配置を現実化させていたが、PT3型においても終始一貫してこの配置が踏襲された。これによりコンパクトな戦闘車両が実現したが、部分的には時代を先取りしていたと言える。さらに、ラーメン（外枠）構造の支持フレームがなくなったため、車高を低くすることが可能となった。

クルップL2H43シャーシベースのオランダ・インドシナ向け車両

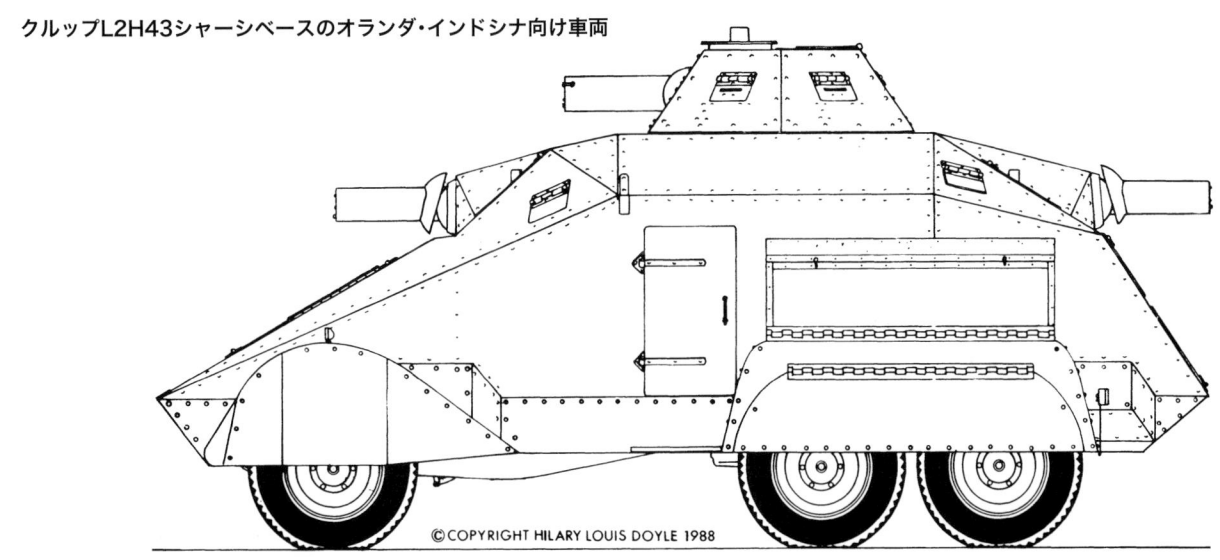

エンジンはフォードマーキュリー8気筒V型エンジンで、排気量は3918cc、出力は96馬力であり、車両後部の後進操縦席横に搭載されていた。車両前部は良く考慮されて設計されており、その他の乗員は良好な視界を得ることができた。エンジンについては、小規模な修理や簡易な調整は戦闘室内部よりアクセス可能であった。ベンチレーター2基により外部の新鮮な空気が供給され、そのうちの1基は戦闘室内の硝煙を清浄した。装甲ハウジングは、巧みに組み合わされた装甲板傾斜角により砲撃に対して良好に防護されていた。さらに車両床面も装甲が施され、以前に導入された装甲車と比べて、大きな利点を有していた。視界に関しては、密閉された場合でも開閉可能な防弾ガラス付き偵察用スリットによって維持されたが、このスリット機構は簡単に交換可能であった。

車両内では乗員5名が各任務を遂行した：
1名が前進操縦手、1名が後進操縦手、前進操縦手の横に機関銃手1名、そして以前に供給されたボフォース型砲塔に良く似た回転砲塔内の対戦車砲と機関銃1挺は、指揮官および砲手によって操作された。なお、砲塔内には無線装備（送信機および受信機）用の空間も確保されていた。

車両は後輪2シャフト用TRADO駆動装置か、追加のDAF型前輪駆動装置かどちらかを装備することが可能であり、オランダ軍用として決定されたのは後輪駆動方式であった。

駆動装置と変速装置は4段前進および後進変速シフトであり、最大速度は前進時で75km/h、後進時は50km/hであった。また、不整地走行用として補助的な下部車輪も使うこともできた。両操縦手は変速シフトレバーとフットペダルを装備するフルステアリングシステムを使用可能であった。ステアリングは専ら前輪によって行われたが、前輪はスパイラルスプリングと油圧ダンパーを装備する独立懸架機構であった。燃料携行量は100リットルで、航続距離は300kmである。

戦闘重量は5800kgであり、4000kgが後輪シャフト、1800kgが前輪シャフトに配分された。空気タイヤの大きさは9.00−16（不整地）であったが、希望によっては防弾タイヤを取り付けることも可能であった。また、不整地走行能力を高めるため、両後輪シャフトに履帯を取り付けることもできた。

第3装甲車（騎兵）中隊の車両は、第227砲兵連隊／第12中隊（自動車化）の手に落ち、そのうち3両が1940年5月24日にドイツ軍によって実戦に投入され、ドイツ軍識別番号は「装甲偵察車DAF201（h）」とされた。この車両は長年に渡ってオランダで使用されたため、補充部品の供給は維持された。斬新的かつ進歩的な構造であったにもかかわらず、生産が再開されることはなかった。

ファン・ドールネ・トレーラー製作所（DAF）は1939／1940年にオランダ軍向けにPT3装甲車を自社開発した。

自律剛性を有する上部ボディを装着した車両は後輪4輪駆動であり、TORADO方式により懸架されていた。

エンジンは車両後部に搭載されている。

無傷で残された車両は、ドイツ国防軍によって装甲偵察車DAF201（h）として接収された。写真は第18歩兵師団で使用中の2両
（訳者注：1940年における西ヨーロッパでの写真）。

装甲偵察車DAF M39、識別番号DAF201（h）

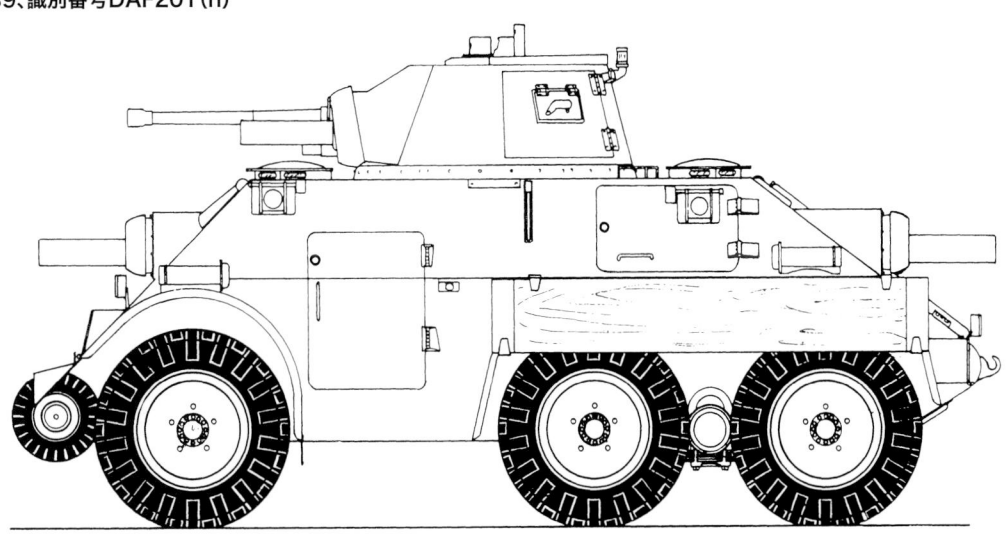

ベルギー王国

　すでに第一次大戦勃発時にベルギー軍は、ドイツ軍部隊に対する威力偵察のために、ミネルヴァ(Minerva)社、モールス(MORS)社、サヴァ(SAVA)社およびプジョー社の乗用車を装甲板で防護し、機関銃を据え付けて武装した。

　1930年代になると世界恐慌のためにベルギーの自動車メーカーが減少し、幾つもの有名な会社が消えてなくなった。1936／1937年に大規模な軍の機械化が開始されたが、専ら頼りにされたのがまだ現存していた国内メーカーであるブロッセル(Brossel)社、FN (Fabrique National d'Armes de Guerre＝ナショナル軍用製造工場)社、ミース(Miesse)社およびミネルヴァ社であり、海外メーカー、特にフランスのメーカーも加わった。また、アメリカの会社がベルギーにある組み立て工場で乗用車の生産を行っており、軍の機械化推進に大きな影響を与えた。シボレー社、ダッジ社、フォード社（全輪駆動車両生産のためにモーマン・ヘリントンとの共同経営による）およびGMC社は、ベルギー軍用に必要な軍用車両のかなりの数量を生産した。重サイドカー付きオートバイはFN社、ジレット社およびサロリア(Sarolea)社によって供給された。

　車両の技術設計に関しては、部分的にベルギー植民地軍の需要も考慮に入れる必要があった。

　特殊な軍用車両ということでは、ハーステル(Herstal)にあるFN社が、1939年から多目的3輪オートバイFNトリカー(Tricar)を製造した。この車両はサイドカー付き重オートバイM12を流用したもので、排気量1000cc、22馬力で後輪駆動伝動方式であった。型式呼称はM12SMT3で、人員輸送用4人および5人乗りタイプ、弾薬貯蔵用4人乗りタイプ、歩兵タイプ、警察仕様、対空タイプ、修理整備車両、弾薬輸送用および軽トラックタイプなどが生産プログラムに上った。

　フランスのラティル社も同様にベルギーに組立工場を設立し、そこで主にベルギー軍向けの全輪駆動タイプの牽引車両を製造した。

　1940年5月の西方戦役で、ドイツ国防軍は大量のベルギー製軍用車両を得たが、ベルギーの自動車メーカーは引き続きドイツ軍用車両の生産に加わった。

乗用車、トラックおよび装輪牽引車

　第227野戦砲兵連隊／第12中隊の場合、捕獲資材の活用が克明に記録に残されている。中隊は1940年5月に馬匹部隊として進攻し、アマースフォートを経由して行軍する際に捕獲車両により機械化された。大量のオランダ製およびベルギー製捕獲車両を受領した15cm重榴弾砲中隊は、馬から鉄に、すなわち牽引手段をGebr.ブロッセル社のソリッドゴムタイヤ装備の装輪式シュレッパー*へ切り替えた。TAL (Tractor Artillerie Lourd＝砲兵トラクター)型シュレッパーは多数の生産シリーズがあり、ブリュッセルのブロッセル社によって1938年からベルギー軍へ供給されていた。この車両は6気筒キャブレターエンジンを搭載しており、4輪駆動4輪操向で車両中央にはウィンチが装備されていた。

　FN社も1938年から1940年まで同様な重砲兵用装輪式シュレッパーEN63C/RMを製造した。6気筒キャブレターエンジンは排気量3940ccで、出力は65馬力であった。

*訳者注：本書ではRadschlepper＝装輪式シュレッパー、Kettenschlepper＝軌道式シュレッパー、Raupenschlepper＝全軌道式シュレッパー、Toractor＝トラクター、Zugmittel＝牽引機材、Zugkraftwagen＝牽引車両と訳す。専ら耕運機を意味するToractorは英語から派生した外来ドイツ語であり、トラクターを意味する。もう一方のSchlepperはschleppen：牽引・曳航するという動詞から派生したオリジナルドイツ語である。なお、厳密に言うとKetten－は履帯式であるが本書ではあえて軌道式と訳した。

1938年式GMC 2.5tトラックT16型。シャーシはGMコンチネンタルによって組み立てられた。ベルギー軍の標準型2.5tトラックとして制定された。

同軸駆動のサイドカー付FN社製M12(12aSM)型重オートバイ。排気量992ccのボクサーエンジン（水平対抗ピストンエンジン）を有する。

FN社製M12SM T3型多目的3輪車両。写真の車両は機関銃2挺を装備する対空車両型である。"Tricar（トリカー：3輪車）"として名高い。

重荷重の牽引機材として開発されたGebr.ブロッセル重装輪式シュレッパーTAL型。

半軌道式車両

すでに1920年代にフランスをお手本にしてケグレス（Kegresse）半軌道式車両による試験が行なわれ、シトロエン社はベルギーでのコピー生産に必要なライセンス許可を与えた。

指揮車両として1936年に少数のシトロエンP19型が、ベルギー軍へ供給された。ケグレス走行装置を装備したシトロエンP14型については、1931年から1934年まで12cmカノン砲および15.5cm榴弾砲の牽引機材として部隊による実用試験が行われた。車体の組み立てはベーヴュラン（Beveren）のヨンクヒール製造工場（Fa.Jonckheere）であった。

最終的にミネルヴァ社がミネルヴァ・FN・ケグレス砲兵シュレッパーのコピー生産に関するライセンスを取得し、車両は1931年式12cmカノン砲FRC型の牽引機材として用いられた。

これらの車両はドイツ国防軍に接収された後、牽引車両P302（b）－この場合（b）はベルギーを意味する－として再利用された。

ベルギー軍により指揮官車両として使用されるフランス製シトロエン半装軌車両P19型。

ドイツ国防軍向けの生産

ベルギーの自動車メーカーは生産能力が低く、1940-1944年の占領時期においては、専ら下請け業者（サブベンダー）としての役割を演じた。

しかしながら、アントワープのフォード社およびゼネラルモータース社の組立工場は、ドイツ軍向けの商用トラックを大量に生産した。1940年9月にフォード・モーター社は3tトラックの製造を開始した。実際の製造数は次の通りである（出典は「戦略爆撃調査団」の資料）：

1940年	527	G917T型およびG997T型トラック
1941年	2389	G917T型およびG917TSTⅢ型トラック
1942年	2351	同型トラック
1943年	3339	トラック（簡易戦時型）
1944年	2419	トラック（上記に同じ）

総計14246台のトラックが供給され、最終契約分の3750台については、1944年9月4日までに641台が引き渡され、その他の全ての契約は完全に履行された。空爆により激しい被害を蒙った生産設備は、連合国により接収された。注目すべき点は連合国の自動車製造メーカーの生産能力であり、現実に1944年11月30日（V1およびV2ロケット攻撃が続いていたにも関わらず）から1945年5月29日までの間に、合計35500台のトラック（主にGMC2.5tとダッジ3/4t）が組み立てられ、連合軍へ供給された。

装甲化車両

1930年にベルギー軍は、フランスのベルリエ（Berliet）社製装甲化装輪車両VUDB型12両を購入した。この4tの大型重車両は1932年に憲兵部隊に引き渡されたが、1940年になるともはや使われなくなった。

1tフォードトラック(91Y型)をベースにして、モーマン・ヘリントン社製部材によって前輪駆動に改造した装甲化車両1両が、4.7cm対戦車用牽引車両として1940年に製造された。装甲化された上部車体はベルギー製で、アントワープのフォード社組立工場で造られた。非装甲化車両は指揮車両、無線車両およびトラックとしても供給された。国防軍によって接収された中では、第8戦車師団が指揮車両（装甲化）として使用されたことが知られている。*

*訳者注：その他に第35歩兵師団や第14歩兵師団/第11歩兵連隊の第I大隊長用指揮車両としても使用されている。

ベルギー機甲部隊の歴史は、多くの諸国と同じくフランス製戦闘戦車FT17/18と供に始まった。ベルギー政府は第一次大戦後の1919-1920年に、ルノー戦闘戦車75両を発注してこれを配備し、1934年にまで使用した。FT18の一部は憲兵部隊へ払い下げられ、1938年まで継続使用された。

重砲兵用牽引機材としてベルギー軍で使用されたシトロエン・ケグレス半軌道車両P14型。上部ボディの製造メーカーはベーヴュランのヨンクヒール（Jonckheere）社であった。

第二次大戦の期間中、多数の商用3tトラックがアントワープにあるフォードモーター社のベルギー組立工場で量産された。写真は1943年から供給された簡易戦時型である。

フォード1tトラックの少数生産分がマーモン・ヘリントン社製4輪駆動装置を装備し、装甲化された。これらは軽砲の牽引機材として利用され、中には非装甲のままの車両もあった。写真は第8戦車師団で指揮官車両として使用される装甲化車両の1台である。

1936年になるとイギリスでヴィッカース・カーデン・ロイド社製の軽戦闘戦車T15（AB/Mi）型42両が調達され、最終的には騎兵部隊に配備された。正式名称であるAB/Mi（Auto Blindee/Mitrailleuse＝装甲車／機関銃型）はベルギー向け専用のものであり、車両は軽偵察戦車として用いられた。車両にはメドゥー（Meadow）6気筒キャブレターエンジンが搭載され、90馬力で最大速度65km/hが可能であった。ドイツ国防軍による接収後、車両名称は装甲偵察車VCL701（b）となった。

　棚卸し在庫の2番手はフランス製中型戦車ルノーACG1が挙げられる。1937年にベルギー軍はこのタイプの戦車を12両購入し、ベルギー製の回転砲塔を搭載することにした。砲塔製造メーカーはゲントのヴェルクヒューゼン・カルス（Werkhuizen Carels）社であった。元々はアルデンヌ猟兵部隊向けと決められていたが、現地部隊により大型過ぎるということで受け取りが拒否され、残りのシャーシはカルス工場にそのまま仕舞い込まれた。1939年9月1日から、可動可能な車両8両が騎兵部隊へ配備された。1940年の接収後のドイツ軍（捕獲）名称は、AMC738（b）であった。車両は乗員3名で戦闘重量は16t、装甲厚は25mmまでであった。ルノー6気筒キャブレターエンジンは180馬力であり、最大速度は42km/hであった。

　すでに1930年にヴィッカース・カーデン・ロイド社製マークⅥ型砲兵シュレッパー6両がプロトタイプとしてイギリスで調達された。これらは王立鋳造砲兵工廠の新型4.7cm対戦車砲用シュレッパーとして計画された。しかしながら、最終的にはシャーシにカノン砲を搭載した自走砲として製造された。これらの車両は、1934年にアルデンヌ猟兵部隊へ配備され、1939年にT13型と交代となった。ドイツ国防軍はこの車両の一部を接収し、戦車猟兵（自走砲）CL801（b）と名づけた。

　T13自走砲は2つの型式がある。Ⅰ型はカーデン・ロイド社製シュレッパーのシャーシに主兵装、すなわち4.7cm対戦車砲と7.65mm機関銃を半オープン式固定砲塔に搭載し、後方へのみ射撃が可能であった。乗員3名で総重量は4.5tで、ヴィッカース・アームストロング6気筒キャブレターエンジンにより路上最大速度は40km/hであった。

　ドイツ軍の名称は、戦車猟兵（自走砲）VA802（b）とされた。

　ヴィッカース・カーデン・ロイド社製Ⅰ型は、軽トレーラー用の牽引機材としても用いられた。

　ヴィッカース・カーデン・ロイド社製全装軌式シュレッパーⅢ型は、Ⅰ型と比べて走行装置が全く異なっていた。このシャーシを流用して自走砲T13（Ⅲ型）が製造された。4.7cm対戦車砲を搭載した従来の砲塔は360度旋回可能となり、総重量は（Ⅰ型と）同じ乗員3名で5tに増加した。

　両型式合計して約150両のT13シャーシがベルギーで製造され、製造はファミリュー建造工場有限会社（Konstruktionswerke Familleureux Ltd）およびミース社（58両）の製造工場で行なわれた。なお、ドイツ軍による識別番号は両型式とも同じであった。

　1935／1936年の時期にヴィッカース工場との間で、ベルギー軍向けの装甲化補給輸送トラクター型の供給に関する新たな契約が結ばれた。

　2つの異なる型式が製造された。モデル1または「ユーティリティー・トラクター（汎用トラクター）」A型は騎兵部隊用のもので、乗員は1名から3名であった。モデル2、すなわちB型は歩兵用であり乗員は1名のみであり、4.7cm対戦車砲の牽引機材として計画された。

　両シュレッパータイプはイギリスのオリジナル（原型）によく似ていた。上部車体、特に操縦座席は装甲板で防護されており、戦闘以外の時は折りたたむことが可能であった。弾薬ストックは上部車体の横の格納容器で携行された。

　ベルギー軍はカーデン・ロイド社からこの軌道式シュレッパー約300両を受領し、そのうち85両が騎兵部隊向け、177両が歩兵部隊向け、その他は非装甲の牽引機材と

ヴィッカース・カーデン・ロイドT15型軽戦闘戦車。42両がベルギー軍によって調達された。

して使用した。1936年3月までこの車両は、ニューカッスル・アポン・タイン（Newcastle on Tyne）のエルシック（Elswick）・ヴィッカース工場で生産された。ヴィッカース社とベルギーのコピー製造メーカーとの間で、ライセンス契約が締結され、ベルギーでのライセンス生産が1936年からファミリュー鉄工所により開始され、「軌道式トラクター（Tracteur Chenille）・ヴィッカース・カーデン・ロイド・ユーティリティ」と名づけられた小規模な変更や改良が加えられたものが供給された。型式名はモデル2であった。上部車体はオリジナルに比べて長くなり、履帯フェンダーが大型化され、それに伴って走行転輪間の距離が大きくなった。総重量は1.96tで各型式とも乗員1名分または3名分の座席が選択可能であった。装甲厚は6mm、フォード社製4気筒キャブレターエンジンは52馬力で、前部駆動輪の制御はクラッチ・ステアリング機構により行なわれた。

1940年にドイツ国防軍はこの車両を大量に接収し、砲兵シュレッパーVA601（b）として用いた。すでに供給された部品が充分ある間は、シュレッパーの生産はドイツ占領期間中も継続して行なわれた。

この軌道式シュレッパーは、主にドイツ戦車猟兵大隊へ7.5cm対戦車砲用牽引機材として配備されたが、補給段列や野戦郵便局などでも使用された。*

*訳者注：ユーティリティー・トラクターB1型については、1939年9月16日にベルギーにてオランダ王国インドネシア軍向け50両の契約が締結された。そのうち20両が発送された。さらに30両が1940年1月5日に追加発注されたが、ドイツ軍の手に落ちた。ファミリュー社は、1942年8月14日にこの牽引車用補充パーツの供給契約を中央補充部品貯蔵廠と取り交わした。資料によれば、1943年8月から1944年6月までの期間、少なくともこの種の車両30両が複数の戦車猟兵大隊で使用された。その他にファミリュー社は1941年7月18日に、OKH（陸軍総司令部）と55馬力の重シュレッパー15両と80馬力の重シュレッパー20両の契約を締結している。

フランス製ACG1中型戦闘戦車12両が発注され、一部の車両にはベルギーで製造された回転砲塔が装備された。

フランス製オリジナル型のACG1戦闘戦車。

T13自走砲の最初の型式。搭載された4.7㎝対戦車カノン砲は後方にしか砲撃できなかった。

T13自走砲の第2型式。走行装置を変更したのみならず、全周回転砲塔を搭載していた。

このような軽車両に回転砲塔に装備された4.7㎝主砲を搭載することは、時代を先んじていた。

ベルギーによりライセンス生産されたヴィッカース「ユーティリティトラクター（汎用トラクター）」の一部は、ドイツ国防軍により5cmおよび7.5cm対戦車砲の牽引機材として使用された。

T13自走砲の第2型式の車両後部。

T15偵察車両（左）と並ぶ2両のT13自走砲。

「ユーティリティトラクター（汎用トラクター）」は、補給輸送やドイツ野戦郵便任務にも使用された。最初、車両はオランダ軍がインドシナ植民地向けとしてベルギーへ発注され、後にドイツ国防軍向けに継続生産された。

砲兵シュレッパー、識別番号VA601（b）

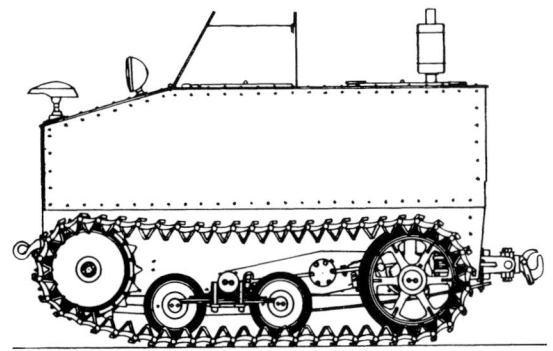

ACG1装甲戦闘車、識別番号738（b）
（図はフランス製オリジナル型式）
車両にはベルギーの製造メーカーの回転砲塔が搭載された。

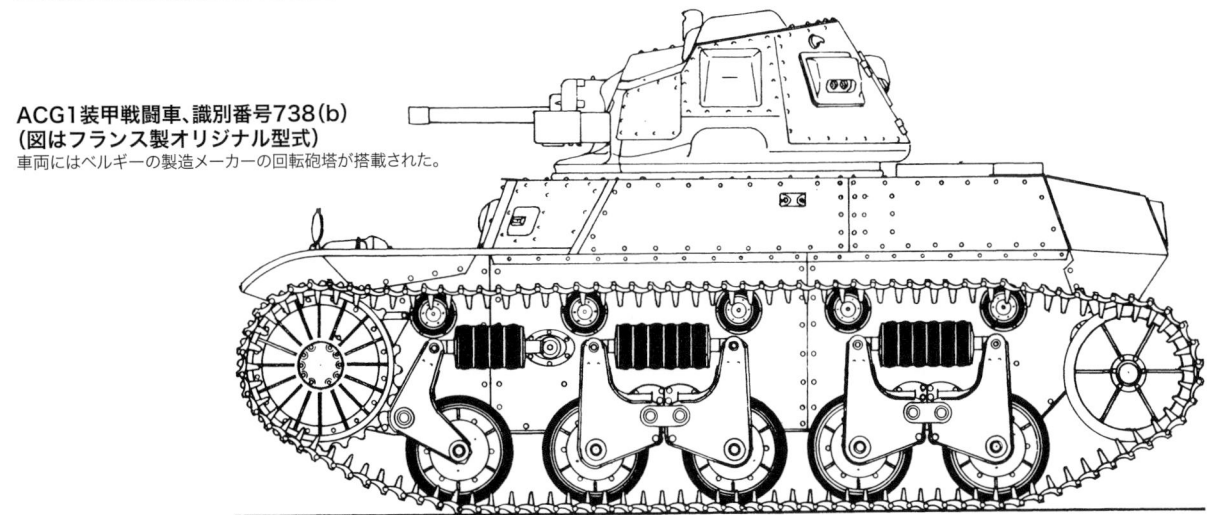

フランス共和国

　フランスの自動車メーカーは、1920年代と1930年代においては彼らの社会の縮図であった。多数の非常に個性的なメーカーが比較的少量の生産を行っており、その一部は非常に独創的であった。これは必然的に多種多様なタイプを生み出すこととなり、軍開発計画者側がこのことを考慮し過ぎたために問題を引き起こすこととなった。

　大量生産能力を有している少数のメーカーは、エスカレートする軍の気まぐれな要求を満たす状況にはなかった。

　1930年代の政治危機を迎えると、軍は打開策としてアメリカ合衆国に対して商用自動車を大量に発注したが、その大部分は（西部戦線の）戦局悪化のためにフランスへは輸送されず、イギリスへと廻さざるを得なかった。

　このような制約にもかかわらず、特にフランス自動車メーカーの不整地走行可能な車両に関する開発力は注目に値した。ルノー社の全輪駆動車両や後のラフリー（Laffly）社とラティル（Latil）社による開発車両は、それ自身が世界標準となった。これに加えてケグレス・アンスタン（Kegresse Hinstin）社により着想された半軌道式車両は、アンドレ・シトロエンによりその概念が広く一般に知られるようになり、ソミュア社とユニック（Unic）社は互いにこの分野で協力体制を築いた。もちろん、それらはドイツ国防軍にとっては魅力的な捕獲在庫であった。

　1940年の西方戦役において、特にフランスのダンケルクにおいて膨大な軍需物資がドイツ軍の手に落ち、それをもって早急に第2編成波から第15編成波の師団増員*により編成された部隊に対して、装備不足分を埋めることができた。

*訳者注：初期のドイツ軍の歩兵師団編成は、野戦師団の歩兵部隊のうち1個歩兵連隊、砲兵連隊のうち1個砲兵大隊、戦車猟兵大隊のうち1個中隊……というふうに基幹となる部隊を抽出し、それを母体として各軍管区が徴集・教育した新兵を補充して新師団を編成した。この編成はアウスシュテルング・ヴェレ（Aufstellung-Welle＝編成波）と呼ばれ、第二次大戦期間中には第2編成波から1945年4月の第35編成波まで実施されて新しい師団が編成された。

　占領された西方地域におけるあらゆる機械化に関する問題に対処するため、「自動車技術局」によって「西方中央自動車管理センター」が設立されて本部はパリに置かれ、「西方中央自動車」との呼称で知られた。

　この組織は、占領地域の自動車生産の監督業務その他を引き継いだ。製造工場が有する生産能力の有効活用に関しては、その地で生産をそのまま継続するべきか、より良く監督するために人員と生産装置をドイツへ移送するべきか、激しい議論が巻き起こった。

　結局この問題は、当該施設を軍事的に接収することで決着した。各工場には専門知識を有する将校が常駐し、生産は再び開始された。生産原料と燃料、従業員の給養および被服はある程度保証された。

　ドイツのメーカーは外国工場のためのパテント譲渡と、大至急生産を再開することが求められた。それどころか、幾つかのケースにおいては、生産能力は戦争以前の能力以上に高められた。このことにより、1941年にロシア戦役が開始されるまでに、ドイツの88個歩兵師団、2個歩兵（自動車化）師団と1個戦車師団が、フランス製車両を完全装備することが可能となったのであった。

　車両修理能力の維持と補充部品供給については、西方戦役のために新たに整備された。例えばブリュッセルにおいては、占領から48時間後に最初の民間人による修理作業がドイツの監督の下で開始され、良好かつ継続的に補充部品の供給を行うことが可能となった。これらの作業により、捕獲された車両のメンテナンスも行なわれた。

　後にロシア戦役においては、北方軍集団の幾つかの部隊が装備したフランス製自動車用の補充部品供給のため、当初はプレスコウにのみ中央補充部品センターが設立された。しかしながら、装備したほとんどの車両がフランス製であった空軍師団群*が編成されて東部戦線全体を移動するようになると、他のボリソフ、ベルディジェフやドニェプルペトロフスクの補充部品センターにおいてもフランス製車両用補充部品をストックしなければならなくなった。

*訳者注：1941年から42年における東部戦線の冬季戦での人的損失は、ドイツ陸軍の慢性的な補充兵力不足に拍車をかけることとなった。折しも、南方軍集団におけるヴォルガ河からコーカサスへの夏季攻勢には新しい補充部隊の編成が不可避であり、空軍の予備部隊から20万名が引き抜かれ、1942年9月15日から1943年5月15日までの期間に、22個空軍地上師団が編成された。

　フランスからのドイツ軍撤退以後、補充部品センター"パリⅡ"や"サン・ナザーレ"からのフランス製およびイギリス製車両用補充部品の補給は途絶えた。短時間のうちに補充部品や装置をドイツ本国へ移動することは、実行不可能であることは明らかであった。

　ドイツ国防軍が運用したり、ドイツ占領期間に使用された捕獲車両の主なメーカーについて、その生産の一部を以下に紹介する。もっともな理由により、このリストは完全なものではないことを了承されたい。

●M・ベルリエ自動車株式会社、ヴェニシュー（ローヌ）

　この会社はフランスの老舗自動車メーカーの一つであり、すでに第一次大戦前に乗用車およびトラックを製造し

ていた。乗用車の生産は特殊車両を除いて1920年代に中止し、ベルリエ社は軍事車両専門メーカーとなった。

乗用車

フランス軍向けに、不整地走行乗用車のプロトタイプ製造や小規模生産が行われた。（このリストは完全なものではない）：

・VUR1928年型　4輪駆動実験車両
・VURB2 1929－1930年型　4輪駆動指揮車両53台の小規模生産シリーズ
・VURB4 1932年型　4輪駆動プロトタイプ
・VPDS1938年型　フランス空軍用6×4プロトタイプ*

*訳者注：駆動方式の表現として6×4などの表記があるが、これは6輪4輪駆動を意味しており、4×4は4輪全輪駆動、4×2は通常の4輪2輪駆動を意味する。

トラック

製造のほとんどが商用トラックであり、キャブレターおよびディーゼルエンジンを装備していた。希望により、木炭ガスエンジン装備のトラックも製造された。供給されたタイプは、幾つかの積載荷重別に分類される。

・5t VDC22F
・6t GDR28F
・6t GDRA（木炭ガスエンジン）1939年型
　　GDRK　7－L　1939年型（5000リットルタンク車）
・5t GDC　4気筒5700cc排気量（リカルド／Ricardo社のライセンス生産）
・5t VDC6D（エンジンは上記と同じ）
・7t GDR7D　4気筒7200cc排気量（リカルド社のライセンス生産）
・10t GDM10W　6気筒ディーゼルエンジン
・12t TDR7W　セミトレーラー用牽引車

1939年までにフランス軍向けに積載量12tの装甲輸送車約30両が供給され、その大部分がドイツ軍の手に落ちた。

ドイツ軍向けの生産

トラック・戦時生産プログラムの中におけるフランス製車両の抜粋は次の通りである。

4.5tトラック　ベルリエ社　1943年　計画1180台／実績862台
　　　　　　　　　　　　　　1944年　計画1830台／実績400台

車両の一部には、ノイマン社製ファイフェル型空冷フィルター*や冬季装備などが搭載された。車両はロシア戦線においては、制限された条件下のみで使用された。

*訳者注：ヴィーン工科大学のファイフェル教授が考案したサイクロンセパレーター（サイクロン型塵埃分離器）の一種であり、塵埃分離効率は99%に達する自動車用高性能フィルターである。当時、サイクロンセパレーターは石油精製工場などで一部で使用されているのみであり、乗用車はオイル湿式エアフィルターが一般的で性能は低かった。

装甲化装輪車両（プロトタイプ）

・VUDB型　1929年／1930年のフランス軍用50台、車両は4輪駆動
・UM型　1934年のプロトタイプ、4輪駆動
・UDB型　1934年／1935年のプロトタイプ、6輪駆動

●ベルナールトラック、アルクイユ（セーヌ）

会社は小さいが優秀なメーカーであり、重トラックの製造に特化していた。ガードナー社のライセンス供与を受けたディーゼルエンジンを搭載した車両については、完全な受注生産であった。

トラック

第二次大戦中は限られた数の8tトラックを製造した。一部の車両にはConder（コンダー）社製の大型給水タンクを装備することが計画された。

補給部隊において重トラックDH6型が、1935年からごく少数が戦争終結まで使用された。車両は6×4駆動方式でガードナー社製150馬力エンジンを装備していた。その外観は、その当時のフランス軍用重トラックの典型的なものであった。大きな車軸間隔（トレッド）は長大な側面オープン式荷台を可能とし、後輪シャフトをオーバーして後方へ突き出ていた。

特殊車両については不明である。

●アンドレ・シトロエン株式会社、パリ

シトロエン社はフランスのもっとも大きな自動車メーカーであり、特に乗用車の生産に関する独創的な技術には定評があった。商用トラックについては、積載荷重3.5tクラスまでのみ供給した。先駆的であったのは半装軌車両技術の分野での関与であり、ケグレス社、アンスタン社とシトロエン社との間には緊密な関係があった。シトロエン社

ドイツ陸軍仕様の塗装に塗り替え作業中のベルリエ（Berliet）社製5tトラックGDC型。

は、ドイツ占領時代は限定した役割しか果たさなかった。1939年には合計で約18000台が生産されたが、1944年にはこの数がようやく約7000台に戻ったに過ぎない。

乗用車

　1930年代末のシトロエン社製乗用車の特徴的な設計仕様は、前輪駆動（フロントドライブ）、長い軸距（ロングホイールベース）と幅広い車軸間隔（ワイドトレッド）にあり、これにより平均以上の良好な乗り心地を実現させた。この種の車両での特殊車両は製造されなかったが、ドイツ国防軍において使用された主要なタイプは以下の通りである。

- Pkw（乗用車）シトロエンDX型および11型BLシリーズ
- Pkw（乗用車）シトロエンエンジン系列DyおよびDz
- Pkw（乗用車）シトロエンエンジン系列FS、7型－7型Cシリーズおよび11型Bシリーズ

これらの車両は、可能な限りノイマン社製ファイフェル型空冷フィルターが取り付けられた。11型BLシリーズ用シャーシ番号は、360000番から始まっている。

　ドイツ国防軍の資料によれば、前述した通り、これらの車両は軍需補給輸送任務にのみ用いられた（ロシアにおける戦訓）。

救急車

- 11型TUシリーズ（950001－951150）1938年から1940年まで生産。軸距（ホイルベース）2350㎜で前輪操向（フロントステアリング）装置装備の中型救急車。
- 11型UBシリーズ（166000－178150）配送車として商用にも使用された。11型Uシリーズは2700㎜、11型UBシリーズは3000㎜の軸距（ホイルベース）を有しており、西方快速旅団はこの救急車両48台を保有していた。

シトロエン救急車11UB型。西方快速旅団はこの車両を48両有していた。

トラック

　（占領地域の）自動車に関するドイツ一般全権委員会は、1942年にシトロエン社に対して月産のトラック生産台数1200台を要求した。しかしながら、実績は次の通りであった。

- 23型（社内名称PUD7型）：1941年から1944年まで生産（シャーシ番号300001－303700）、積載重量1.5tから2tまで。23型は排気量1766ccの40馬力ディーゼルエンジンの搭載シリーズもあった。
- 32U型（製造期間1934－1939年）：23型の後継車種で積載重量2t－2.5t、車距4090㎜（シャーシ番号20000－26000）。一部はドイツ国防軍に接収された。
- 45型（社内名称P38型）：1941年から1944年製造（シャーシ番号782200－797500）、積載重量3tから3.5t。

車両は木炭ガスエンジン搭載型も製造され、一部は冬季装備が施された。生産目標台数は1943年で5100台であったが、実際は3027台が部隊へ供給された。1944年において

シトロエン3.5tトラック45型は、ドイツ国防軍で多数利用された。写真の型式は燃料輸送トラック仕様で西方快速旅団が64台保有していた。荷台に描かれたTの文字は、燃料輸送トラックであることを意味する（訳者注：「Treibstoff（燃料）」の頭文字）。

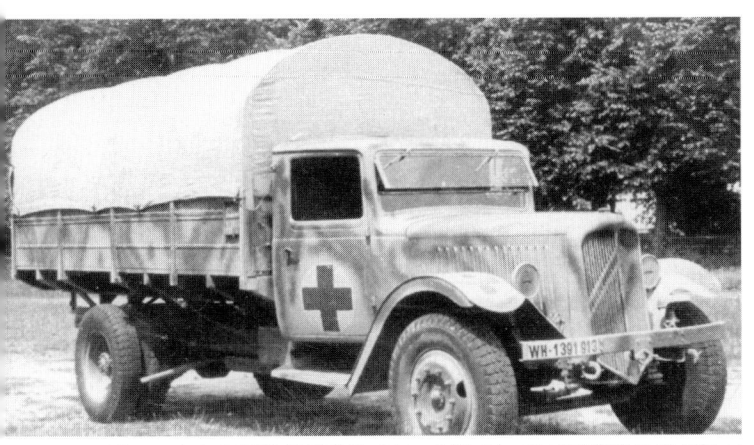

シトロエントラック45型は医療用トラックとしても用いられ、西方快速旅団は12台保有していた。

シトロエンシャーシ45型をベースとした整備工場トラック28台が、西方快速旅団に配備された。側面窓は密閉可能な開閉式である。

密閉型上部ボディを有するフィールドキッチン車両32台が、西方快速旅団に配備された。上部ボディはフランスで製造された。

整備工場トラックの内部装備は、現場部隊の要望に対応していた。

燃料補給車両の「内装」。20リットル国防軍標準金属缶（キャニスター）は、空の場合4kgで満タン時は20kgであり、ベルリンのアムビブット社で開発された物の一つである。

は、目標台数5150に対して1536台が生産された。ロッシュ社（Roche）はこのシャーシをベースにフィールドキッチン（野戦炊事）車両と糧秣貯蔵車両を生産した。

西方快速旅団の大部分の装輪車両は、シトロエン社製トラック45型その他から構成されていた：整備工場車両（28台）、燃料輸送車両（64台）、衛生車両（12台）、野戦炊事車両（32台）、指揮車両（40台）、無線車両（24台）、野戦電話車両（24台）および補給段列車両（120台）。

・ロシアにおける戦訓により、シトロエン23型および45型は軍需物資の補給任務のみに用いられたことが明らかになっている。

半軌道式車両

半軌道式軽車両の開発は1910／1911年のアドルフ・ケグレスの着想に遡るが、その当時、彼はロシア皇帝（ツァー）ニコラスⅡ世の保有車両の技術責任者であり、特に冬季における車両の不整地走行能力向上に取り組んでいた。

ロシア革命後にフランスへ帰国したケグレスは、半軌道

式車両の設計に関する彼のアイディアを現実化するためにパトロンを探し、それを可能とする企業家のH・アンスタンと巡り合った。

通常の後輪車軸に代わる履帯装置は、2本のゴム製無限軌道を有し、後にそれは金属製の芯で補強された物に置き換わった。走行装置は走行転輪と補助転輪、起動輪と誘導輪から構成され、履帯長さ／履帯幅の適正な比率は不整地走行性能を格段に向上させることとなった。

企業経営者のアンドレ・シトロエンは、1921年から技術的および財務的に堅固なベースを確立し、シトロエン社製"軌道式自動車（Autochenille）"は多くの諸外国でコピー生産された。

シトロエン社の半軌道式車両は、シトロエン軌道式自動車部門社（"Citroën Départément Autochenille"）、159社、アルマン・シルヴェストル社（Rue Armand Silvestre）、クールブヴォア社（Courbevoie）で製造され、多数の車両が7.5cm野砲の牽引機材や機械化竜騎兵部隊（voiture de dragons porté）向けの輸送車両として使用された。これらの車両の多数がドイツ国防軍に接収された。

・牽引車両Ci301（f）型　7.5cm軽野砲97型牽引用
・牽引車両Ci306（f）P14P型　重野砲牽引用
・輸送車両Ci380（f）型　機械化騎兵部隊用

半軌道式車両の大量生産プログラムにより、シトロエン社は商業用としても次のような型式を販売した。なお、（）内の数値は（エンジンの）ボア／ストローク比である。

・P15NB型　　6気筒　（72×100）
・P15N型　　　6気筒　（80×100）
・P26B型　　　6気筒　（75×100）
・P28型　　　　6気筒　（80×100）
・P104型　　　6気筒　（80×100）
・P17E型　　　4気筒　（75×100）
・P19B型　　　6気筒　（72×100）
・P14B型　　　6気筒　（75×100）
・P107型　　　4.7cm対戦車砲用牽引機材

シトロエン社は1930年代中期に半軌道式車両向けシャーシの生産を中止したが、唯一、P107型のみはユニック社に引き継がれてそこで生産が継続された。

西方快速旅団向けとしては、P19型車両が兵員輸送車両と通信車両として改造されて配備された。

A4（Aggreget4：ユニット4）遠距離ロケット（一般にはV2として有名）の油圧作業用プラットホームを装備したシトロエントラック45型。オリジナルに比べて軸距が短縮されている。

シトロエンP19型は機械化竜騎兵部隊の輸送車両としての基礎を作った。ドイツ識別番号は輸送トラックCi380（f）である。

この惨状は、戦闘終了後の車両によく見られる光景である。

P7bis型走行装置を装備したシトロエンP17型半軌道車両。

フランス製オリジナル型機械化竜騎兵仕様の兵員輸送車シトロエン19型
識別番号はCi380である。

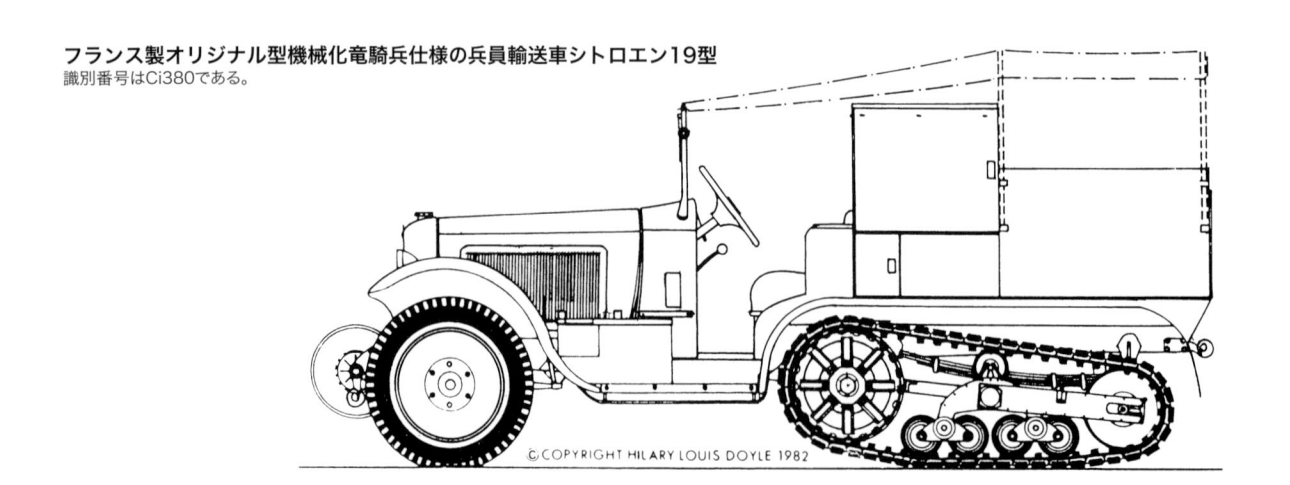

ドイツ軍が改修した兵員輸送車シトロエンP19型
西方快速旅団で使用された。

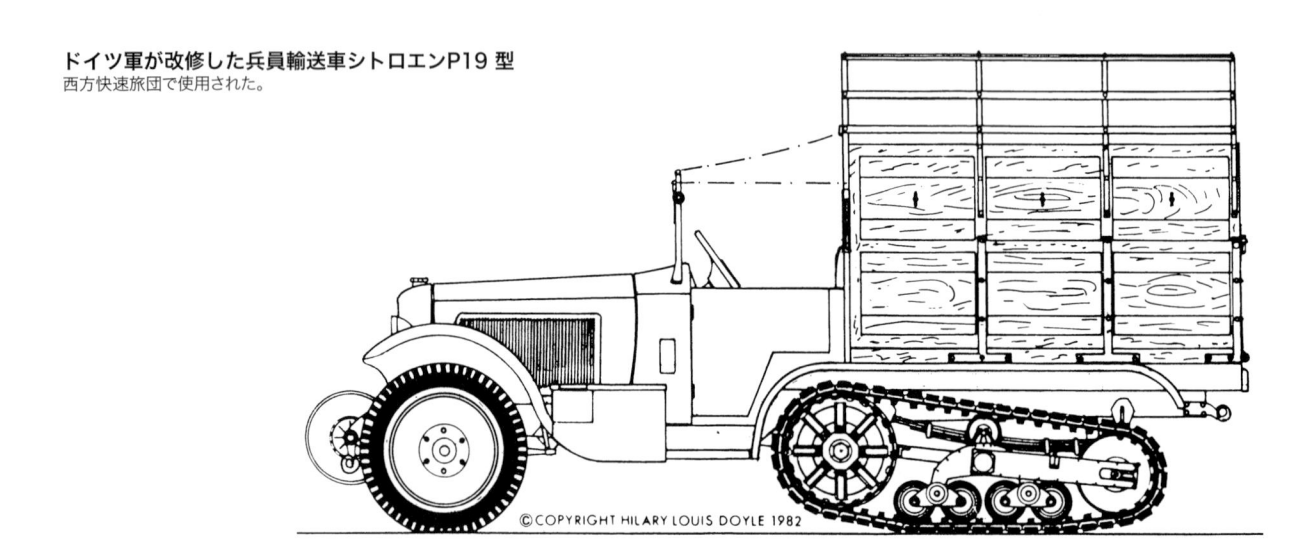

通信トラックシトロエンP19型
この車両も西方快速旅団で使用された。

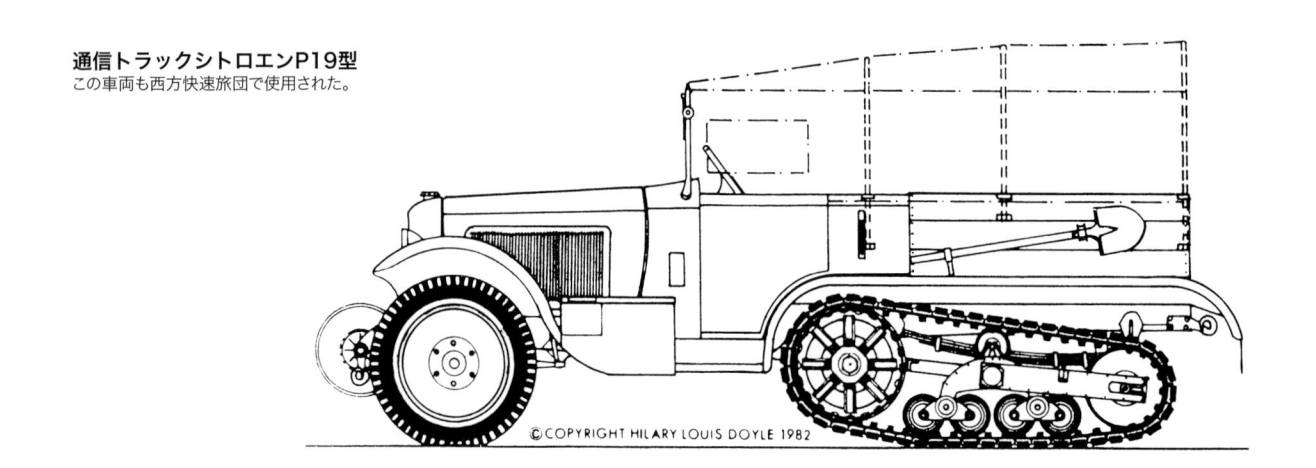

ドイツ国防軍向けに再び修理された兵員輸送車両（非装甲）シトロエン19型の前面および後面の外観。

●ドライエ自動車会社、パリ
　この会社は特に高級乗用車を通じて有名であり、完璧な量産体制で製造を行なっており、中型および大型トラックについて補完的な製造も実施した。ドライエ社は、1930年代末に同じく高付加価値の自動車メーカーで有名なドラージュ（DELAGE）社を吸収した。乗用車については、両社は第二次大戦期間中に製造することはなかった。

重トラック
　140型（シャーシ番号48000から）と140A型（830000から）は商用1.5tから2.2tシャーシを流用して製造され、42馬力の4気筒キャブレターエンジンである14UA型エンジンを搭載していた。軸距（ホイルベース）は3800mmであった。

トラック
・140型（4気筒）および140/103（6気筒）：積載重量1.5t、2.2tおよび2.7tまで
・103型（6気筒）：積載重量3tから4tまで
・111型（6気筒）：積載重量5tから7tまで、後輪駆動の4輪車両
・119型（6気筒）：積載重量9tから15tまで
　これらは4×2および6×4構造、軸距（ホイルベース）

P19をベースとした西方快速旅団向け（半装軌式）通信トラック。

4700から5500mmであり、全てのトラックはガスおよび木炭ガス装置を搭載して生産可能であった。

半軌道式車両

ドライエ社は1935年に半軌道式車両のプロトタイプを製造した。シャーシはドライエ社、履帯装置はケグレス社P16T型であったが、このプロジェクトは打ち切りとなった。

ドイツ軍向け牽引車両生産プログラム

ドライエ社とトラージュ社は、1942年に3t牽引車1000台の製造を要請された。月産台数は100台が予定されたが量産されるには至らず、ビュッシングNAG社4500型トラックの補充部品の供給を行なうこととなった。

軽3t牽引車（Sd.Kfz.11）、Hkl6型。写真はSd.Kfz.11/3である。

●エルザス自動車製作所株式会社（エルマーク）、ミュールハウゼン／エルザス

フリードリヒ・クルップ株式会社、エッセンの自動車製造部門は、1941／1942年にミュールハウゼンへ移転した。そこではもはやトラックは製造されず、12t牽引車（Sd.Kfz.8）のコピー生産に切り換えられた。

ダイムラー・ベンツ社によって開発・製造されたこの特殊車両は、社内ではDB-10と呼称された。

生産は1942年4月に開始され、連合軍が工場を占領する前のドイツ本国へ疎開する1944年10月まで行なわれた。ニュールンベルク地域で再生産が行なわれるはずであったが、戦況の悪化により取るに足りない数量のみ製造された。マイバッハHL85型の代わりに大型のHL108型が搭載予定であったが、この変更は結局行なわれなかった。

ミュールハウゼンにおいては、1942年275台、1943年292台そして1944年576台の車両が製造された。（シャーシ番号240201-241001）*

*訳者注：1943年にエルマーク社により中型8t牽引車（KMm11）51台が製造された。

その他に12t牽引車用補充部品の広範囲な製造が行なわれた。以下はその例である。
・1943年11月：400000ライヒスマルク分の補充部品　牽引車16台相当
・1943年12月：285000ライヒスマルク分の補充部品　牽引車10台相当
・1944年1月：545000ライヒスマルク分の補充部品　牽引車20台相当

重12t牽引車（Sd.Kfz.8）、DB10型。

すでに1943年11月には、連合軍の空襲により生産の一時中止に見舞われた。また、フリードリヒスハーフェンの爆撃によりマイバッハHL85型エンジンの在庫量が皆無となり、1944年5月に両社へのエンジン供給が一時的に中断された。*

*訳者注：1944年4月25日にフリードリヒスハーフェンを襲った爆撃により、工場建物の80％、生産機械の30％が損傷を受け、5月および6月のエンジン生産量はゼロとなった。

1944年8月13日にミュールハウゼンの工場は、空襲により操業時間の面において相当の被害を蒙った。また、フランスの下請け業者の被害も目立った。

1944年10月からは、ミュールハウゼンからニュールンベルクへの疎開準備のため、完全に生産を中止した。

●フランス・フォード株式会社、ポアシー（セーヌ・エ・オワーズ）およびアニエール（セーヌ）

アニエールにあるフランス・フォード製作所は、不整地走行車両の自動車メーカーとして有名なラフリー社へ第二次大戦勃発前に譲渡された。

ラフリー社はこの工場で、ドイツ軍向けとして全軌道式雪上車、ショベルカー（掘削作業車）やブルドーザーを製造した。戦争期間中、工場はフォード製トラック1000台を半軌道式車両（マウルティーア）へ改装するよう要請され、実際にこの作業は実施された。

ポアシーの主力工場は、主にV8エンジン搭載の通常型フォード3tトラックを製造し、構造部品や補充部品をベルギーやオランダのフォード社組み立て工場へ供給した。

3tトラック（フランスでは3.5t）の型式名称はG398－TSであり、排気量3900ccのV8キャブレターエンジンを搭載していた。しかしながら、このエンジンは数千台の車両に組み込まれたが、全ての兵科から（馬力不足で）例外なく不評を買った。

前輪操向（フロントステアリング）5tトラック（戦後の名称はF798型）は、当時、ヨーロッパではフランス以外に生産されておらず、3tトラックと同じ駆動装置を装備していた。

●マットフォード工場、アニエール（セーヌ）

マットフォード社はマティアス社とフォード社との合併により誕生した会社であり、マティアス製作所は元々ストラスブール（シュトラスブルク）／エルザスにあった。前輪操向（フロントステアリング）5－6tトラックF917WS型は、1938年から1940年までポアシーで生産され、それらはドイツ国防軍の使用に供せられた。マットフォード社は、排気量2200ccおよび3600ccのV8型エンジン二種類を製造していた。

1944年までに、フランス・フォード工場（フォードSAF社（フランス・フォード株式会社））とマットフォード社との間の資本提携は解消され、それ以降、マットフォード社はフォードSAF社とは何の関係もなくなった。

マットフォード社製車両はドイツ国防軍においては評判が悪く、戦闘部隊および補給部隊の要求を満足に耐えなかった。

●オールド・エスタブリッシュメント・オチキス・カンパニー株式会社、サン・ドニ（セーヌ）

オチキス社は乗用車メーカーとしては高級クラスで有名であるが、豊富な種類の不整地走行車両のメーカーとしても名高い。ラフリー社のライセンス生産によりこの種の車両を量産しており、1936年から1940年までの間、オチキス社とラフリー社はライセンス協定を締結していた。第二次大戦期間中、オチキス社が製造したドイツ国防軍向けの不整地走行車両は極少数であり、フランス軍向けの生産はいち早く1944年内に再開している。生産にあたっては、リコルヌ（Licorne）社も参加した。

乗用車

オチキス社の少数の乗用車はドイツ軍の高級司令部で使用された。

- Pkw680型（1936－1939年）3000cc、6気筒キャブレターエンジン搭載、軸距（ホイルベース）3250mm
- Pkw686型（1938－1939年）3850cc、6気筒キャブレターエンジン搭載、軸距（ホイルベース）3900mm
- Pkw686型PNA（1939－1941年）シャーシ番号81151－82318

装輪式牽引車／不整地走行軽トラック

- R15R型　52馬力4気筒キャブレターエンジン、軸距（ホイルベース）2140mm
- S20TL（4×4）1940年6月12日までの製造分（シャーシ番号1001－1326、1352－1379）
1940年8月から9月までの製造分（シャーシ番号1380－1404）
- W15T（6×6）1940年6月12日までの製造分（シャーシ番号700001－700148）
1940－1941年までの製造分（シャーシ番号700149－700249）

●イソブロック（SACA）社、アノネ、アルデッシュ

乗合バス

乗合バスシャーシ流用の大型病院車は患者30名を収容可能であり、駆動機構であるフォードV8キャブレターエンジンが車両後部に搭載されていた。

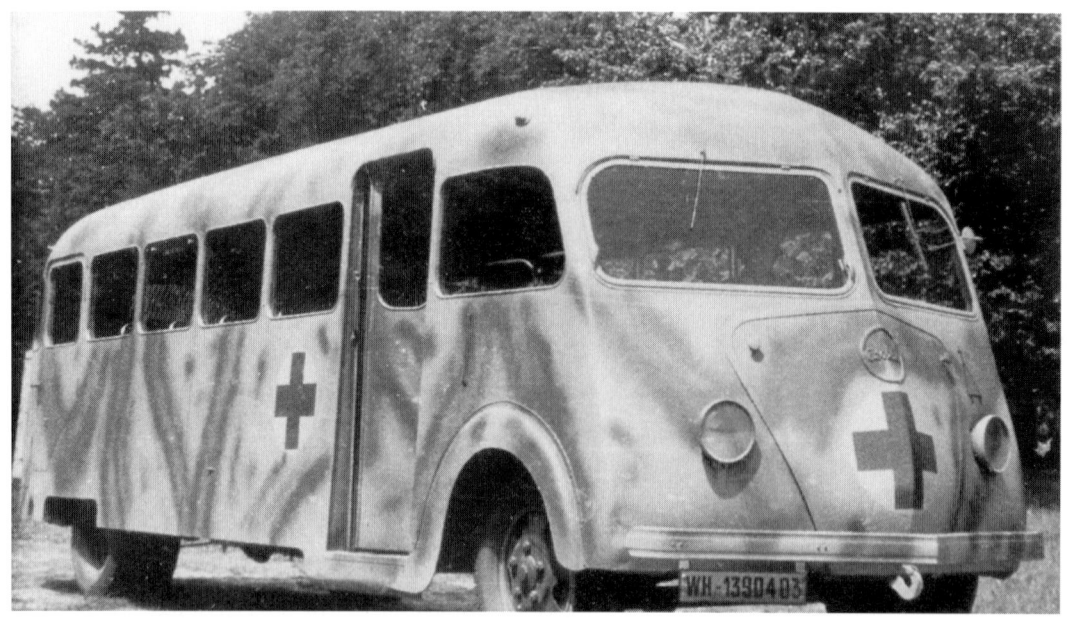

イソブロック社製大型病院車W853M型。1944年に6両が手術および救急措置用ステーションワゴンとして西方快速旅団に配備された。

・W843M型衛生自動車（シャーシ番号1720－2799）。1944年に野戦病院車両として6両が西方快速旅団で使用された。

●ラフリー・エスタブリッシュメント、アニエール（セーヌ）

　1858年創立の会社で、1.5tから16tまでの商用車両の自動車メーカーとして名高い。セミトレーラー用牽引車と特殊車両（特に消防自動車）について量産体制を築いていた。特にラフリー社は不整地走行車両で有名であり、その車両構造が複雑なためコストはかかるが非凡な不整地走行性能を可能とした。この不整地走行車両は4×4および6×6の型式があり、プロトタイプ時はプジョー製エンジン、量産時はオチキス製エンジンを搭載した。

　オチキス社は1936年から1940年の間に大量のラフリー社車両を生産し、結局、ラフリー社はオチキス社によって買収された。

乗用車
　特殊乗用車のみ供給した：
・S15R型中型乗用車（シャーシ番号143000－144299）
・V15T型中型乗用車および装輪式シュレッパー（主に2.5cm対戦車砲用）
・V15R型中型乗用車　通常のスロット式車軸タイプ（シャーシ番号186000－186999）

病院車両
・BS/BSA型　商用シャーシ流用で軸距（ホイルベース）3350mm（シャーシ番号7100－71999）オチキスエンジン"486"S15C型を搭載する不整地走行型（シャーシ番号　142000－142999）

トラック
・AL型シリーズ　商用向けトラックで積載重量6.5t
・S35TL型　タンクローリー車（ショートタイプ）
・S45TL型　タンクローリー車（ロングタイプ）　両者は6×6の全輪駆動型である

装輪式シュレッパー
　すべてがラフリー社製4輪および6輪駆動装置を装備していた。
・V15T型装輪式シュレッパー　ホイールボス・ギア駆動装置装備
・S15TOE装甲化型（シャーシ番号141000－141999）
・W15T型装輪式シュレッパー　3車軸タイプ（（シャーシ番号180000－180999）
・W15T装甲化型4.7cm対戦車砲自走砲　兵装の配置制約により後方へのみ射撃可能
・S15T型装輪式シュレッパー　同様な牽引車両（シャーシ番号145000－146999）
・S20TL型（1937年から1938年まで製造）兵員輸送車、無線車両およびタンクローリー車
・S25T型（1940年製造）10.5cm野砲用牽引機材（シャー

オリジナルのフランス軍仕様のラフリーV15T型（上）とドイツ軍仕様（下）。写真は5cm対戦車砲用牽引機材として使用している。

指揮官車両へ改造したラフリーV15R型に座るベッカー少佐。

ハブーギア伝動機構を有する軽装輪式シュレッパーラフリーV15型

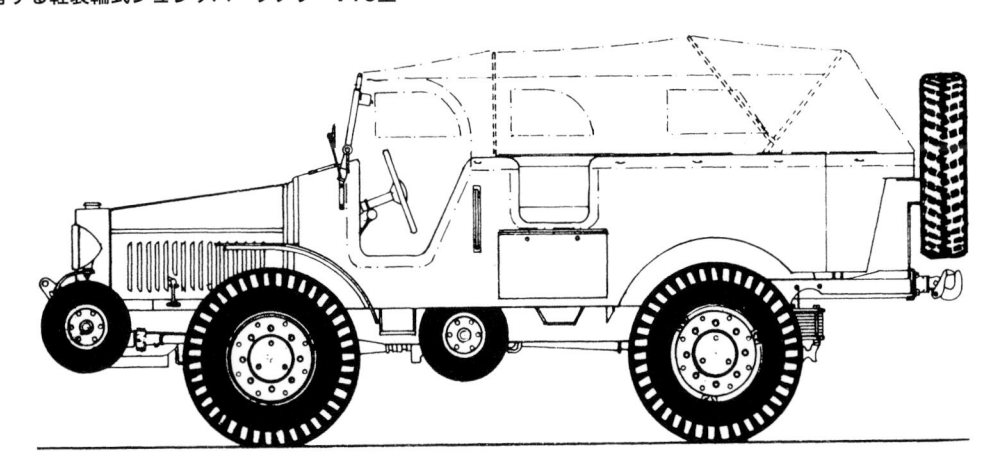

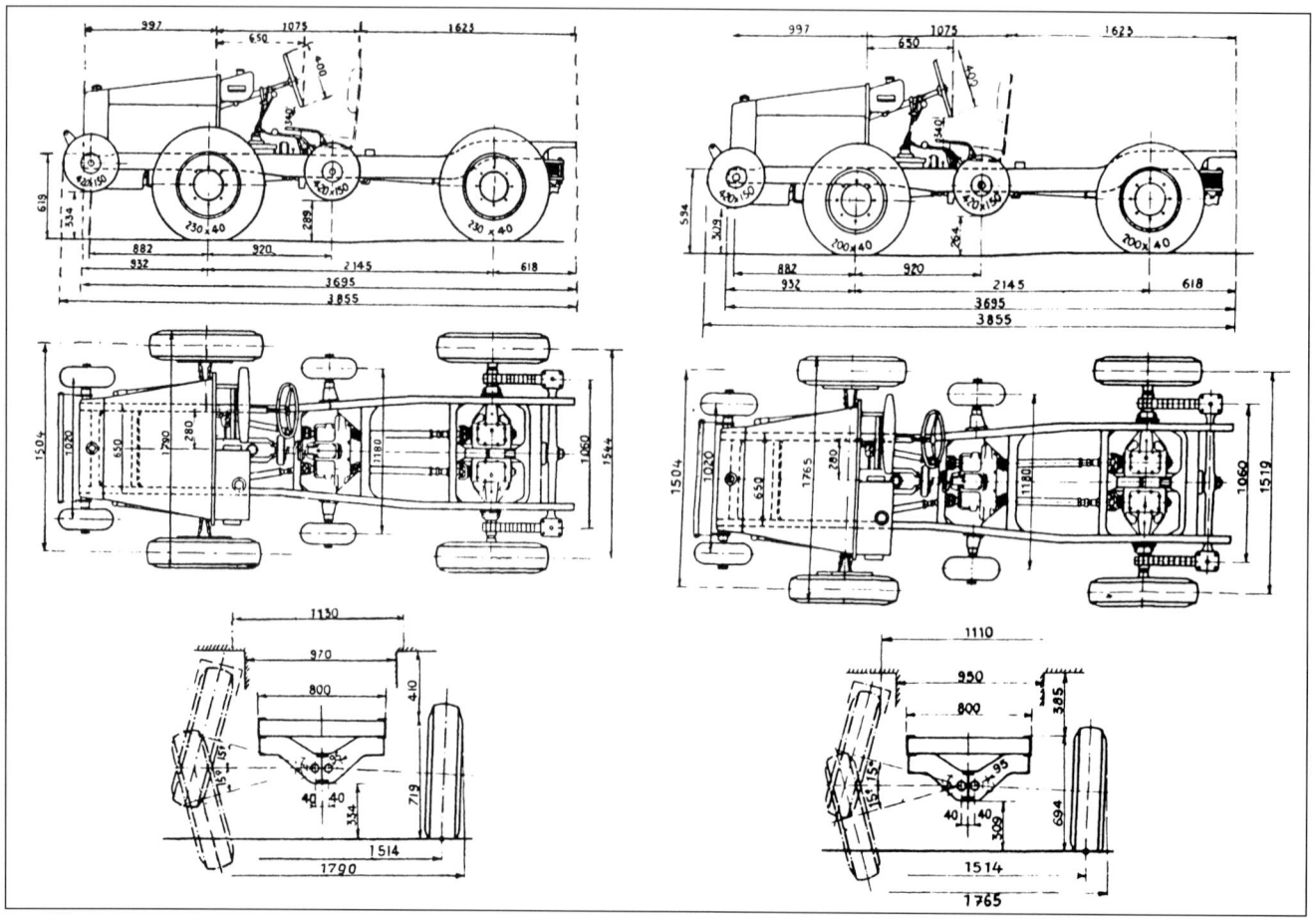

ラフリーV15TとV15Rのシャーシの技術設計図の対比

シ番号155000－155999)
- S25TL型（S25T型と同様）
- S35TL/C2型　消火用モーターポンプ装備の特殊車両
- S35T型装輪式シュレッパー　3シャフトタイプで後部にテイルスキッド（尾橇(おそり)）（塹壕を越える際の補助器材）装備
- S45T型シュレッパー　オープン式荷台を装備する3シャフトタイプ

フランス軍用の生産状況（台数）

型式	1939年	1940年
V15T	80	20
S15R	381	169
S15T	161	28
S20TL	109	—
S25T	3	105
S35T	58	149
W15T	1	—
S45T	—	15

プロトタイプも含めて合計144台が生産された。

ドイツ国防軍による使用状況

　ラフリー不整地走行車両は、多数のドイツ軍部隊によって指揮車両、牽引器材として継続使用された。西方快速旅団においては、ドイツ仕様の機材を装備した無線車両（24台）が配備された。
　特筆すべき事項は、同旅団が（ドイツ仕様の装甲上部構造を装着した）装甲化車両型を有していたことである。

ドイツ国防軍向けの生産

　1942年にフランス製戦闘戦車R40のシャーシを流用したロータリー式除雪車60台の生産がドイツから発注された。さらに装輪車両シャーシ流用の22台と全軌道式車両シャーシ流用の33台）が生産された。また、R40シャーシ119台について、ドイツ空軍用に発注され、さらに200台のドイツ製戦車シャーシがドイツ空軍へ供用された。

西方快速旅団向けにラフリーW15T型24台が電話（ケーブル敷設用）トラックとして改造された。

●ラティル自動車工業、シュレーヌ（セーヌ）

ラティル社はもっぱら商用自動車メーカーであり、主に全輪駆動や全輪操向機能を有する陸軍の重牽引車両を通じて有名であった。ドイツ国防軍はかなりの数量のラティル社製車両を接収し、重装輪式シュレッパーについては生産再開を計画した。

軽トラック
 1.2tタイプM1B型

トラック
 すべての重量クラスのトラックよび乗合バスは、キャブレターエンジンおよびディーゼルエンジン（ガードナー社のライセンス生産）を搭載していたが、木炭ガスエンジン

ラフリーW15T型に搭載されたケーブルドラムと無線装置。

搭載型も製造された。
　セミトレーラー用牽引車も同じく量産された。
　1.5t—M2B1型、2t（全輪駆動）—M2TL6型、3.5t—FB6型は、オープン式および密閉ワゴン式上部ボディを有していた。

装輪式牽引車
　M7T1が2.5cmおよび4.7cm対戦車砲用牽引機材として用いられたほか、連絡車両としても使用された。（シャーシ番号236000－236174および236485－237072）車両はオープン式および密閉式の上部構造を有していた。

軽装輪式シュレッパー
　TLシリーズは4輪駆動、4輪操向で軽砲兵用牽引機材として使用された。

ラフリーS15R型はドイツ国防軍向けに少数が継続生産された。写真はパルチザン戦に投入された車両で、後続するのはシュタイアー1500A/01型。

6輪軽輪式シュレッパーラフリーW15T

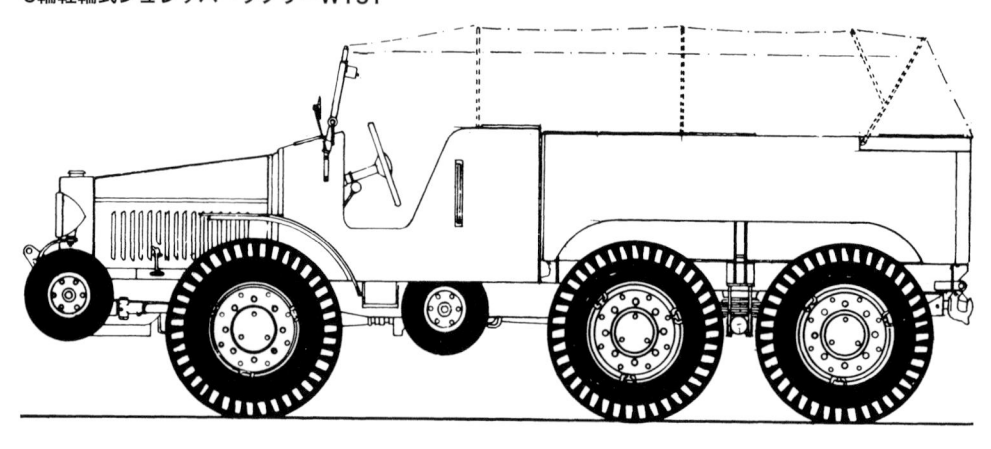

軽装輪式シュレッパーラフリーW15T型
ドイツ国防軍（西方快速旅団）向けの装甲化型である。

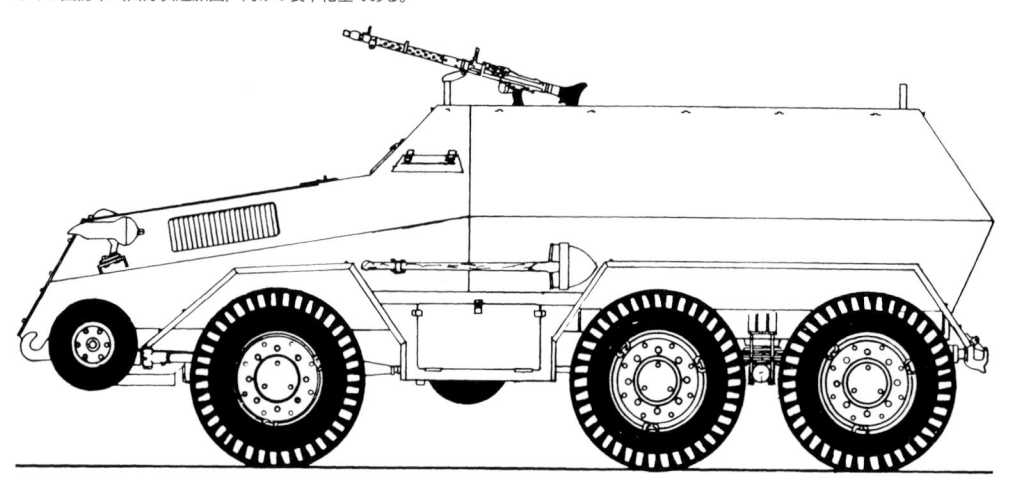

重装輪式シュレッパー

TAR量産シリーズは、短砲身および長砲身155mm野砲用牽引機材として用いられた。この車両は、すでに第一次大戦において約2000台（TPEC型）がフランス軍によって使用されていた。この車両の基本コンセプトは、短い軸距（ショートホイルベース）、4輪駆動、4輪操向であり、さらに改良された量産シリーズが1939年の第二次大戦勃発まで継続生産された。最後の二つのモデルシリーズ、すなわちTARH 1937型（シャーシ番号14900－14999）とFTARH 1939型から1940型（シャーシ番号14600－14899 および15000－15662）は、シュレッパー車両および砲兵シュレッパーとしてドイツ国防軍においても使用された。

ドイツ国防軍向けの開発

東部戦線用装輪式シュレッパー（ラート・シュレッパー・オスト）

1942年4月にヒトラーは、第一次大戦の牽引車両に倣って高い走行性能を有する単純構造の装輪式シュレッパーを優先的に生産するよう、基本的な要求を再び行った。

一方、自社開発（ポルシェ175型）を行っていたポルシェ

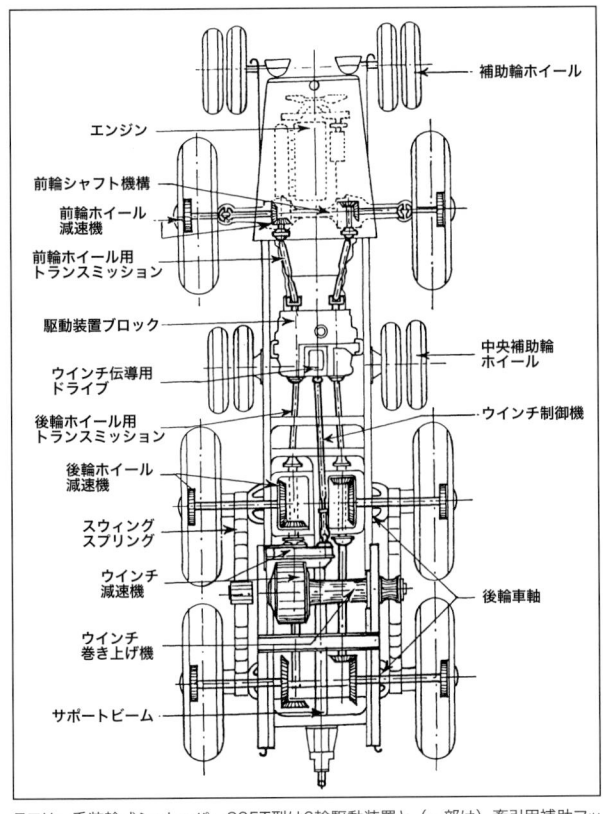

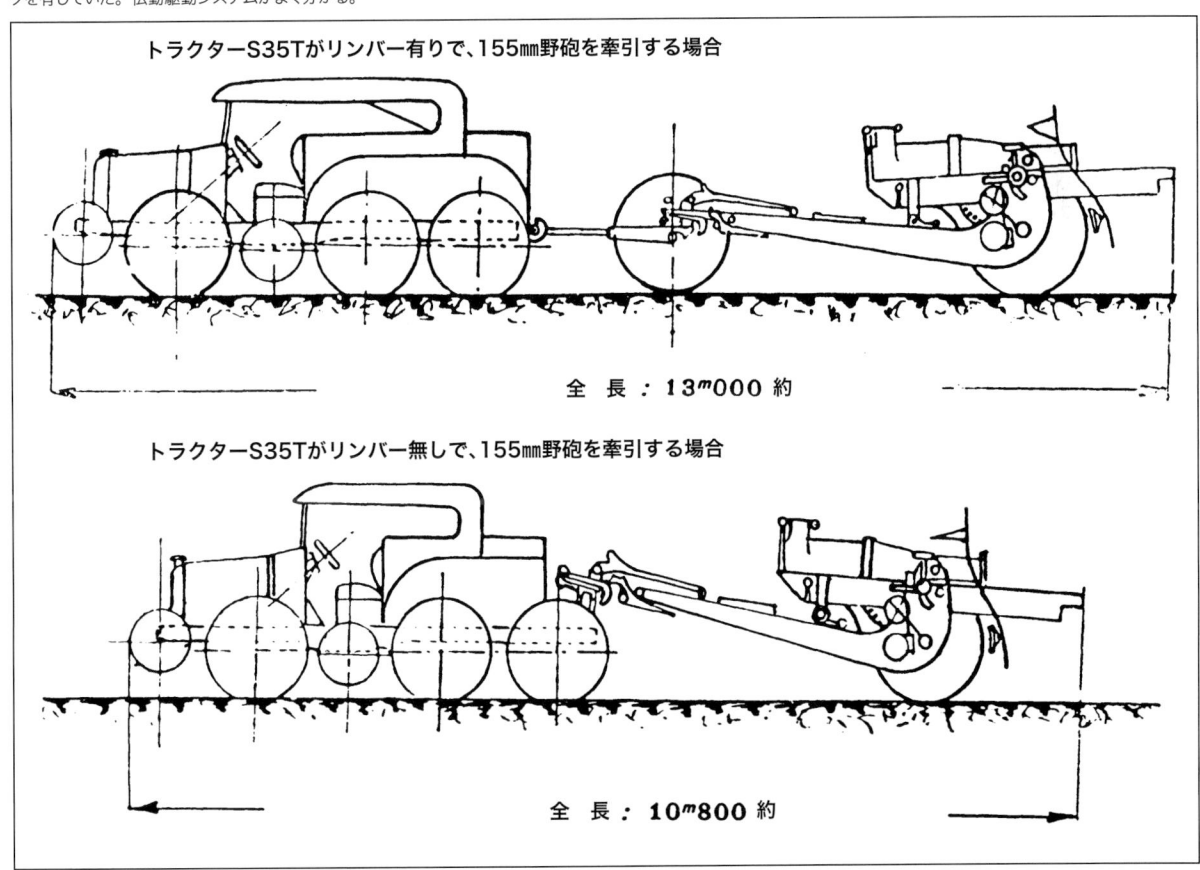

ラフリー重装輪式シュレッパーS35T型は6輪駆動装置と（一部は）牽引用補助フックを有していた。伝動駆動システムがよく分かる。

ラフリーS35T型は155mm砲の牽引機材として利用された。図は弾薬運搬用前車（リンバー）がある場合とない場合である。

少数のW15Tは西方快速旅団向けとして装甲化上部ボンネットが装着された。上の写真では、第2車輪が覆い隠されている。下の写真はオリジナルシャーシである。

重装輪式シュレッパー（f）、またはラティルトラックFTARH型。

フランスのとある車両集積場におけるラティルM7T1型装輪式シュレッパーと連絡用車両（上部右側）。

社は、陸軍兵器局の命によりラティル社が以前にフランス軍向けに製造していたFTARH型装輪式シュレッパーの再生産準備に入った。車両は基本的に直径1500mmのタイヤレスの鋼鉄式走行輪を装備することとなった。

ラティル・シュレッパーの製造は緊急とされ、1943年1月までに生産数1000台が要求された。そして、それ以降は月産数1000台を達成することが求められた。

マウルティーアの比較走行試験の結果を受け、ヒトラーは1943年4月11日にポルシェ型およびラティル型シュレッパーの開発中止を命じた。ラティル社は、この時点でようやくプロトタイプを製造したに過ぎなかった。

●ロレーヌ自動車エンジン会社、アルジャントゥイユ（セーヌ・エ・オワーズ）

ロレーヌ社は1930年代においては、チェコスラヴァキアのタトラ社のライセンス自動車メーカーとして有名であった。当時、ハンス・レドヴィンカ名誉工学博士（Dr. Ing.h.c）の有名な開発プロジェクトは、不整地における卓越した走行性能を証明した。ロレーヌ社はアルジャントゥイユ・ナショナル・エンジン製造会社（Société Nationale de Consruction de Moteurs à Argenteuil）の親会社であり、専らそのエンジンを自社製車両へ組み込んでいた。フランス軍は、この高性能の車両を限られた数量しか調達しなかった。

トラック

72型は6×4構造で少数が生産されただけであり、積載荷重1.5tで指揮車両として用いられた。

ラティル型装輪式シュレッパーオスト。プロトタイプのみが製造された。

28型は6×4構造で機械化竜騎兵部隊の作戦車両として設計された。（搭載された）4気筒キャブレターエンジンの出力は55馬力であった。12ヶ月間に3つの量産シリーズが組み立て工場から出荷された：最初のシリーズは40台（シャーシ番号70278まで）、2番目は172台（シャーシ番号70279から）、そして最後は120台（シャーシ番号70606まで）であり、合計332台であった。上部ボディは任務目的に応じて製造された。

24/58型は積載荷重8.5tのトラックタイプであり、フランス軍ではタンクローリー車（容量9000リットル）として用いられたが、少数が製造されただけであった。

ドイツ国防軍の発注

1942年にリュネヴィル（Lunéville）のディートリヒ・ロレーヌ社は、18t重牽引車500台の発注を陸軍兵器局から受注した。

装輪式シュレッパーオストの比較走行試験。ラティル型（左）およびポルシェ型（ポルシェ175型）。

ロレーヌ社はタトラシャーシをライセンス生産した。写真はロレーヌ72型シャーシの上面および側面を撮影したもの。

18t重牽引車（Sd.Kfz.9）、F3型。

● オールド・エスタブリッシュメント・パナール＆ルヴァソール株式会社、ディヴリー通り19番地、パリ

この会社は世界でも最も古い自動車メーカーの一つである。その装甲化装輪車両は広く知られていたが、工場の生産能力は限られていた。

乗用車

1939年から1940年までに2種類の乗用車が生産されており、両者は軸距（ホイルベース）2970mmであった。シャーシ番号は（ ）内を参照されたい。81型は4および6枚の側窓（サイドウィンドウ）を装備（222276－223100）、82型は4枚の側窓タイプ（231040－231150）であった。

トラック

生産の主力はトラックであり、商用型のトラック合計約1400台がドイツ国防軍へ供給された。

3.5tトラックK101型はフロントステアリング（前輪操向）タイプ、軸距（ホイルベース）3720mmでキャブレターエンジン搭載（116001－117149、117150－117640）。

4.5tトラックK117型（114501－114526、114531－114533、114538）。

5tトラックK125型はフロントステアリン（前輪操向）タイプ、軸距（ホイルベース）4600mmでキャブレターエンジン搭載（192011－192499、192513－192999、194001－194128、196001－198285）。

5tトラック155/172型（1942年－1943年）はフロントステアリング（前輪操向）タイプ、軸距（ホイルベース）3800mmで4気筒キャブレターエンジン搭載（550001－551030）。

これらの車両は、密閉ワゴン式整備工場型の上部ボディを持つ物も製造された。

装甲化車両に関する指示*

自社製の装甲偵察車両238台については、ドイツ国防軍の指示に基づき、工場で全面的オーバーホールが行われた。

*注：「装輪装甲偵察車」の章を参照。

ドイツ牽引車プログラム向けの生産

ボルクヴァルト社はパナール・ルヴァーソル社に対して全面（生産）委託をすることとなり、1942年3月17日にパナール社において月産100台の8t牽引車をコピー生産する決定がなされた。契約では1000台以上の8t牽引車を生産することとなった。このため、ボルクヴァルト社の雛型車両が工場に提供された。しかしながら、実際は部品生産に止まり、1000セットの履帯がボルクヴァルト社へ供給されただけであった。

●プジョー自動車株式会社、パリおよびその他工場

ソショー（Sochaux）にある主力工場は1939年9月現在で労働者約15000名が従事し、年間生産高は自動車約84000台に達していた。そのうち90%が乗用車であり、残りは1.2t積載荷重の小型トラックであった。

乗用車（連絡車両）

主力は202型および402型であり、多種のバリエーションがある。

202型は63908台が生産され、その他に1942年までに小型トラックタイプ3112台が生産された。202型は軸距（ホイルベース）2550mmであった（シャーシ番号430000－450000および825000－870000）。

402型シリーズは次のような生産量であった。

・1939年の戦争勃発まで：402型30790台　402B型6334台、402E型3025台、402LE　型384台（シャーシ番号593500－610000その他）

・1943年まで：402型9340台、402BLE型225台、402BL型4287台、402BE型2280台

東部戦線へ投入されたプジョー社製乗用車は、基本的にファイフェルフィルターを装備した。ドイツ国防軍の評価としては「不整地には不適合」とされたが、その他は特段の指摘はない。

トラック

自動車製造に関する全権委員会の全面（生産）委託プロ

8t中型牽引車（Sd.Kfz.7）、HL11型。

プジョー乗用車202型。

グラム（シェルプログラム）により、プジョー社は次のような生産量を受け持つこととなった。（抜粋）
- 1943年：2tトラック4200台
- 1944年（公式資料なし）

1.2tおよび2tトラックタイプの実際の生産量は次の通り：
- 1939年／1940年：1.2tトラック21688台
- 1940年／1941年：1.2t-1.4tトラック10163台
- 1941年／1942年：1.4t-2tトラック10000台
- 1942年／1943年：2tトラック4662台
- 1943年／1944年：2tトラック900台　そのうち530台は1944年第一四半期製造合計で47413台が生産され、このうち90％がドイツ国防軍向けであったが、300台以上が木炭ガスエンジン搭載タイプであった。
- 1.4tトラックDK5型：約12500台（シャーシ番号900000－912500）
- 2tトラックDMA型：約15309台　最初の500台はCOTALギアシフト変速装置。

1941年3月から1944年9月まで生産（シャーシ番号926001から）

（以上のことからわかる通り）1.2tおよび2tトラックは、ドイツ国防軍にとって有用な軍用車両であった。

ドイツ国防軍向けトラック生産計画

1943年6月、プジョー社はフォルクスヴァーゲンのパテントを取得した。最初はVW82型および166型の部品製造、最終的にはこのモデルのフル生産を開始する計画であり、ソショー工場での生産が予定されていた。

ドイツ牽引車生産用として、プジョー社は履帯ブロックおよび履帯ボルトその他を製造した。履帯用軸受けピンはパリのナデラ（Nadella）社より供給された。

1942年3月17日にプジョー社は、月産150台の1t牽引車をコピー生産することが決定されたが、量産には至らなかった。

ドイツ国防軍の「自動車化」に貢献するのはプジョー1.4tトラックDK5型。（ドイツ公文書館）

プジョー2tトラックDMA型は相当な数がドイツ軍へ供給された。商用車両型の前面および後面の様子。

この車両にとってロシアの道路状況はとても太刀打ちできるものではなかった。(ドイツ公文書館)

● ルノー工場株式会社、ビアンクール（セーヌ）

1940年にドイツ国防軍に接収されて再使用された主要タイプも含めて、1940年から1944年までの生産プログラムを次に示す。()内はシャーシ番号である。

乗用車（連絡車両）
・AEB2型、ADC2型、BDS2型（920208－980735）
・BDS3型（980000－980900）
・BDH1型、BFK1型および2型、BHF型、BFP1型（980532－1003596）

トラック
・AGC1型（798812－862870）
・AGC2型（865412－1101235）
・AGC3型（920208－1027421）
・AFB1型（798812－980735）
・AFB2型（938600－993500）

軽トラック
・AGC1型、AGC2型、AGC3型、ADK1型（737856－980735）

トラック
・AHN型（1008324から）
・ADH1型（737856－1008323） 無線車24台が西方快速旅団へ供給
・AHR1型（1018500－1036500）
・AGR2型（870400－1008900）

フランス製トラック戦時生産プログラムでの生産計画値と生産実績値については、ルノー社においては次のような状況であった（ただし生産量には欠落部分あり）。

型	1943年 実績／計画	1944年 実績／計画
AGC3型	704/1000	－/－
AHN型	1730/7000	2138/9860

AHN型3.5tトラックの最後の47台は、1944年6月にドイツ国防軍へ供給された。接収されたフランス製トラックの大部分は、東部戦線投入時にはファイフェルフィルター（ノイマン型）が装備された。

ドイツ牽引車（生産）プログラム向け生産
3tおよび8t牽引車用部品のみ製造された。

1942年5月8日から5月30日まで開催された東部戦線の戦訓報告会において、ルノー社製トラックの軍事使用の適否が次のように述べられている。
AM1型トラック（軍用としては不適）、AHN型2.5tトラック（軍用としては不適）、AGR2型3tトラック（軍用として適合）、4.5tトラック（軍用として適合）、6tトラック（軍用として適合）。

ルノートラックADH1型はフランス軍によって以前から無線車として使用されていたが、西方快速旅団においても24両が配備された。

給油作業中のルノー2tトラックADK1型で、ドラム缶から標準燃料缶（キャニスター）へ詰め替えているところ。

ドイツ軍に接収される前のルノー社製2tトラックADK型。

ドイツ軍整備部隊において8t牽引車KMm10型を修理する2tトラックADK型。

ルノー3.5tトラックADR1型。

ロシアのいずれかで撮影されたルノー社製の戦時生産タイプの積載量2tトラックAHS1型。

ルノー3tトラックAHN型は、数千台がドイツ軍へ供給された。

●ザウアー自動車工業、シュレーヌ（セーヌ）

　この会社は、すでに第一次大戦時に車両をフランス軍向けに供給しており、主力工場はスイスのアルボン、フランスの分工場がシュレーヌ(Suresnes)にあった。主にトラックを生産し、1909年に支店および工場がシュレーヌに設けられたが、会社自体は1954年に解散した。

トラック

　フランスのドイツ戦時生産プログラムにより、ザウアー社は戦争終結まで4.5tトラックを生産した。

　　　4.5tトラック　1943年　計画1770台／実績1374台
　　　　　　　　　　1944年　計画1095台／実績384台

　4.5tトラック3CT1型（シャーシ番号54000から）は排気量7970cc 6気筒キャブレターエンジンを搭載し、3CT1D型は6気筒ディーゼルエンジンであった。

　また、密閉ワゴン式上部ボディ装備の車両もあった。現地部隊は、同トラックについては軍用に適合と評価している。

●シムカ工業、パリ

　第二次大戦以前から会社は存続しており、拡張された大規模生産工場を有していた。シムカ社は1943年にフランス自動車メーカー企業連合の議長に選出されたが、特に終戦後に大量のトラックを生産したことで知られる。

ドイツ国防軍向け開発および生産

　シムカ社は1942年にNSU社が開発したケッテンクラートのコピー生産を行なうよう要求され、雛型車両1台がフランスへ供給された。オリジナルのオペルエンジンを搭載した試験走行が行なわれたが、定格出力の40％が冷却装置だけに使い果たすという結果であった。シムカ社は1100ccシムカ製4気筒エンジンの搭載を提案し、プロトタイプ1両が製造されたが、量産には至らなかった。

　その他にドイツ国防軍向けとして、1t、3tおよび8t牽引車の履帯フルセットを供給した。これらの履帯用ゴムパッドは、フランスのユッチンソン(Hutchinson)社、ダンロップ社およびパウルストラ(Paulstra)社から提供された。

NSU社で開発された小型履帯走行式オートバイ（ケッテンクラート。Sd.Kfz.2）は、シムカ社によってコピー生産された。写真はトレーラー付車両の正面を撮影したもの。

●タルボット社、シュレーヌ

　シムカ社は伝統あるダラック（Darracq）社を以前に合併していたが、タルボット社もシムカ社により吸収合併された。タルボット社は占領期間中の1941年6月1944年8月には、ドイツ製牽引車およびビュッシングNAG社製S4500型トラックのクランクシャフトを製造した。

　ダラック社は、1942年に装甲戦闘車両38（t）用のヴィルソン型変速／操向装置（ギアシフト／ステアリング装置）のフル生産を行った。

●砲兵機械製造工場会社（ソミュア）、サン・クーアン（セーヌ）

　1914年に軍需産業コンツェルンのシュナイダー社の姉妹会社として設立された。企業向け商用車両および軍用特殊車両を供給した。

トラック

　積載荷重3.5tから10tの商用トラック、同特殊上部ボディ仕様、地方公共団体仕様および消防車両が生産された。

　ソミュア社は1930年代には2種類のベースエンジン、すなわちボア／ストローク100mm×150mmの4気筒および6気筒キャブレターエンジンとボア／ストローク115mm×150mmの6気筒エンジンを使用していた。車両はディーゼルエンジンを搭載することも可能であった。キャブレターエンジンは、半軌道式車両の大部分に搭載された。

ソミュア社にとって最初の半装軌式車両のMCG4型。写真は重砲用牽引機材として使用中のセミトレーラー仕様である。

ソミュアMCG型シャーシの側面。

ソミュアMCL型の走行装置の詳細。

ソミュアMCG型牽引車
識別番号S307(f)、標準基本型(4面図)

© COPYRIGHT HILARY LOUIS DOYLE 1988

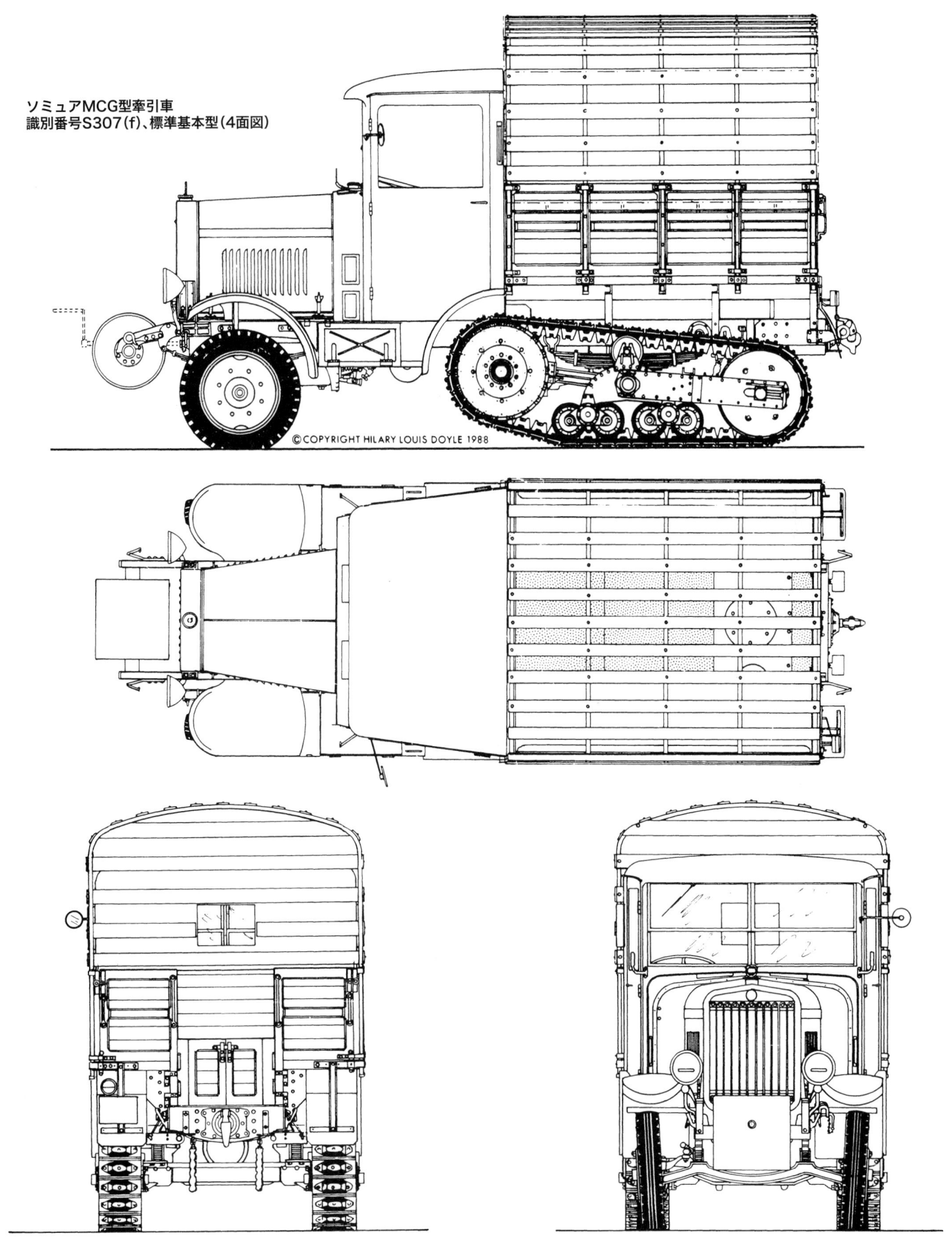

71

半軌道式車両

すでに1920年代末に、ソミュア社はケグレス・アンスタン・システムを採用した半軌道式車両を軍に供給したほか、個人向け車両も供給した。技術仕様の違いにより、2種類のベースタイプ、MCG型およびMCL型があった。

以下にソミュア半軌道式車両の開発史を簡単に述べるが、資料図面はヒラリー・L・ドイルの作図によるものである。

MCG4型

MCG4型は1920年代末に開発され、ケグレス社製P16T型履帯を装備した走行装置を有していた。4気筒キャブレターエンジンはボア82mm、ストローク142mmで55馬力であった。

1932年にMCG4型は、15.5cm短砲身榴弾砲の牽引機材として使用することが提案され、このために特殊セミトレーラーが開発された。車体長4165mm、車体幅1888mmで操縦席キャビネットは側面および上面がオープンであった。

MCG5型

1933年10月にソミュア社は、MCG4型の後続機種であるMCG5型を発表した。エンジン出力は新型駆動装置によりアップし、60馬力となった。最大速度は路上で40km/hであり、航続距離は170kmであった。

履帯幅は300mmであり、8000kmの走行寿命が予定された。超壕性能を高めるためにシャーシ終端部に補助転輪が装備され、これにより車体長は5300mmと延伸された。車体重量は6250kgであった。

1934年にソミュア社はMCG5型のセミトレーラータイプを開発し、15.5cm短砲身榴弾砲GPF用の牽引機材として用いられた。この型式名称はMCG11型であり、初期型は操縦席キャビネットの側面および上面がオープンであったが、後期型は密閉式となった。量産は1935年から開始され、合計2543台が生産された（シャーシ番号892－3034）、（MCG11型3201－3600）。

フランス軍用に特殊上部ボディを組み込んだ車両が多数製造されたが、1940年以降もドイツ部隊によって有意義に継続使用された。

MCL5型

MCG5型の発表の同時期、1933年10月にソミュア社は、大型化した強化型半軌道式車両であるMCL5型を発表した。この車両は主に15.5cm長砲身榴弾砲GPFの牽引機材として計画され、85馬力の4気筒キャブレターエンジン23型を搭載していた。

履帯装置がMCG5型に比べて強化され、砲兵牽引車としては再びセミトレーラー方式が採用された。1935年にフランス軍は、ラフリー社製装輪式シュレッパーS35型により15.5cm榴弾砲を牽引することを決定した。それにもかかわらず、MCL型のシュレッパー796台が生産され、重量車両の回収車両として用いられた。これらの車両は、ラーメン（外枠）構造のフレーム終端部分に強化されたワイヤーウィンチ装置と地面に沈降可能なトレールスペード（駐鋤）を有していた。MCL型は、生産と平行して継続して更なる開発がなされた。

ケグレス社製履帯は幅350mmに拡大され、ゴムパットの小部品がついた鋼鉄製履帯が装備された。このため走行装置が、やむを得ず変更されることとなった。新型駆動輪と誘導輪並びに2個の補助転輪が特徴的な改良個所である。

3番目のタイプは軸距（ホイルベース）が3090mmに延伸されたもので、履帯幅も360mmとなった。4番目のタイプは走行装置の懸架機構がさらに強化された。

最終タイプは履帯幅がもう一度拡張され、390mmとなった。新型駆動輪は20枚歯であり、土砂を排出する開口部を装備する予定であった。走行転輪は延伸された懸架装置によりサポートされていた。

MSCL5型

さらなる強化型牽引車であり、105馬力の6気筒FEエンジンを搭載していた。頭文字のSは6気筒エンジンを意味する。このエンジンで特筆すべきことは、簡単にガソリンエンジンから85馬力ディーゼルエンジンへ換装可能であった点である。

MCL型用として次のようなシャーシ番号が、シャーシ下請け業者へ供給された：(1732－2099、2450－2628および7002－7250)

6気筒FEエンジン装備のソミュアMSCL5型。

MSCL12型

1938年にソミュア社から、15.5cm長砲身カノン砲用牽引機材として更なる強化が提案された。再度、セミトレーラー方式が提案されたが、この場合、130馬力エンジンが搭載され、軸距（ホイルベース）は更に3150mmに拡張された。

ドイツ国防軍によるソミュア車製半軌道式車両の使用

ベースタイプのMCG型およびMCL型はドイツの規定が適用されたが、通常の識別番号であった：
・S303（f）牽引車型、MCLタイプ
・S307（f）牽引車型、MCGタイプ
両タイプは、戦車猟兵および砲兵部隊で重砲（7.5cm対戦車砲含む）用牽引機材として用いられた。

「西方快速旅団」向けの型式においては、両ソミュアタイプがバウコマンド・ベッカー（ベッカー特別生産本部）により重要な役割を演じた。この車両の大部分は装甲化されていたが、年々の資材不足により充分な装甲化は不可能であり、装甲板並びにその加工作業の品質には問題があったということは申し述べておかなくてはならない点であろう。ベッカーによって改造されたほぼ全ての車両は、MCG型シャーシをベースとしていた。

・7.5cmPak40型搭載戦車猟兵（対戦車）自走砲（72両）
・装甲化弾薬輸送車（48両）
・側面に取り付けられた超壕工兵橋を装備した工兵装甲車
・軽16連装迫撃砲（36両）

この車両の後部にある360度旋回可能なプラットホームには、迫撃砲16門（今日的には臼砲（メルザー））が2列に配備されていた。迫撃砲は砲身上部が互いに留め金で固定されており、単独射撃または斉射が可能であった。公式名称は「多連装迫撃砲発射装置RG16型」であり、砲身仰角は40度から90度であった。

MCL型シャーシは次のような車両に流用された：
・MCG型と同様にフランス製8.14mm迫撃砲278（f）型装備の重20連装迫撃砲（16両）。最初の兵器展示は1943年にヒラースレーベンで行われ、重装備中隊に配備された。
・48連装Raketenwerfer（ラケーテンヴェルファー：ロケットランチャー）自走砲（6両）

8cmロケットランチャーは48連装の移動用発射ランプの一種であり、梯子状のレールが2段重ねとなっていた。方向射界は手動ハンドルで360度、高低射界は45度までであった。プログラムされた点火順序に従い、全てのロケットを一斉射撃することも可能であった。

工場前のソミュアMCG5型牽引車。

ドイツ国防軍で輸送車両として使用中の全軌道式トレーラー付MCG5型。

製造中のソミュアMCGシャーシを流用した戦車猟兵自走砲のプロトタイプ。最終的なデザインを確定するために、車両前部の外覆板はまだ木製である。

7.5cm対戦車砲40型を搭載したこの戦車猟兵自走砲は、72両が製造された (1943年5月)。

MCGシャーシを流用した装甲化弾薬輸送車は、48両が製造された。

第200突撃戦車旅団（訳者注：正式名は第200突撃砲旅団）を訪問した際にMCG工兵装甲車型を視察するE.ロンメル元帥。

MCG工兵装甲車型は側面に超壕架橋用ホルダーを装備していた。

ソミュアMCGベースの7.5cm対戦車砲40型自走砲、識別番号S307(f)

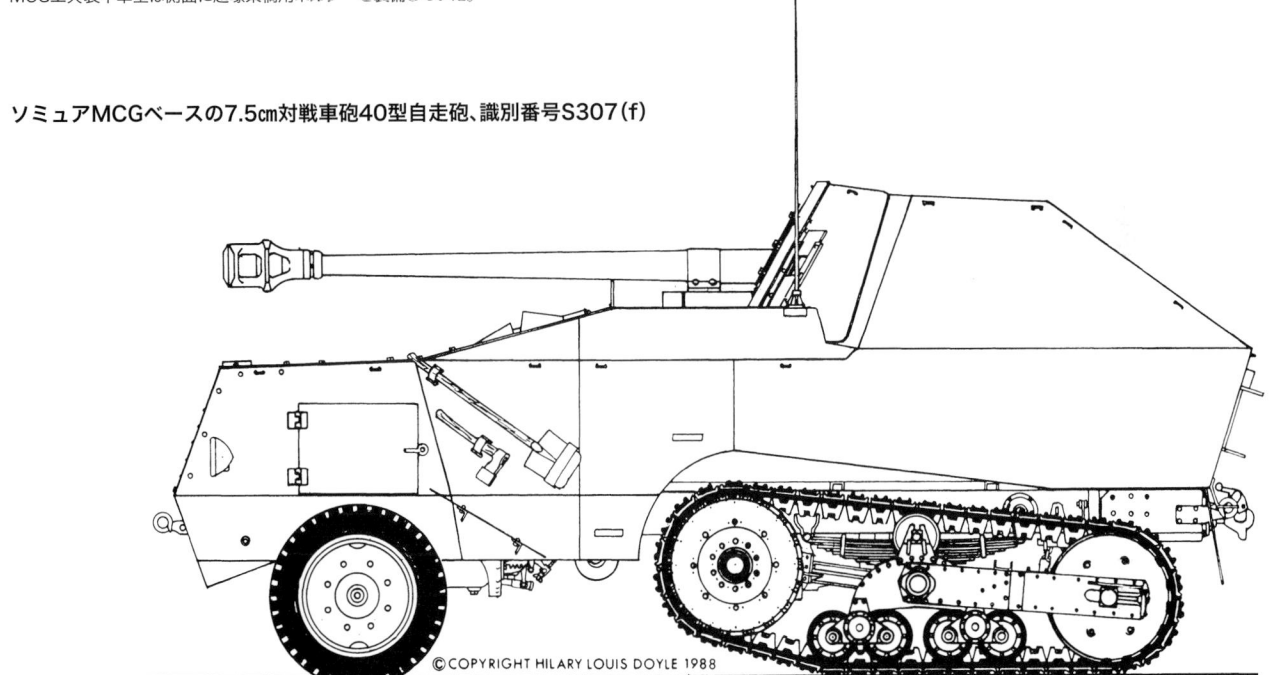

ソミュアMCGベースの装甲化弾薬輸送車、識別番号S307(f)

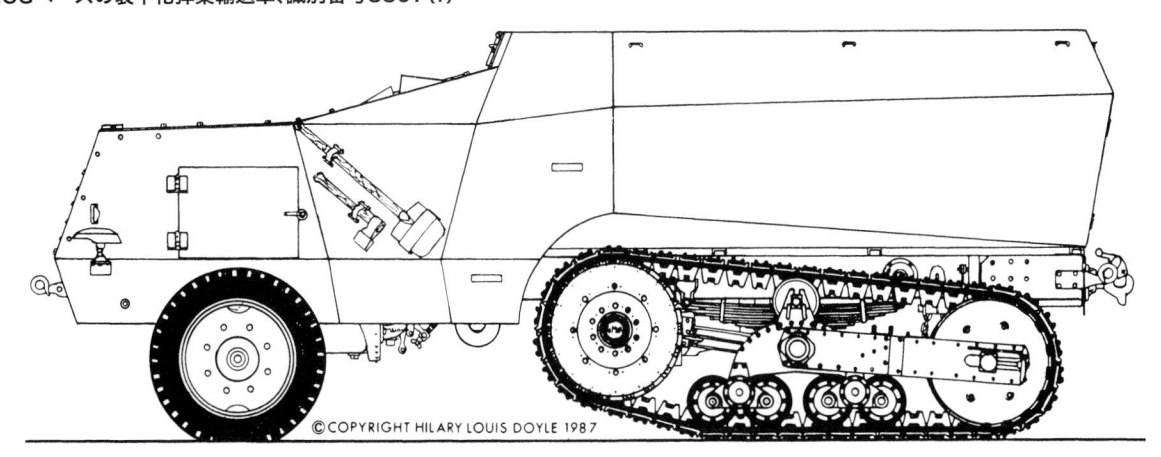

75

MCGシャーシ流用の軽多連装迫撃砲は、360度回転可能なプラットホームに迫撃砲身16本を装備していた。写真は製造中の車両を写したもの。

軽多連装迫撃砲の前面および後面の様子。36両が製造された。

乗員が照準調整中の「多連装迫撃砲発射装置RG16」(1943年5月の初回射撃時)。

ソミュアMCGベースの工兵装甲車、識別番号S307(f)

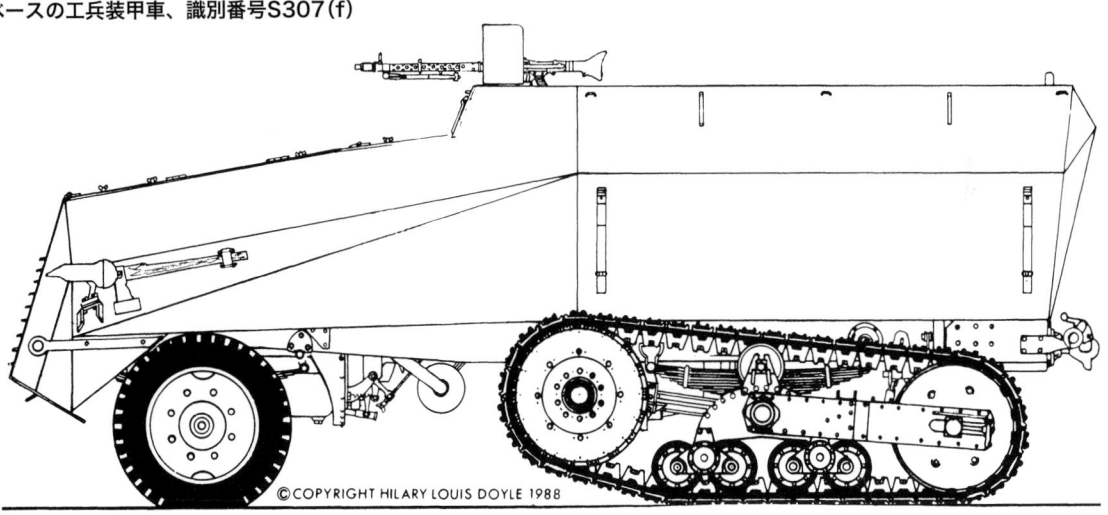

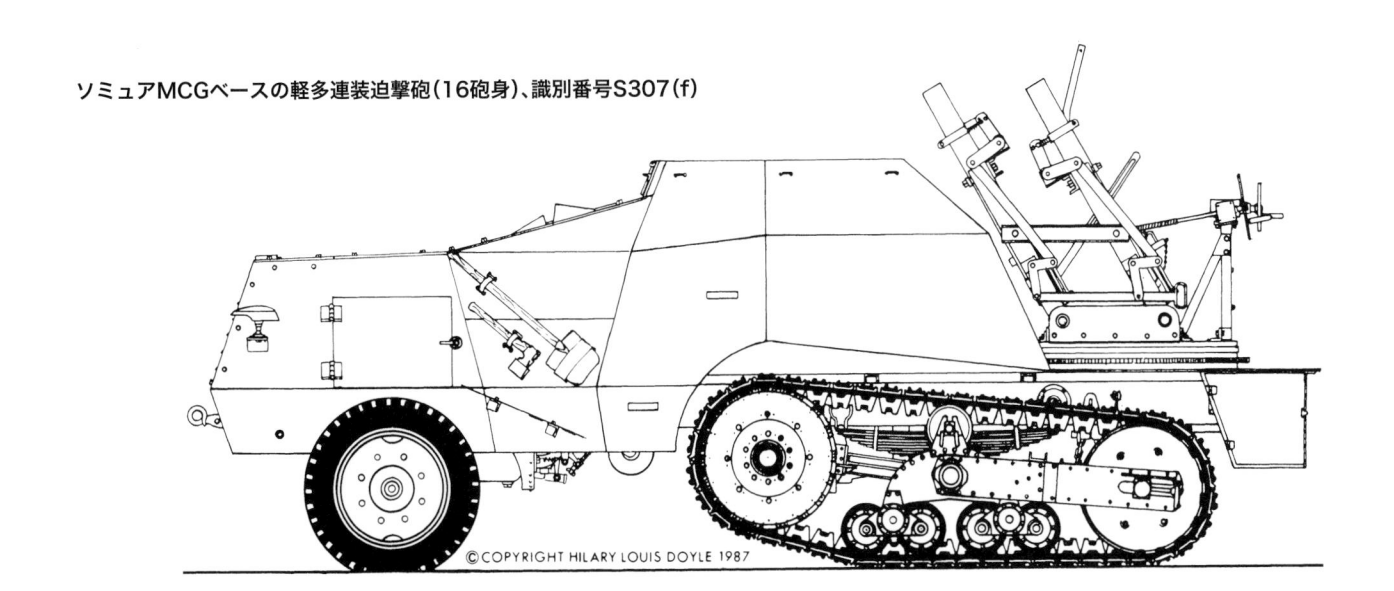

ソミュアMCGベースの軽多連装迫撃砲(16砲身)、識別番号S307(f)

77

ソミュアMCGシャーシベースの20本砲身装備の重多連装迫撃砲の前面および後面の様子。合計16両が製造された。

ソミュアMCLシャーシベースの8㎝多連装ロケットランチャー。元々は武装SSによって開発されたものであるが、西方快速旅団向けに6両が製造された。

雛形はソ連のカチューシャ（スターリンのオルガン）である。写真は8㎝ロケット弾を発射ランプへ装塡中の様子を撮影したもの。

発射装置を視察中のロンメル元帥。左横にいる突撃砲兵の制服姿がベッカー少佐である。

最初の8㎝多連装ロケットランチャー装甲型は、オペルマウルティーアをベースとしたものであった。オリジナル設計に対して、操縦キャビネットは後方へ拡張されている。写真は製造メーカーである武器製作所ブリュンにて1942年3月に撮影されたもの。

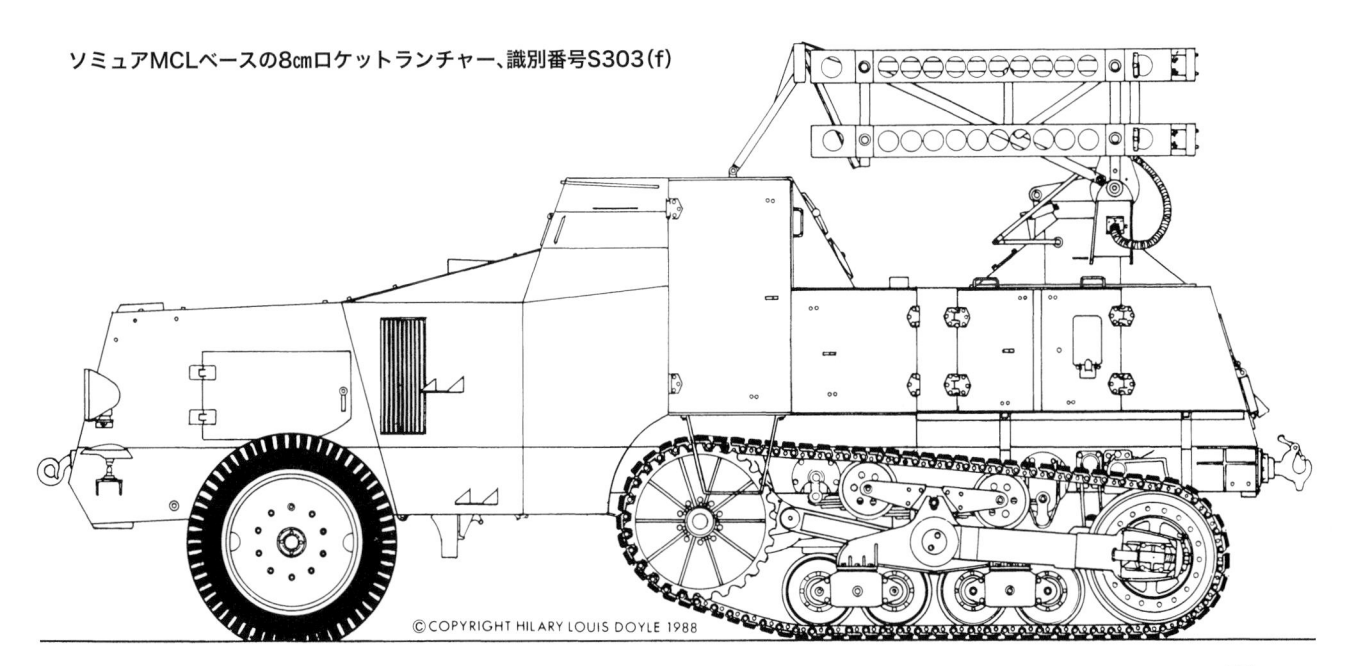

ソミュアMCLベースの8㎝ロケットランチャー、識別番号S303(f)

© COPYRIGHT HILARY LOUIS DOYLE 1988

ソミュアMSCL牽引車、識別番号S303(f)
標準基本型

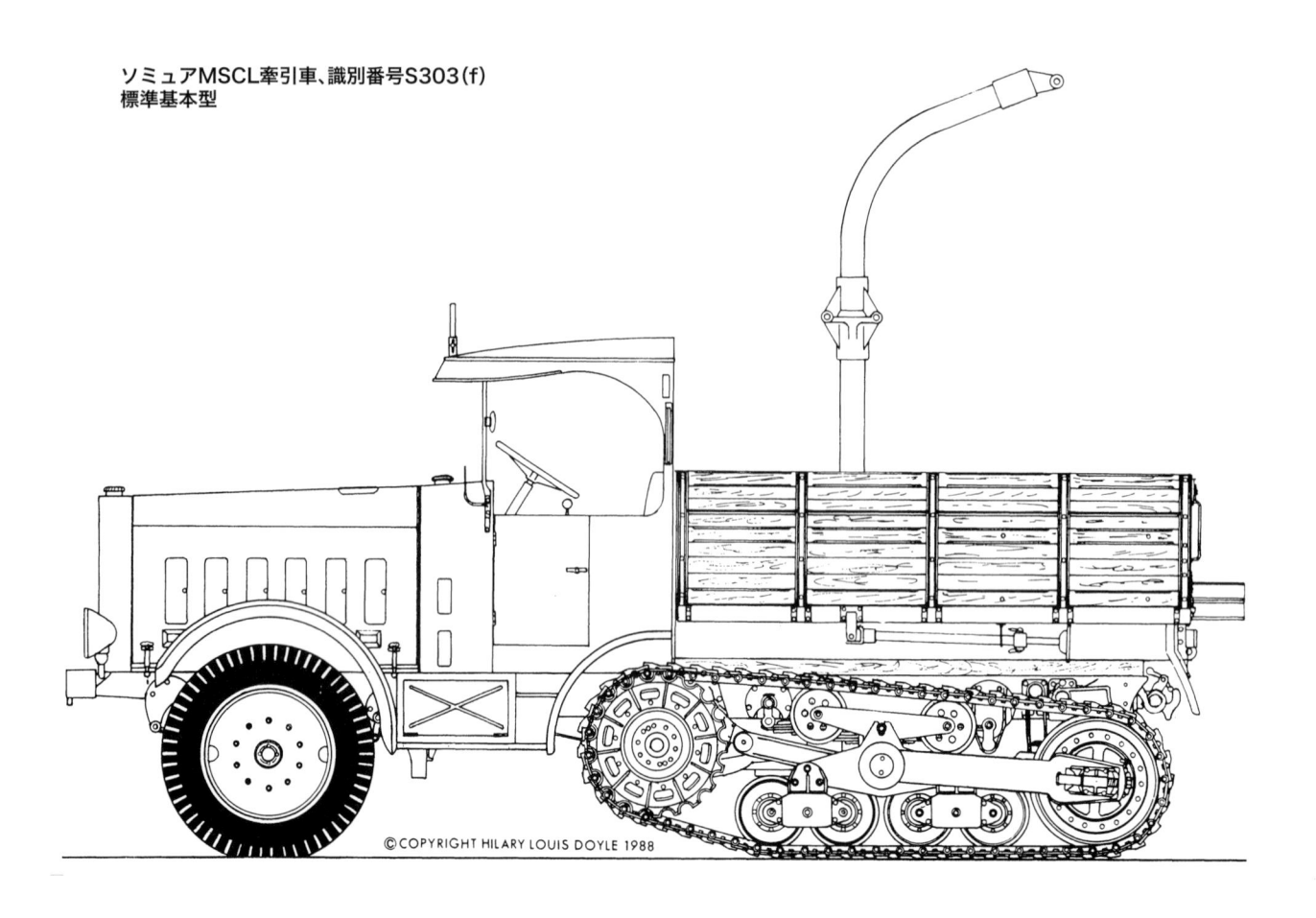

ソミュアMCLベースの重多連装(20砲身)迫撃砲
識別番号S303(f)

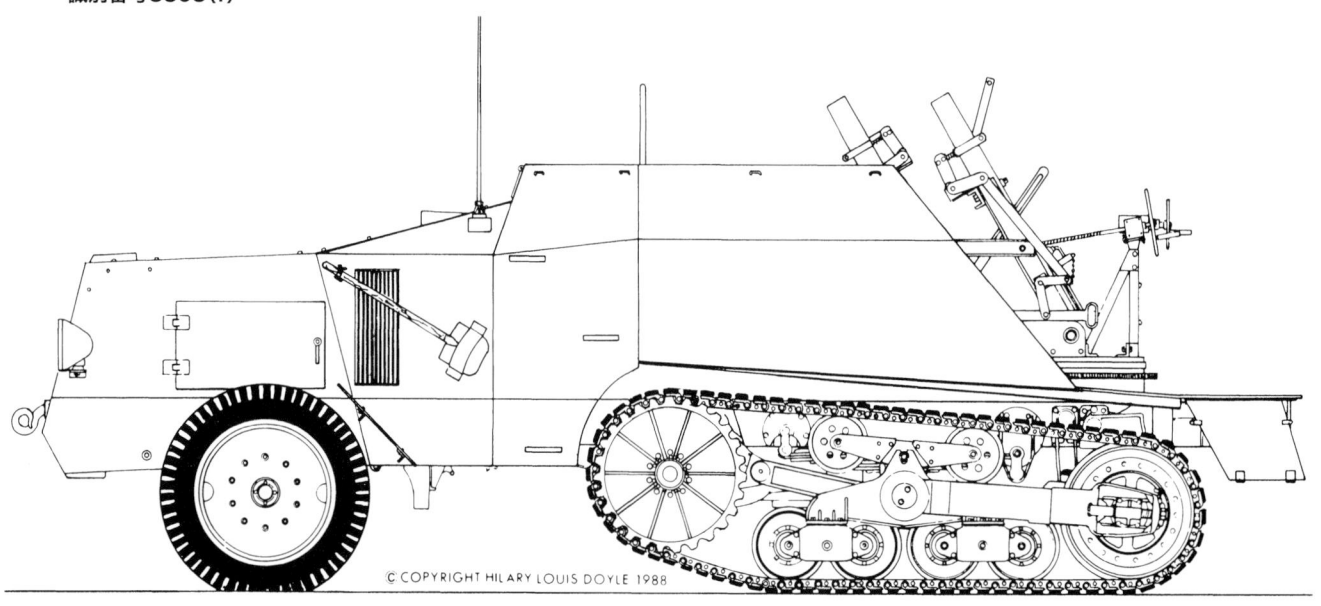

弾薬：口径8cmの有翼安定ロケット弾。煙幕砲弾および破裂砲弾の種類がある（ロケットは航空機からの発射も可能であった）。

　1944年、ヒトラーはこの兵器システムの大規模実験を命じ、主に武装SS部隊で用いられることとされた。
・ロケット重量（ロケット火薬モーター2個装備）　6850kg
・ロケット重量（火薬モーターなし）　6200kg

　発射ランプ（傾斜台）の長さは1860mm、最大射程5300mで、車両内に榴弾232発、煙幕弾56発を携行した。

　兵器システムはソ連軍の「カチューシャ」（スターリンのオルガン）のコピーであり、元々は装甲ロケットランチャー42型（装甲化型マウルティーア）用に計画されたものであった。

　全面および部分装甲化された運搬車両は、オリジナル車両と比べて装甲化のため冷却装置と空調装置が変更されて低い位置に取り付けられており、そのために目標面積（訳者注：車両投影面積のこと）が小さくなった。

　終戦後、この装甲化半軌道式車両の1台にはフランス軍によりドイツ製15cm装甲ロケットランチャー42型（10連装）が装備され、実験に供された。

●トリッペル製造工場有限会社、モールスハイム／エルザス

　ハンス・トリッペルは1932年以来－大成功とは言えないものの－水陸両用車両の開発に取り組んでおり、1940年7月にモールスハイムの旧ブガッティ製作所の工場を譲渡された。

　モールスハイム工場においては、従業員3000名により、4輪駆動、水上走行可能な不整地走行車両であるSG6型が日産6両のペースで製造された。この車両は専ら武装SSに配備されたが、合計生産量は約1000台に止まった。

　車両は上部オープンタイプで、駆動装置としては55馬力の2500ccオペル6気筒キャブレターエンジンを搭載していた。上部ボディはラーメン（外枠）構造ではなく自立剛性を有するモノコック構造で、ハイルブロンのドラウツ社から供給された。

　1942年に主にPK部隊（宣伝中隊）向けとして、密閉式リムジンタイプの上部ボディを有するシリーズが製造された。

　1943年には、空冷式V8タトラエンジンを搭載する改良型SG7型が製造された。これをベースとして、1944年に

トリッペルSG6型水陸両用車。写真はイギリス軍に捕獲された車両で、モールスハイム／エルザスのブガッティ工場で製造されたものである。

密閉タイプの上部ボディは、1942年に宣伝部隊（PK）向けとして製造された。

この車両は約1000台がモールスハイムで生産された。上部ボディについては、ハイルブロンのドラウツ社が下請け生産を行った。

装甲化タイプのE3型はプロトタイプのみの製造に終わった。

製造予定の装甲化タイプE3型のプロトタイプが造られた。この車両は水上走行機能だけでなく、(落下傘による)空挺降下機能も有していた。*

しかしながら、1944年になるとトリッペルのエルザスでの操業は終わりを告げた。**

*訳者注：このプロトタイプはいくつかのバリエーションがあり、機関銃1挺装備のものや2cm機関砲1門装備などの型式があり、後者は「シルトクレーテ(Schildkröte＝亀) I 」と呼称されていた。なお、装甲化弾薬輸送車E3M型も計画されたが、プロトタイプ1両が製造されたのみであった。

**訳者注：ハンス・トリッペルは、戦後しばらくはSK10など水上走行機能のないクーペなどを設計していたが、1957年から水陸両用車の設計を再開した。彼は夥しい数の試作車の製造や設計を行ったが、量産された例は少数であった。しかしながら、戦後に各国で生産された水陸両用車のほとんどすべてにおいて大きな影響を与え続けた。量産された例ではRAM社「アンフィレンジャー」が挙げられるが、驚くべきことにこの生産は1982年のことであり、彼が74歳の時であった。最後まで水陸両用車に情熱を注いだトリッペルは、2001年6月30日に93歳の生涯を閉じている。

●ユニック自動車株式会社、ピュトー（セーヌ）

商用乗用車の自動車メーカーとして知られ、バラエティーに富んだ上部ボディを取り揃えていた。多数の軍用特殊車両、特にケグレスシステム装備の半軌道式車両を生産していた。

トラック

主に商用車両がフランス軍においても使用され、ドイツ国防軍の手に多数落ちた。

・5tトラックZU55型：（シャーシ番号121021－121033）6気筒キャブレターエンジン搭載
・5tトラックSU55型：（シャーシ番号120038－120039、121935－120049、120050－120061、120062－120063）製造期間は1939年から1940年まで。排気量6232ccのユニック社製4気筒キャブレターエンジンを搭載し、軸距（ホイルベース）4750mmであった。上部ボディは密閉型（例えば整備工場ワゴン車）およびタンクローリー型（5000リットルタイプ）などがある。
・7tトラックSU75型：（シャーシ番号122001、122003－122007、122010－122020、122022－122033）4気筒キャブレターエンジン搭載で軸距（ホイルベース）4230mm

半軌道式車両

ユニック社は、フランス軍向けの多種に渡る上部ボディを装備する半軌道式車両を、数多く製造していた。使用した履帯走行装置はケグレス方式のものであった。

・U305（f）牽引車TU1型：最初の車両は1940年3月28日に納入され、1940年6月までに合計236台が製造されたが、ほとんどがドイツ国防軍に接収された。（シャーシ番号106001－106236）
・U304（f）牽引車107型：車両自体はシトロエン社が開発し、ユニック社が委託生産を行ったものである（シャーシ番号100001－100379、100401－100623、100701－100772、100801－101934、102001－102445および110001－111023）。合計で3276台あまりが生産され、大部分がドイツ国防軍の手に落ちた。

シトロエン社製およびユニック社製T107型の履帯走行装置は構造が全く同じで、主にユニック社で製造されていた。シトロエン社は、この種の走行装置に適応する車両の供給打ち切りを決定したが、P107型およびTU1型の新車両による生産は、1940年6月のフランス降伏後に中止された。

その後もユニック社は修理業務を継続し、必要であれば供給した車両の全体オーバーホールも行なった。

フランスの集積場でのユニック社製半装軌車両TU1のコンポーネント。

車両の残骸はシステマティックに選別され、完全な価値ある可動車両へと整備された。

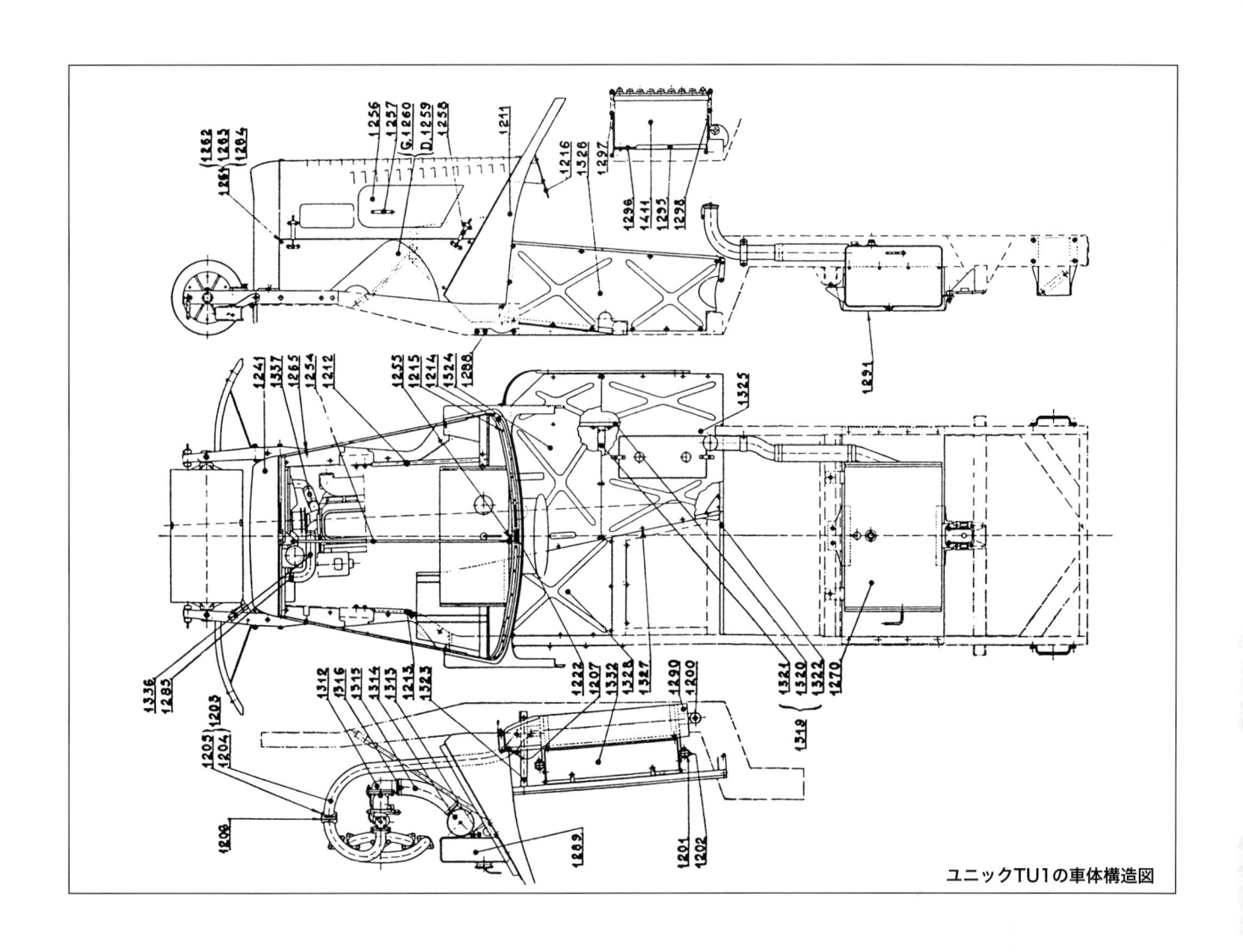

ユニックTU1の車体構造図

ユニックTU1型牽引車U305（f）。

ユニックTU1の全軌道式走行装置

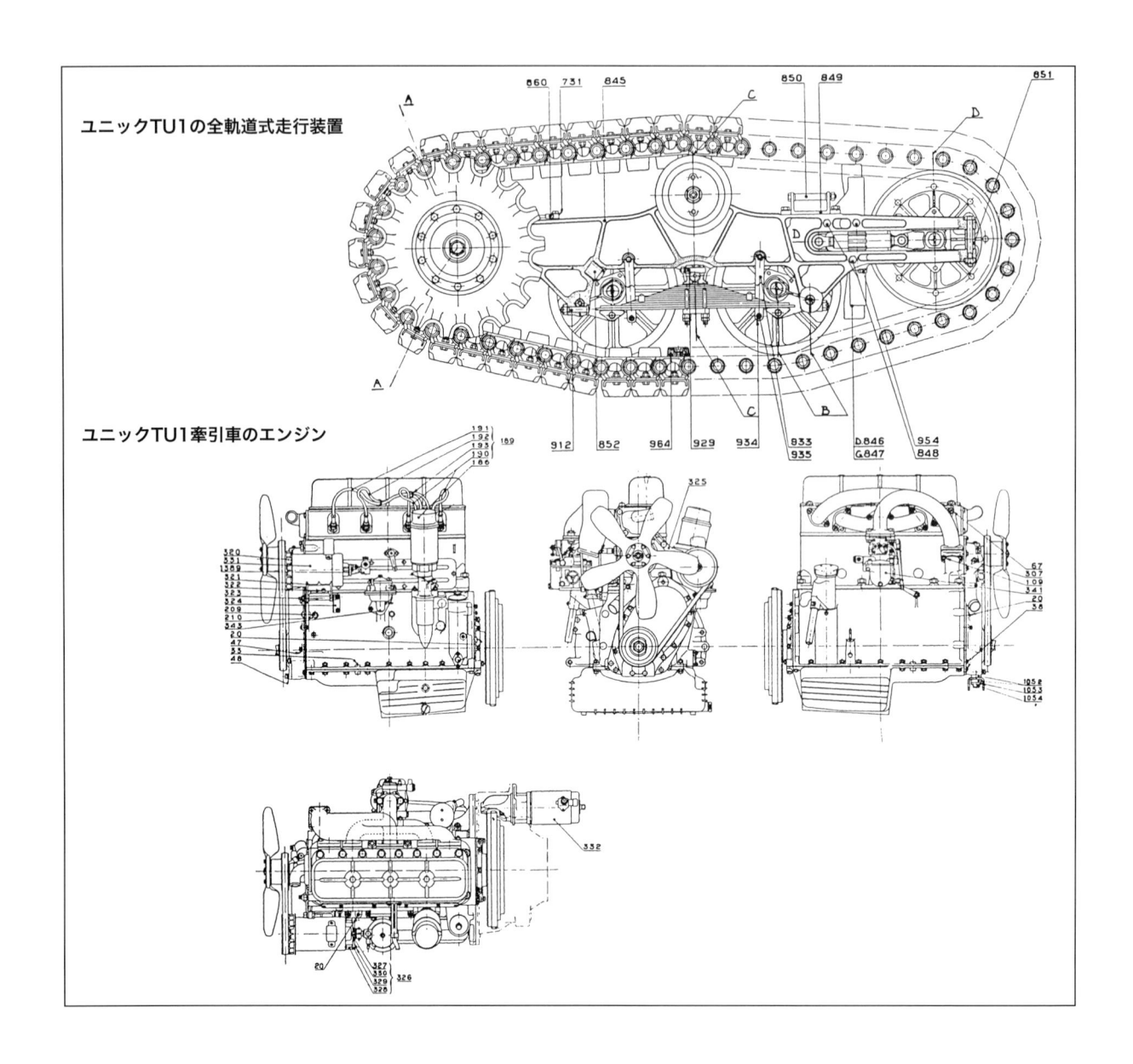

ユニックTU1牽引車のエンジン

軽牽引車ユニックTU1、識別番号U305(f)

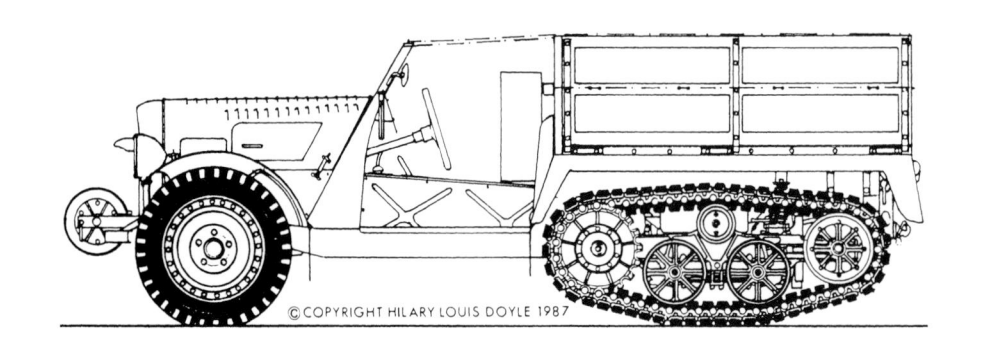

©COPYRIGHT HILARY LOUIS DOYLE 1987

ドイツ占領時期にユニックP107牽引車の全在庫についてはオーバーホールがなされた。2枚の写真は車両が量産製造ラインでオーバーホールされていることを示している。

フランスの工場でオーバーホール後、弾薬輸送車として出荷されるユニックP107。

中型弾薬輸送車ユニックP107。

ドイツ軍機材を牽引する軽砲兵シュレッパーユニックP107。

3.7cm対戦車砲36型用牽引機材として改造された牽引車ユニックP107。

西方快速旅団は機関銃トレーラー付軽兵員輸送車（非装甲化）60台を有していた。

ユニックP107シャーシベースのオープントップ型軽装甲兵員輸送車の設計用木造モックアップ。

軽牽引車P107、識別番号U304（f）、砲兵シュレッパー仕様

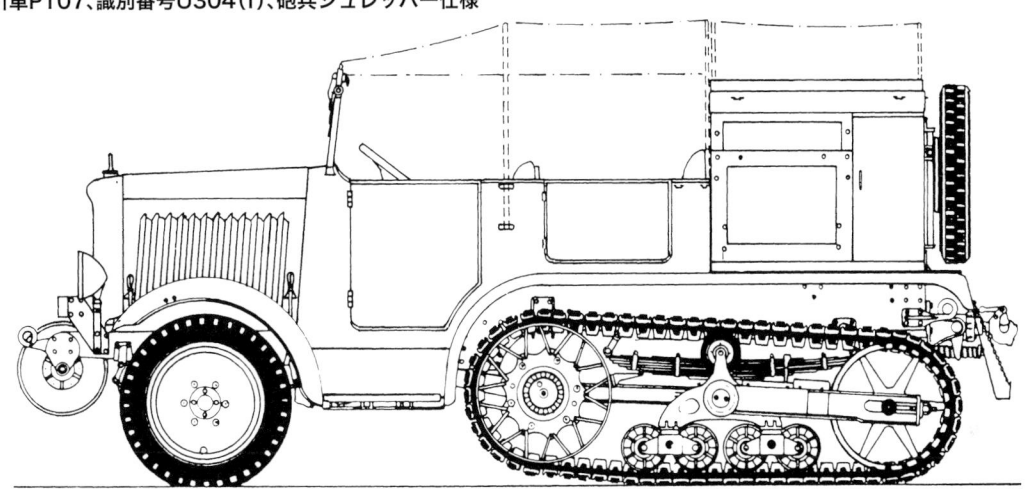

軽牽引車P107、識別番号U304（f）、工兵仕様

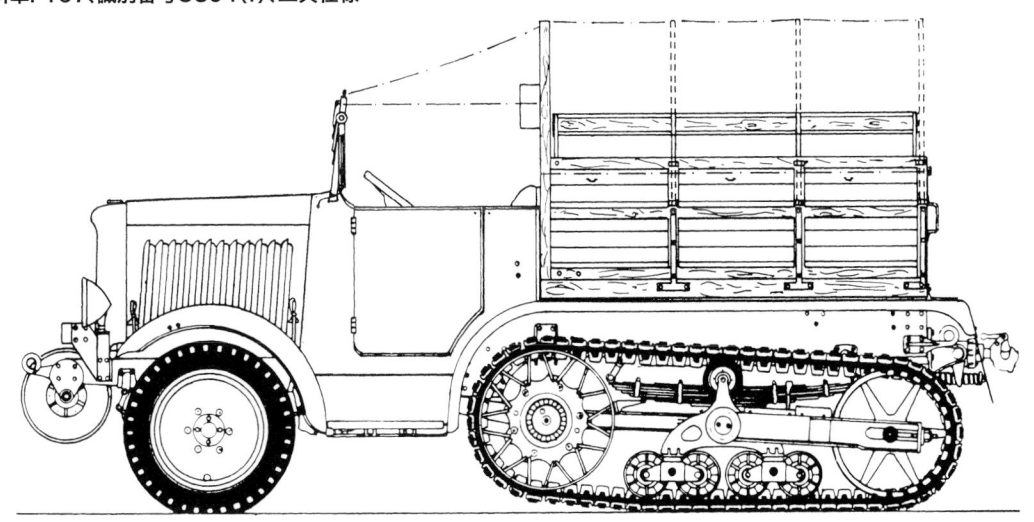

ユニックP107シャーシベースの軽装甲兵員輸送車。乗員が車両後方に整列して乗車前の写真と乗車した後の写真。

ユニックP107シャーシベースの装甲兵員輸送車（初期型）
識別番号U304(f)

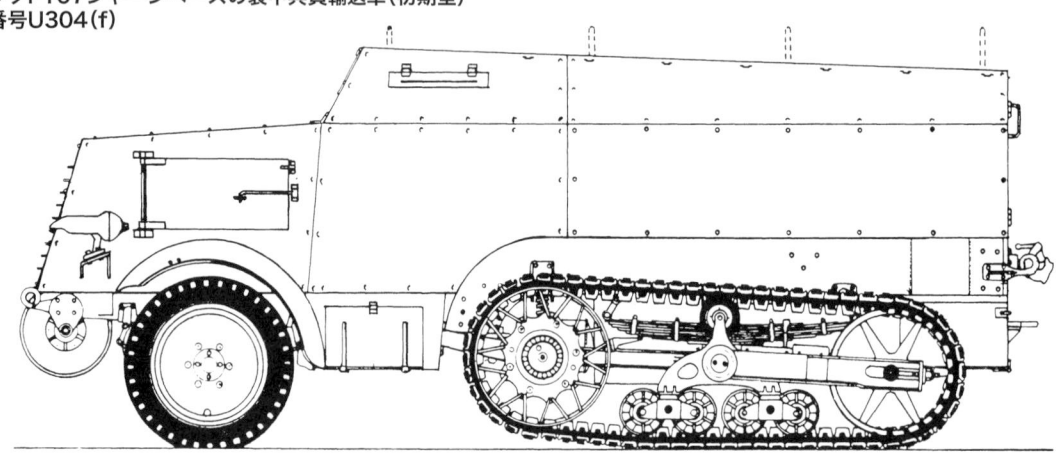

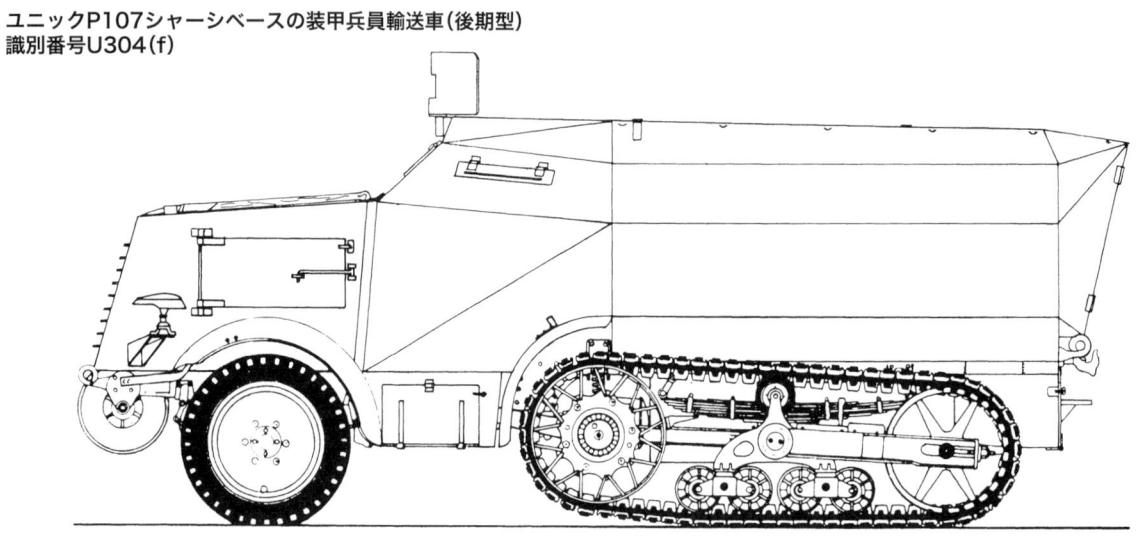

ユニックP107シャーシベースの装甲兵員輸送車（後期型）
識別番号U304(f)

対空機関銃装備の部分密閉型装甲兵員輸送車。

小隊長車両は3.7cm対戦車砲36型が装備された。

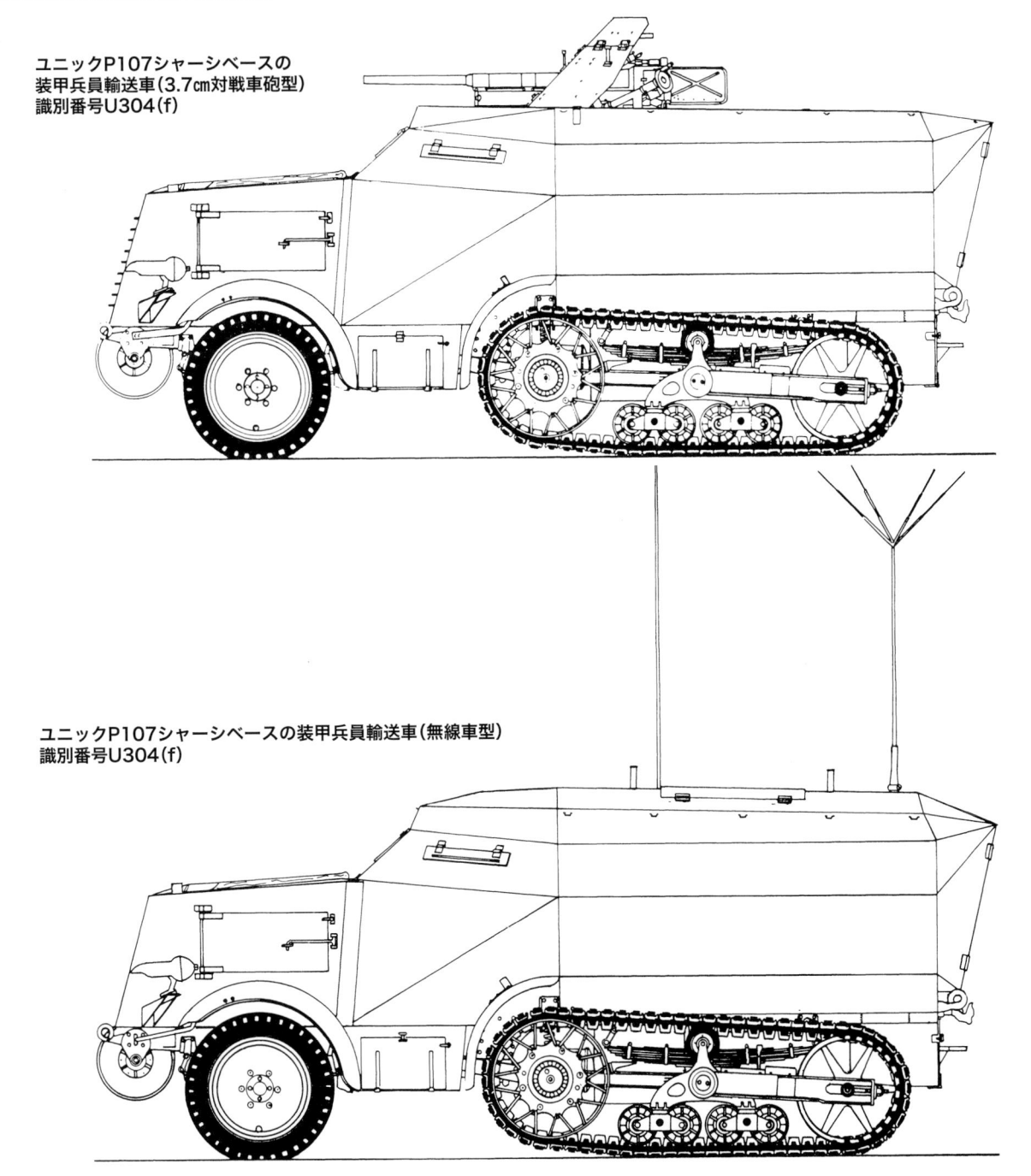

ユニックP107シャーシベースの
装甲兵員輸送車（3.7cm対戦車砲型）
識別番号U304(f)

ユニックP107シャーシベースの装甲兵員輸送車（無線車型）
識別番号U304(f)

ユニックP107シャーシベースの部分装甲化タイプの2cm高射砲38型自走砲。

2cm高射砲38型用自走砲の内部の様子。

ユニックP107シャーシベースの2cm高射砲38型用自走砲(部分装甲化型)
識別番号U304(f)

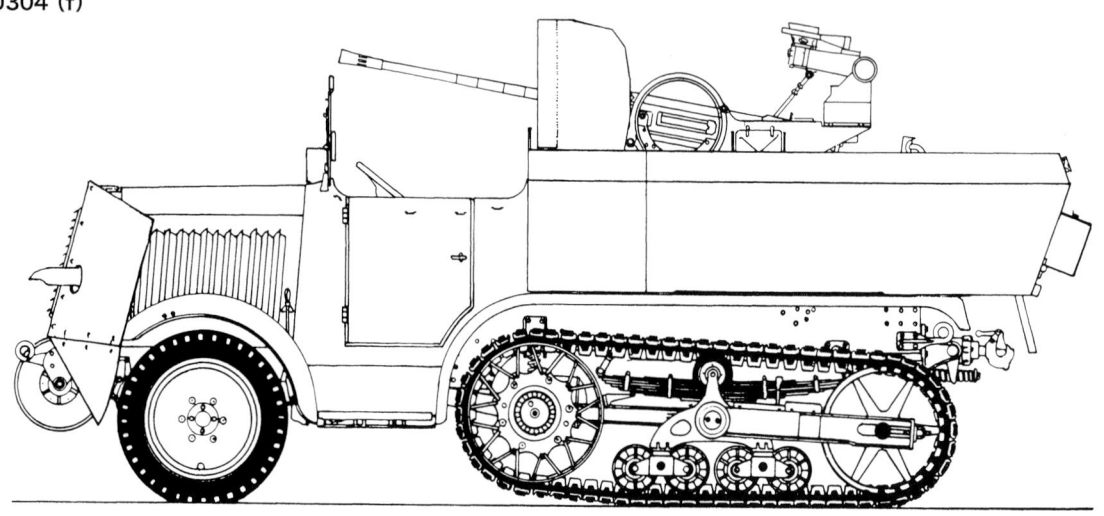

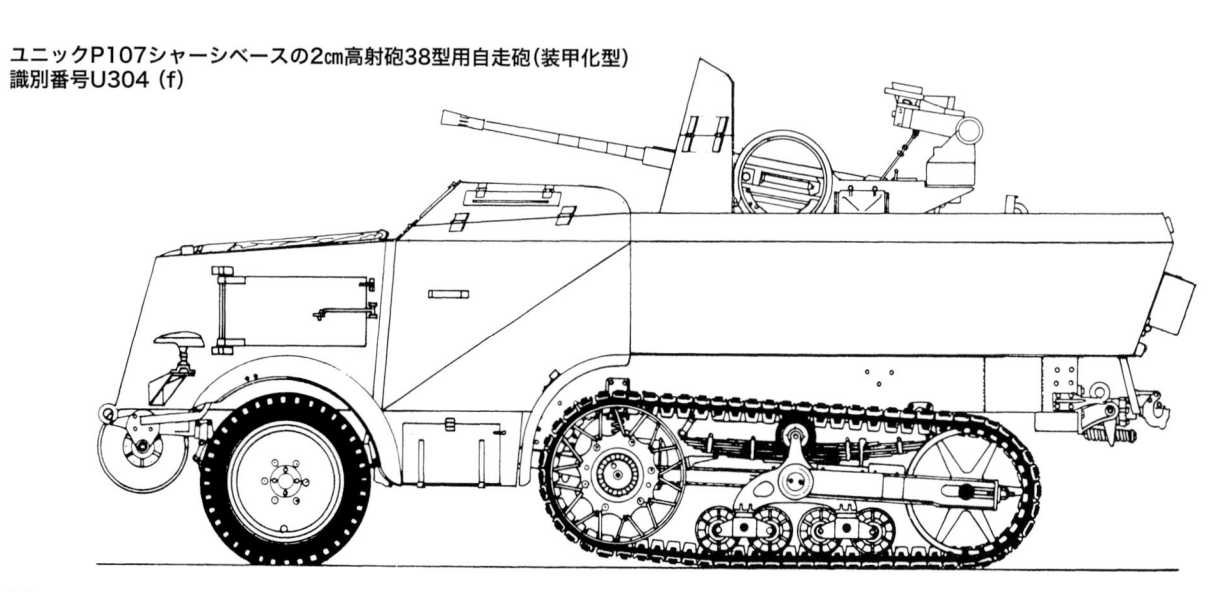

ユニックP107シャーシベースの2cm高射砲38型用自走砲(装甲化型)
識別番号U304(f)

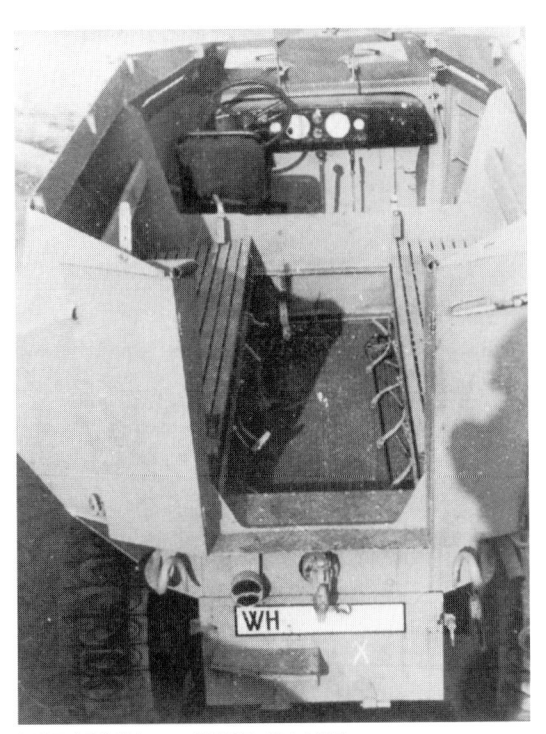

軽装甲兵員輸送車ユニックP107の車内の様子。

自走砲の前面の様子。エンジンルームは正面装甲板で覆われている。

密閉型上部ボディの後方からの様子。

高射自走砲小隊の実弾射撃演習。

2cm高射砲38型用装甲化タイプは72両が西方快速旅団へ配備された。写真の車両は弾薬トレーラーを装備している。

ユニックP107無線車の内部の様子。

ユニックP107シャーシベースの装甲化無線車。

ドイツ国防軍における使用

　無傷でドイツ軍の手に落ちた大部分の車両は、ドイツ軍部隊に再配備された。その他の車両は、バウコマンド・ベッカー（ベッカー特別生産本部）に委ねられ、損傷していれば修理が施され、その他の一部は装甲化上部ボディを装着され主に西方快速旅団で使用された。

　軽牽引車P107型（識別番号U304（f））は、次のような用途で使用された。
・弾薬輸送車
・軽砲兵シュレッパー
・機関銃トレーラー装備の軽兵員輸送車（非装甲化）（西方快速旅団が60台使用*）
・回収車両（応急型）
・軽装甲兵員輸送車**（密閉およびオープンタイプの上部ボディ）、3.7cmPak36装備の小隊長車
・2cmFlak38型用自走砲（部分装甲化）
・2cmFlak38型用自走砲（装甲化）（西方快速旅団で72台使用）360度方向射界
・迫撃砲装甲車
・衛生装甲車
・無線車（装甲化）
・通信車両

　軽牽引車TU1型（識別番号U305（f））については、次の用途で使用された。
・軽砲兵シュレッパー
・回収車（応急型）

　第4戦車師団の第35戦車連隊は、TU1型1台を操縦訓練車両として教育訓練用に使用した。

　現地部隊の総合評価はネガティブであった：ユニック社製牽引車は、常に走行装置、エンジンおよび電気系統に故障が発生し、評価するに値しない。

*訳者注：機甲擲弾兵連隊／第Ⅰ大隊は装甲化、第Ⅱ大隊は非装甲化部隊であった。装甲化車両の車高は応急作業であったにもかかわらず、ドイツ製上部ボディ（Sd.Kfz.251）よりも20cm高いだけであった。機関銃2挺または機関銃1挺と重迫撃砲（臼砲）を兵員輸送車に搭載した2個戦闘グループがあった。

**訳者注：SPW（兵員輸送装甲車）型においては、兵員室から操縦席キャビネットまで段差のない床面とするため、車両ラーメン（外枠）構造のフレームを350mm延伸する必要があった。燃料タンクと前方の2つの筋違い補強材は撤去され、装甲部材（長さ500mm、幅420mm）でねじれ力に対して耐久性を持たせた。操縦席までの床面は平坦化されたが、それに伴って操縦席キャビネットは前方に行くに従って車幅が狭くなった。

●ウィレム・エスタブリッシュメント、ナンテール（セーヌ）

　このトラック工場は敬意を込められて、"ル・ロア・デ・ボア・ルー（Le Roi des Poids Lourds。重量級の王様）"と呼ばれていた。フランス製トラックの常として非常に低い重量出力比、すなわち積載重量とエンジン出力の比率に

木炭エンジン装備のウィレム10tトラックDU10型は量産が行われた。

ドイツ戦車部隊は早くから木炭ガスを国産燃料として訓練に利用した。写真は非常に珍しいイムベルト社製木炭ガスエンジンを搭載したⅠ号A型戦車と3.7cm主砲装備のⅢ号戦車回転砲塔を結合させた車両を撮影したものである。乗員3名用砲塔による訓練については、それ応じたⅢ号およびⅣ号戦車シャーシの供給が明らかにネックとなっており、ここではこのような形で克服されたわけである。

問題があった。少数のウィレム社製車両は、ドイツ国防軍によって接収された。

トラック
- 6tおよび7tトラックCA7型およびCA7B型：異なる軸距（ホイルベース）を有する2タイプが製造された。90馬力1500cc 4気筒517型ディーゼルエンジンが搭載され、上部ボディの種類は顧客によって広い範囲に渡って指定することができた。
- 10tトラックDU10型（シャーシ番号3000000より）：全輪駆動で6気筒ディーゼルエンジン（ドイツ社のライセンス製造）
- 10tトラック10型および10B型：4気筒517型ディーゼルエンジンで出力は90馬力
- 15tトラックDU12型（シャーシ番号4000000より）：6気筒317型ディーゼルエンジン搭載で、ダブルタイヤ式後輪駆動であった。

一般事項

　自動車製造に関する全権委員会（GBK）は、可能な限り高い生産量を達成するために、フランス自動車企業の活動状況の把握に努力を惜しまなかった。資源配分を是正し、特定企業の優遇を排除するべく努力したのである。

　1940年末にフランスのヴィシー政府は、ドライエ社、オチキス社、ラフリー社、ラティル社、リコルネ社、ザウアー社およびユニック社による連合、すなわち唯一無二の共同企業体の設置を決議した。その役割は、効率的な統一性のとれた生産プログラムの提言にあった。

　この連合の責任者には、長年に渡ってフランス自動車メーカー協会の会長であったヘンデン・フォン・バロン・プティトゥ（Händen von Baron Petiet）が就任した。

　1942年にオチキス社、ラティル社およびザウアー社が共同企業体から離脱し、さらにリコルネ社が続いた。しかしながら、ベルナール社が参入したために、生産量は相殺された。

　1943年にはシムカ社も共同企業体に参入し、この企業体は終戦後も継続して1950年代前半まで存続した。

国防軍における自動車用公式識別記号の種類
　WH：国防軍－陸軍
　WL：国防軍－空軍
　WM：国防軍－海軍
占領地域については、「軍機HVBl41 B節第80項」による。
　MG：総督府（領）軍司令部
　MF：フランス（占領地域）軍司令部
　MB：ベルギーおよび北フランス（占領地域）軍司令部

ウィレムトラックについては、ゴアン・プレン社製木炭ガスエンジンを組み込んだものが量産された。

- MH：オランダ（占領地域）国防軍司令部
- MN：ノルウェー（占領地域）国防軍司令部
- MD：在デンマーク駐留ドイツ軍司令部
- MR：ルーマニアドイツ陸軍顧問団
- MS：南東（セルビア、サロニキ、エーゲ海、南ギリシャ）国防軍司令部

陸軍に編入された武装SSおよび警察部隊の一部は、SS識別記号が用いられた。

押収、購買または接収された捕獲車両については、可能な限り速やかにWH識別記号を認めることとされた。

木炭ガスエンジンの使用

フランス占領地域内の輸送業者の状況は、一般住民へのバランスのとれた補給の妨げとなっていた。すなわち、燃料は在庫を使い果たすか接収され、常に欠乏していたからである。しかしながら、このような状況はフランス自動車メーカーにとっては、意外なことではなかった。燃料の高騰については1920年代においてすでに顕著となり、国内産代替燃料の研究が多数の研究者の間でなされていたのである。

木炭ガスエンジンのコンセプトは、「石油は国内にはないが、フランスの森林には薪がある」という古くからのモットーを、忠実に復刻再現したものである。

木炭ガスエンジンの研究は1906年まで遡り、エンジン搭載の最初の商用車は1910年にパリで走り始めた。1927年からすでにルノー社、ベルリエ社およびパナール社が木炭ガスエンジン搭載のトラックをライン生産していた。

そして、木炭ガスエンジンの開発の方向性については、ロートリンゲン出身のイムベルト・ゲオルゲスが大きな影響を与えた。

イムベルトのプロセス技術はなんと言ってもドイツが興味を示す一方で、他のメーカーもこのエンジンの研究や製造に参画した。

この詳細を述べる前に、イムベルト社の活動について紹介することとしよう。イムベルト・ケルン社は、世界的メーカーであるパリ近郊のサン・ドニにあるドロニー・ベルヴィル（Delaunay-Belleville）社の操業停止した工場ホールに、第二次大戦中にエンジン製造装置を設置した。そして、アニエール（セーヌ）のショッソン（Chausson）社が後に参入し、最終的にルノー社も加わることとなった。パリにアンベールガス製造社（Gazogénes Imbert、訳者注：アンベールはイムベルトのフランス語読み）が設立され、これに関するパテントを申請した。

ドイツ戦車部隊は、すでに燃料不足により訓練および操縦学校においては、国内生産燃料（木炭、石炭など）へ転換する必要性に迫られていた。このため、訓練用自動車の駆動源のために木炭ガス装置が最優先となり、イムベルト社のガス製造装置が広範囲に普及したのであった。*

*訳者注：木炭ガスエンジンは、木炭を蒸し焼きにしてそこから発生する可燃性ガスを集めて内燃機関の燃料としており、ガス製造装置（蒸し焼き釜）が不可欠であった。

ユニック社、ドライエ社およびラティル社は、ゴアン・プレン（Gohin-Poulenc）社の技術を木炭ガスエンジンに適用した。当局の指示により、ユニック社はラ・リール（La Lilloise）社（デコヴィル／Decauville社の姉妹会社）とゴアン・プレン社との間で、企業グループを構成した。

この種のプロセス技術は、第二次大戦前にすでに完成の域に達していた。ユニック社は1938年7月26日に、すなわち木炭、生木、無煙炭および乾留コークスを燃料とした木炭ガスエンジン用の特許を取得した。ゴアン社はその他の開発会社と同様に、木炭ガス／ガソリンのコンバインドエンジンの開発を計画した。これらのプロセス技術は、ディーゼルエンジンへも応用可能であった。

装甲化全軌道式車両

　第二次大戦勃発前、フランスは世界で最も装備が整った軍隊を有していた。その装甲兵器は軍事専門家の間では模範となり、すでに第一次大戦以来、他の軍隊を量的にも技術的にも遥かに凌駕していた。そして、その（装甲兵器の）基本的な戦術的任務は、1917/1918年の戦訓により、専ら味方歩兵の支援任務にあった。

　当時のシャルル・ド・ゴール大佐を含む少数の進歩的な考えの将校は、1930年初めから独立して作戦可能な戦車の大規模部隊、特に戦車師団の必要性を訴えていた。しかしながら、その考えは当時の（戦車は歩兵支援という）固く刻み込まれた思想を持つフランス軍指導層の頑迷さに妨げられ、押し通すことはできなかった。

　また、フランスはほとんど旧式となった戦車、一部は第一次大戦に派生した戦車のかなりの在庫を有していた。従って、機動力に富んで（空軍の支援の下で）立体的攻撃作戦を大規模部隊で遂行するには不適であり、この伝承された保守的思想はゆるぎないものとなっていた。ようやく克服した世界恐慌の後、緊縮財政を余儀なくされたフランス陸軍は、貧弱な武器を搭載した旧式の在庫戦車を引き続き使用し、新しいタイプや技術的に優れた車両の導入は許されることはなかった。

　それでも、近代的コンセプトと戦闘力を有する戦闘戦車が量産されたが、時代遅れの戦略の結果、その発展は阻害されたのであった。

　1940年（フランス降伏）の結果、新しい作戦思考による大規模な装甲化部隊の冷徹なまでの優位性が示された。「電撃戦」の概念は、ポーランド侵攻において赫々たる戦果を示した。

　ドイツ軍部隊は実際にフランス軍の装備全体を手中にし、それらは組織的に国防軍の補給循環システムへと送り込まれた。

　フランス製自動車企業の生産能力と生産設備を把握するため、陸軍兵器局はドイツ戦車製造の指導的技術者を集めて視察ツアーを行なった。クニープカンプ二等製造技官*の下、1940年7月28日から8月9日までの期間に、捕獲車両、メーカーおよび研究機関を視察・訪問した。招聘された参加者リストは次の通りである：

・メーニング・ヴンダーリヒ（ダイムラー・ベンツ社）
・アダース（ヘンシェル社）
・ザトニク（ポルシェ社）
・フォン・ヴェスターマン（ZF社／フリードリヒス・ハーフェン歯車製作所）
・バート（クラウス・マッフィ社）
・ツルヒ（ハノマーク社）
・ヴェルフェルト（クルップ社）
・レスラー（NAG社）
・ライフ（MAN社／機械製工所アウグスベルク・ニュールンベルク）
・シュトゥンプ（デマーク社）
・ヴィンクラー（リッチャー社）
・エルカー（ビュッシングNAG社）
・ヴァルター（NSU社）
・カイナスト（ボルクヴァルト社）

*訳者注：H・E・クニープカンプは1895年1月5日、ヴッパータルに生まれた。カールスルーエ工科大学卒業後、MAN社で機械設計者として勤務し、1926年1月よりベルリンの陸軍兵器局へと移籍した。1936年には三等製造技官へと昇進し、軌道式車両開発の担当責任者となった。彼が果たした業績は非常に大きいが、一般的には全く知られていない。例えばトーションバーサスペンション、挟み込み（シャハテル）式走行装置、マイバッハエンジンやOLVAR主変速器（メイントランスミッション）などの開発に大いなる才能を発揮し、戦争終結までに履帯車両に関する約50件もの特許を申請した。技術顧問として、戦後もドイツ共和国軍の装甲車両の開発に協力し、1977年7月30日にハイルブロンにて没している。

　陸軍参謀長H・ハルダー上級大将は、1940年7月7日付の書簡に、接収・捕獲された戦車車両がすぐに再び使用可能となることはあり得ないと書いてあり、彼はうまくいったとしても、3ヶ月間で3個から4個大隊がやっとであろうと予想していた。事実は1940年8月末までに中型戦闘戦車33両が出撃可能状態にあり、9月30日までにさらに戦闘戦車100両、装甲偵察車20両と弾薬輸送車30台が加わった。

　ドイツ本国では1個戦車補充大隊へ捕獲戦車が装備され、大隊は2個捕獲戦車師団の母体となった。1940年8月、ヒトラーは第4戦車師団に対して占領地警備用として捕獲戦車の装備を下令した。

　1940年12月23日には4930両の捕獲戦車車両がリストアップされたが、この数には弾薬輸送車が含まれており、1941年1月末までに全ての車両が引き渡しをされる予定であった。

　陸軍兵器局はパリのクレベール（Kleber）通りに外局を設け、そこで占領地内での補充部品や車両の製造に関してコーディネートすることとなった。

　外局はバウコマンド・ベッカー（ベッカー特別生産本部）*を管轄下に置いており、本部はドイツ軍が使用できるフランス製車両の残高量リストを外局へ引き継いだ。

*訳者注：「ベッカー・プロジェクト」の章参照。

　1941年6月4日、捕獲戦車6個小隊がセルビアへと輸送され、さらに6個小隊がクレタ島向けとしてサロニキに到着したことが報告された。*

*訳者注：セルビアへ輸送されたのはFT17/18戦車30両であり、クレタへはFT17戦車20両とオチキス戦車10両が輸送された。

　1941年11月5日の報告によれば、1941年秋から1942年初めの西方地区の接収状況は次の通りである。

1)修理済み
- ・ルノーFT（1917/18年製造）500両
- ・4.7cm対戦車砲搭載ルノー35型 60両
- ・ルノー35型125両
- ・オチキス200両
- ・ソミュア20両

2)改装済み
- ・第100および第101捕獲戦車旅団のオチキス400両
- ・第100および第101捕獲戦車旅団のソミュア120両
- ・第559、561、611軍直轄戦車猟兵大隊のルノー35型90両

これらの戦車の一部は、次のような目的で譲渡された。

SS治安任務用
- ・ルノーFT17型250両
- ・ルノー35型30両
- ・オチキス60両

空軍飛行場警備用（第3航空団司令部）
- ・ルノーFT17型100両
- ・オランダ空軍管区25両
- ・ベルギー・北部フランス空軍管区30両
- ・西部フランス空軍管区45両

1942年2月11日－陸軍軍備長官の要求により、使用可能状態にある捕獲戦車約400両のうち200両を陸軍砲兵部隊用牽引車として改修することとなった。

1942年2月24日－最終的には砲兵用牽引機材として捕獲車120両の改修を要求することとなった。

1942年6月20日－ロレーヌ社製シャーシを流用した7.5cm対戦車砲40型搭載自走砲の最初の20両が6月までに完成予定。対戦車砲（自走式）9両を装備する各1個対戦車砲部隊は、第14および第16戦車師団の戦車猟兵大隊へ実験のため配備。

1942年6月26日－ロレーヌ社製シャーシを流用した最初のsFH13（自走式）（15cm重榴弾砲13型搭載自走砲）は、各16両装備の砲兵大隊として第14および第16戦車師団の砲兵部隊へ供給予定。

1942年7月7日－Ⅱ号戦車シャーシを流用した7.62cm対戦車砲（r）搭載自走砲6両は、第14および第16戦車師団へ到着。ロレーヌ社製シャーシ流用の7.5cm対戦車砲40型搭載自走砲は、第15および第17歩兵師団、後に西方地区の第106、167歩兵師団および第26戦車師団へ装備予定。

1942年7月18日－SS師団"プリンツ・オイゲン"の戦車中隊は、フランス製捕獲戦車シャールB2型を装備する。
*

*訳者注：1943年5月31日現在でSS第7義勇山岳師団"プリンツ・オイゲン"は、シャールB2型17両（うち修理中2両）を保有していたが、1943年8月に第12特別編成（z.b.V）戦車中隊へ16両譲渡し、その代わりにオチキスH38戦車9両を受領している。

戦車整備の基本的規定については、1944年4月18日付OKH（Ch.H.Rüst.u.BDE＝陸軍軍備長官兼補充軍司令官）文書番号2841/44により明文化されていた。

戦車の整備（抜粋）

11.部隊で整備不能な外国製戦車については、次の場所で修理する。
- a)フランス製捕獲戦車：パリ戦車整備大隊（現地）
- b)ソ連製：リガ北部戦車整備自動車工場
- c)イタリア製：ボローニャOAE工場の戦車整備大隊（現地）

フランスでは5000両以上のフランス製装甲車両が修理整備され、取扱説明書とスペアパーツリストがドイツへ引き渡されて、スペアパーツ製造も会社で再開され始めた。同じような必要性により、1943年からイタリア製車両についても、オーバーホールが行われた。

しかしながら、フランス製戦闘戦車の継続的生産については、再開されることはなかった。

装甲車両のそれまでに生産された数量：

型式	1939年9月1日まで	1940年5月1日まで	1940年5月1日以降
装甲戦闘車両B1	35	35	－
装甲戦闘車両B1	115	279	63
装甲戦闘車両D1	160	160	－
装甲戦闘車両D2	50	100	－
装甲戦闘車両FCM	100	100	－
装甲戦闘車両B35	1070	1465	146
装甲戦闘車両H35	400	400	－
装甲戦闘車両H39	200	600	80
装甲戦闘車両S35	261	410	40
装甲偵察車AMR33	123	123	－
装甲偵察車AMR35 7.5㎜	100	100	－
装甲偵察車AMR35 13.2㎜	30	30	－
装甲偵察車AMR35 25㎜	70	70	－
装甲偵察車AMR34	12	12	－
装甲偵察車ACG1	29	－	－
装甲偵察車AMD ラフリー80AM	28	－	－
装甲偵察車AMD ラフリーS15TOE	25	25	－
装甲偵察車AMD パナール178	219	488	41+

装甲化弾薬輸送車UE、シェニレット（CHENILETTE）小型無限軌道車－識別番号630（f）

1930年代初め、フランス軍歩兵部隊の機械化の流れにより、装甲化された野戦補給車両が計画された。この設計公募には、ルノー社、ラティル社およびシトロエン社が参加した。開発の基礎となったのはイギリスのカーデン・ロイド社製シャーシであり、この当時ではその経済性ゆえに最もポピュラーなものであった。最終的にはラティル社の

N型を基礎としたルノー社の計画が採用され、この車両について大量発注が行われた。ビアンクールのルノー工場は様々な型式のUE小型無限軌道車を生産する一方で、同時にこの車両を流用して装甲化された全軌道式トレーラーが開発された。

車両重量3.3tしかない車両は積載荷重400kgで、装甲化トレーラーの方は積載荷重500kgが携行可能であった。車両後部の備え付けの収納箱は傾斜して中身の荷物を滑り落とすことができ、これにより車両から降りないで塹壕に篭った歩兵に対して、弾薬や糧秣を補給することが可能であった。乗員2名は、全周厚さ9mmの装甲によって防御されていた。車両は排気量2100cc、38馬力のルノー社製4気筒エンジンが搭載され、乾式ディスククラッチにより前進3段、後進1段の変速が可能であった。両サイドの走行装置は、起動輪1個、履帯、走行転輪6個、補助転輪2個と装甲フェンダーにより構成されていた。車両前部に据え付けられた起動輪は、2個の最終変速機により駆動した。履帯は鋳造用プレス機による新しい型であり、ステアリング装置の軸受けプレートはボルト止めされていた。

走行装置は走行転輪6個と各リーフスプリング（板バネ）2個からなる転輪機構が一組にまとめられており、上部の履帯部分は補助転輪2個で支えられていた。

弾薬輸送車の装甲ボディには長手方向に梁（ビーム）が装備され、これに走行装置が懸架されていた。

後期型は12ボルト電気システムを装備した改良型UE2となり、前進4段変速（ギアシフト）装置を有していた。

装甲化弾薬輸送車ルノーUE－識別番号630(f)

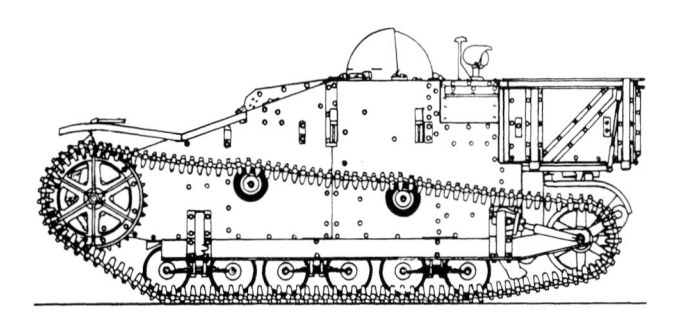

ドイツ部隊で使用中のUEシュレッパー。トレーラーは履帯なしでも使用可能である。

●対戦車砲用牽引機材

オリジナル車両は戦場での補給務用であったが、この装甲化弾薬輸送車は3.7cmおよび5cm対戦車砲用牽引機材としても使用された。

●警備用車両としての弾薬輸送車UE

ほとんどの現場部隊は自ら多数のUEを改造し、多用途・多目的の治安用車両を造り出したが、その仕様は統一されたものではなく、その多くは専ら機関銃で武装していた。装甲化したことにより積載荷重は小さくなり、武装のための余裕はあまり残されていなかったのである。

●3.7cm対戦車砲36型搭載（自走砲）および歩兵シュレッパーUE（f）

1940年12月17日、すでにあるとわかっているシュレッパーUE1200両のうち700両を3.7cm対戦車砲の上部砲架と防盾をそのまま装備して、自走砲として改造するよう通知された。この戦車猟兵（対戦車）車両は、歩兵部隊へ配備することが計画された。

●小型無線および砲兵観測戦車（UE）(f)

バウコマンド・ベッカー（ベッカー特別生産本部）は、車両後部を無線および観測任務用に改造した密閉式装甲上部ボディを有する歩兵シュレッパーUE40両を製造した。制約された空間条件の中で、車内には砲兵観測将校1名、特務将校1名および無線手と無線装置が収納可能であった。

●通信ケーブル敷設車UE（f）

バウコマンド・ベッカー（ベッカー特別生産本部）により、通信部隊向けにケーブル運搬車としてUE車両が少数装備された。

●歩兵シュレッパーUE（f）仕様の28/32cmネーベルヴェルファー発射フレーム（自走式）

1943年にロンメル元帥がフランス防衛の責任者に任命されると、フランスにまだ残されている捕獲車両在庫の徹底的な活用が下令された。この措置の一環として、UE型

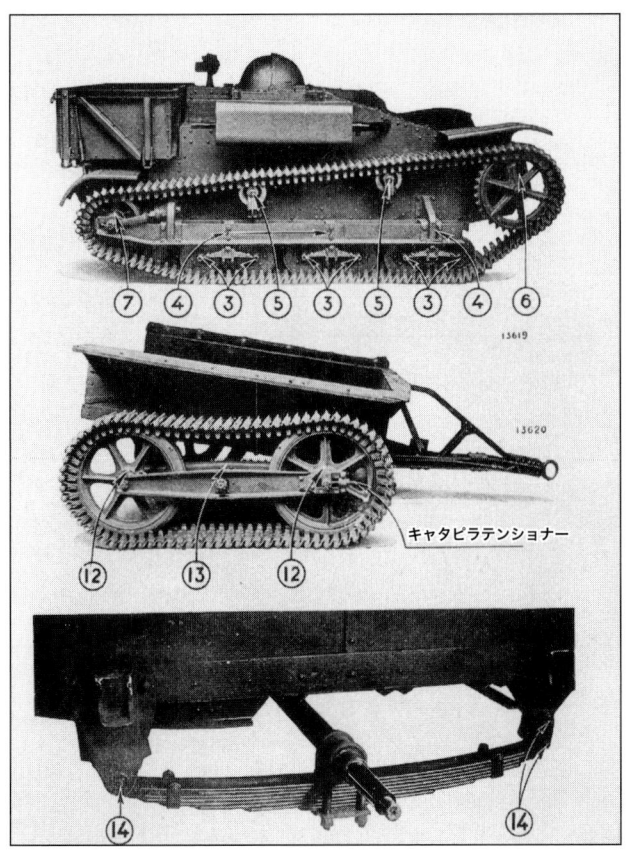

ルノーUE型装甲化弾薬輸送車タイプは大量生産が行われた。上段は輸送車、中段は装甲化全装軌式トレーラー、下段は単純な構造のトレーラーの走行輪懸架装置を示す。

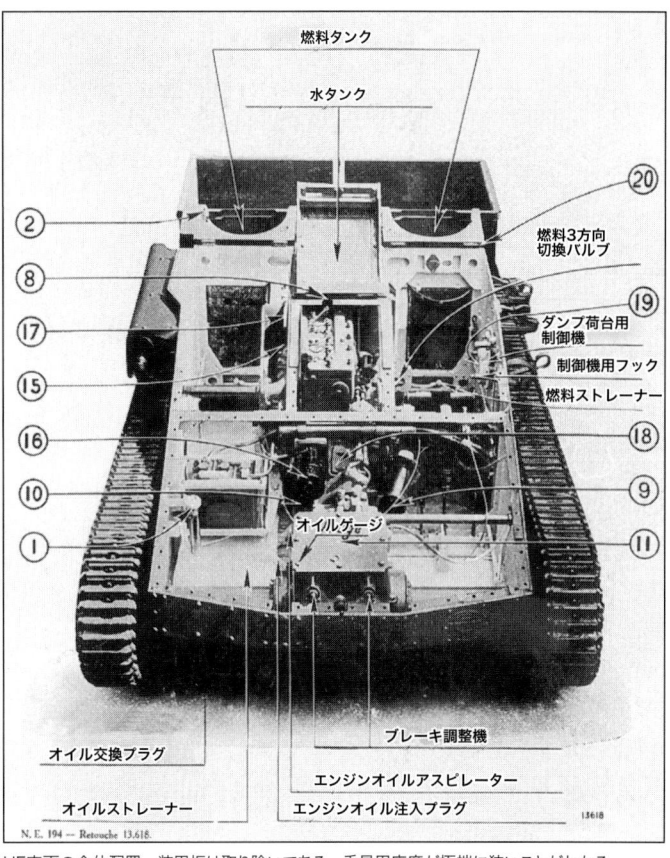

UE車両の全体配置。装甲板は取り除いてある。乗員用座席が極端に狭いことがわかる。

車両が重発射フレーム40型の運搬車両として改造された。車両には両側面に角度が手動調整可能なフレーム架台が2基取り付けられており、回転安定型28cm榴弾または32cm焼夷弾が発射可能で最大射程は1.8kmであった。

●歩兵シュレッパーUE（f）仕様のダミー戦車
　木造ダミーの上部ボディを装着したUEシャーシが、敵戦車欺瞞のために少数設計された。

●歩兵シュレッパーUE（f）仕様の除雪車
　1942年3月16日にヒトラーは、除雪車の製造に関するプログラムを承認した。彼は戦車を活用した更なる提案と、速やかな走行試験の開始を促した。このために、サン・ヨハン（St.Johann）の戦車実験施設において、雪上車1両が実験に使用された。
　1942年4月4日にシュペーア（軍需大臣）は、フランス製戦車シャーシを流用した新型のペータース・システムによるロータリー式除雪車50両の製造に関する報告を行っている。

●NSKK向け歩兵シュレッパーUE（f）
　多数の無改造のUE型車両が、国家社会主義自動車協会（NSKK）の輸送段列へ譲渡された。

99

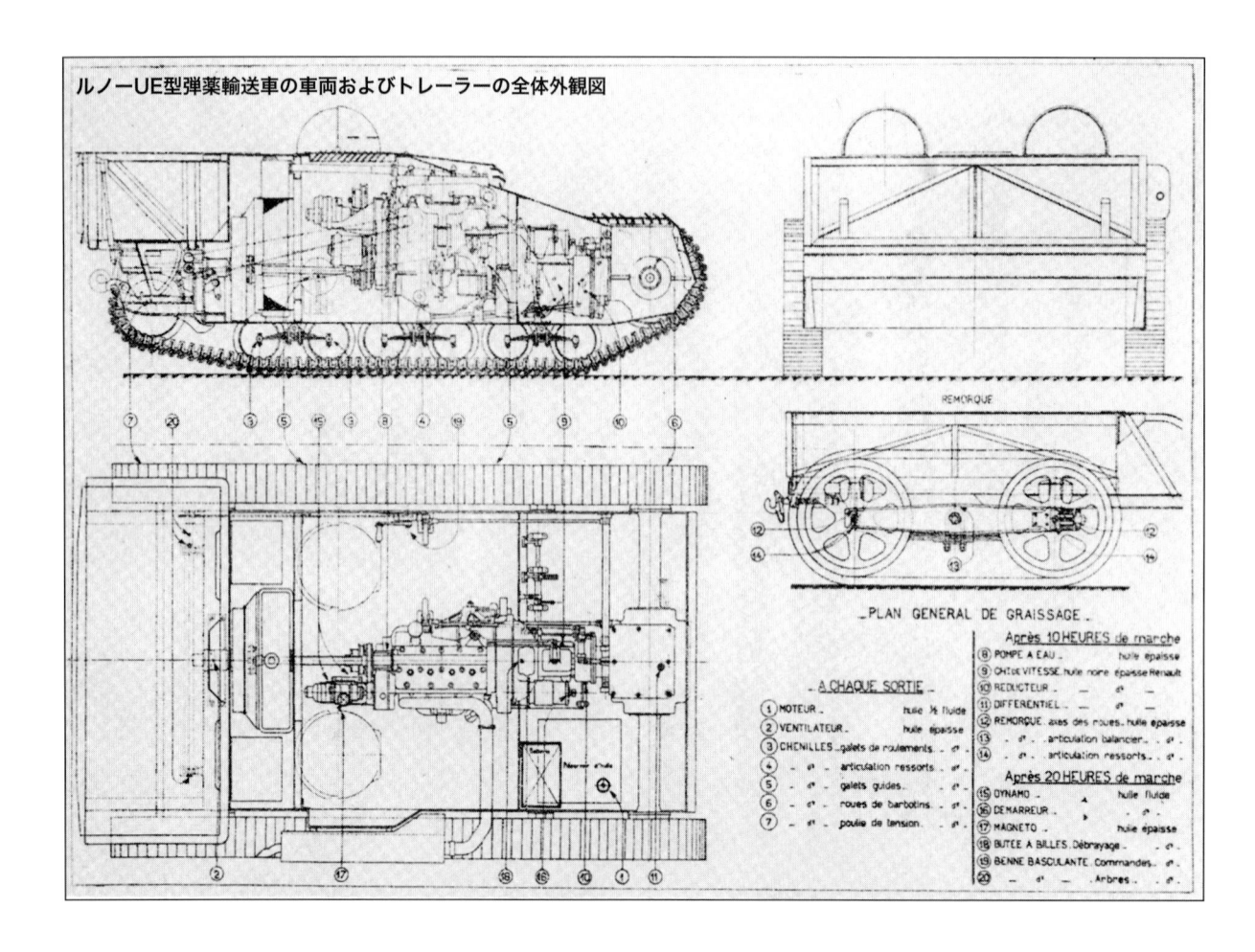

ルノーUE型弾薬輸送車の車両およびトレーラーの全体外観図

PLAN GENERAL DE GRAISSAGE

A CHAQUE SORTIE
1. MOTEUR .... huile ½ fluide
2. VENTILATEUR .... huile épaisse
3. CHENILLES ...galets de roulements ... d°
4. d° ......articulation ressorts ... d°
5. d° ......galets guides ... d°
6. d° ......roues de barbotins ... d°
7. d° ......poulie de tension ... d°

Après 10 HEURES de marche
8. POMPE A EAU .... huile épaisse
9. Ch. de VITESSE. huile noire épaisse Renault
10. REDUCTEUR ... d°
11. DIFFERENTIEL ... d°
12. REMORQUE, axes des roues, huile épaisse
13. d° . articulation balancier ... d°
14. d° . articulation ressorts ... d°

Après 20 HEURES de marche
15. DYNAMO .... ▲ huile fluide
16. DEMARREUR ... d°
17. MAGNETO .... huile épaisse
18. BUTEE A BILLES. Débrayage ... d°
19. BENNE BASCULANTE. Commandes ... d°
20. d° .... Arbres ... d°

トレーラーで路上輸送されるルノーUEシュレッパー。牽引車の後方にはUE用フラットベッド式トーラーがあり、そのさらに後方にUE固有のトレーラーが牽引されている。

ゲル状オイル補給ボックス
バランサー（平衡スプリング）グリースアップのため
トレーラーハブのグリース注入口
特殊ポンプでグリースアップ

ドイツ空軍で使用中のUE牽引車。ここではJU52への給油の際、燃料タンクローリー用牽引機材として使用されている。

上の写真は、1940年フランス会戦終了後のドイツ陸軍における機械化の大失敗を象徴的に示したものである。捕獲車両を再塗装してWHナンバープレートを付与しようとしているが、型式は多種多様である。UE牽引車を使って、なんとかある程度整理しようとしている。（ドイツ公文書館）

間に合わせに施したマーキングが、車両が接収したばかりであることを示している。（WH＝国防軍陸軍）（訳者注：車両に装備された機関銃はチェコ製ZB30型である）

ドイツ空軍仕様のUE牽引車は飛行場の治安維持に投入された。（博物館の展示品となって残っているので）想像するに任務は完全に果たせたようである。

武装強化型治安維持車両の側面からの様子。

バウコマンド・ベッカー（ベッカー特別生産本部）はUEシュレッパーを小型無線および砲兵観測車へと改造した。

車両は非常にコンパクトであり、秘匿性に優れていた。車両内の機器配置はそれに応じて制限された。

歩兵シュレッパーUE（f）ベースの小型無線および砲兵観測車

UEシュレッパーの多数が3.7cm対戦車砲36型用自走砲として改造された。

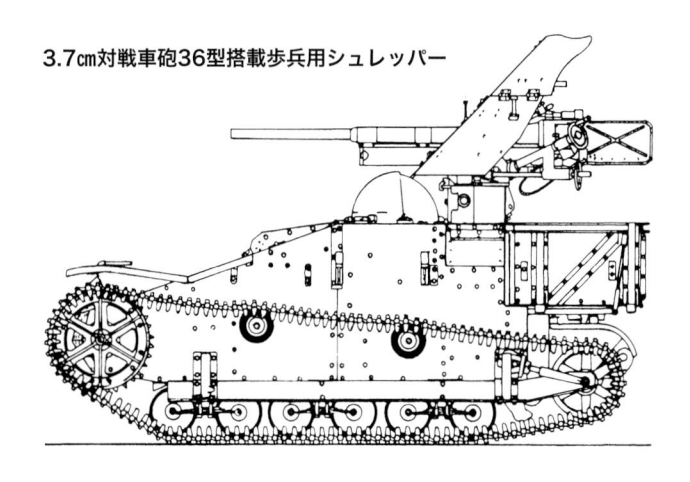

3.7cm対戦車砲36型搭載歩兵用シュレッパー

バウコマンド・ベッカーはUE車両数両を遠距離通信ケーブル敷設車へと改造した。上部ボディ後方へ設置されたケーブルドラムがよく分かる。

歩兵シュレッパーUE(f)ベースの遠距離通信ケーブル敷設車

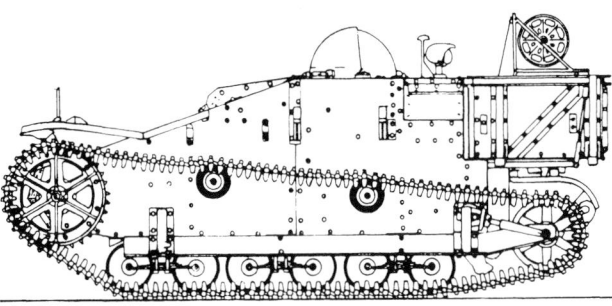

ネーベルヴェルファー部隊に配置された108両の内訳：
・28/32cmNb.W41用発射フレーム車両　54両
・トレーラー付弾薬輸送車両　54両

各中隊の装備数：
・ヴェルファー車両　6両
・トレーラー付弾薬輸送車両　6両

弾薬積載数：
・ヴェルファー車両　2発
・弾薬輸送車両　2発、トレーラー　6発

これらの車両はネーベルヴェルファー部隊内の重固定式ヴェルファー大隊に配属された。

歩兵シュレッパーUE(f)ベースの28/32cmネーベルヴェルファー発射フレーム搭載自走砲

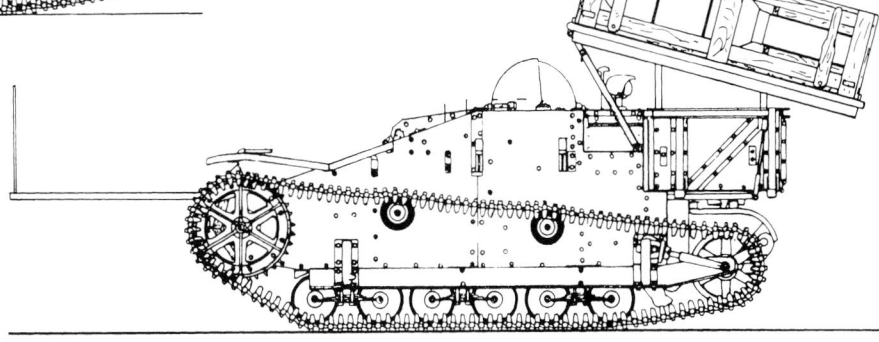

少数のUEシュレッパーは上部ボディ後方へ28/32cm（ネーベルヴェルファー）発射フレームを装備した。

発射フレームを車両側面に装備した別なタイプ。

103

歩兵牽引車UE（f）シャーシベースの（訓練用）ダミー装甲戦闘車。

ドイツ弾薬輸送車の開発

　フランス製UE型野戦補給車両の開発と投入は、ドイツ軍側から大きな関心が寄せられた。この開発の経緯は、すでに『特殊戦闘車両（大日本絵画既刊）』（4ページ）で詳細に述べている。しかしながら、今般、新たな資料によってより深い考察が可能となり、またオリジナルUE型車両の運用に関するドイツ軍部隊の陳述書も発見された。

　ドイツ装甲化弾薬輸送車の開発要求は、1938年9月にAHA/AgK(In6)（一般軍務局／戦車部隊、騎兵及び軍自動車化課（監察第6課）によってブレーメンのボルクヴァルト社へ発せられた。この装甲化弾薬輸送車は、同時に歩兵連隊（自動車化）の指揮官用偵察車、弾薬輸送車、そして戦場で傷ついた負傷者の救出用車両としても計画された。

　VK301の生産は遅れに遅れており、この車両自体に対する不満は大きかった。

　改良型はVK302の呼称の下で行なわれ、1941年末までに各歩兵連隊（自動車化）がこの種の車両5台を受領することとされた。

　VK301/302の比較データを次に示す

	VK301	VK302
エンジン	ボルクヴァルト6M2型	同3型
気筒数	6	6
排気量	2247cc	2247cc
主要寸法		
・全長	3150mm	3100mm
・全幅	1730mm	1820mm
・全高	1230mm	1280mm
・地上間隙	250mm	250mm
・履帯幅	200mm	250mm
・履帯全長	1425mm	
・履帯間隔	1420mm	1580mm
戦闘重量	3000kg	3700kg
燃料携行量	55+40ℓ	
最大速度	30km/h	37.85km/h
装甲		
・前面、側面	8mm	14.5/10mm

　1941年4月15日、ヴンシュドルフで次のような装甲化弾薬輸送車が展示に供された。

・装甲化弾薬輸送車（ボルクヴァルト社）
・装甲化弾薬輸送車ルノーUE（f）
・I号戦車A型（暫定型）
・フィアット・アンサルドCV33型戦車（暫定型）

改良された弾薬輸送車VK501の木造モックアップの斜め前方からの様子。1943年6月1日撮影。

VK501の斜め後方からの様子。側面の搭乗用ハッチ（クラッペ）は生産時には省略された。

VK501の弾薬室はオープントップであった。車両の後部にあるエンジンの取り付け位置がよく分かる。

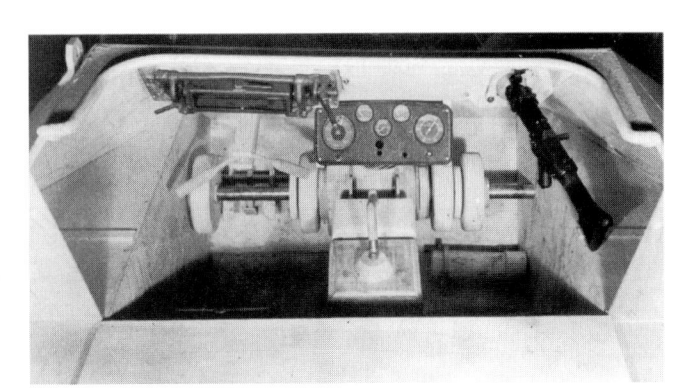

VK501の運転員および運転助手用座席の様子。運転助手は機関銃が使用可能であった。

ドイツ装甲化弾薬輸送車VK301。

VK302（ボルクヴァルト）は、野戦補給時のために投下可能な弾薬収納容器を装備しており、2cm高射砲、3.7cm対戦車砲、7.5cm軽歩兵砲および山岳カノン砲（緊急の場合は15cm重歩兵砲および105cm軽榴弾砲）の牽引機材として使用することが見込まれた。

　1941年11月22日、弾薬輸送車ボルクヴァルトVK302型400台の発注が行われた。このうち10台は1942年9月からデーベリッツの歩兵学校へ配備された。この時点では19台が生産中であり、さらに16台がマクデブルクの陸軍機材局に納入された。しかしながら、部品調達が困難を極め、更なる生産は中断されたが、車両が新型駆動輪を装備した後の1943年1月9日から再び使用に供された。

　1941年12月16日、ボルクヴァルト社製弾薬輸送車VK302型は不適合と判断され、量産型120台の残りは、弾薬生産工場へ引き渡された。

　プロトタイプのいくつかは、いわゆる「RT器材」（牽引トレーラー器材）の開発用の実験トレーラーとして保管された。なお、「RT器材」とは、大型口径砲を2台のトレーラー車両の中間に配置してこれにより移動するというシステムであり、最終的な設計では、「ティーガー」シャーシが利用される計画であった。*

*訳者注：24cmカノン砲K4の砲身および砲座を巨大なアーム4本で支え、2両のティーガーⅠ型に架台を設けてその間に懸架するという計画であり、車間距離は20－22mであった。最終的には計画を担当したヘンシェル社は、現状の生産で手一杯であることから、1942年12月に計画は中止された。この他、ティーガーⅡ型を使用した28cmカノン砲K5を自走砲化する計画もあったが、もはや戦況が許さなかった。

弾薬輸送車の新たな開発は喫緊の課題と見なされた。

　暫定的解決方策として、フランス製UE型車両並びにオーストリア軍の在庫ストックから払い出されたフィアットCV33/35型戦車が提案された。

　ルノー小型無限軌道車の生産再開も見据えて、捕獲車両1200台が集められ、アウグスブルク・ニュールンベルク機械製作所（MAN）の管理下で、イシィ・レ・ムリノー建造工場（Atelier de Constructin d'lssy les Moulineaux＝AMX）社によってオーバーホールされた。生産再開については、部分的にドイツへ輸送されてしまった機械類の欠如もあり、不可能となった。

　第17および第50歩兵師団が、ソ連のセワストポリ戦線においてUE型車両を－トレーラーなしでも－使用したことが知られている。

弾薬輸送車の更なる開発

　1943年1月12日にバート・エインハウゼンのヴェーザーヒュッテ社は、装甲化弾薬輸送車（VK501）の新しい開発を受注した。量産は1944年から予定されており、総重量6t、外寸は3800×2175×1600mmで、簡易なリーフスプリング（板バネ）システムが採用された。装甲厚は20mmとされ、エンジン出力は80から90馬力、積載荷重500kgで最大速度は30km/hという計画であった。また、防御兵器は機関銃1挺が予定された。

　ヴェーザーヒュッテ社の最初の実験車両は1943年夏

ルノーUEの後継代替として1937年から製造された野戦補給車両ロレーヌS37。この車両（写真の下方）の一部は、戦闘時の装甲車両への給油用全軌道式燃料トレーラーを装備していた。

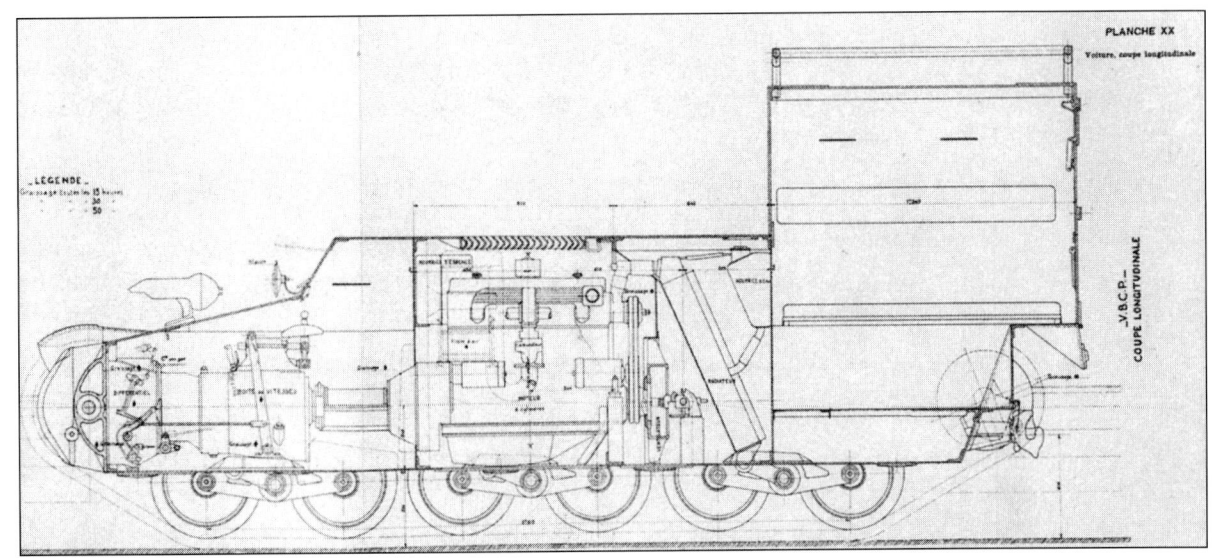

VBCPの長手方向断面図。駆動ユニットの配置と車両後方の兵員搭乗室がよく分かる。

に製造することとされ、量産車両は6000台が歩兵部隊、2000台が砲兵部隊へ配備することが決められた。

しかしながら、「アドルフ・ヒトラー・プログラム」（装甲車両の緊急生産プログラム）の中で、計画された生産を中止することが1943年2月17日に決定された。

1943年6月1日に陸軍兵器局の会議において、AHA（一般軍務局）から発注されていた装甲化弾薬輸送車のモックアップが初めて観覧に供された。最初のプロトタイプは1943年8月に完成予定であった。

その時までに決定したVK501の技術的データを次に示す。

・全長　3830㎜
・全幅　2220㎜
・全高　1690㎜
・最大速度　30km/h
・非ゴム製履帯（乾式）
・ゴム省力型装甲転輪
・装甲厚　20㎜　SM鋼（SmKおよび榴弾片防御）
・積載重量　2000kgまで
・牽引重量　2000kgまで
・エンジン　マイバッハHL42（100馬力）
・燃費　100ℓで100km
・燃料タンク容量　70、70よび80＝220ℓ
・弾薬貯蔵容積　1300㎜×1200㎜×1100㎜
・乗員　操縦手および護衛手（機関銃手）（前方）
　　　　車内ベンチには2名から6名が搭乗可能
・武装　MG42型機関銃1挺

生産プログラムの中には装甲化兵員輸送車VBCP型もあった。

懸架スプリング

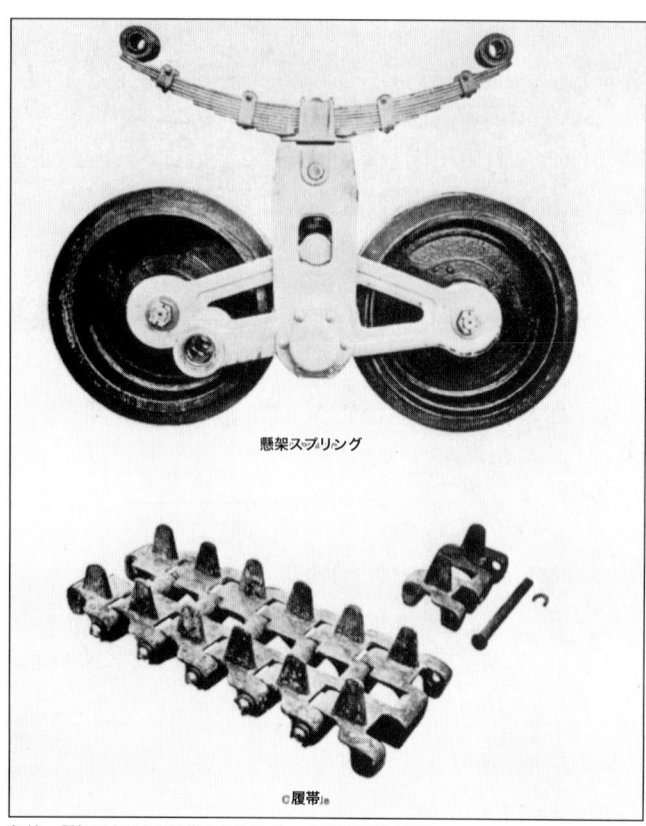

©履帯

転輪、懸架バネおよび履帯からなるロレーヌ走行装置の詳細。

ロレーヌ牽引車の走行装置はよく考慮されており、簡単に装着可能で耐久性にも優れていた。

同じくロレーヌ牽引車ベースの10.5cm軽榴弾自走砲中隊における砲兵観測車VBCP。VBCPの隣には改造されたルノーUEシャーシベースの小型砲兵観測車が見える。

詳細に渡る検討の末、歩兵科司令部の責任者は次のような変更を求めた。
・全高を1500mmに抑える。
・兵員の搭乗、負傷者の収容と嵩張る弾薬の受け渡しのために、エンジンを左側面へ移動させて後方右側に乗降ハッチを取り付け可能とする。
・歩兵用重火器（重対戦車砲および重歩兵砲）に対応した少なくとも2000kgまでの牽引能力。
　この変更点の申し入れ後、車内配置や外寸および内寸が再検討され、プロトタイプ3台が製造されることとなった。このうち1台の車両には電炉鋼製*トーションバー、2台はコイルスプリング（電気炉鋼は供給ネックであった）が採用予定であった。前部および後部の支持アームに取り付けられるHG6002型ダンパー（衝撃緩和器）は、ヴッパータルのヘムシャイト社から供給予定であった。

*訳者注：電炉鋼は電気鋳鋼とも言い、電気溶鉱炉で製造された鉄鋼を指す。電気炉は一般的に温度制御が容易で、精密な熱管理や合金材料の添加管理が可能であり、品質に優れていたがコスト高であった。

　装甲については、同じ重量でより高い防御力が得られる電炉鋼がSM鋼*の代わりに計画されたが、電気炉鋼の供給ネックは克服すべき課題とされた（12mm厚の電炉鋼または20mm厚のSM鋼が対SmK防御**として有効であった）。
　プロトタイプは、原材料の欠乏により終戦までに製造されることはなかった。フランス軍と比較してドイツ国防軍において装甲化野戦補給車の重要度は低かったのである。

*訳者注：SM鋼とはジーメンス・マルティン（Siemens-Martin）製法による特殊硬質鉄を意味する。現在では、炭素含有量が0.035～1.7％の炭素鋼で溶接構造用圧延鋼材のことを指す。
**訳者注：SmKはSpitzgeschoss mit Kern（尖頭弾芯）の略であり、対SmK防御とは装甲貫通用硬質弾芯付小銃銃弾に耐える装甲という意味である。

野戦補給車ロレーヌ37L

　ドイツ国防軍において一般的に言って最も有名なフランス製装甲車両は戦車ではなく、装甲化補給車であったという事実は興味深い。この車両はその他の全ての車両がいわゆる捕獲識別番号を付けられたのに対して、フランス製戦闘車両として唯一、改修後に「特殊車両番号（Sd.Kfz）」が付与された。
　リュネヴィルのエスタブリッシュメント・ディートリヒ&カンパニー（Ets.de Dietrich&Cie）社とバニエール・ドゥ・ビゴール（Bagneres de Bigorre）社は、ルノーUE型の代替として、1935年から小型装甲化全装軌車両の設

野戦補給車両ロレーヌ37L(f)

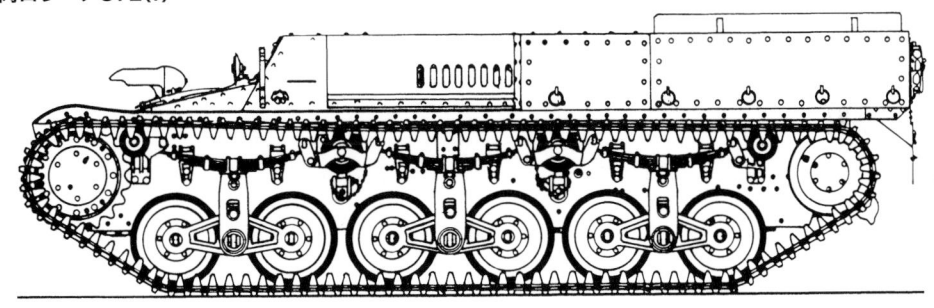

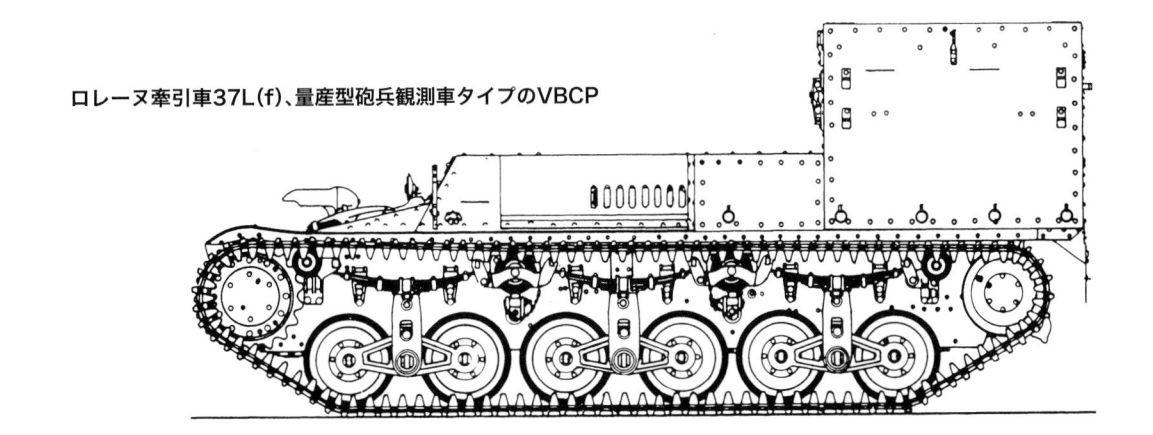

ロレーヌ牽引車37L(f)、量産型砲兵観測車タイプのVBCP

4.7cm対戦車砲181または183（f）型を搭載した戦車猟兵（対戦車）ロレーヌ（自走砲）。写真はこの珍しい車両の前方、後方および両側面を撮影したもの。この戦車猟兵（対戦車）応急自走砲は、第33戦車猟兵補充および教育大隊で造られた。

計に携わった。この車両は野戦補給部隊用として設計され、主に弾薬補給や戦場で装甲車両へ給油する全装軌燃料トレーラーとしての任務が想定された。

生産プログラムの中では、装甲化兵員輸送車（VBCP型）の一種として扱われた。

この新型車両は、主に新たに編成する戦車師団へ装備されることとなった。

最初のプロトタイプは1937年4月初めに実験に供された。ここでプロトタイプは重量過大（2.6tが4tへ増大）であることがわかったが、一方で特に走行装置が優れた特性を有することも確認された。燃料トレーラー牽引時の不足気味の牽引能力は、より大出力のエンジンへ換装されて改善が図られた。

ロレーヌ社は合計432台を受注し、1939年1月11日から1940年5月26日の間に5回の生産ロッド（78、100、100、100、54台）に分割されて供給された。*

*訳者注：ロレーヌシュレッパーの何台かは、1940年にノルウェーで実戦投入された。

車両は3分割された単純な上部ボディを有していた。前部はエンジン駆動ユニットの横に乗員2名を収容し、排気量3500cc、70馬力のドライエ社製6気筒直列エンジン135型を車両中央に搭載していた。後部には貨物収納箱が装備されていた。

走行装置は非常に簡素化されており、走行転輪6個がダブル懸架機構に組み込まれ、リーフスプリング（板バネ）

7.5cm対戦車砲40/1型搭載戦車猟兵（対戦車）ロレーヌシュレッパー（Sd.Kfz.135）。砲身はトラベラーズロックで固定してある。

砲身のトラベラーズロックを解除し、視認用クラッペを開けた状態のロレーヌ対戦車自走砲。

により支えられていた。
　ロレーヌ小型無限軌道車の量産型式は2つのみであり、装甲化トレーラー付きの補給車と燃料トレーラー付きの同様な車両であった。
　プロトタイプおよび量産型車両の製造は、主にリュネヴィル工場で行われたが、独仏国境が近いために1939年末にバニェール・ドゥ・ビゴールへ移転された。更なるプロトタイプは、車両片側に走行転輪が2個だけ装備したものであった。
　約300台のロレーヌシュレッパーがドイツ国防軍により接収されたが、当初は誰も関心を示さず注目もされなかった。

●ロレーヌシュレッパー（f）ベースの弾薬輸送車
　少数の車両は弾薬輸送車、すなわち装甲化全軌道式シュレッパーとして、ドイツ軍へ譲渡された。重量6tの車両は、積載荷重は約800kgに過ぎなかった。

●4.7cm対戦車砲 181または183（f）型搭載戦車猟兵（対戦車）ロレーヌシュレッパー（f）
　最初の戦車猟兵（対戦車）自走砲は早くも1940年末に姿を現し、優秀な性能を持つフランス製4.7cm対戦車砲が、防盾ごと少数のロレーヌシュレッパーのシャーシに搭載された。戦闘時の砲の操作の際には、側面および後方の防御が全くなかった。

●7.5cm対戦車砲40/1型搭載戦車猟兵（対戦車）ロレーヌシュレッパー（Sd.Kfz.135）
　1940年末に開始された対戦車砲および野砲の自走砲開発計画において、車両中央にエンジンを配置している基本

後方から見た7.5cm対戦車砲40型搭載自走砲。戦闘室への搭乗口がよく分かる。

ロレーヌシャーシベースの7.5cm対戦車砲40/1型搭載の対戦車自走砲は、暗示的にマーダーI型と呼称された。開放された操縦手用クラッペがよく確認できる。

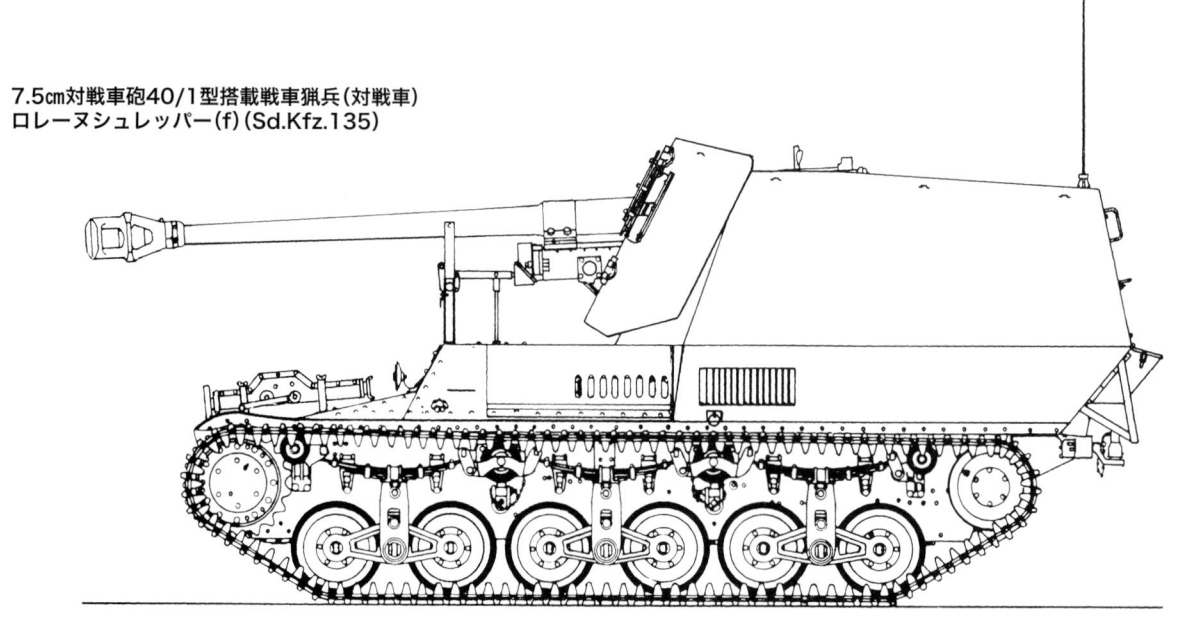

7.5cm対戦車砲40/1型搭載戦車猟兵（対戦車）
ロレーヌシュレッパー(f)(Sd.Kfz.135)

10.5cm軽榴弾砲18/4型搭載砲戦車ロレーヌのアルケット社タイプ。火砲用の上部ボディは高くなるほど内側へ傾斜している。

10.5cm砲兵自走砲ベッカータイプの前面の様子。

10.5cm榴弾砲搭載砲兵自走砲1個中隊による行軍風景。

10.5cm軽榴弾砲18/4型搭載砲戦車ロレーヌのベッカータイプ。上部隔壁は中間で傾斜している。

（主に戦車目標に対して）直接照準射撃中の10.5cm軽榴弾砲搭載兵自走砲。後座反動力はトレールスペード（駐鋤）を下ろして減衰させている。

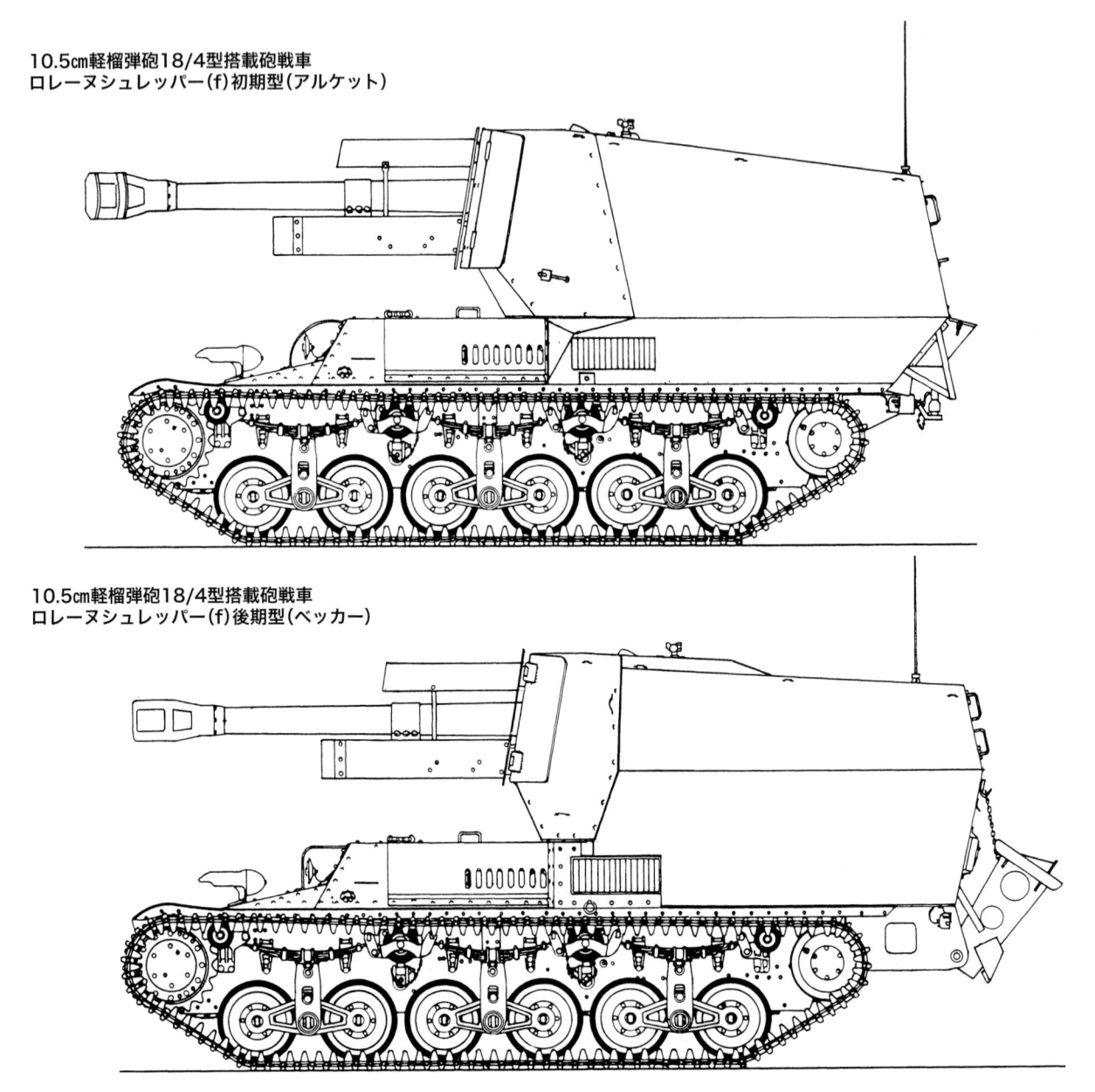

**10.5cm軽榴弾砲18/4型搭載砲戦車
ロレーヌシュレッパー(f)初期型（アルケット）**

**10.5cm軽榴弾砲18/4型搭載砲戦車
ロレーヌシュレッパー(f)後期型（ベッカー）**

15cm重榴弾砲13/1型（自走式）砲戦車ロレーヌ（Sd.Kfz.135/1）30両が1942年7月から北アフリカのロンメルの下へと送られた。改造はアルケット社によって行われた。

攻撃集合地点に到着したのは、そのうちの23両のみであった。

トレールスペード（駐鋤）を（引き上げて）行軍状態にした車両の斜め後方からの様子。

さらに15cm重榴弾砲13/1型搭載砲戦車ロレーヌシュレッパー（f）（Sd.Kfz.135/1）72両がフランスでバウコマンド・ベッカーにより製造された。オープントップの上部ボディは、防水シートで覆い隠してある。

検査後の車両。

そして積載準備が完了した状態。

15cm重榴弾砲13/1型搭載砲戦車ロレーヌシュレッパー(f)(Sd.Kfz.135/1)
ロンメル向け仕様

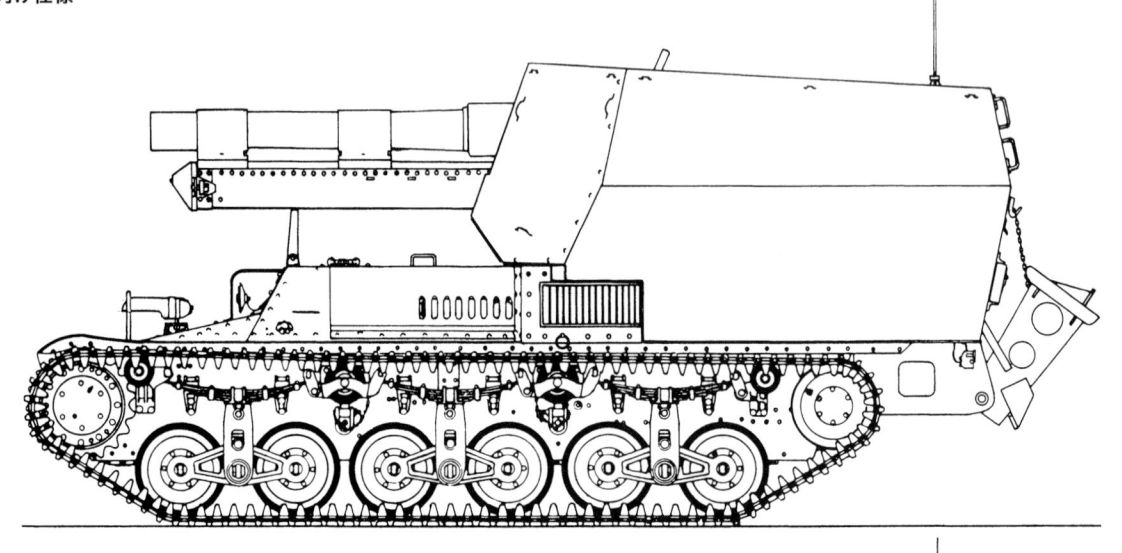

15cm重榴弾砲13/1型搭載砲戦車ロレーヌシュレッパー(f)(Sd.Kfz.135/1)
パリ兵器局仕様

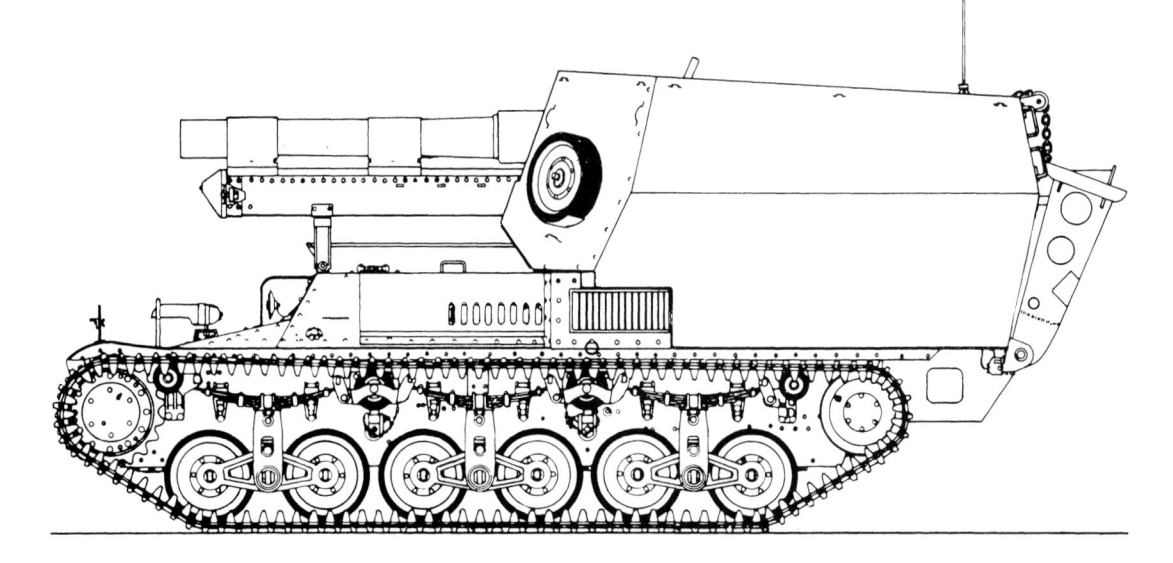

自走砲は1つの部隊にまとめて配備された。予備転輪は大抵上部ボディに携行された。

設計が改修に適するという理由により、ロレーヌシュレッパーを流用することが再び取り上げられた。アルケット社とバウコマンド・ベッカー(ベッカー特別生産本部)によって、全体コンセプトの検討が共同で行われた。

1942年5月25日にロレーヌシュレッパー流用の自走砲の製造が決定され、まだ使用可能な合計160台のロレーヌシュレッパーを自走砲へ改修し、そのうち60両は7.5cm対戦車砲40型を搭載することとされた。

1942年6月4日、ビーリッツ陸軍自動車集積所(HKP)へ修理に出されていたロレーヌシュレッパー78台について、最終的な決定がカイテル元帥から認可された。さらにロレーヌシュレッパー24台が7.5cm対戦車砲40型の搭載車両として使用に供された。

ロレーヌシュレッパーの製造は、パリで早々に再開されることが要求された。シュレッパーおよび補充部品の製造開始が、どの程度可能であるかはやってみなければわからなかった。その際、より幅の広い履帯とスプリングの強化を考慮することとされた。

合計で戦車猟兵自走砲184両を製造することが計画されたが、実際には1942年7月までに104両、1942年8月に66両を製造するのがやっとだった。

重量7.5tの車両は暗示的に「マーダー(テン)Ⅰ型」と呼称され、1944年初頭の時点でまだ131両の自走砲が可動状態にあった。

●10.5cm軽榴弾砲18/4型搭載砲戦車ロレーヌシュレッパー(f)

ロレーヌシュレッパー160台のうち、基本的に60台が10.5cm軽榴弾砲18/4型搭載自走砲シャーシとして用いられた。比較的重量のある砲を軽装甲車両に搭載するにあたり、改修に技術的な制約条件が発生した。このため、車両後部にカウンターウエイトとなるトレールスペード(駐鋤)

堂々とした正面外見の砲戦車ロレーヌシュレッパー。操縦手用クラッペが開いたままである。

上面から見ると全体のコンセプトが一目で理解できる。

ヒラースレーベンで実弾演習中の15cm砲戦車ロレーヌシュレッパー。 　　　　　　　　　射撃直後の砲身は最後座位置にある。

次の4枚の写真は、増強西方快速旅団の重砲兵部隊の総合火力を示したものである。撮影は1943年6月中旬にヴェルサイユ宮殿前で行われた。

を装備し、砲撃の際にその大部分を地中に埋めるというバウコマンド・ベッカー(ベッカー特別生産本部)の提案が採用された。砲戦車ロレーヌシュレッパーは戦闘重量7.7tであり、最大速度は42km/hであった。

上部開放型の装甲上部ボディは、装甲化により対Smk防御がなされており、乗員は4名で砲弾携行量は20発であった。1942年11月に12両の車両がアルケット社により納入されたが、この最初の型式は戦車猟兵自走砲マーダーⅠ型の装甲ハウジングが装着されており、その後、さらに12両の車両が追加製造された。

●15cm重榴弾砲13/1型搭載砲戦車ロレーヌシュレッパー(f)(Sd.Kfz.135/1)

北アフリカのロンメルへの特別支援として、ヒトラーは1942年5月25日に重榴弾砲搭載ロレーヌシュレッパー30両の供給を要求した。この特別措置はアルケット社により

大急ぎで行われ、1942年6月にロンメル向け自走砲30両が完成した。7月および8月に北アフリカへ海上輸送されたが、敵の輸送船団攻撃により23両のみが目的地へと到着した。*車両内の砲弾携行量は8発、戦闘重量は8.1tであり、機甲随伴砲兵として用いられた。**

*訳者注：1942年7月に16両が北アフリカへ到着し（3両が沈没）、7両が1942年8月に到着した（4両が沈没）。
**訳者注：計画では第15および第21戦車師団に12両ずつ、第90軽師団に6両を配備する予定であったが、本文の記述のように23両しか輸送できなかった。このため12両が第15戦車師団／第33機甲砲兵連隊、11両が第21戦車師団／第155機甲砲兵連隊へと配備された。1942年10月1日現在で、第15戦車師団が8両、第21戦車師団が11両保有していたが、1942年12月2日までに全車両を喪失している。

● バウコマンド・ベッカー（ベッカー特別生産本部）によりフランスで製造された15cm重榴弾砲13/1型砲戦車ロレーヌシュレッパー（f）（Sd.Kfz.135/1）

ドイツ本国の各軍管区に貯蔵されていた64門の重榴弾砲L/17を、至急、ロレーヌシュレッパーに搭載することが決定され、その準備がなされることとなった。陸軍兵器局パリ支局（バウコマンド・ベッカー：ベッカー特別生産本部）により、さらに砲兵自走砲72両が製造され、これらの車両は「増強西方快速旅団」に配備された。

600kmにおよぶ行軍と演習により、装甲化砲兵旅団の砲戦車と車両の走行能力については完全に実証され、故障したものは1両もなかった。現地部隊によって車両が製造されたことにより車両の品質が保証され、レベルが高い専門家を確保することができた。現地部隊は万全の信頼を砲戦車に置いていた。その装甲は全ての軽歩兵火器に対して防御可能であり、走行性は素晴らしく、搭載された兵器を十分に活用することができた。

● 12.2cmカノン砲（r）搭載砲戦車ロレーヌシュレッパー（f）

ロレーヌシュレッパーにソ連製12.2cmカノン砲を搭載し、単独に製造された車両1両が知られている。この車両はフランスで行動した装甲列車の武装として用いられた。*

*訳者注：1944年4月17日に編成された第32鉄道装甲列車は、ルノーR35戦車1両の他にソ連製12.2cmカノン砲搭載の砲戦車ロレーヌシュレッパー1両を装備していた。同走行列車はリヨン、デイヨン方面に投入されたが、1944年9月8日にサン・ベラン（St.Be'rain）にて連合軍に捕獲された。

● ロレーヌシュレッパー（f）ベースの大型無線および砲兵観測戦車

ロレーヌシャーシ流用の15cm重榴弾砲13/1型搭載野砲自走砲と供に、同様のシャーシを流用した全周装甲型無線および砲兵観測車両が配備された。

バウコマンド・ベッカー（ベッカー特別生産本部）は、この種の車両30両を製造した。

● その他のロレーヌシュレッパーの活用例

ドイツ国防軍の兵器廠において、7.5cmカノン砲51（L/24）型をより威力のある兵器に代替し、併せて手持ちの自走砲に活用することが決定された。短砲身型7.5cmカノン砲については特に火力支援の任務のために、重装甲偵察車（Sd.Kfz.233および234/3）、軽兵員装甲輸送車（Sd.Kfz.250/8）、中型兵員装甲輸送車（Sd.Kfz.251/9）並びに偵察戦車38（t）（Sd.Kfz.140/1）に搭載されていた。

それらはラインメタル・ボルジッヒ社によって開発された兵器である7.5cmAK7B84型（640/1）（L/48）に代替されることとなった。この実験用のトレーラー車両として、ロレーヌシュレッパー1両が活用されてクンマースドルフでテストが行われた。テストは1944年末に開始されたが、兵器の改善が必要とされ、1945年3月初めまで継続した。装甲車両の改修時の方向射界は30度、高低射界は−8度から＋15度であった。ロレーヌシュレッパーでの運用においては、搭乗員は3名であった。しかしながら、この新兵器は量産には至らなかった。*

*訳者注：7.5cmAK7B84の公式名称は、兵器番号0784号「L/48口径7.5cm偵察カノン砲7B84型」である。計画では7.5cmカノン砲51（L/24）型を搭載する偵察装甲車両および兵員輸送装甲車（SPW）、いわゆる「シュツンメル」については、このタイプのカノン砲へすべて換装することが予定されていた。なお、Sd.Kfz.234系列車体に7.5cmAK7B84を搭載した「プーマ」と同じような砲塔を搭載したSd.Kfz.234/5が計画されていたと言われている。

フランス戦役終了後の1940年に調査されたフランス軍装備のストック量については、当初、ドイツ軍当局は僅かな関心しか示さなかった。戦争が長引くにつれて原材料の欠乏はますます大きくなり、使えるだけの生産設備はいつもフル稼働の状況になって、初めてフランスに保管してある装備ストックを思い出したのであった。多種多様なフランス製装甲車両がドイツ軍部隊において使われ、真価を発揮した。

フランス製戦車については、応急措置として専らオーバーホールを通じて占領部隊へ配備されたため、ドイツ戦車部隊内では脇役を演じたに過ぎなかった。

ロレーヌシュレッパーベースの大型無線および砲兵観測戦車は30両が製造された。

12.2cmカノン砲（r）搭載のロレーヌシュレッパーはフランスに配備された装甲列車部隊の一つに配備された。

ロレーヌシュレッパー(f)ベースの大型無線および砲兵観測戦車

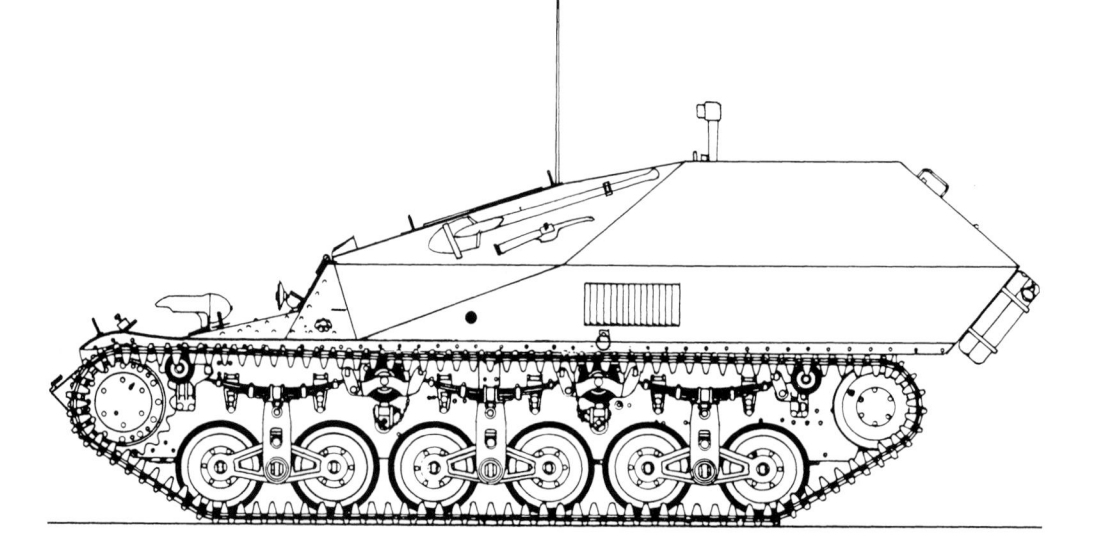

120

装甲戦闘車両FT17/18R（f）－識別番号730（f）

1915／16年にエティエンヌ（Estienne）将軍によって着想された軽歩兵支援装甲車両が、木造モックアップの形状として1916年12月に初めて具現化した。車両前方の戦闘室に360度旋回可能な砲塔が搭載され、後方に駆動装置機構が据え付けられた基本構造は、近代戦闘兵器のお手本とも言えるものであった。このプロジェクトは早々に採用され、ルノー社は150両を受注し、1917年4月9日にテストが行なわれた。この結果を受けて、すぐに1000両の新たな発注が行なわれた。このFT17型*は基本的に主兵装として機関銃が計画されていたが、不充分であることが判明し、その代わりに3.7cmカノン砲が装備された。カノン砲搭載のプロトタイプは1917年6月に納入され、ルノー社以外の製造メーカーも含めて合計2380両が発注された。1917年10月16日付の資料によれば、ルノー社1850両、ベルリエ社800両、ソミュア社600両およびドロネー・ベルヴィル社280両である。

*訳者注：FTとはファビル・トナージュ（Faible Tonnage＝軽重量）の略称である。

1917年7月、ルノー社に対してFT17型戦闘戦車1200両の発注が行なわれた。発注者はアメリカ陸軍であった。オリジナルの兵装を収納する砲塔は、丸みを帯びた鋳造砲塔であったが、生産性の理由によりすぐに装甲リベット接合による多角形型に代替された。

1918年1月24日には470両の新たな受注があり、その後の追加発注も相まって－派生型も含めて－受注数は4000両に上った。このうち1000両は機関銃装備型であり、1830両が3.7cmカノン砲装備型、600両が7.5cmカノン砲装備型、200両が無線機および電信機装備型、そして370両がその他のバリエーションであった。

最初のルノーFT17戦車は1917年9月に陸軍省へ納入され、1918年3月に部隊へ引き渡された。最初の実戦投入は1918年5月31日であり、1918年11月の休戦時までに4635両が発注され、3187両が引き渡された。

第一次大戦後、FT17戦車は多くの国々で戦車部隊編成における新しい中核となった。例えばUSA（コピー生産）、カナダ、ベルギー、ブラジル、中国、スペイン、エストニア、フィンランド、ギリシャ、イラン、日本、リトアニア、オランダ、ポーランド、ルーマニア、スイス、チェコスロヴァキア、そしてユーゴスラビアといった諸国である。ソ連とイタリアにおいては、設計変更された車両がコピー生産された。

FT17の装甲下部車体は支持フレームなしの構造であり、下部車体そのものが多面形の装甲板で形成されており、補強材により接合されていた。エンジンは駆動伝達装置と伴

装甲戦闘車FT17の正面写真。

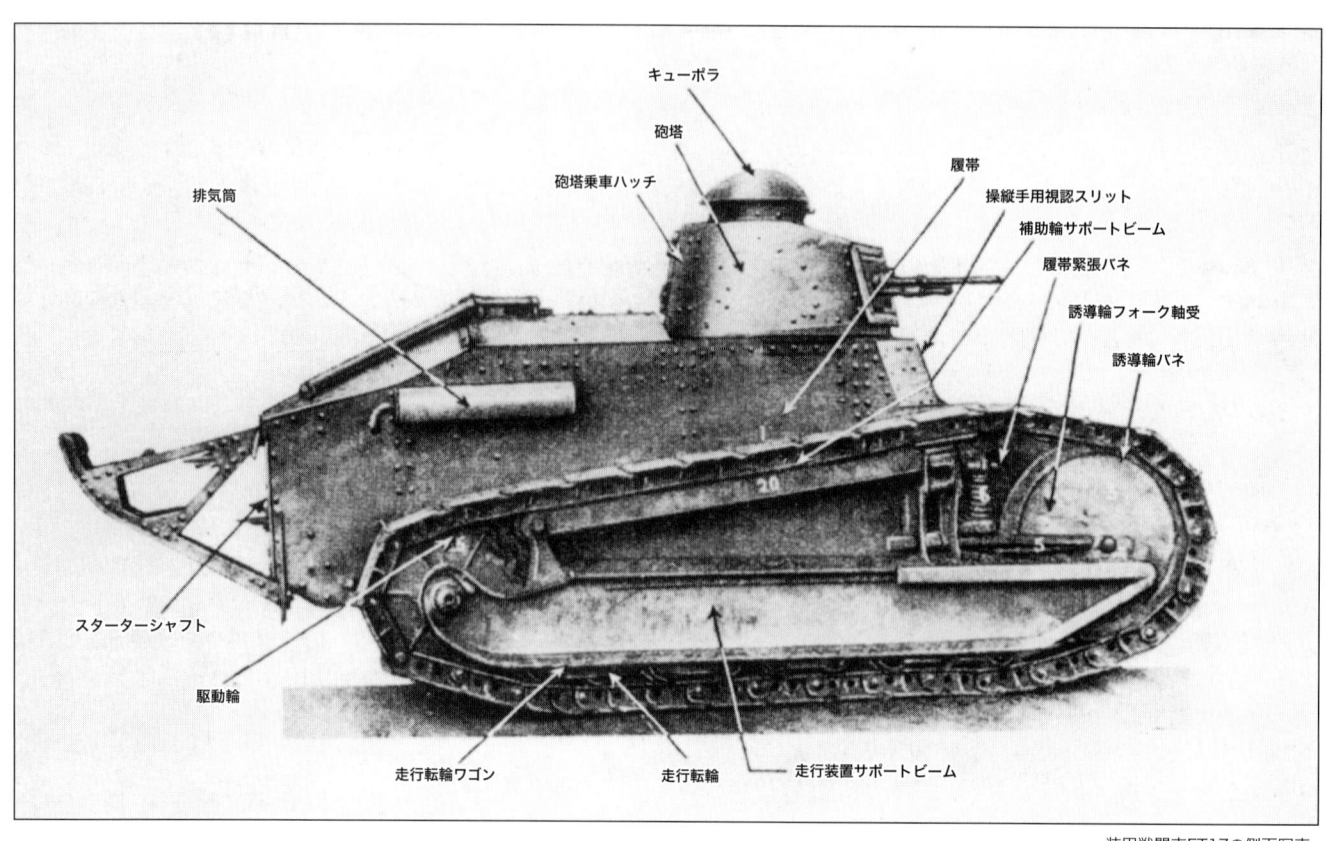

装甲戦闘車FT17の側面写真。

- キューポラ
- 砲塔
- 砲塔乗車ハッチ
- 履帯
- 操縦手用視認スリット
- 補助輪サポートビーム
- 履帯緊張バネ
- 誘導輪フォーク軸受
- 誘導輪バネ
- 排気筒
- スターターシャフト
- 駆動輪
- 走行転輪ワゴン
- 走行転輪
- 走行装置サポートビーム

FT17の走行装置と機関室（エンジンルーム）。

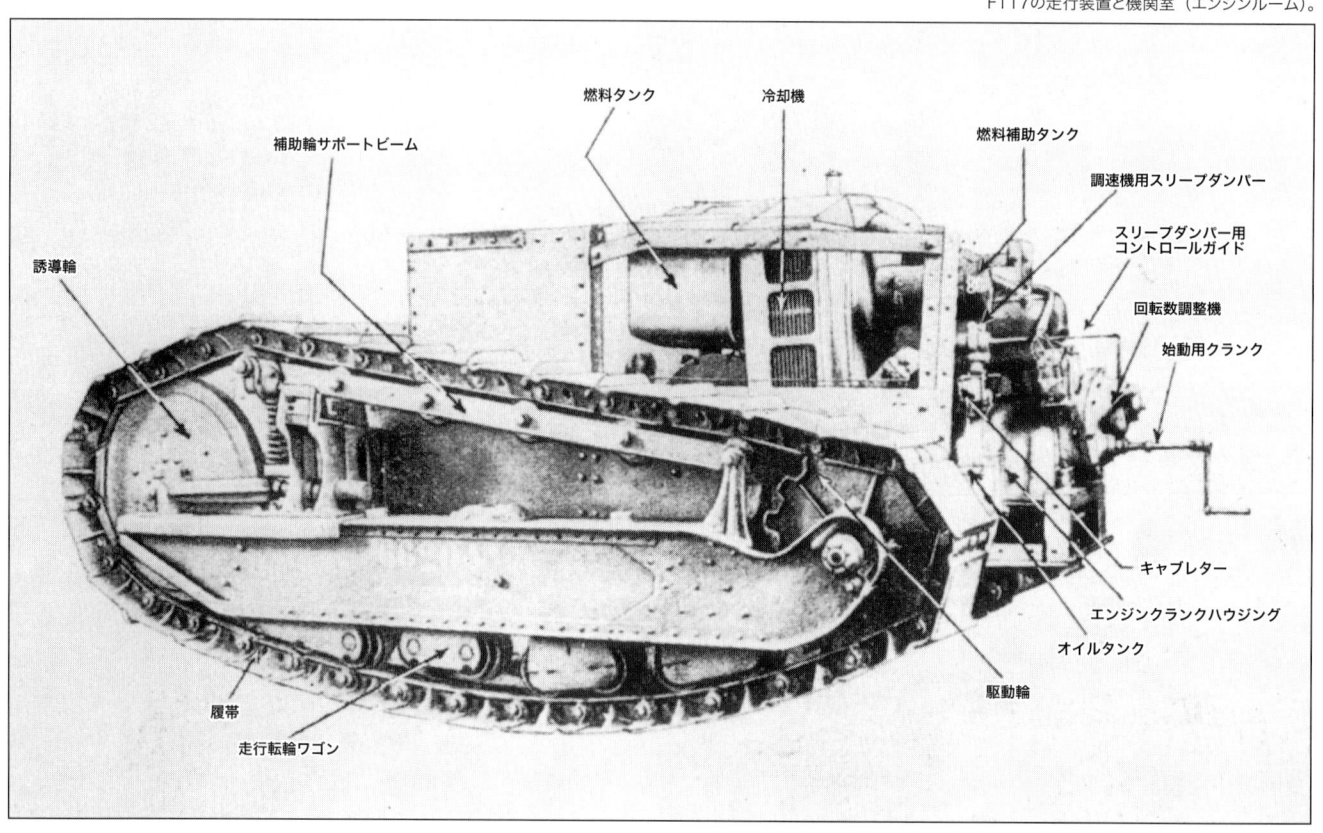

- 燃料タンク
- 冷却機
- 燃料補助タンク
- 補助輪サポートビーム
- 調速機用スリープダンパー
- スリープダンパー用コントロールガイド
- 回転数調整機
- 始動用クランク
- 誘導輪
- キャブレター
- エンジンクランクハウジング
- オイルタンク
- 駆動輪
- 履帯
- 走行転輪ワゴン

122

に車体後部に組み込まれ、排気量4500ccで出力39馬力であった。エンジン手前には、インナーベベルギア（傘歯車）クラッチと前進4段・後進1段のギアシフト装置が搭載されていた。駆動力は側面にある2個の操向変速機を経て最終変速機へ、そして起動輪へと伝達されて履帯を動かした。機関室（エンジンルーム）には、車内空調並びに燃料タンク用冷却水システムのための空冷装置が設置されていた。最大速度は7.78km/hであった。

下部車体の後部には走行装置を支える走行懸架装置2組が取り付けられており、下部車体前部には走行懸架装置を支えるスクリュースプリングを保持する軸受け架台、支持架台が装着されていた。また、車体両側には衝撃ダンパー（緩衝器）としてゴム緩衝材が設置されていた。これらによって走行懸架装置は後部車軸を中心に回転可能で、下部車体に対してクッションの役目を果たした。

両側の走行懸架装置は2個のリーフスプリング（板ばね）を介してスイングレバーへと連なっており、レバーは無限軌道を形成する履帯の上を転がる4組の走行転輪装置をピボット式軸受けで支えていた。履帯はエンジン動力で動く起動輪によって駆動し、誘導輪により前方へ導かれた。上部の履帯リターン部分は補助輪により誘導された。リーフスプリング（板バネ）、スイングレバーおよび転輪装置からなる走行懸架装置は、起伏の激しい地形を走行する際においても、すべての走行転輪を同じ高さに保ち、履帯位置にかかわらず荷重が均等にかかるように工夫されていた。

装甲下部車体の垂直側面壁は16mmであり、その他の部分は8mm装甲板により保護されていた。車体前部および後部は、焼き入れされた防弾鋳造鋼製の傾斜壁からなっていた。

回転式砲塔はボールベアリング軸受けで支えられており、砲塔の回転がスムーズであった。兵装は機関銃または3.7cmカノン砲が装備可能であり、大雑把な方向は砲塔で

装甲戦闘車FT17/18R(f)、識別番号730(f)機関銃装備型

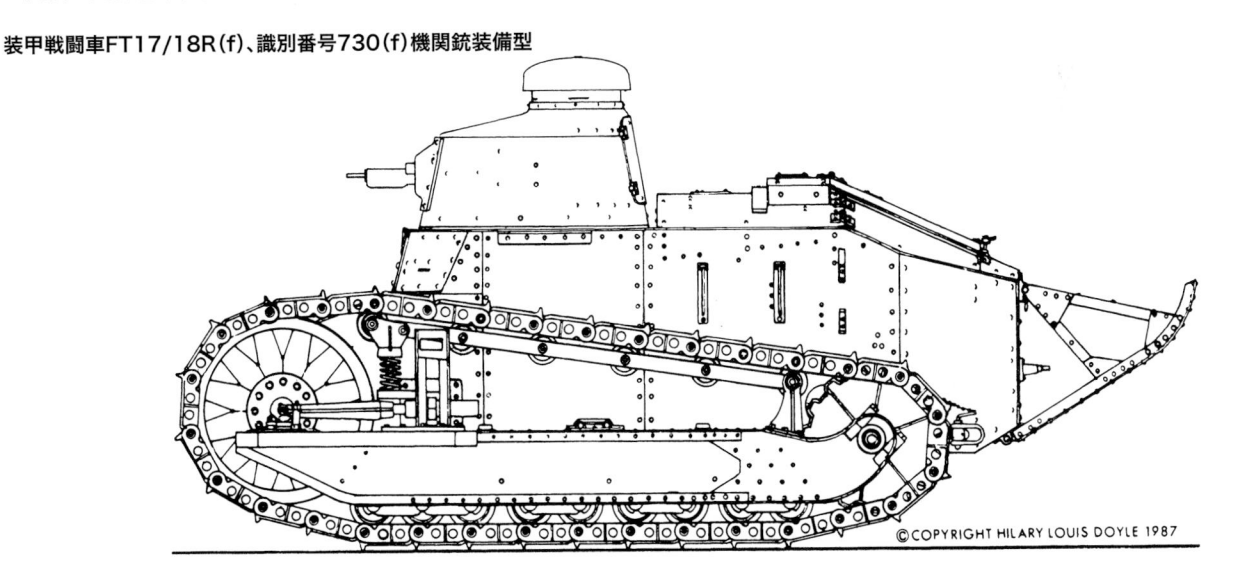

装甲戦闘車FT17/18R(f)、識別番号730(f)3.7cmカノン砲装備型

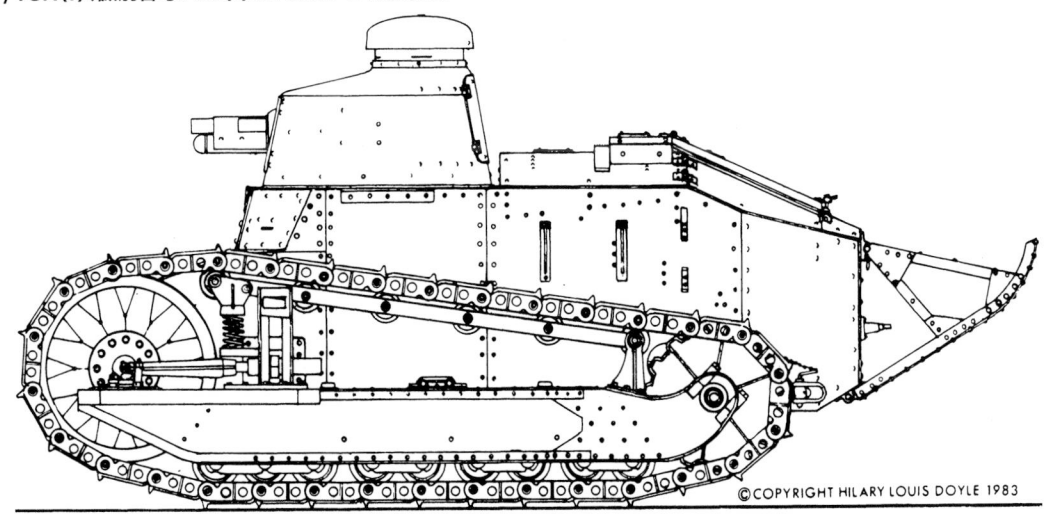

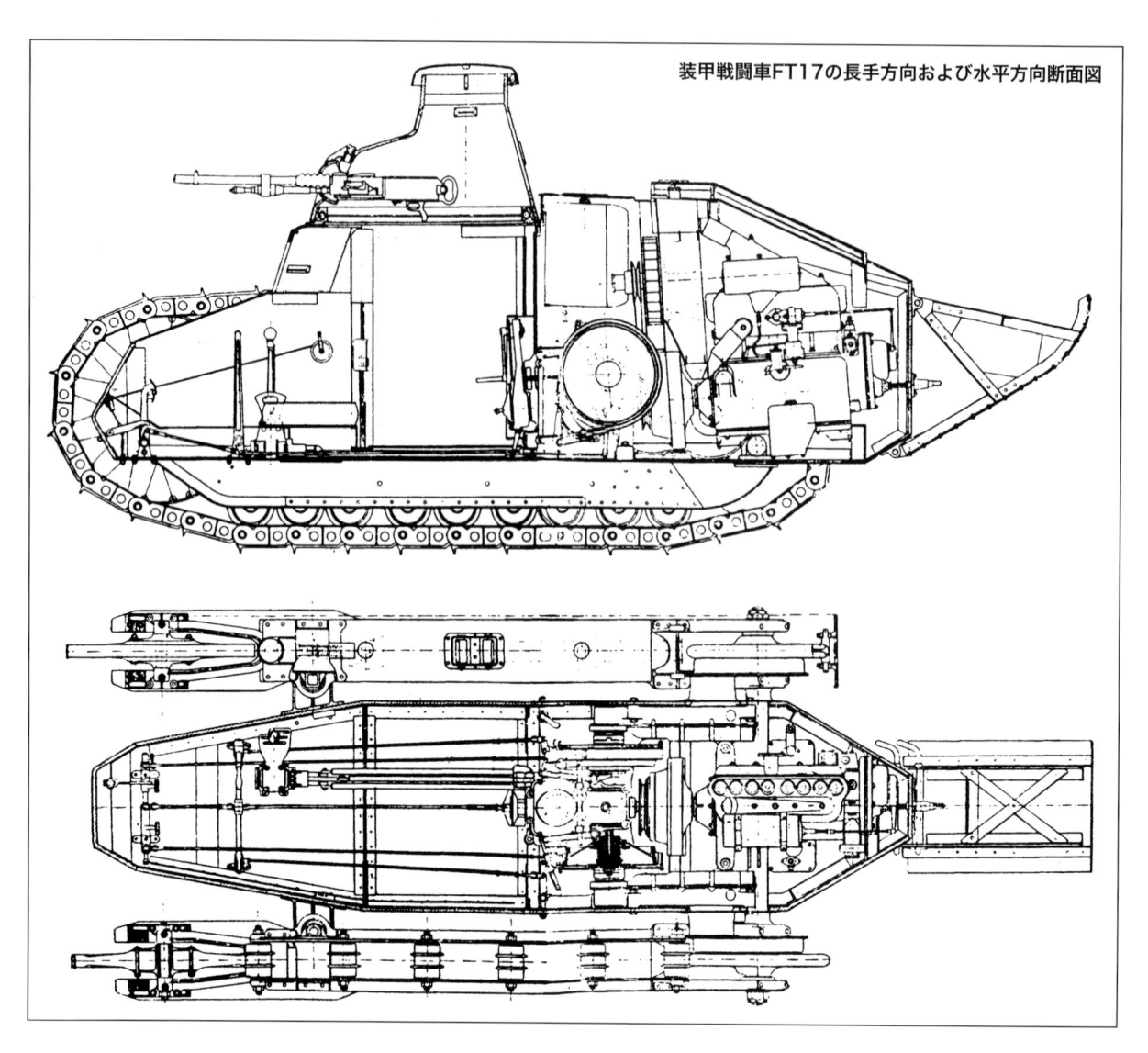

装甲戦闘車FT17の長手方向および水平方向断面図

調整し、詳細な位置決めは兵装のカルダン式軸受けによって行なわれた。戦車前部には搭乗員2名のための3分割された乗降ハッチが設けられており、砲塔背面には緊急脱出用のハッチを有していた。

1940年においてもまだ約500両のFT車両が現役で稼働しており、その大部分が無傷のままドイツ軍の手に落ちた。それらは占領地区の治安任務や空軍によって飛行場の警戒任務へ投入されたが、その戦闘能力は低かった。

戦闘戦車FTは、時としてドイツ軍の補助戦車小隊の主要な構成要素でもあった。*

*訳者注：一例を紹介すると、1941年5月から6月までの間に、フランスに駐留する第83、第208、第302、第304、第306、第320、第321および第336歩兵師団へ各12両のルノー17/18が配備された。さらに1941年6月には更なる4両と第83、第320および第321歩兵師団から4両が抽出されて16両がチャンネル諸島へと送られた。また、1942年4月に編成された第12z.b.V（特別編成）戦車中隊はセルビアへ派遣されたが、第1－第9小隊（各4両）がオチキスH38戦車、第10－第14（各5両）がルノー17/18戦車、予備小隊がH38戦車10両、ルノー戦車5両を装備していた。

1940年フランスのヴァンヌ（Vannes）の捕獲戦車集積場。ほとんどがルノーFT17だが、その中に混じってB1bisとH38が1両ずつ確認できる。（ドイツ公文書館）

R35がブルドーザーのシールド付FT17（無砲塔）を牽引している。その中間の戦車はルノーD1型である。（ドイツ公文書館）

ヴァンヌの捕獲戦車集積場。FCM36がFT7をフラットベッド型トレーラーから下ろすために牽引している。

占領期間中にドイツ空軍で使用された装甲戦闘車FT17。

しかしながら、1943年以降になると大部分の車両は、よりましなフランス製やドイツ製戦車と代替されて兵器庫へと逆戻りとなった。メンテナンスの手間と燃費の悪さに耐えかねたのである。ドイツ軍側の記録によれば、ルノー17/18は100km走行するのにガソリン335リットル（パンターでさえ280リットルである！）、エンジンオイル33リットルが必要な上、路上5km/h、路外は2－3.5km/hの速度がやっとという実力であった。

装甲戦闘車両D1（f）－識別番号732（f）

1920年代においては、フランス陸軍は歩兵支援戦車の刷新に力を入れていた。1926年の開発プログラムでは、最大重量12tを想定した連装機関銃または4.7cmカノン砲1門を装備した車両が計画された。装甲は歩兵用火器に対して防護可能なものとされた。

ルノー社はこれに応えうる唯一の製造メーカーとして、NC28型から派生した搭乗員3名のプロトタイプD1型を製作し、1929年3月に開発を完了させた。1929年12月には10両の発注が行われた。

この車両用に新たに開発された回転砲塔は、シュナイダー社によって受注された。D1型シャーシ10両の引渡しは、1931年5月から11月に行われ、テストの結果、次のような改善提言がなされた。

・従来の65馬力エンジン（4気筒直列エンジン、ボア100mm／ストローク160mm）の代わりに74馬力新型エンジンへ換装
・駆動装置の改良
・抜本的な装甲装置の変更

この後、1930年、1932年および1933年の3つの生産ロットに分割して150両の量産を進めることとなった。この引渡しは1932年末から開始され、1935年末に完了した。この車両の全ては、基本的には3.7cmカノン砲装備の戦闘戦車ルノーFTの旧型回転砲塔が搭載されていた。4.7cmカノン砲SA34型と機関銃1挺を装備した新型砲塔STは、最初の10両用に発注されたが、要求を満たすことができず未採用となった。なお、戦闘重量は14tであった。

ドイツ国防軍によりこのうち18両が接収されたということであるが、今日までその後の行方について述べた記録は発見されていない。

装甲戦闘車両D2（f）－識別番号733（f）

1920年代末、フランス陸軍は将来の歩兵支援戦車向けの新たな仕様に適合した対戦車カノン砲の能力強化に迫られた。1930年の開発プログラムにおいては、装甲厚40mm、戦闘重量15.5t、最大速度20－22km/hの戦車が計画された。4.7cmカノン砲1門と機関銃2挺が装備される計画であったが、開発コストを削減するため、戦闘戦車D1型の車両コンポーネントを流用することとなった。

D2型車両の研究は1930年4月4日に着手され、回転砲塔がないプロトタイプ1両の発注が1931年12月8日になされた。ルノー社の呼称はUZ型とされ、車両は1932年4月に完成した。

1933年5月まで行われたテストは、満足すべき結果を収めた。D1型と比較して車両は一回り大きくなった。

1933年12月から新型砲塔モデルが供給された。1932年末にはさらなるプロトタイプ2両の発注が行われ、1933年8月に完成、1934年1月に引き渡された。1934年1月に量産5両の発注がなされ、1936年5月から1937年2月の間に引き渡された。

1937年4月、フランス陸軍は契約が切れたD2型の生産を新たに更新し、さらなる50両を発注することを決定した。この量産型の最後の車両は1940年に引き渡され、長砲身4.7cmカノン砲SA35型が装備されていた。

D1型に比べて戦闘重量は19.75tと大きくなり、エンジン出力は150馬力へアップし、最大速度は23km/hであった。

D1型40両とD2型100両は、1940年5月10日に侵攻したドイツ軍部隊に立ち向かった。その後、ドイツ国防軍で使用された記録は残されていない。

装甲戦闘車両35R－識別記号731（f）

1920年代になるとフランス陸軍は、第一次大戦時に開発されたルノーFT17の代替として新型歩兵支援戦車を開発して刷新するべしとの意見が勢いを増していた。開発作業は戦闘戦車シャールD型に努力が傾注されたが、1933年8月に中型戦車としてクラス分けがなされ、同時に軽戦闘戦車の開発が新たに要望された。1934年5月に戦闘重量8tの二人乗り戦車の開発が下令され、装甲厚は40mm、兵装は機関銃または3.7cmカノン砲が計画された。この歩兵支援車両は最大速度が15から20km/hとされ、航続距離は40kmに制限された。ルノー社は1934年8月にプロトタイプ1両を製造したが、重量は12.5tに増大していた。

フランス陸軍は1935年7月2日に300両の車両を発注し、ルノー社は型式名称「ZM」としてプロジェクトを進めた。フランス軍名称は「シャールR35型」であった。パリ・ビアンクールのルノー工場は、1939年9月1日（第二次大戦勃発時）までに合計1070両の車両を生産し、1940年までの戦争期間中にさらに541両を量産した。ドイツ戦車部隊との戦闘において、二人乗り戦車の欠点がすぐに明らかとなった。工学博士のエッサー大佐は「我が敵の装甲戦闘車両」その他の彼の論文において、『砲塔内には僅か1名の乗員が、同時に照準手、装填手および戦車長を兼任するため、射撃能力が極めて低かった。望遠照準眼鏡は良好であったが、その他の偵察機器が不充分であった。また、狭い車内空間のために、乗員は身動きが自由に取れなかった。フランス製戦闘車両に共通して言えることは、火力が不充分なことであり、乗員はドイツ戦車の優勢な火力を常に感じることとなり、士気を喪失する結果となった。』

戦闘戦車R35約1600両のうち約850両－その他のフランス製戦闘車両の合計よりも多い－が実戦投入され、ドイツ国防軍により約800両が捕獲された。これらの車両は、公式名称「装甲戦闘車両35R（f）」、識別番号731（f）が与えられた。

1943年5月31日時点で、58両が可動状態であることが確認されている。

車両重量は9800kg、機関銃1挺および3.7cmカノン砲1門を回転砲塔に装備していた。乗員は2名で操縦手は前方に座り、砲手を兼任する指揮官がその後方の砲塔内に位置した。砲塔は車両中央に配置され、装甲下部車体がシャーシを構成していた。その側面には駆動伝達装置の一部が設置され、その外側で走行装置が連結されていた。車体は鋳鋼ハウジングで防護されており、その上には回転砲塔が置かれていた。同様に車体前部も鋳鋼で造られており、傾斜によって視界が確保され、車体後部も鋳鋼部材で構成されていた。

エンジンは排気量5881ccのルノー社製空冷4気筒ガソリン直列エンジンで、車体後方右側に搭載されており、出力82馬力で定格回転数2200回／分であった。

エンジンのすぐ前方には、メインクラッチとギアシフト装置が配置され、一番前には起動輪駆動のためのステアリング装置があった。駆動回転力は、エンジンからステアリング装置まではカルダンシャフトで伝えられた。2個重なってエンジン横に置かれた燃料タンクは合計容量が168

1であり、燃料供給は機械式ポンプで行なわれた。ギアシフトを容易にするためにクラッチブレーキが組み込まれており、ギアをニュートラルに入れると、クラッチディスクと最終変速機の回転速度が抑制された。エンジンの手動始動が車内で可能とするため、数両の装甲戦闘車両35Rはギアシフト装置にスターター（始動機）を装備することが計画された。ギアシフト装置はスライディングギア方式で設計され、前進4段と後進1段変速であった。

ギアシフト比（変速比）
第1段　　5.9
第2段　　3.27
第3段　　1.78
第4段　　1
後進段　　7.22

ギアシフト装置のメインギアは、駆動力をカルダンシャフトとベベルギア（傘歯車）機構によってステアリング装置へ伝達しており、ギアシフト比（変速比）は8:41であった。ステアリング装置はクレトラック機構を用いており、ステアリングブレーキは調整可能なバンドブレーキ機構であった。

各走行装置は5個のゴムタイヤ付き走行転輪（直径387mm、幅133mm）から構成されていた。

起動輪の後ろには単独の走行転輪があり、さらにスイングアームに連結された各2個の転輪からなる4個の走行転輪があった。スイングレバーは装甲下部車体に設けられたピボット式軸受けにボルト締めされ、2個一組となって上部頂端部のヒンジ（継ぎ手）によりゴムブロック衝撃ダンパー（緩衝器）に接続されていた。小さなゴムディスクが積層されたダンパーは走行輪ブロック間の衝撃力を和らげることができた。両側の履帯（履帯ブロック：幅260mm、長さ70mm）の上部リターン部は、タイヤ付補助転輪で支えられて誘導された。履帯ブロック123個からなる乾式履帯は鉄鋼製でプレス成型されており、個々の履帯ブロックはボルトで連結され、端部はリベットで締め付けられていた。

車体後部に設けられた誘導輪により、履帯はテンション（張力）をかけられていた。電気回路は12ボルトであり、発電機出力は240ワットであった。無線装備の車両には電波障害防止対策が施されていた。スターター（始動機）はエンジンのフライホイールの横に設けられていた。バッテリー2個が装甲下部車体内に搭載され、容量は80Ahでカドミウム・ニッケル・アルカリ電池であった。

回転砲塔：
ピュトー社製APX－R型鋳造製一人乗り（ワンマン）回転砲塔は、装甲戦闘車両35R、38HおよびZM型で互換性があって交換可能であった。回転砲塔の乗降口として、砲塔背面にハッチが設けられており、天蓋には偵察のための

1940年、敵情視察に向かう装甲戦闘車D2（f）、識別番号733（f）。

D2（f）車両の全体写真（フランス軍仕様迷彩）。

装甲戦闘車D2（f）の走行転輪および懸架装置。

キューポラが装備されていた。

3.7cmカノン砲L/21 SA1918型は、同軸7.5mm機関銃31型1挺と伴に砲塔防盾に装備された。回転砲塔の装甲厚は前部45mm、側面および後部が40mmで、砲塔デッキは14mmの装甲板で防護されていた。弾薬貯蔵量については、カノン砲弾58発、機関銃弾2500発が携行可能であった。

カノン砲および機関銃用として、指揮官は共用照準望遠眼鏡を使用可能であり、高低射界は肩で、方向射界は照準機を用いて手動で調整された。一部は送信／受信両用無線装置が装備された。

1940年7月7日、捕獲車両の選別後にハルダー上級大将は、フランス製装甲車両の活用は将来においてもありそうもないと断じた。しかしながら、1940年8月31日までに中型戦闘戦車33両、1940年9月30日までにさらに戦闘戦車100両、それに加えて装甲偵察車20両と弾薬輸送車30両が完成されることとなった。

これは捕獲戦車を装備した2個戦車師団の編成母体として、本国の補充部隊に捕獲戦車を装備させる必要があったためである。早くも1940年8月にヒトラーは、占領目的のためにフランス製戦闘戦車装備の4個戦車師団を要求した。ドイツ国防軍での使用のため、回転砲塔の偵察用キューポラに乗降ハッチが装備され、ドイツ製無線装置が下部車体内に取り付けられた。オーバーホールされた車両の大部分は、第100旅団（第21戦車師団）へ46両、第711歩兵師団（8両）、第712歩兵師団（2両）および第708歩兵師団（2両）などへ配備された。

チャンネル諸島向けとして各R35 5両からなる10個小隊の編成が1941年5月に命じられたが、このうち4個小隊はパリ戦車中隊に組み入れられた。残りの戦闘戦車35Rについては、特別任務に使用する計画であった。* **

*訳者注：チャンネル諸島向けの残りの6個小隊は、結局、同諸島へ配備されず、フランス駐留部隊の第15軍／第302歩兵師団（8両）、第332歩兵師団（12両）および第336歩兵師団（10両）へ配備された。また、パリ戦車中隊は、1942年7月に第100戦車中隊と改称され、さらに1943年1月に第100戦車連隊／第II大隊／第7中隊へと改編されている。

**訳者注：1945年になっても、ドイツ国防軍は少なくともR35戦車8両を使用していた。

装甲戦闘車35R（f）、識別番号731（f）の斜め前からの写真。

左側ラベル（正面写真）	右側ラベル（正面写真）
砲塔つり上げフック	乗車ハッチ
車体シート	上部ボディつり上げ用リング
履帯フェンダー	バケツ・ブラシ収納箱
ワイヤーロープ	バックミラー
サイドランプ	警笛
フック	平斧
牽引装置	防空照明灯

装甲戦闘車35R（f）の正面写真。

左側ラベル（後面写真）	右側ラベル（後面写真）
予備燃料口	防楯カバー
ラジエーター口	機関室用ハッチ
ベンチレーター用よろい戸	アクセス用ハッチ
マフラー	ジャッキ
予備走行転輪	連結機フック
牽引機	始動用クランク

装甲戦闘車35R（f）の後面写真。

走行装置の詳細：
1.駆動輪　2.前置独立転輪　3.ゴム製ブロックスプリング　4.ダブル走行転輪　5.補助転輪　6.履帯　7.緊張輪（ターンバックル）　8.誘導輪

装甲戦闘車35R(f)、識別番号731(f)3.7cmカノン砲L/21装備型

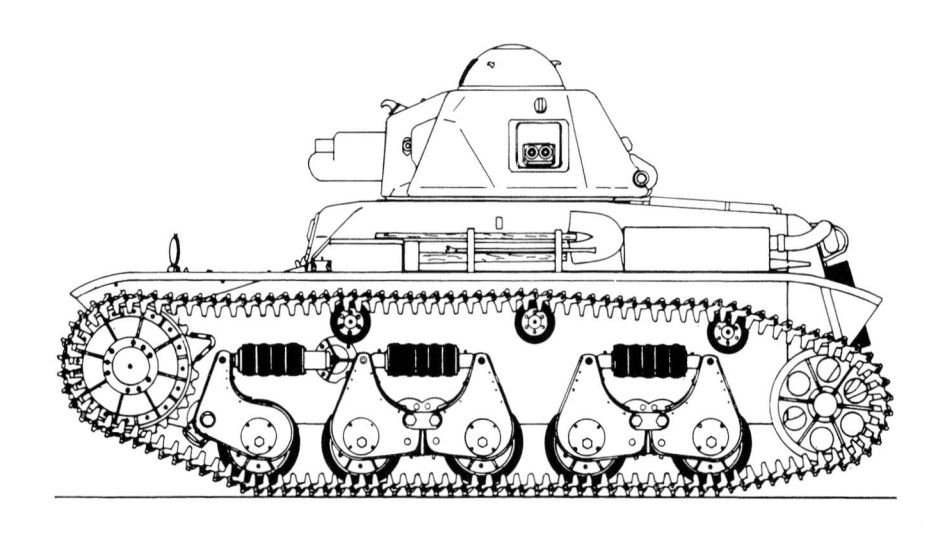

エンジンは車両後方から引き出すことができた。もっとも、最初にネジをはずしてすべての後面装甲板を取り外さなくてはならなかった。

装甲戦闘車35R(f)、識別番号731(f)3.7cmカノン砲SA38装備型

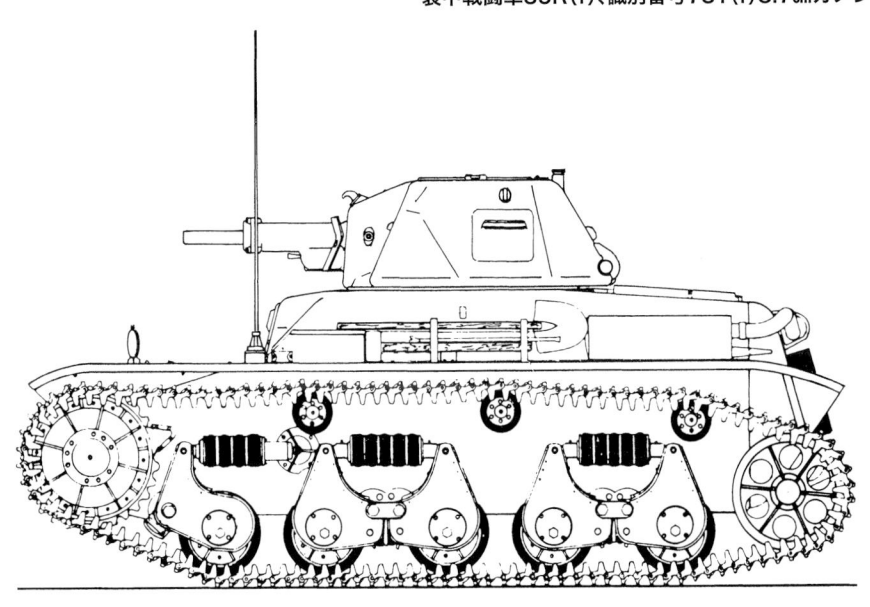

131

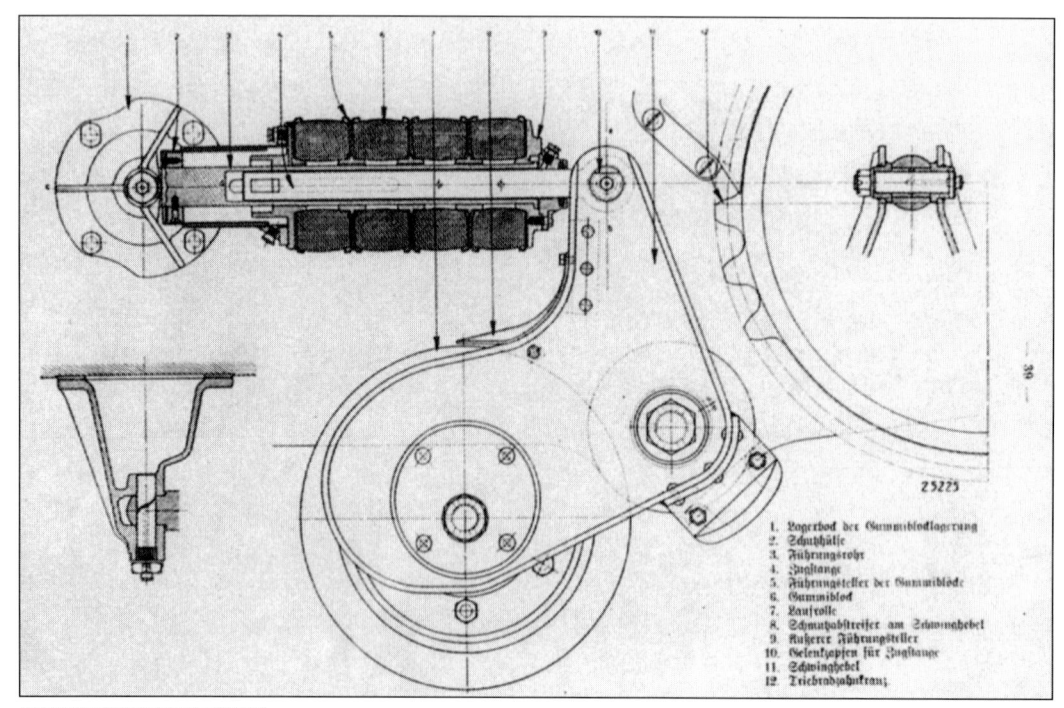

1. Lagerbock der Gummiblocklagerung
2. Schubhülse
3. Führungsrohr
4. Zugstange
5. Führungsteller der Gummiblöcke
6. Gummiblock
7. Laufrolle
8. Schmutzabstreifer am Schwinghebel
9. Äußerer Führungsteller
10. Gelenkkopfen für Zugstange
11. Schwinghebel
12. Triebradzahnkranz

走行装置の前置独立転輪の詳細図。

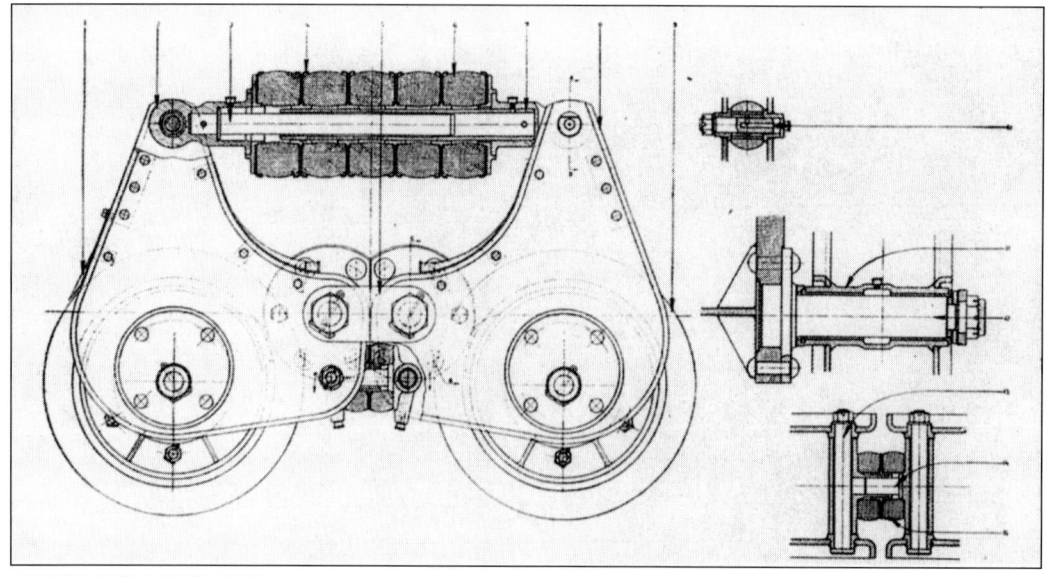

走行装置のダブル走行転輪の構成図。

鋳造製一人乗り砲塔APX-R型の正面写真。

3.7cmカノン砲L/21SA1918型を搭載した砲塔の右側面写真。

同じく38HおよびZM戦車に採用された回転砲塔の左側面写真。

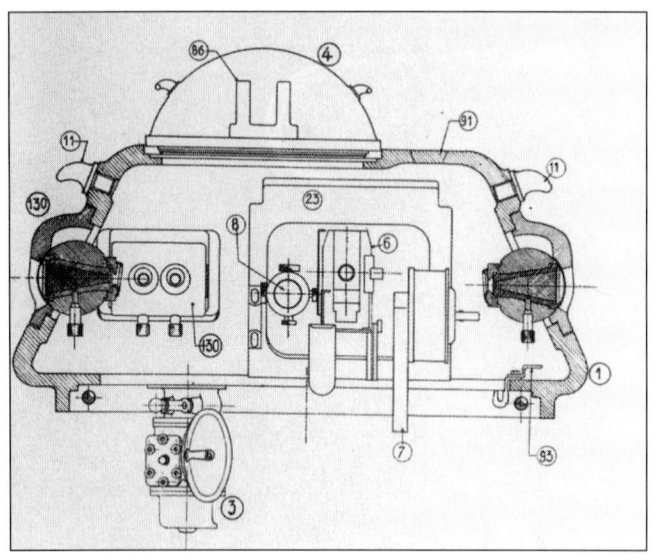

APX－R型回転砲塔の断面図。

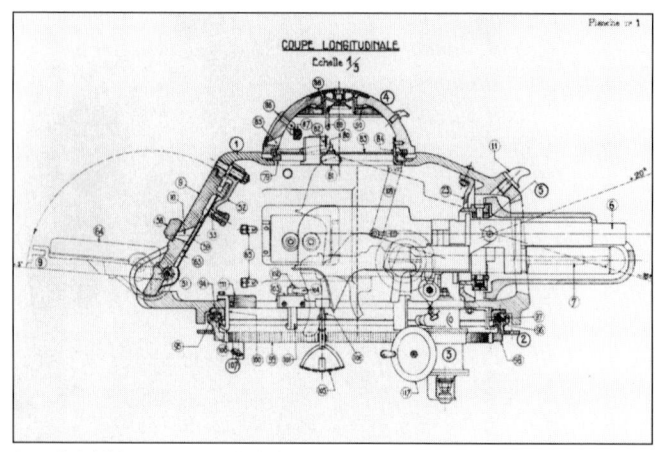

カノン砲高低射界も図示した回転砲塔の長手方向断面図。

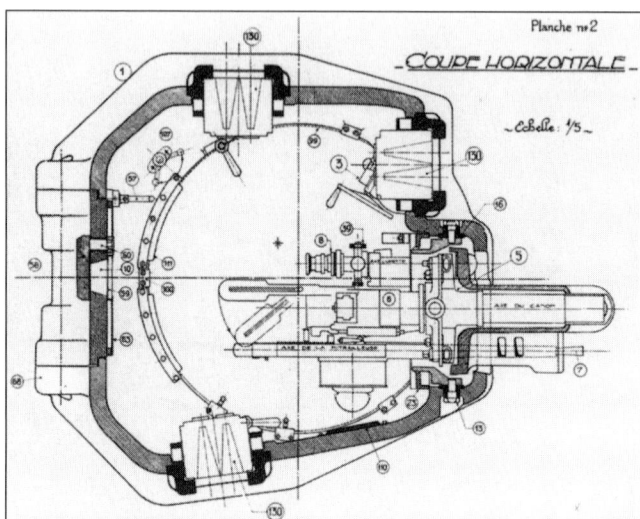

回転砲塔の出入りは後面に設けられたハッチからのみ可能であった。

カノン砲および機関銃を装備した鋳造砲塔の水平方向断面図。

この2枚の写真は、1940／41年にル・アーヴルにて「アシカ（Seeloewe）」作戦準備中の35R（f）を撮影したものである。後方には工兵上陸用舟艇39型が見える。「アシカ」作戦は英国本土上陸作戦の秘匿名称（コードネーム）であったが、現実化することはなかった。

ドイツ警察部隊で使用される装甲戦闘車両35R（f）（1942年オーストリア、オーバークライン地方、第18警察戦車大隊）。手前にある装甲車はオーストリア製のシュタイアーADGZ8輪装甲車。

砲L/43.4型がオープントップの固定式装甲ハウジング内に装備された。兵装の方向射界は35度、高低射界は－8度から＋12度まで可能で、装甲ハウジングの厚さは前面25mm、側面と背面が20mmであった。

操縦および砲操作には乗員3名が必要であり、戦闘重量は10.9tであった。

第一次契約においては130両、1941年7月の第二次契約でさらに70両が追加された。実際の納入状況は以下の通りである。(兵器局／入荷分を除く)

1941年　5月　6月　7月　8月　9月　10月
　　　　93　33　5　22　28　19

合計200両のうち砲戦車両174両、指揮車両26両が納入され、1942年4月1日時点で148両、1944年初めの時点でなお110両が使用されていた。*

*訳者注：代表的な例として、チャンネル諸島においては、第450快速大隊（ガーンジー島）に10両、第319快速大隊（ジャージー島）に9両、そしてオールダニー島に1両の4.7cm対戦車自走砲が配備されていた。

トゥーン（スイス）の展示場における現存する装甲戦闘車35R（f）（無砲塔）シャーシの上に4.7cm対戦車砲（t）を搭載した自走砲。

● 4.7cm対戦車砲（t）搭載装甲戦闘車両35R（f）－無砲塔型

応急措置的なⅠ号戦車シャーシを流用した対戦車自走砲に続いて、この目的のためにフランス製戦闘戦車シャーシが考慮された。AHA/AgK（一般軍務局／戦車部隊、騎兵及び軍自動車化課）（監察第6課）によりベルリン・ボルジッヒヴァルデのアルケット社へ発注がなされ、1940年12月23日に陸軍兵器局との間で200両の生産契約が締結された。軟鉄製の最初の実験車両は、1941年2月8日に完成した。

砲塔を撤去した後、チェコスロヴァキア製4.7cm対戦車

● 戦闘戦車35R（f）ベースの4.7cm対戦車砲（t）部隊用指揮戦車

この改修プログラムの一環として合計26両の指揮戦車が製造された。装甲厚は自走砲型と同じであり、単に兵装を取り外しただけであった。4.7cm対戦車砲用の前面装甲開口部は装甲プレートで塞がれた。前面装甲にはMG34型機関銃用「球形銃架30型」を装着する計画であったが、すべての車両に導入されたわけではなかった。

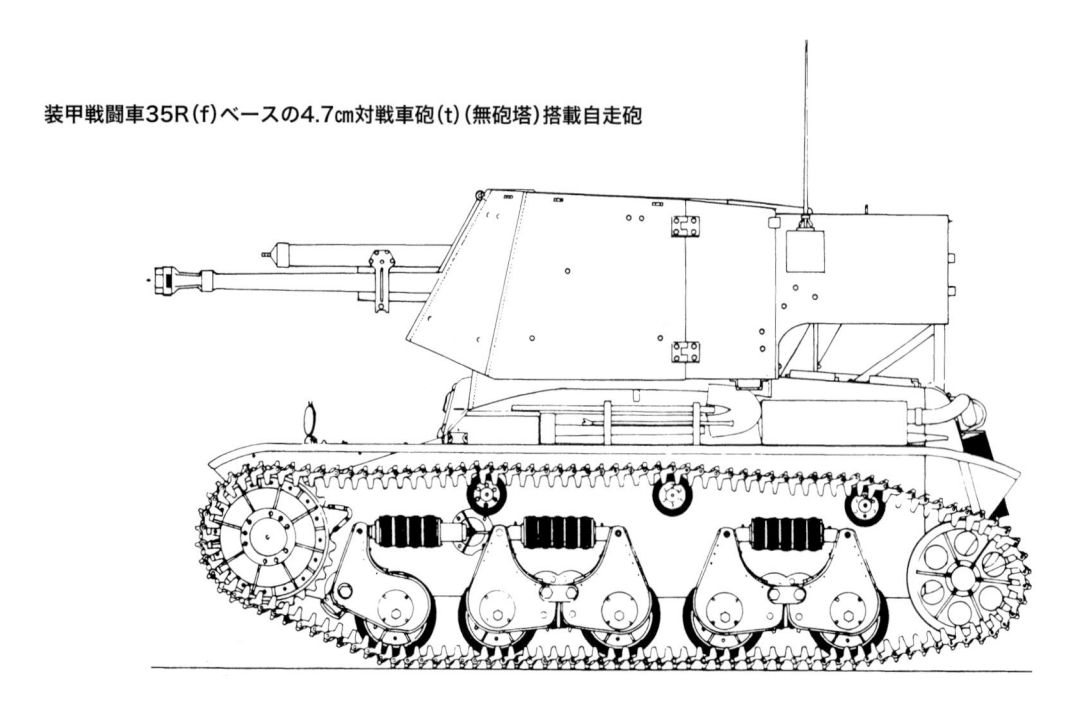

装甲戦闘車35R(f)ベースの4.7cm対戦車砲(t)(無砲塔)搭載自走砲

写真(上下)は作戦中の戦車猟兵(対戦車)自走砲。200両が量産されたが、特に活躍したというほどのこともなかった。

戦闘準備中の4.7cm戦車猟兵（対戦車）自走砲装備の1個中隊。先頭の車両は同じシャーシと上部ボディを流用して26両製造された指揮戦車で、カノン砲が装備されていない。丸い開口部には基本的には34型機関銃用「球形銃架30型」が取り付けられる予定であった。

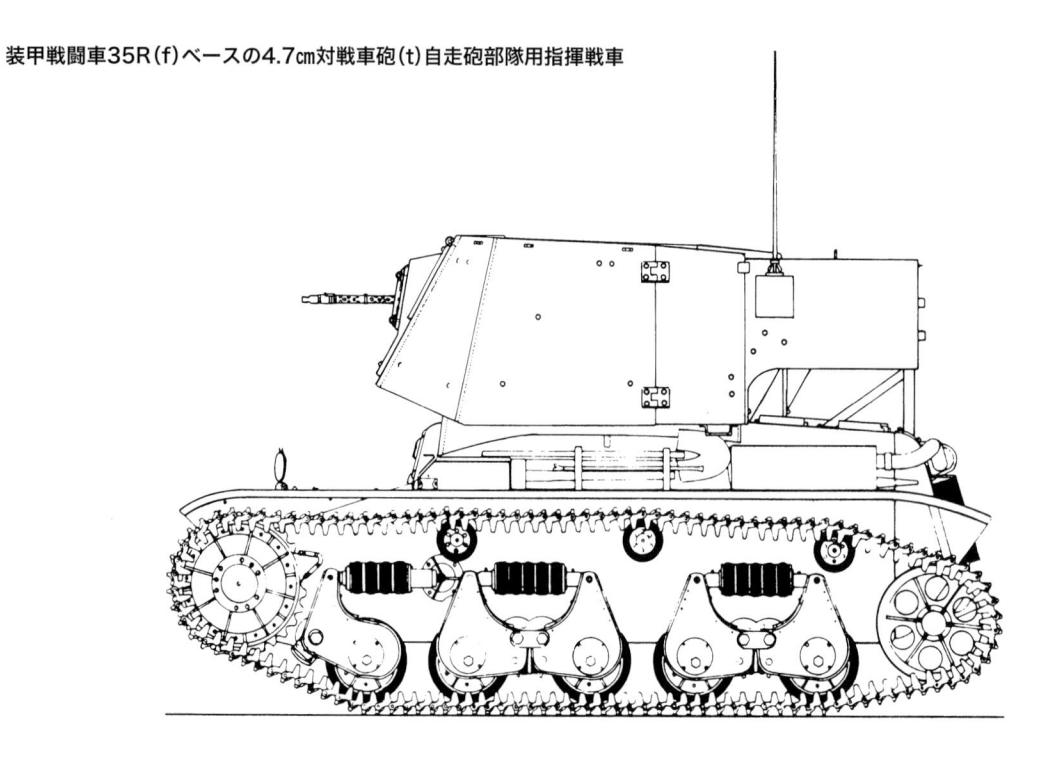

装甲戦闘車35R(f)ベースの4.7cm対戦車砲(t)自走砲部隊用指揮戦車

装甲戦闘車35R（f）（無砲塔）はメルザー（臼砲）牽引機材としても使用された。ここでは15cm重榴弾砲18型を牽引している。

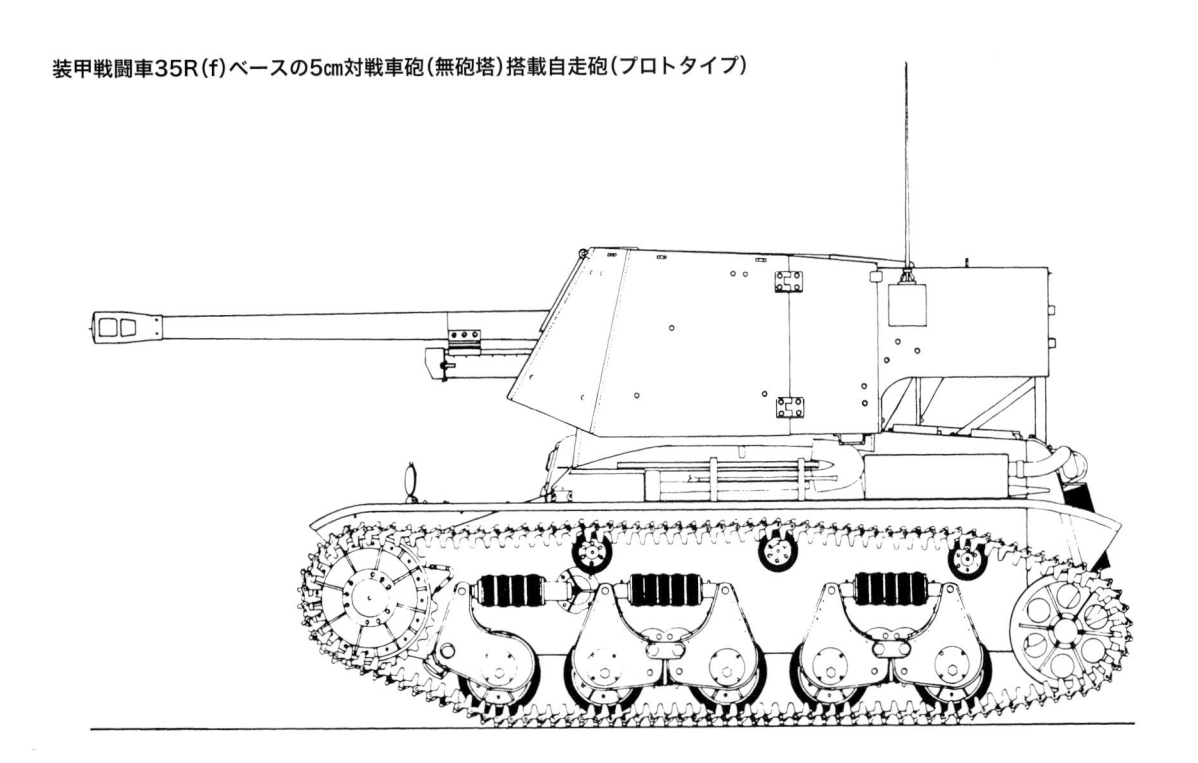

装甲戦闘車35R(f)ベースの5cm対戦車砲(無砲塔)搭載自走砲（プロトタイプ）

● 5cm対戦車38型搭載戦闘戦車35R（f）
　1941年7月30日付の快速部隊司令部戦車兵器開発リストによれば、チェコ製4.7cm対戦車砲の生産中止後には、5cm対戦車砲を同型シャーシに搭載することとなっていた。

名称	4.7cm対戦車砲搭載R35(f)	5cm対戦車砲38型搭載R35(f)
使用目的	自動車化していない戦車猟兵部隊	
重量	11t	11.5t
平坦地での最大速度	20km/h	20km/h
兵装	4.7cm対戦車砲（t）	5cm対戦車砲38型
前面装甲	25mm	25mm
側面装甲	20mm	20mm
乗員数	3名	3名
開発会社		
シャーシ	ルノー	ルノー
上部構造	アルケット	アルケット
開発に供された		
シャーシ用戦車の数	1	1
納入時期	1941年1月	1941年8月
生産資料に示された		1941年3月31日
大量生産開始の見通し		に量産予定
（半年前倒しの開始）		
備考		装甲戦闘車両35R（f）と同じシャーシ装甲

● 臼砲（メルザー）牽引機材としての装甲戦闘車両35R（f）
　すでに1939年8月17日の時点で、後の上級大将で陸軍参謀長（1938年－1942年）のフランツ・ハルダーは、15cm重榴弾砲および21cm臼砲（メルザー）用牽引機材の慢性的な不足を認めていた。この解決方策として、後の時代になってから大量に捕獲されたフランス製戦闘戦車シャーシの活用が提案された。
　1941年2月18日に21cm臼砲（メルザー）用牽引機材として、装甲戦闘車両35R（f）25両が改修に供され、1941年2月22日より110両のルノー戦闘戦車シャーシが3個臼砲（メルザー）大隊に配備された。改装は－回転砲塔を撤去した後－牽引連結装置とその作動システムの追加が主な範囲であった。しかしながら、ロシアの道路状況において

17cmおよび21cmメルザー（臼砲）は装甲戦闘車35R（f）（無砲塔）2両を直列連結してのみ牽引が可能であった。

メルザー（臼砲）牽引機材35R（f）

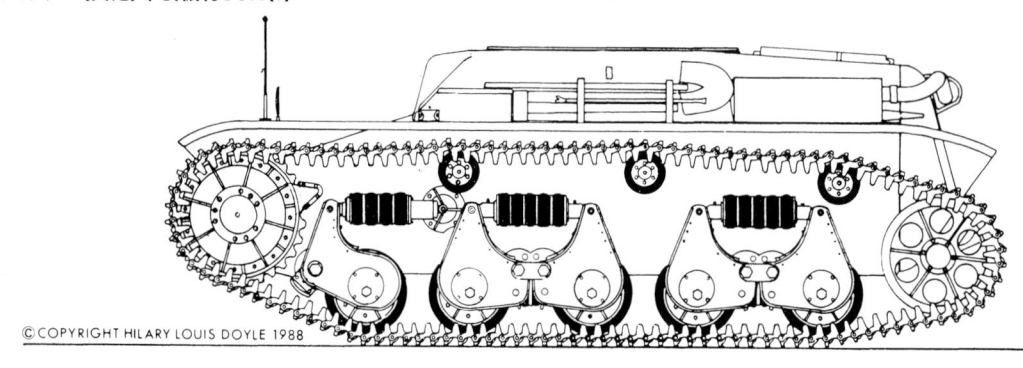

©COPYRIGHT HILARY LOUIS DOYLE 1988

特に道路状況が厳しい東部戦線において、ルノー35Rは回収車両としても使用された。ここではフェノーメン・グラニット救急車を悪条件下の道路で牽引している。

回収牽引車35Rの操縦手は、前線の建設部隊には大歓迎された。道路側溝にはまっているのは中型統制型乗用車で国防軍仕様の特別な上部ボディを有している。

戦闘戦車ZM-ルノー40R（無砲塔型）。

はその限界はすぐに明らかとなり、補助的な役割に止まった。1942年3月、対戦車兵器としてはもはや威力不足となってしまった自走砲車両から、さらに52両が砲兵牽引車として改造されて使用に供された。車両の一部は、直列（タンデム）連結式で運用された。

●その他
　装甲戦闘車両35R（f）のシャーシは、装甲弾薬輸送車や整備工場部隊、操縦学校車両としても個別ケースとして（組織的ではなく）活用された。占領地域においても、砲塔なしで機関銃を装備した車両が飛行場警備任務に投入された。

●警察装甲戦闘車両
　装甲戦闘車両35R（f）の一部は、そのままドイツ警察部隊へ譲渡された。そこで車両は「警察装甲戦闘車両」と呼称されて主にパルチザン戦に投入された。*

*訳者注：代表的な例では、1942年から1943年にかけて編成された次のような警察戦車中隊へR35戦車が配備された。
・第1増強警察戦車中隊（第3小隊：5両、第4小隊：5両）
・第2警察戦車中隊（第3小隊：5両）
・第3警察戦車中隊（第3小隊：5両）
・第7警察戦車中隊（第3小隊：5両）

装甲戦闘車両40R（f）－識別番号736（f）
　「シャール・レジェール（Char leger）35R（軽戦車35R）」は実際問題としてその走行性能が極めて悪かったため、新型走行装置の開発研究が進められ、AMX社が「シャー

1930年代末の軍事パレードにおける装甲戦闘車35H（f）、識別番号734(f)。

ル・レジェール40R（軽戦車40R）」として現実化した。

1940年に2個戦車大隊がZMと呼称されたこの車両を装備し、一部の車両は新型長砲身3.7cmカノン砲Sa38を回転砲塔に搭載した。走行装置は35R車両に対して全く構造が異なり、直径220mm、幅が170mmの片側12個の鋼鉄製転輪を装備していた。走行転輪は螺旋スプリングで懸吊されており、車軸距離（トレッド）は35Rが1560mmであるのに対して1650mmと大きくなり、乾式履帯は幅330mm、長さ160mmの履帯ブロック56個から構成されていた。エンジン出力は100馬力に高められ、戦闘重量は12tであった。車体側面には走行装置を汚れや衝撃から保護するためにフェンダーが設けられていた。

ドイツ軍の手に渡った後、車両は装甲戦闘車両40R－ZM（f）－識別番号736（f）と呼称された。

装甲戦闘車両35H（f）－識別番号734（f）

1933年9月に行われたルノーFT17の後継戦車の公募において、オチキス・グループの一部門である「機関車製造共同体」も参加した。最初のプロトタイプは1934年に公開されたが、歩兵部隊によって否決されて、結局、戦闘戦車ルノー35Rに決定したのであった。この原因は、もっぱらオチキス製車両の不充分なエンジン出力が問題視されたためである。しかしながら、騎兵部隊がこれを採用することを承認し、「シャール・レジェール35H（軽戦車35H）」として1936年4月に200両を発注した。

この車両は乗員二名で戦闘重量は12000kgであった。6気筒ガソリンエンジン3480ccの出力は75馬力であり、最

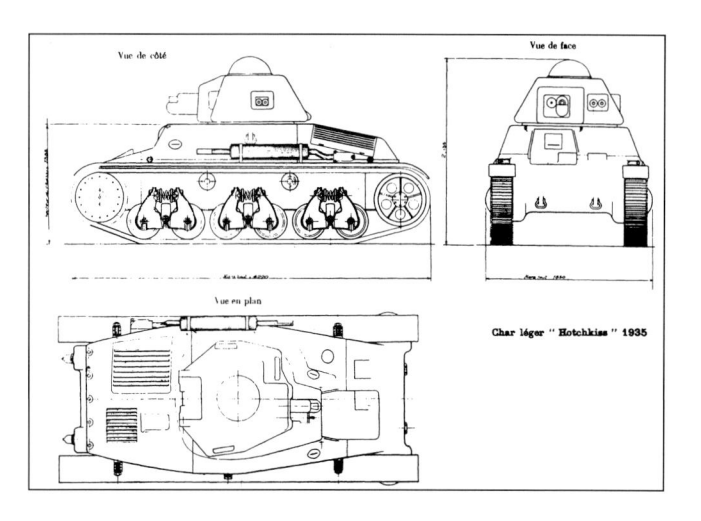

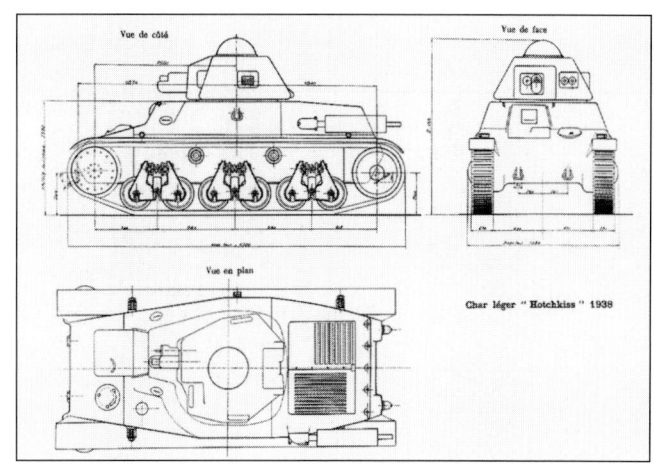

35Hと38Hの外観比較。特に機関室天蓋（エンジンルームカバー）と排気装置が大きく異なる。

装甲戦闘車35H(f)、識別番号734(f)3.7cmカノン砲L/21装備型

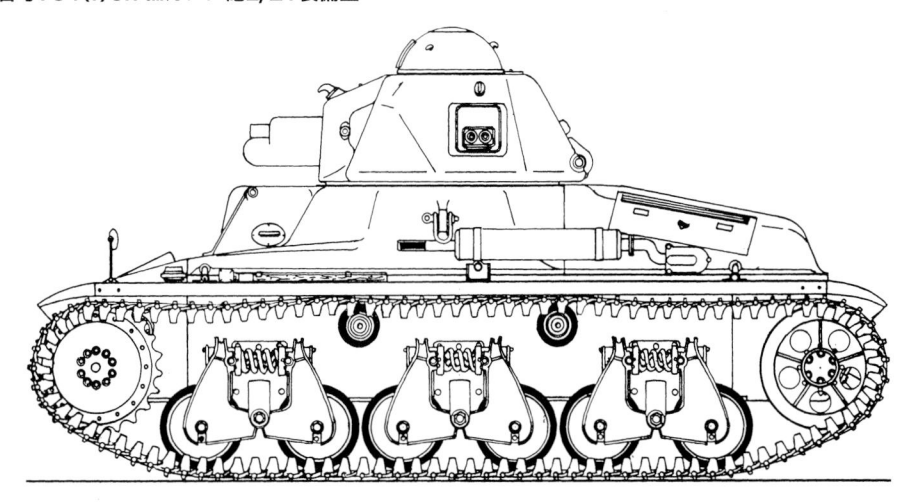

大速度は27.8km/hが可能であった。エンジン出力は5段変速装置とクレトラック式操向装置を経て、前方に位置する起動輪に伝動された。燃料貯蔵量は180リットルであり、航続距離は240kmに達した。鋳造鋼製装甲シャーシは前面22mmから34mm、側面および背面が34mmの装甲厚であった。回転砲塔は前面45mm、側面および背面が40mmの厚さで装甲化されていた。回転砲塔には3.7cmカノン砲L/21 SA1918型が、同軸7.5mm機関銃と伴に搭載されていた。携行弾薬量はカノン砲弾81発、機関銃用弾薬1500発が計画された。高低射界は肩で、方向射界はハンドルにより制御した。なお、無線装置の装備は計画されなかった。

結局のところ、歩兵部隊もシャール・レジェールH35に興味を示し、1936年4月中旬から1939年9月までに合計625両が生産された。当初の月産台数は16両であったが、戦争が開始されると月産51両に跳ね上がった。オチキス社は合計1080両の車両を生産したが、1938年から改良型「シャール・レジェールH38（軽戦車H38）」に切り替えられた。

装甲戦闘車両38H（f）－識別番号735（f）

35Hに比べてエンジン出力は大きくなり、6L6型エンジンの出力は120馬力となった。この水冷6気筒ガソリンエンジンはドライサンプ潤滑油機構とゾーレックス社製ダウンドラフト・キャブレター機構を装備し、メンブレム社製燃料ポンプとシンチラ・ヴェルテックス社製マグネット式発火プラグを有していた。電気装備は、電圧制御式発電機と電気式スターター（始動機）および12Vニッケル・カドミウム電池などから構成されていた。エンジンルーム（機関室）上面はほぼ水平であり、一段高くなっていた。

車両はDシリーズとして区分された。

車内の乗員については、操縦手1名が前方、指揮官1名が回転砲塔内の折り畳み椅子、すなわち戦闘車両のほぼ中央にその位置を占めていた。

戦車の後部にはエンジンルーム（機関室）があり、戦闘室とは防火隔壁によって分離されていた。

走行方向に向かってエンジンルーム（機関室）右側には空調装置があり、エンジンからダブルVベルトを通じて駆動力を供給された。空調装置の前方には水冷装置が設置さ

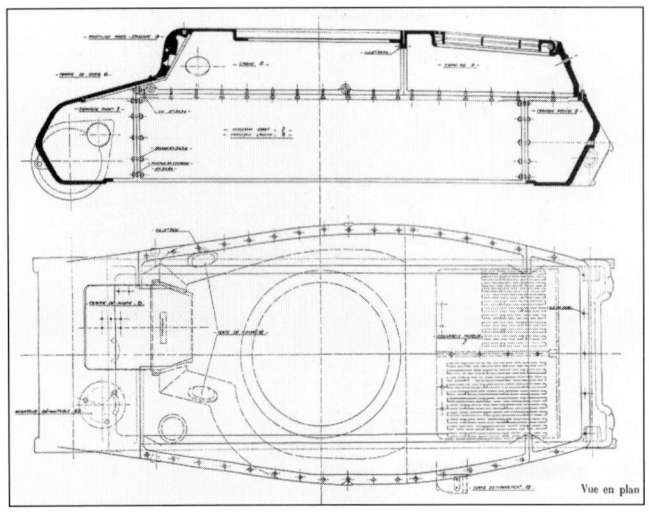

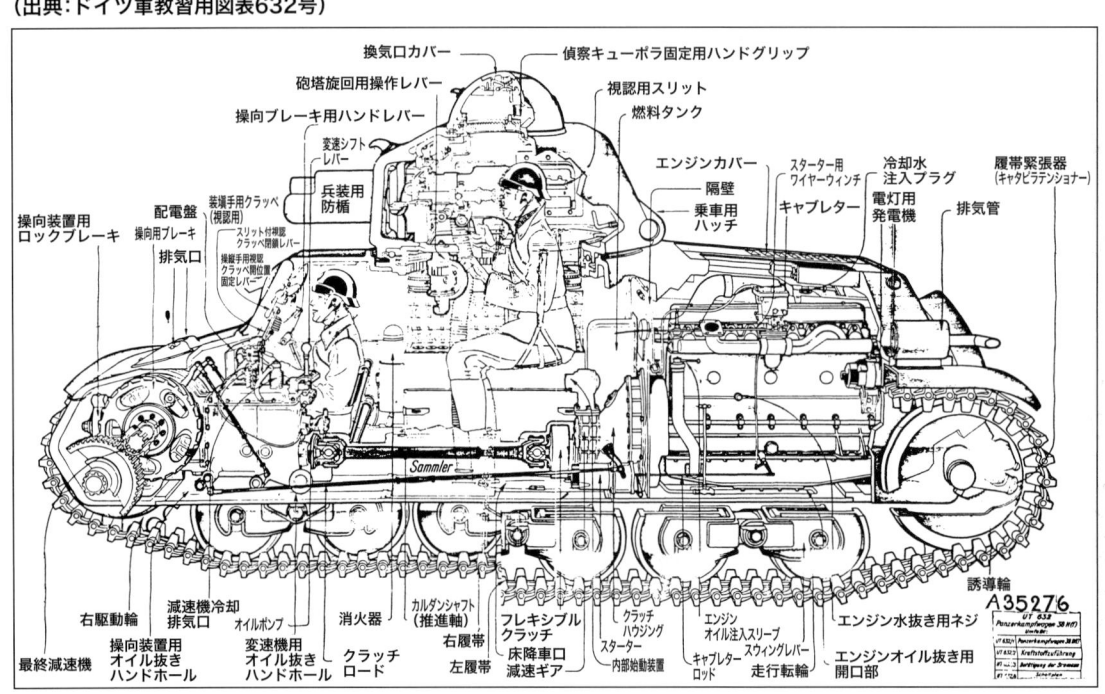

装甲戦闘車38H（f）の装甲下部シャーシと上部装甲戦闘室。

装甲戦闘車38H(f)、識別番号735(f)の透視図
（出典：ドイツ軍教習用図表632号）

3.7cmカノン砲L/33モデルSA38型装備の装甲戦闘車38H(f)、識別番号735(f)。

例によって上部装甲戦闘室にバルケンクロイツ（鉄十字章）と三桁の車両番号が描かれた38H(f)。

れ、その前部には補助タンクも含めて容量207リットルの燃料貯蔵タンクがあった。

　残りの駆動装置部分、前進5段後進1段のギアシフト変速装置、クレトラック式操向（ステアリング）装置およびブレーキなどは戦闘室内に配置された。駆動力は車体前部の起動輪（フロントドライブ型）へ伝えられ、最終減速機は車体側面にボルトで設置されていた。

　操縦手は、視認用クラッペが設けられた乗降用ハッチにより前方から車内へアクセスできた。その他に、指揮官用として砲塔に乗降用ハッチが設けられ、緊急の際に乗員は車両床面に設けられたクラッペから脱出することも可能であった。指揮官はペリスコープのほか、前方の視認用スリット1個と側面スリット2個を使用して偵察可能であった。

　戦闘室内部右側には合計100発収容の弾薬貯蔵庫、左側には機関銃弾薬15ケースが収納できるホルダーがあった。

　走行装置は各側面走行転輪6個（直径400㎜、幅120㎜）から構成され、転輪2個につき1個の回転車軸が設けられていた。各転輪はスイングアームに取り付けられており、その上部にはピボット式軸受けが設けられ、二重螺旋スプリングのスプリングディスクに懸架されていた。各スイングレバーは、中央ピボット式軸受けを中心に回転可能であった。

　車両前部にある起動輪のスプロケット（鎖歯車）が履帯と噛み合い、後部の誘導輪へと履帯を動かした。

　履帯（幅260㎜、長さ85㎜）の履帯ブロック107個は、側面の誘導輪のスプロケットと噛み合わさっており、下部車体の上部にある2個の補助輪が起動輪－誘導輪間の履帯をガイドしていた。

　下部車体の高さは1800㎜であり、砲塔、弾薬、乗員、燃料および潤滑油や付属設備を含む総重量は12tであった。

　1939年から車両には砲口初速約700m/sの長砲身3.7cmカノン砲L/33 SA28型が装備され、非公式にはオチキスH39と呼称された。一部の車両は超壕能力を高めるために、

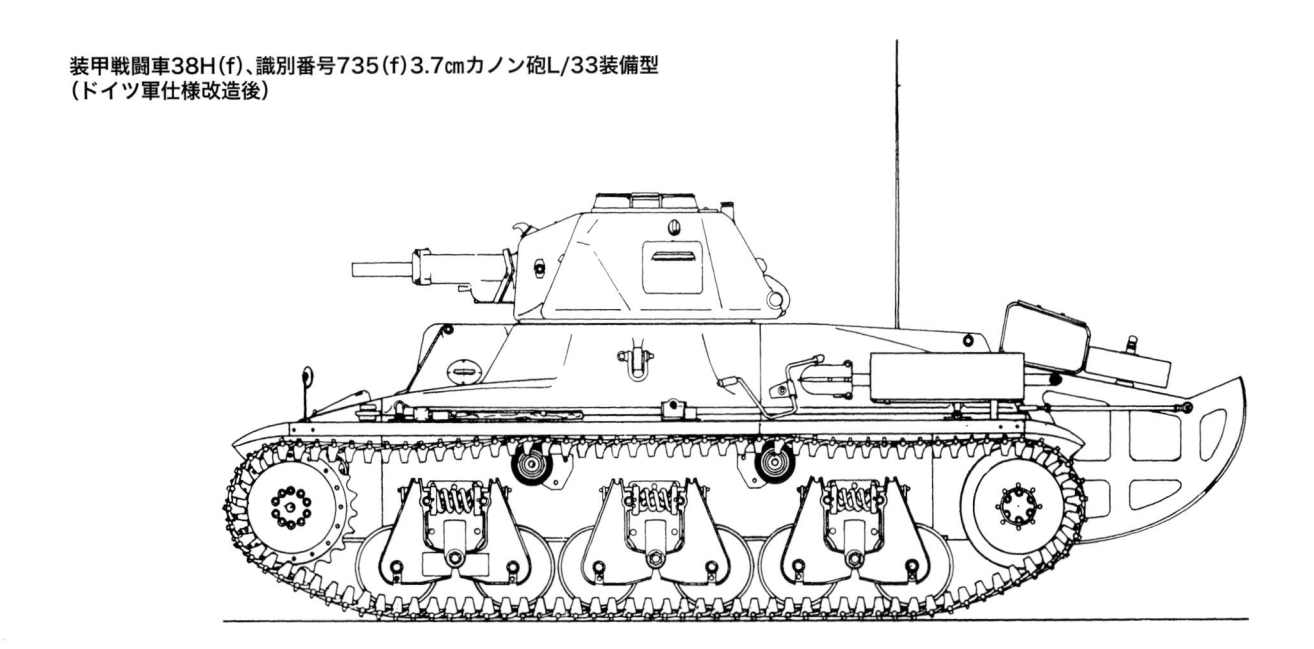

装甲戦闘車38H(f)、識別番号735(f) 3.7cmカノン砲L/33装備型（ドイツ軍仕様改造後）

同じくノルウェー占領部隊で装備された39H車両。一部は車両右側面に付属タンクを増設している。

教育訓練中のドイツ空軍部隊で使用される治安維持車両。この部隊の装甲戦闘車オチキス38Hは短砲身3.7cmカノン砲を装備している。車体側面に一桁の数字が描かれており、砲塔にバルケンクロイツが見られる。

車体後面にテイルスキッド（尾橇）を装備した。

1940年5月10日の時点でオチキス戦車770両がドイツ軍部隊と対峙したが、戦争の帰趨に影響を与えることはできず、車両の大部分はドイツ側の手に落ちた。

主に偵察用キューポラ（司令塔）の指揮官用分割型ハッチや2mアンテナを伴うドイツ製無線装置の取り付けなど、小規模な改修が加えられた後、車両は大量にドイツ軍へ引き渡された。これらの車両は専ら副次的な戦線、すなわちノルウェー、クレタ島やラップラント*で使用されたほか、暫定的処置として戦車部隊（例えば第6、第7および第10戦車師団）の新編成の際にも運用された。** 1943年5月31日現在で装甲戦闘車両35Hおよび38Hの総数355両という数字が、在庫記録の概要として残されている。

さらに1943年10月15日、ナチス・ウクライナ総督府が東部戦線の対パルチザン戦闘に使用するため、フランスの捕獲車両在庫から装甲戦闘車両オチキス16両が払い出され、特任司令部"フォイヒティンガー"に組み込まれた。

1944年12月31日の時点においても、装甲戦闘車両38H 29両が公式在庫調書の中に確認できる。

*訳者注：フィンランドに駐留した第211戦車大隊は、1943年5月31日現在でソミュア戦車16両、オチキスH38 33両を保有していた。クレタ島に駐留した第212戦車大隊は、ギリシャ本土へ撤退する直前の1944年10月1日現在で、ソミュア戦車5両、オチキスH38 15両を保有していた。また、在ノルウェー駐留部隊の1943年5月31日現在の捕獲戦車保有状況は次の通りである。
・第25戦車師団（ソミュアS35：15両、オチキスH38：42両）
・第230歩兵師団（ソミュアS35：1両、オチキスH38：4両）
・第269歩兵師団（オチキスH38：6両）
・第14空軍地上師団（ソミュアS35：1両、オチキスH38：4両）
・飛行場守備隊（オチキスH38：3両）
・第214歩兵師団（オチキスH38：9両）

**訳者注：第6戦車師団／第11戦車連隊と第7戦車師団／第25戦車連隊は、1942年7月31日現在で、各々ソミュア戦車10両、オチキス戦車47両が配備されていた。また、第10戦車師団／第7戦車連隊／第I大隊は、1942年5月18日現在でソミュア戦車4両、オチキス戦車26両、同第II大隊は同年5月27日現在でソミュア戦車7両、オチキス戦車38両が配備されていた。

●戦闘戦車38H（f）シャーシベースの7.5cm対戦車砲搭載自走砲

合計でオチキス・シャーシ60両について、回りを取り囲むように前面および側面が20mm、後面が10mmのオープ

どちらもオチキス戦車猟兵（対戦車）自走砲を後方から見た写真で、一方は戦闘室のクラッペを閉じた状態、一方は開いた状態である。

オチキス装甲戦闘車60両が7.5cm対戦車砲40型搭載の戦車猟兵車両へと改造された。

38H(f) 装甲戦闘車両シャーシベースの7.5cm対戦車砲40型自走砲

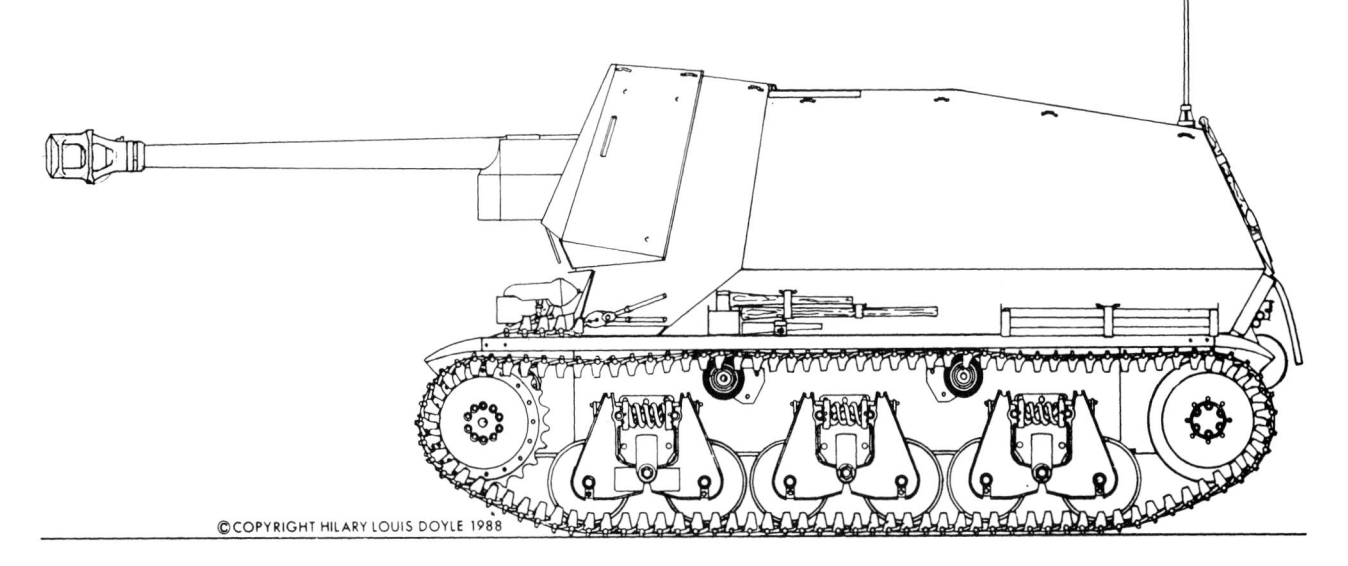

147

10.5cm軽榴弾砲18型砲戦車オチキス（f）。

砲身の最大迎角を示すオチキス砲兵自走砲。

戦闘室および野砲の保護のため防水シートで覆われた砲戦車オチキス38H。

10.5cm軽榴弾砲18/40型搭載砲戦車38H(f)

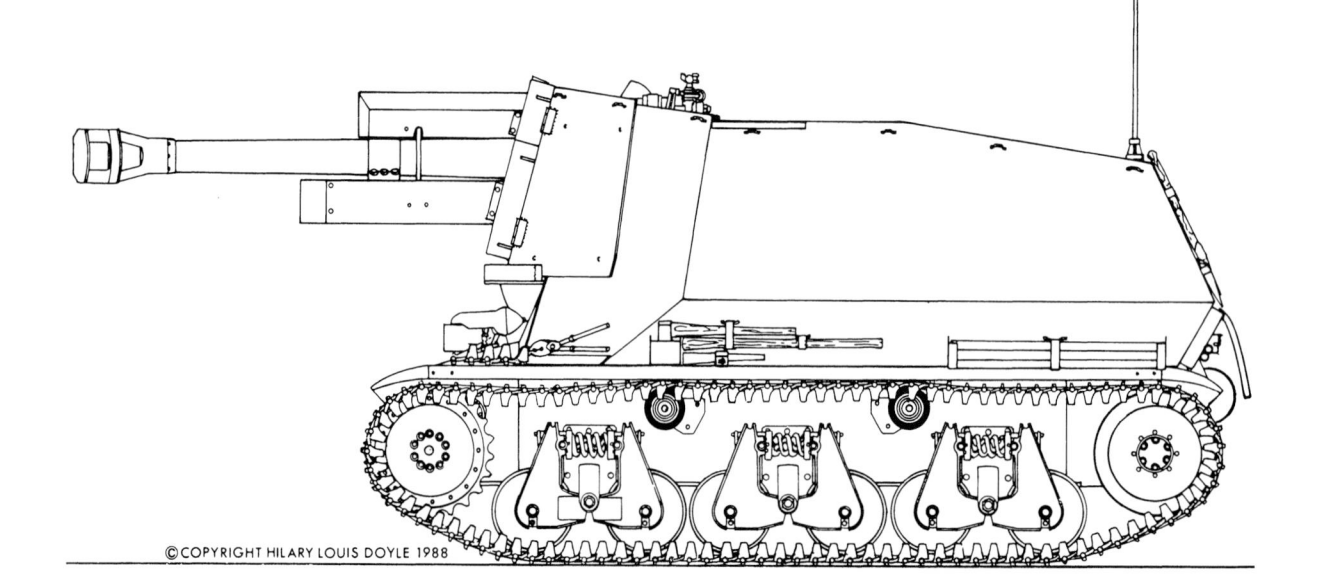

©COPYRIGHT HILARY LOUIS DOYLE 1988

ントップ式装甲上部構造が設けられた。兵装の方向射界は60度に制限され、乗員は4名で戦闘重量は12.5tとなった。

この改修はバウコマンド・ベッカー（ベッカー特別生産本部）によって行われた。

●10.5cm軽榴弾砲18/40型搭載砲戦車38H（f）

対戦車砲自走砲の場合と似たような措置として、10.5cm軽榴弾砲18/40用のベッカー改造仕様の車両が造り出された。オープントップ式上部構造によって高低射界は−5度から＋22度に制限され、乗員は5名が計画された。合計で48両が製造され、そのうち12両が第200突撃砲大隊へ配備された。さらにまだ使用可能なものに限って、軽榴弾砲16型を搭載することが計画され、この兵装を搭載するための前提条件が示された。

●大型無線および指揮戦車38H（f）

自走砲38H（f）を装備した自走砲兵中隊には、いわゆる大型砲兵観測戦車が配属された。合計24両が製造された。

●その他

35/38H系列の個々の車両は、臼砲（メルザー）牽引機材、弾薬補給車両、整備工場車両や操縦学校車両などに用いられた。

1944年のフランスへの連合軍の大陸侵攻直前に、最後の機甲化策の一環として、戦闘能力向上のため、装甲戦闘車35/38Hの側面に28/32cmネーベルヴェルファー弾発射フレームが装備された。それはSd.Kfz.251の場合と同じようなもので、発射角度が調節可能な金属フレーム架台が取り付けられた。高低射界は＋45度まで可能であった。*

*訳者注：フランス駐留の第205戦車大隊は、1944年6月1日現在でソミュア戦車12両、シャール（Char）B2 戦車7両とオチキス戦車48両を有していたが、そのうち11両が28/32cmネーベルヴェルファー弾発射フレーム4組を装備したオチキス38Hであった。

大型無線および指揮戦車38Hはオチキス車両を装備した砲兵自走砲中隊に配備された。この車両は合計24両が製造された。

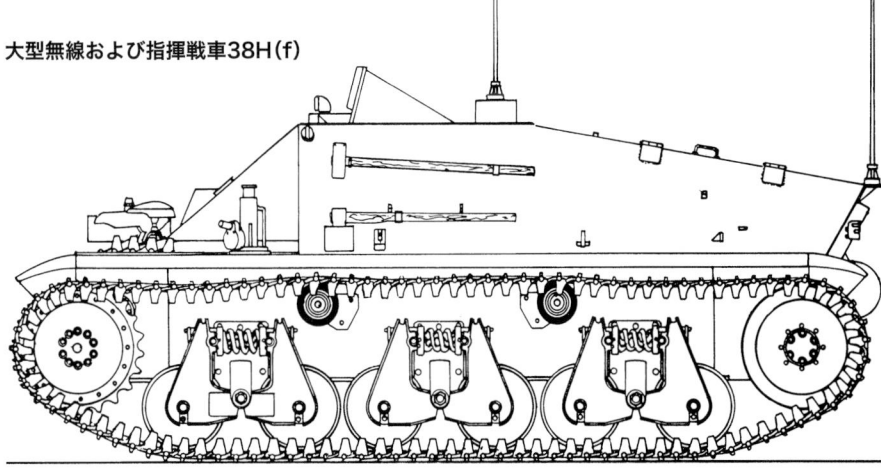

大型無線および指揮戦車38H(f)

側面に発射フレームを装備したオチキス車両を視察するロンメル元帥。

装甲戦闘車38Hシャーシベースのメルザー（臼砲）牽引機材。完全装備状態の車体には
増加燃料缶が携行されている。

メルザー（臼砲）牽引機材型38H(f)

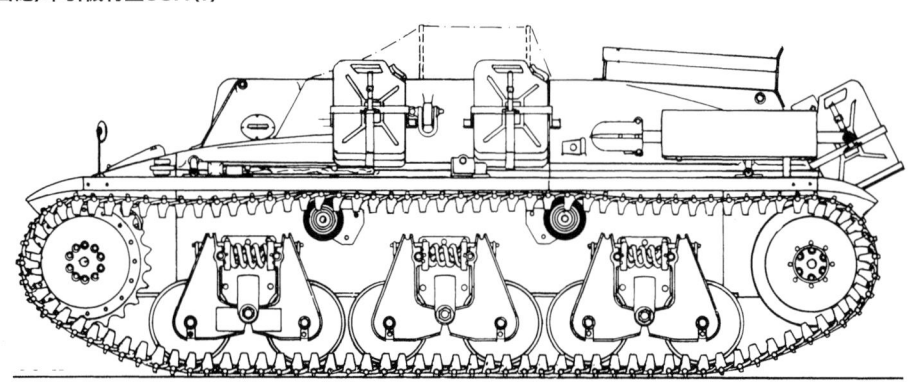

ネーベルヴェルファー28/32cm発射フレームを側面に装備した装甲戦闘車オチキス38H。写真左側のルノーUEは荷台の上に発射フレームを装備している。

車体側面に取り付けた発射フレームの詳細。

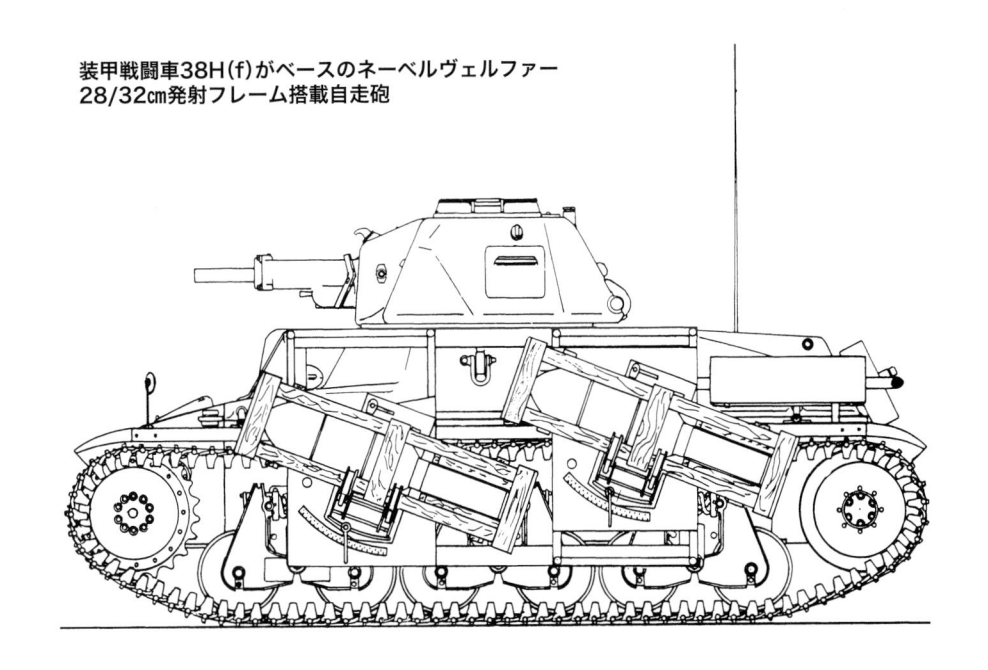

装甲戦闘車38H(f)がベースのネーベルヴェルファー
28/32cm発射フレーム搭載自走砲

装甲戦闘車FCM（f）－識別番号737（f）

　ルノーとオチキスと並んでマルセイユの地中海造船製鉄所（Forges et Chantiere da la Méditerranée＝FCM）社は、1935年に二人乗り戦闘戦車のプロトタイプを発表した。他の会社のプロトタイプとの基本的な相違点は、回転砲塔と車体が装甲板の溶接構造であり、ディーゼルエンジンを搭載していることであった。

　1936年6月5日に100両が1回限りとして発注され、フランス軍は「シャール・レジェールFCM36（軽戦車FCM36）」として導入した。しかしながら会社の製造は遅延し、最後の車両は1939年3月13日になってようやく引き渡された。

　車体後部には4気筒、排気量8500cc、出力91馬力のベルリエ社製"MDP"ディーゼルエンジンが搭載されていた。駆動力は前進5段後進1段ギアシフト変速機、機械クラッチ式操向装置（ステアリング装置）を経て、フランジ止めされた最終変速機へと伝達された。各側面の走行装置には、直径220㎜、幅130㎜の鋼製走行転輪9個が設けられていた。各走行転輪はスクリュースプリングにより懸架され、

フランス軍においてディーゼルエンジン装備の装甲戦闘車は珍しいが、装甲戦闘車FCM(f)、識別番号737(f)はその中の一つであった。

スクリュースプリングを装備した転輪装置と懸架装置。

ドイツ軍に接収された後の車両部材。機関室（エンジンルーム）方向から見た車両全体の様子。

装甲戦闘車FCM(f)、識別番号737(f)

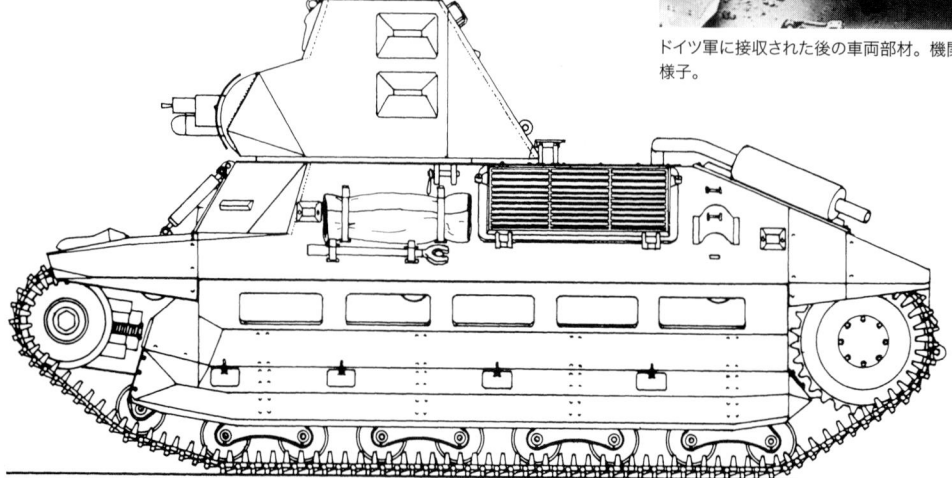

各側面には履帯ガイドが設けられていた。履帯は乾式履帯ブロック（幅270mm、長さ75mm）137個で構成され、履帯の上部たるみ部分は補助転輪によりガイドされていた。

●装甲戦闘車FCM（f）シャーシベースの7.5cm対戦車砲40型自走砲

この戦闘戦車についても自走砲としての利用が行われ、方向射界800シュトリヒ*に制限された7.5cm対戦車砲が搭載された。この種の車両48両がバウコマンド・ベッカー（ベッカー特別生産本部）により改造された。19R43年12月にそのうち8両は、新たに編成された第21戦車師団の第200突撃砲大隊へ暫定的に配備された。突撃砲大隊の戦力は、最終的には各7両を装備した3個突撃砲中隊となった。さらに各2cm高射砲4門と各砲戦車7両からなる2個戦車猟兵（対戦車）自走砲中隊が編成され、"西方快速旅団"の唯一の重火器部隊となった。

*訳者注：シュトリヒとは一般的には距離の千分の一を意味するが、この場合は照準尺の単位を意味する。当時の光学照準器の原理は、目標の幅を既知として、照準尺の目盛りでそれを計測して逆算して距離を割り出す方式であり、ドイツ軍の場合、1目盛りは4シュトリヒであった。例えば目標幅が3mであったとすると、照準尺で計測して6シュトリヒの場合、1シュトリヒは0.5mである。これを千倍すると500mとなって目標までの距離がわかるという仕掛けであった。40シュトリヒでちょうど親指の幅であると、当時の兵士達は教え込まれていたが、800シュトリヒというとその20倍しかなく、非常に制限された方向射界であったことが理解できる。

戦闘車FCM（f）シャーシベースの7.5cm対戦車砲搭載戦車猟兵（対戦車）自走砲の部隊配備前および配備後の写真。

FCMシャーシベースの自走砲48両に7.5cm対戦車砲40型が装備された。

とあるフランスの工場での量産作業中の様子。

7.5cm対戦車砲40型用戦車猟兵（対戦車）自走砲の装甲上部ボディは、木造プレートで製作された。

路外における戦車猟兵（対戦車）自走砲FCM。

装甲戦闘車FCM(f)シャーシベースの7.5cm対戦車砲40型自走砲

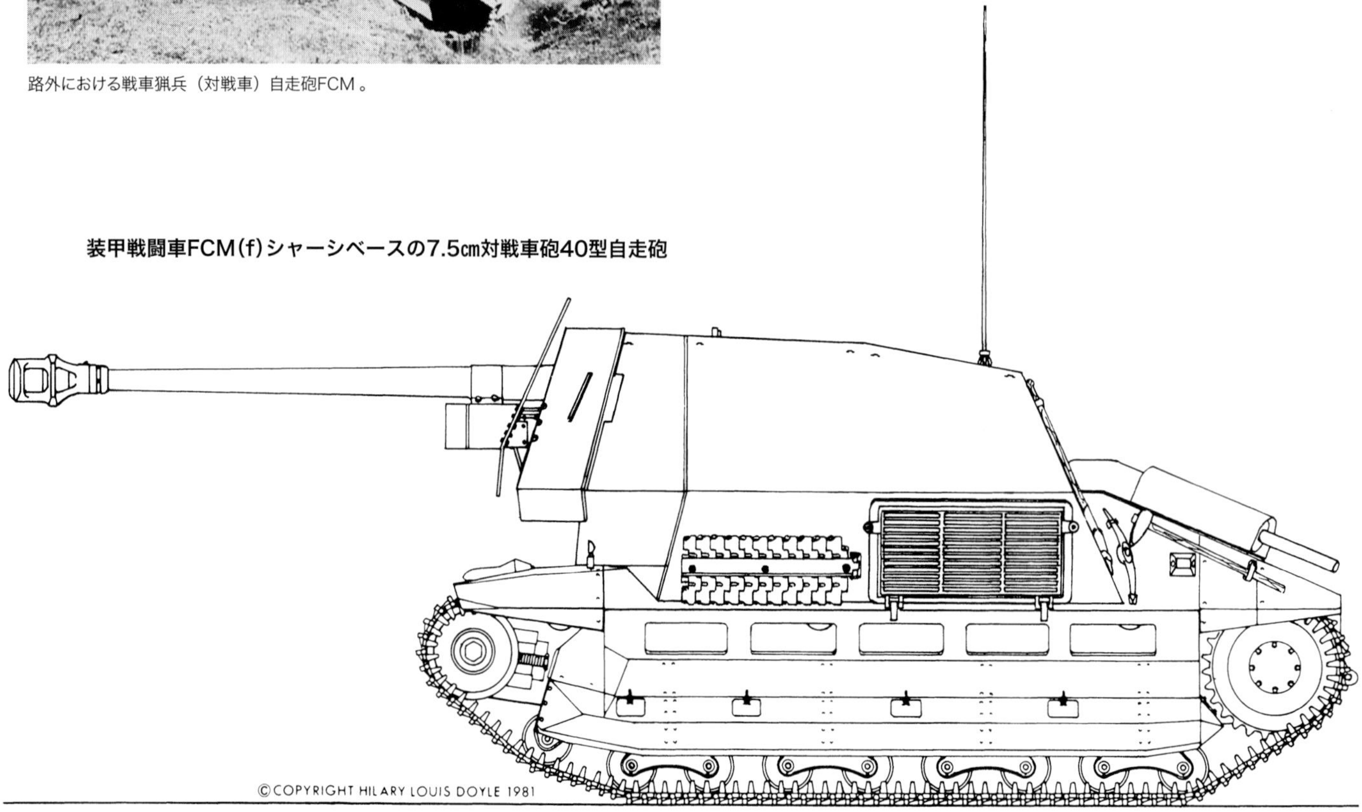

©COPYRIGHT HILARY LOUIS DOYLE 1981

●10.5cm軽榴弾砲16型搭載砲戦車FCM（f）

　更なるベッカーの展開として、4個戦闘中隊から構成される増強された第200突撃砲大隊の編成が決定された。最初に新しい構造物の木造モックアップが造られ、装甲部分の精密な寸法取りが行われた。旧式な軽10.5cm榴弾砲16型には砲口制退器が取り付けられ、600シュトリヒの方向射界をもって搭載された。クルップカノン砲の高低射界については（制限を加えることなく）完全に確保され、射程は7.2kmであった。

　48両の戦闘戦車FCMが砲兵自走砲として改造された。

部隊引渡し前に工場で撮影された完成したばかりの砲戦車FCMの写真。

準備された10.5cm軽榴弾砲16型の砲身。この改造のためにマズルブレーキ（砲口制退器）が取り付けられているのがわかる。

一連の写真（下2点）は、すでに改造された車内砲架に砲身を搭載する作業を撮影したものである。

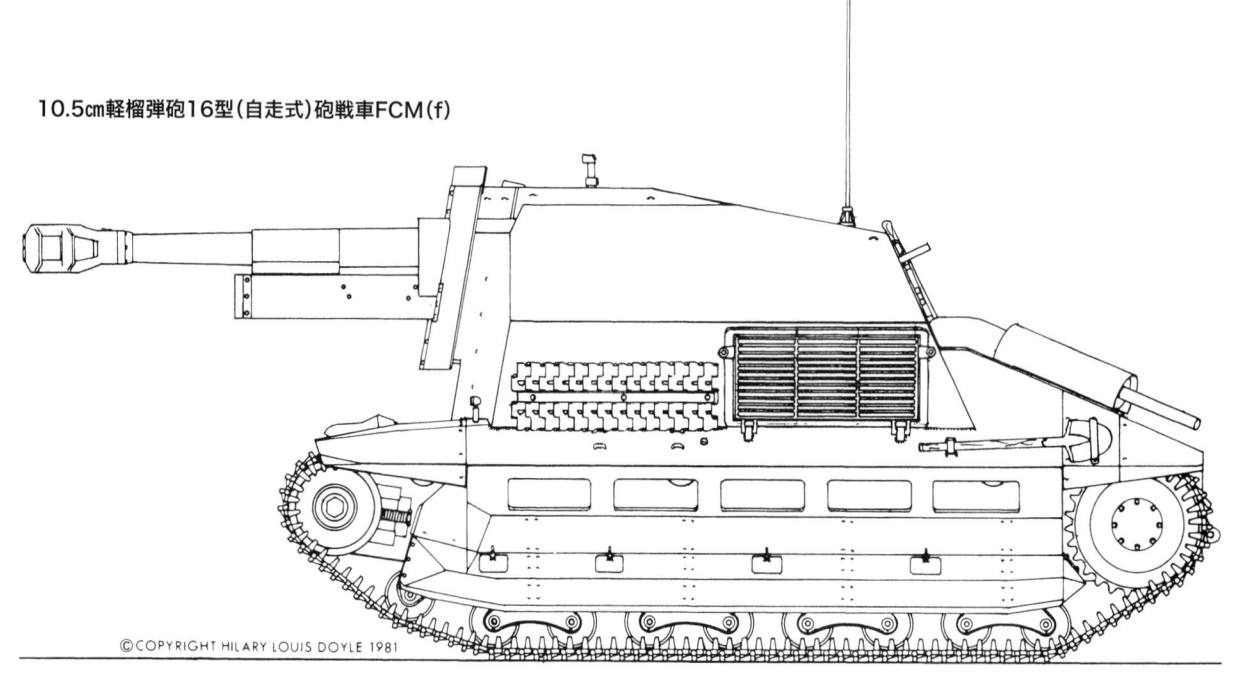

10.5cm軽榴弾砲16型（自走式）砲戦車FCM(f)

●その他

個別の例として、装甲戦闘車FCM (f) のシャーシは、操縦学校の訓練車両としても利用された。

上部ボディおよび野砲周りに装甲板を追加した砲戦車FCM 。

10.5cm軽榴弾砲16型（自走式）砲戦車FCM（f）は48両が部隊に引き渡された。

戦闘室内部における野砲および機関銃用弾薬収納の状況。戦闘室は例によってオープントップ式である。

装甲戦闘車ソミュア35S（f）－識別番号739（f）

　1931年版のフランス軍の戦車製造計画は1934年6月26日に修正され、4.7cmまたは2cmカノン砲1門、機関銃1門を装備する13t車両の新たな要望が出された。乗員3名は40mm厚の装甲板によって保護され、航続距離は200km、最大速度は30km/hが要求された。

　パリ／サン・クーアンの砲兵機械製作工場会社（Société d'Outillage Méchanique d'Usinage d'Artillerie＝SOMUA）の最初の設計は、1934年5月17日に提示され、1934年7月16日に開発の許可が下りた。公式の発注を辛抱して待つことなしに、ソミュア社は早々に1934年12月にプロトタイプの製造に着手し、ソミュア社内でAC3と名づけられた車両は1935年4月14日に製造が完了し、引き続き－回転砲塔が設置されないまま－綿密な試験が行われた。1936年3月25日に50両の生産が発注され、公式名称はシャール1935S（1935年S型戦車）とされた。

　車両上部車体は鋳造鋼鉄製ハウジングで構成されており、エンジンおよび駆動装置は車体後部に搭載され、戦闘室は前面部および中央部の中間に設けられていた。装甲ハウジングは互いにボルト締めされた4個の鋳造鋼鉄部分から構成されていた。すなわち、中央長手方向に継ぎ目がある2分割された下部車体、戦闘室を防御して回転砲塔が据え付けられた上部装甲ハウジングと機関室上蓋（エンジンルームカバー）である。

装甲戦闘車ソミュア35S（f）、識別番号739（f）は、この当時、最も進んだフランス製戦闘戦車であった。写真は車両の正面および後面から撮影したものである。

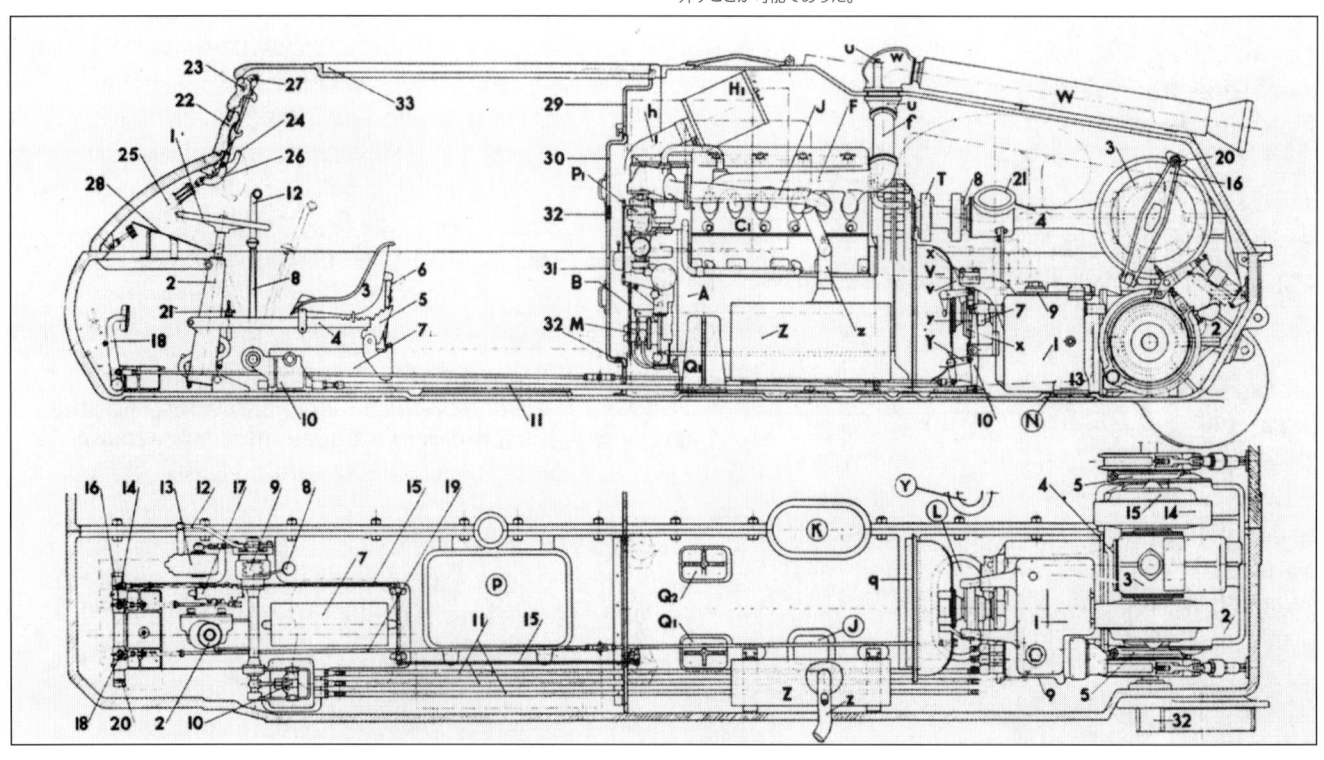

ソミュア35S（f）の全体設計図面。下部シャーシと上部戦闘室は鋳造であり、容易に取り外すことが可能であった。

開発期間中に問題が多発したソミュア社製エンジンは、各4気筒の2系列からなる60度V型構造にまとめられ、排気量12700cc、回転数n=2000で最大出力190馬力であった。エンジンは水冷でドライサンプ潤滑油機構を有していた。

ゾーレックス社製ダウンドラフト・キャブレター機構、ドラム式燃料ポンプ、シンチラ・ヴェルテックス社製マグネット式発火プラグ2個が装備され、電圧制御式発電機、12Vニッケル・カドミウム電池4個、電気式スターターが使用可能であった。燃料については、エンジンの右側に対向して配置された容量410リットルの燃料タンク2基から供給された。機関室上蓋（エンジンルームカバー）の吸気および排気グリルの間には、排気筒2基が装着されてい

8気筒V型エンジンのシャーシへの組み込み作業。

シャーシの技術設計。走行装置は長手方向に配列されたリーフスプリングによって懸架され、駆動装置は後方に置かれた。

あまり良好とは言えない戦闘室（弾薬収納ホルダーが確認できる）と駆動機構用機関室の全体的なレイアウト。

装甲戦闘車ソミュア35S(f)、識別番号739(f)

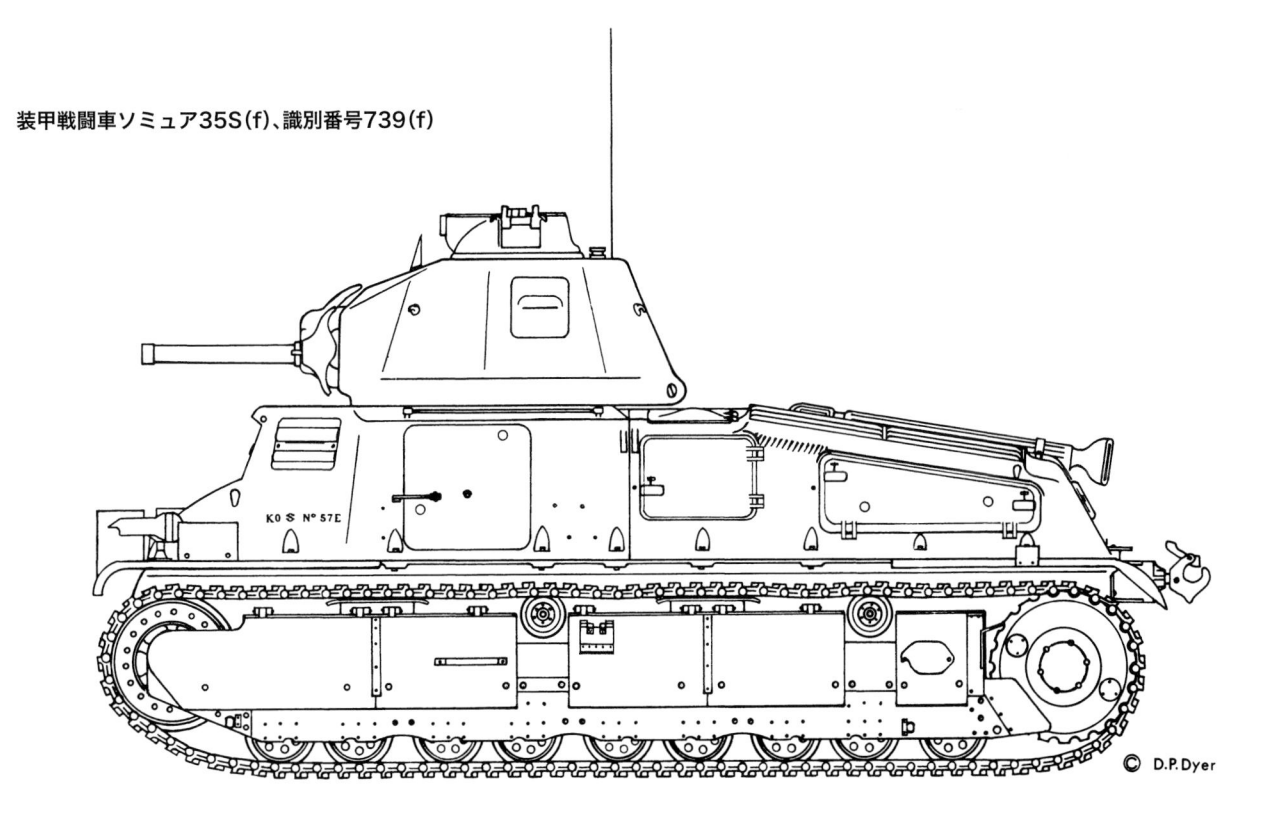

た。エンジンのフライホイールは、伝動力を遮断できる2重ディスククラッチで連結されていた。ギアシフト変速機は前進5段、後進1段であり、変速機からの駆動力はクラッチを経て操向装置（ステアリング装置）、左右両側の最終減速機を経て、車体後部に位置する起動輪を介して履帯を動かした。操向装置（ステアリング装置）は、ダブルシンクロメッシュ機構を採用していた。

鍛造用金型でプレスされた鋼鉄製履帯ブロックから履帯は構成され、製造車体の1から50番目までの履帯ブロック長さは75mm、履帯ブロック数は144個であり、51番目からは履帯ブロック長さは105mmとなり、これに伴って履帯ブロック数は103個となった。履帯ピンは、取り替え可能なブッシング構造となっていた。

各2個の走行転輪からなる走行装置が車体両側に各4基ずつ設置され、この他に後方に9番目の走行転輪（直径320mm）が配置されていた。走行転輪はゴムクッションで緩衝されたリーフスプリングで懸架されていた。前部走行転輪はその他に油圧ダンパーを備えており、後部走行転輪は渦巻きスプリングで懸架されていた。上部履帯リターン部は補助転輪2個でガイドされ、走行装置を銃撃や汚れから守るために側面には保護装甲プレートが設けられていた。そして、走行装置前部にはスチールリムを備えた誘導輪が置かれていた。

乗降用メインハッチは装甲ハウジング上部の左側面に設けられ、非常用ハッチは操縦座席後方の車両床面に配置された。回転砲塔にもさらに非常用ハッチがあった。

乗員3名が回転砲塔（APX．Ⅰ CE型）内で、4.7cmカノン砲L/32 SA35型並びに機関銃1挺を使用可能であった。

高低射界については手動または肩で動かすのに対して、方向射界については電動式旋回装置が設けられていた。

携行弾薬量はカノン砲弾118発、機関銃弾薬3750発であった。

車両の戦闘重量は19.5tであり、最大速度は45km/hであった。下部車体は35mm厚、回転砲塔は55mm厚の鋳鋼により装甲化されていた。1940年のフランス戦役勃発時には、416両がフランス陸軍に配備されていたが、大部分は無傷のままドイツ側の手に落ちた。1943年5月末時点で142両がドイツ軍部隊に配備されており、大部分が副次的戦線へ投入されていた。ドイツ軍部隊によって運用された他の全ての捕獲戦車と同様に、ドイツ製無線機が取り付けられ、一部は上部車体に些細な改造が施された。2mアンテナが上部車体外側の右側に装着されたほか、多くの場合、オリジナルの偵察用キューポラ（指令塔）は平坦化され、2分割仕様のハッチが設けられた。ソミュア戦闘戦車の一部には、Ⅱ号戦車の平坦な指揮官用キューポラが取り付けられた。合計で297両がドイツ国防軍へ譲渡されたとされている。*

すでに1939年5月には、排気量13700cc、回転数n＝2000で出力219馬力の大型8気筒エンジンの研究が、ソミュア社により始められた。

更なる改良型について型式呼称はS40と名づけられたが、戦況悪化によりこのプロジェクトが現実化されることはなかった。

*訳者注：297両のうちイタリアへ21両、ハンガリーへ2両、ブルガリアへ6両が譲渡された。また、60両が砲兵部隊で装甲化牽引車両35Sとして使用された。なお、珍しい部隊として、第26-31鉄道装甲車で各2両、第32鉄道装甲列車で1両が搭載用戦車として使用されている。

その他

下部車体および上部車体が特に鋳鋼製であったことから、自走砲化のための車両改造はおおよそ困難であった。それでも補給用機材のコードネームについての名称においては、次のような装甲戦闘車両35Sの派生型が採用された。
・臼砲（メルザー）牽引機材型

ドイツ国防軍は297両のソミュア装甲戦闘車を接収した。

ドイツ戦車部隊によって使用中の装甲戦闘車ソミュア35S（f）。回転砲塔の偵察用キューポラは二分割式ハッチになっており、この改修はその他のフランス製戦闘戦車にも施された。

一部にはドイツⅡ号戦車の指揮官用キューポラも装備された。

ドイツ製フレームアンテナを装備した装甲指揮車ソミュア35S（f）。

・ソミュア35S指揮型戦車（一部はドイツ製フレームアンテナ装備）
・弾薬補給車ソミュア35S
・装甲化牽引車両35S
・対戦車自走砲35S

なお、装甲戦闘戦車35Sは装甲ハウジング上部を取り外し、操縦学校用の訓練戦車としても用いられたことが確認されている。

クンマースドルフの戦車および機械化陸軍試験場は、1940年にドイツ製およびフランス製戦闘戦車の命中時の音波測定を通じて比較テストを行った。射撃条件は次の通り。

・SSおよびSmK銃弾を使用した重機関銃MG08/15を約30mの距離から射撃
・2cm高射砲30型を約200mの距離から射撃

射撃目標は次のように定められた。
・装甲ハウジング上部、中央部
・下部車体前面、中央部
・砲塔、後部

重機関銃5発、2cmカノン砲3発の連続射撃が加えられ、音量はマイクロフォン2個で測定されデシベル値で評価された。このうち1個のマイクロフォンは操縦席（下部）、2番目は砲塔（上部）に設置された。測定結果（2から6サンプルの平均）は次の通り。

ソミュア35S（f）シャーシを流用した操縦訓練車両。取り除いた装甲板に対するカウンターウェイトとして、車両前部のタンクにはくず鉄が充填されている。

音波測定による命中時のドイツIII号戦車（溶接構造）およびフランスソミュア35S（鋳造）の比較（訳者注：写真の35S戦車は、ノルウェーに駐留した第214戦車大隊の第2中隊長車である。車体側面に砲塔番号200が見える）。

－装甲ハウジング上部への射撃－

	ソミュア35S		III号戦車	
	単発	連続射撃	単発	連続射撃
機関銃　SS銃弾				
上部	122	125	118	121
下部	122	124	117	119
機関銃　SmK銃弾				
上部	102	125	116	119
下部	118	120	118	118
2cmFlak				
上部	129	133	130	－
下部	130	133	127	－

－下部車体前部への射撃－

	単発	連続射撃	単発	連続射撃
機関銃　SS銃弾				
上部	118	119	116	119
下部	118	120	116	116
機関銃　SmK銃弾				
上部	114	116	－	－
下部	112	114	－	－
2cmFlak				
上部	130	－	135	－
下部	130	－	130	－

－砲塔への射撃－

	単発	連続射撃	単発	連続射撃
機関銃　SS銃弾				
上部	118	121	115	119
下部	118	121	118	120
機関銃　SmK銃弾				
上部	115	116	115	119
下部	115	116	118	120
2cmFlak				
上部	127	129	127	－
下部	130	131	126	－

操縦訓練戦車ソミュア35S(f)

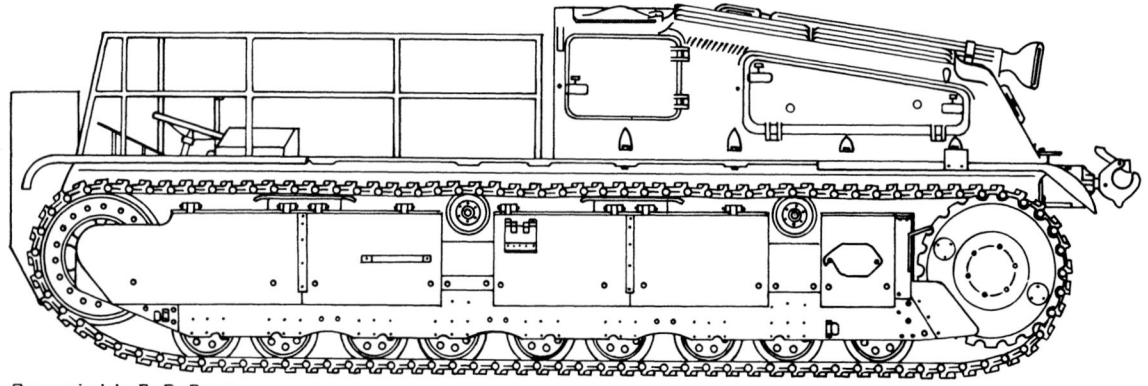

Copyright D.P.Dyer

すべての音波の測定のため、兵器試験局1VM課はクンマースドルフ実験場向けに装甲測定車両（Pz-KW）を製造した。ビュッシングNAG-GSシャーシに上部ボディを被せたもので、車両は前部車軸が2本あってサイズ210-18のタイヤが装着され、後部車軸2本にはサイズ7.25-20のダブルタイヤが装着されていた。なお、トレーラーには発電機が組み込まれていた。

その他の測定値：夏季、コンクリート上を30km/hで走行時の騒音値
ソミュア35S　　112デシベル、すなわち109ホーン
Ⅲ号戦車　　　102デシベル、すなわち102ホーン

装甲戦闘車B1/B1-bis（f）-識別番号740（f）

1924年からの歩兵支援戦車のプロトタイプ5両による先行研究を踏まえ、1925年3月に新たな開発プログラムが定められ、各プロトタイプの最良の構成要素を組み込んだ重戦闘戦車「シャールB（秘匿名称トラクター30）」を開発することとされた。

1927年3月、プロトタイプ3両についてシュナイダー／ルノー社、地中海造船製鉄所（Fortges et Chantiers de la Méditerranée＝FCM社）およびドムコート船舶製鋼所（Forges et Acieries de la Marine et d'Homecourt＝FAMH社／サン・シャモン）との間で供給契約が締結された。

このプロトタイプ2両はシュナイダー／ルノー社、3番目はFCM社によって製造された。搭乗員4名のプロトタイプは戦闘重量25tで、車両前部の操縦席の横には7.5cmカノン砲が方向射界なしで装着されていた。装甲厚は25mmであり、出力180馬力のルノー6気筒直列エンジンを搭載していた。また、オーバーラップ式変速装置が採用され、操縦手が7.5cmカノン砲の照準操作をする際の負担を軽減した。

1934年3月にはルノー社はこの車両7両を受注し、車両名称は「シャールB1（B1型戦車）」とされた。戦闘重量は32tに増加し、出力250馬力のルノー航空機用エンジンが組み込まれた。回転砲塔にはオリジナルの連装機関銃に替わって4.7cmカノン砲SA34と機関銃1挺が搭載された。流体継ぎ手型オーバーラップ式変速機は無段階変速を可能としており、この時代においては技術的に傑出していた*。装甲厚は40mmへと強化された。

*訳者注：いわゆるオートマチック型流体変速機の量産戦車への適用はこれが世界初であった。いかに先進的であったかがわかる。

1940年に装甲戦闘車B1/B1bisの残骸前に立つ後のテオ・イケン大佐。

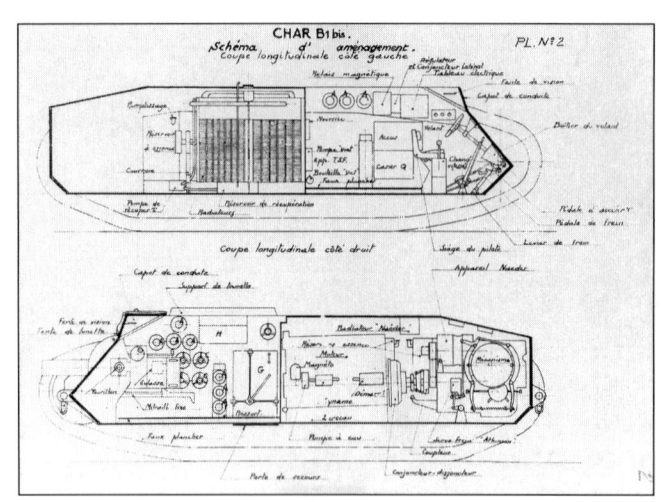

装甲戦闘車両B1の長手方向断面図。戦車内の主要ユニットの配置がよく分かる。

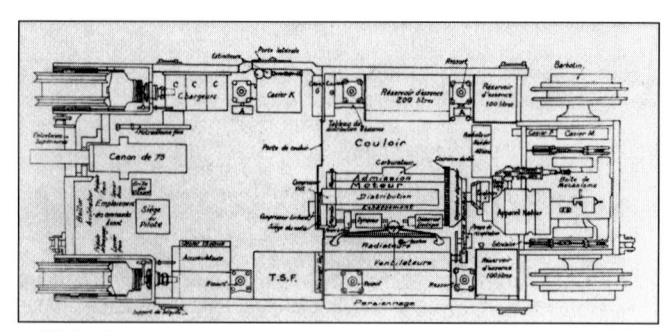

駆動機構の配置がよく分かる水平方向断面図。

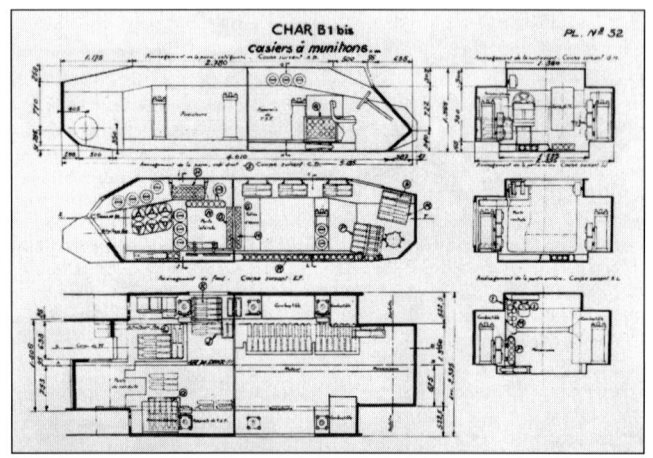

装甲戦闘車両B1bisの弾薬収納状態。

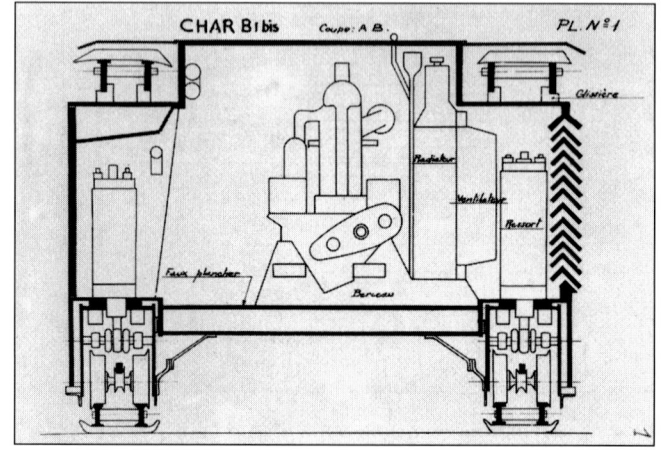

B1bisの機関室（エンジンルーム）断面図。

装甲戦闘車両B1bisの作戦領域は、チャンネル諸島からロシア戦線にまで及んだ（訳者注：写真のB1bis戦車は、チャンネル諸島に駐留した第213戦車大隊所属である。向かって正面左側車体上部、バイザースコープの隣がコンクリートブロックで強化されており、非常に珍しい例といえる。これは回転砲塔の基部が直撃されるのを防御するためであり、戦争末期に施された対策らしい）。

　1934年になると新たな契約が結ばれたが、シャールB1は32両を生産した後は1937年に製造は中止された。
　1930年の開発プログラムにおいては、すでに後継車両の35t戦車シャールB2の生産を決定していたが、シャールB1の改良型、すなわち暫定折衷案であるシャールB1bisの生産を優先することとされ、最初の車両は1937年に部隊へと引き渡された。設計は技術的に斬新であり、走行転輪6個（直径250mm、幅265mm）が車体両側面の走行装置にまとめられ、互いに4個のスクリュースプリングで懸架されていた。湿式履帯は幅500mmで履帯ブロック53個から構成され、特殊な形状をしていた。基本装甲厚は60mmであり、このため戦闘重量は32tに上った。
　車両はゴム防弾機能付燃料タンク、集中グリス注入機構、戦闘室と機関室（エンジンルーム）間の防火隔壁、ジャイロコンパス、電気式スターターおよび空薬莢を排出するための車体床面ハッチなどが装備されていた。ルノー社製エンジン307型は排気量16500ccで出力307馬力であり、最

大速度は28km/hであった。搭載されたAPX4型回転砲塔には、4.7cmカノン砲SA35と機関銃1挺が装備された。

車両の欠点は乗員が空間的に離れ離れになっているという点にあり、互いの意思疎通が困難となり、指揮官が同時に照準手と装填手を兼務するのは負担が大きすぎることが判明した。操縦手は同時に照準手として、横にある車両前面に備え付けられた7.5cmカノン砲を操作した。すなわち、実戦においては指揮官と操縦手の荷が重すぎたのである。

車両の生産は、ルノー社、シュナイダー社、FAMH／サンシャモン社およびFCM社によって行われたが、1937年から1938年の1年間で、僅か40両の車両しか生産されなかった。1939年秋に官製会社であるイシィ・レ・ムリノー製作工場社（Ateliers de Construction d'Issy-les-Moulineaux＝AMX社）が製造メンバーに加わったことで生産数は向上し、第二次大戦勃発時の1939年9月1日現在で、170両のシャールB1/B1bisが使用可能であった。この数量は、1940年5月のフランス戦役時には387両に達していた。

B1terとの名称の下で1936年から継続してシャールB1の改造が行われ、プロトタイプ3両が製造された。この車両はオリジナル車両と違い、乗員数が5名であった。7.5cmカノン砲については限定的ながらも方向射界を有していた。装甲ハウジングは傾斜装甲板となり、より強力なエンジンが搭載された。装甲厚は75mmに強化され、戦闘重量は36tとなった。この開発も戦況悪化に伴って中止されたが、1944年のドイツ占領終結後にその改良型がARL44型として開発された。

装甲戦闘車両B2(f)、識別番号740(f)

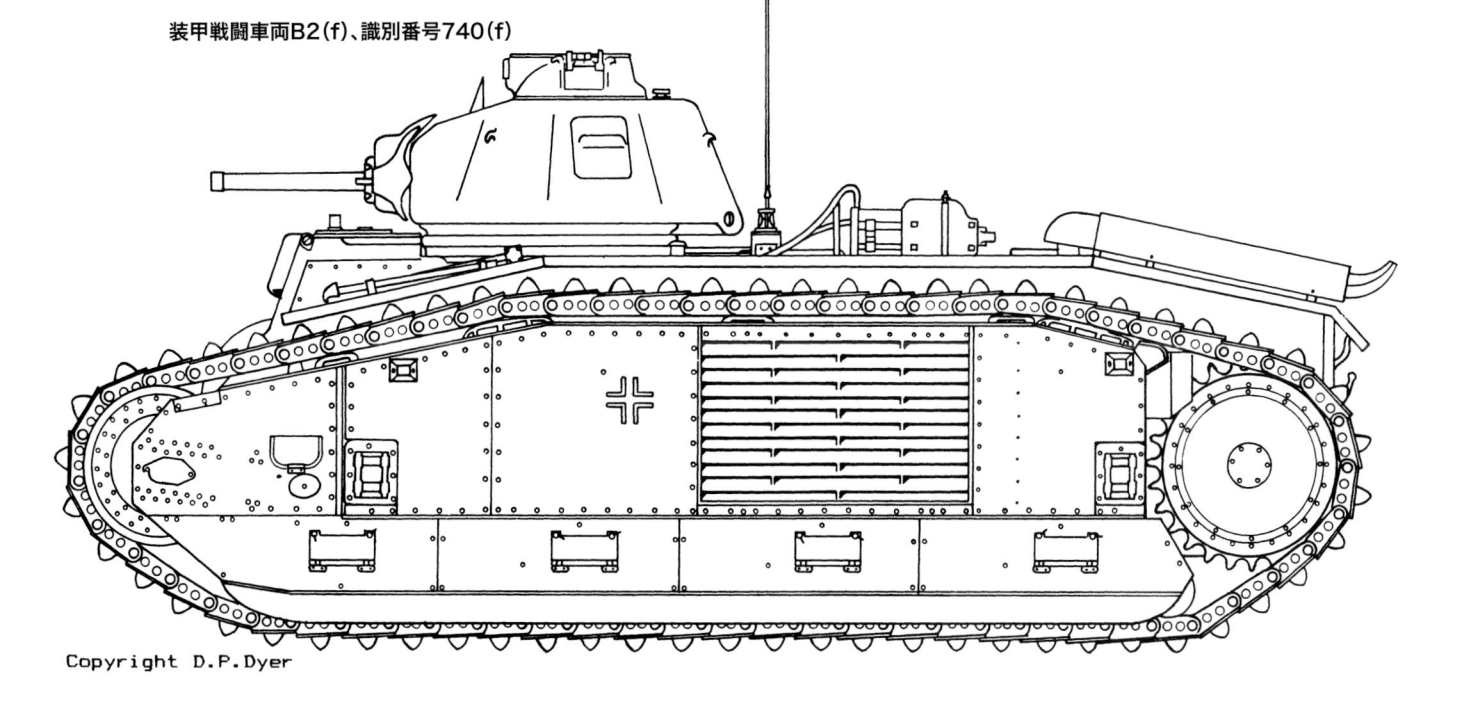

この2枚の写真は、1942年3月3日にイギリス空軍の空襲により損害を受けたルノー社のビアンクール工場の建物と車両の様子を写し出したものである。

Copyright D.P.Dyer

工場外で停車中の2両のルノーB1bis装甲戦闘車両。右側の車両は全面オーバーホール前であり、左側の車両はすでにオーバーホールが済んで再塗装が施されている（訳者注：パリー・ビアンクールのルノー工場前で撮影されたもので、時期は1941年秋と思われる。これらの火焔放射戦車B1bisは旧第102戦車大隊所属の車両で、不思議なことにオーバーホールして再塗装された左側の車両は初期型、再塗装前の右側の車両はすでに後期型に改造されている）。（ドイツ公文書館）

1941年4月3日、B2（f）型戦闘車両を「バルバロッサ」作戦（対ソ連侵攻作戦）に投入することが決定された。

●火焔放射戦車ルノーB2（f）

1941年4月19日、ダイムラー・ベンツ社においてフランス製シャールB2車両を重火焔放射戦車へ改修する最初の打ち合わせが行われた。4.7cmカノン砲搭載のオリジナル回転砲塔はそのままとし、操縦手横に装備された7.5cmカノン砲を撤去し、その替わりにケーベ社製の火焔放射器が取り付けられた。装甲ハウジングの改造は、ダイムラー・ベンツ社のベルリン・マリーンフェルデ工場で行われた。

火焔放射器の据え付けについては、カッセルのヴェック

火焔放射戦車ルノーB2（f）と通常の装甲戦闘車両（左）の正面から見た違いがよく分かる（訳者注：向かって左側の車両は164ページ下の写真と同じ戦車であり、右側の車両は同じ第213戦車大隊の第1中隊／第3小隊／3号車、すなわち砲塔番号133の火焔放射型（後期型）である）。

マン社が責任施工を行った。火焔放射器用燃料駆動装置は、ILO社製2ストロークエンジンが採用され、射程は40mから45mに達し、200回の放射が可能であった。燃料タンクは車両後方に装備され、30㎜装甲板によって防護された。照準手用のバイザーブロック50型が火焔放射器の上方へ備え付けられた。*

1941年5月31日、火焔放射戦車各12両からなる2個中隊が1941年6月20日までに編成するという報告がヒトラーへなされ、このスケジュールが承認された。**

*訳者注：本文の記述は不正確で誤解を与える。最初の24両については単純に7.5cmカノン砲を撤去してその跡に火炎放射器を取り付けただけで、装甲ハウジングは無改造であった。すなわち、火炎放射器用燃料タンクが車両内に応急に設置され、30㎜の保護装甲板もバイザーブロックも設置されなかった。後述する1941年6月のウィエルキ・ディザル（Wielki Dzial）の戦闘での戦訓により、1941年10月からの第二次改造シリーズ（後期型）から、本文記述の改造仕様となったものである。

**訳者注：この2個中隊は第102（火焔放射）戦車大隊としてまとめられ、1941年6月25日から第4軍団戦区のウィエルキ・ディザルにおけるトーチカ群突破作戦に投入された。大隊は火焔放射戦車2両を喪失するなど苦戦したが、他部隊の支援を受けて6月29日にようやくトーチカ陣地を突破することに成功した。その後、同大隊は1941年6月30日付で第17軍直属となり、7月17日には解隊命令が出された。

火焔放射戦車の側面。車両後方に火焔放射用燃料タンクが設置されている。

火焔放射中の車両を正面から見た様子。

カッセルのヴェックマン社は火焔放射器の設置を受け持った。最大放射距離は45mに達した。

この火焰放射戦車B2(f)は、1944年末にオランダのアルンヘムにて乗員によって遺棄された。(訳者注:アルンヘム戦に投入されたマイ中尉率いる第224戦車中隊は、35S戦車1両、ルノーB2型2両、火焰放射型ルノーB2型14両を装備していた。写真はジークフリード・ギーザ少尉車長の火焰放射型(後期型)で、1944年9月20日にユトレヒツェヴェック(ユトリヒト通り)においてイギリス空挺部隊の6ポンド砲により撃破されたものである)(ドイツ公文書館)

火焰放射戦車B2(f)

Copyright D.P.Dyer

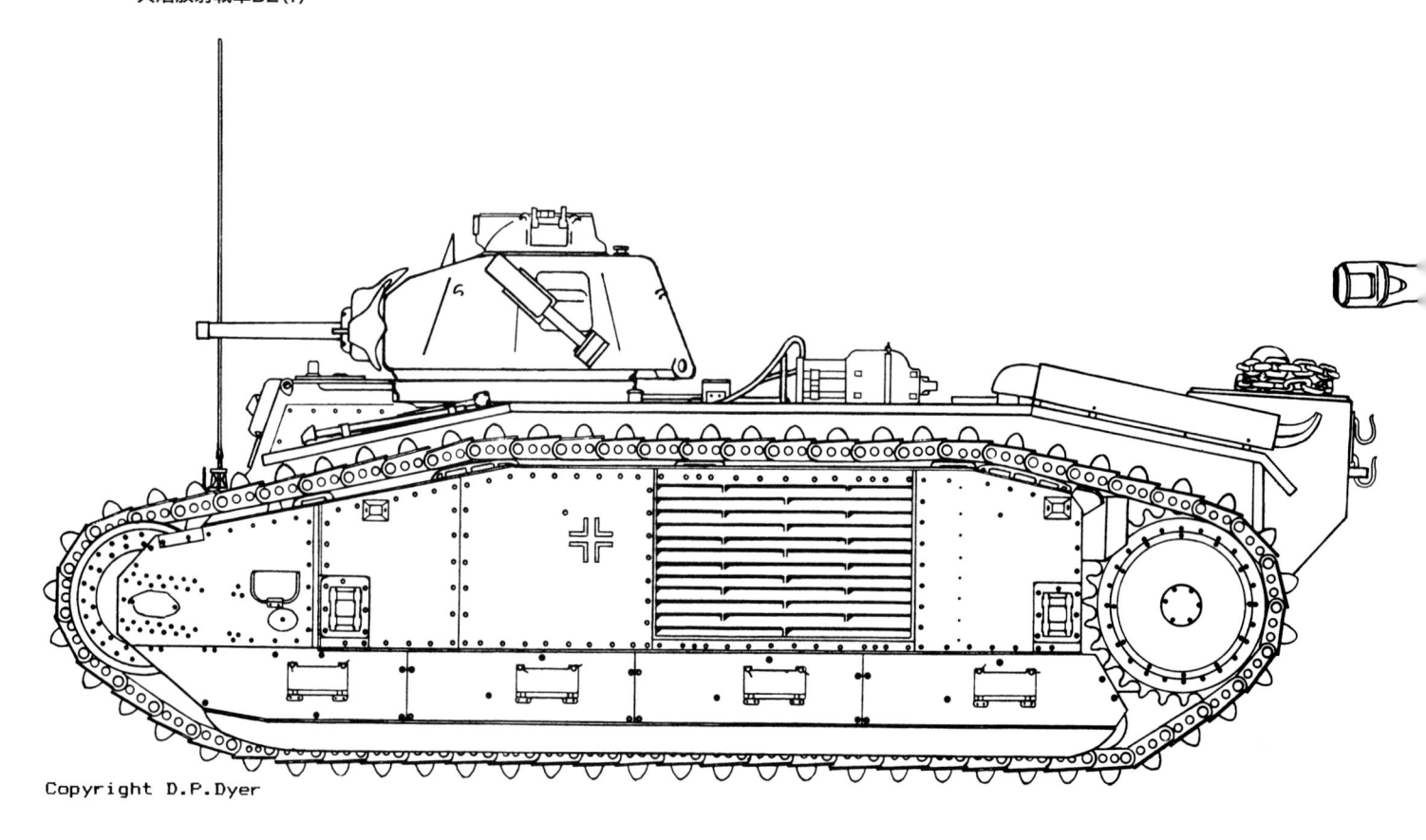

火焔放射戦車の支援砲兵として、同じシャーシを流用して10.5cm軽榴弾砲18/3型を搭載した砲戦車B2（f）が合計で16両製造された。

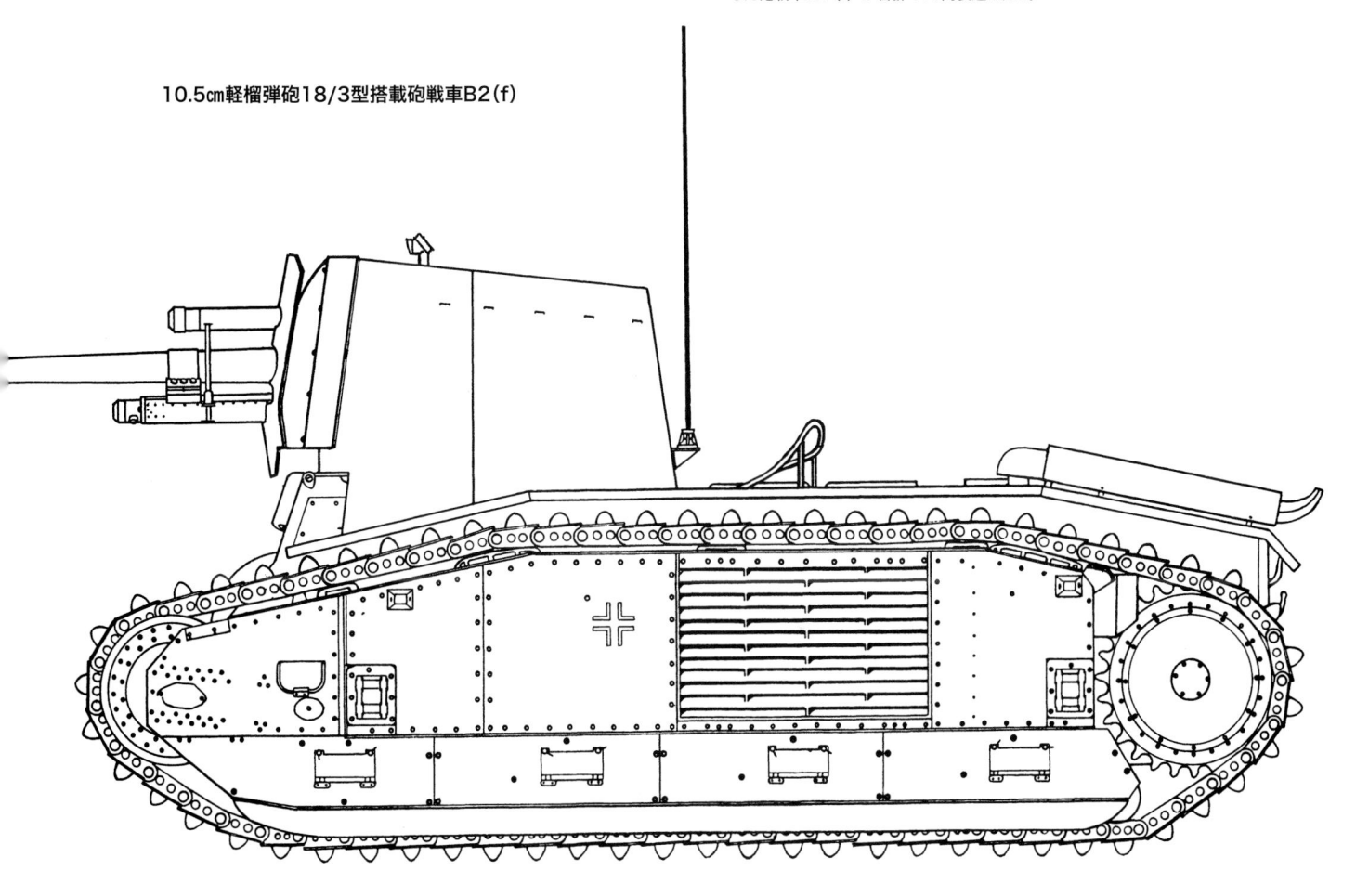

10.5cm軽榴弾砲18/3型搭載砲戦車B2(f)

回転砲塔を取り除いた操縦訓練戦車B2（f）。少数が使用された。

操縦訓練戦車B2（f）

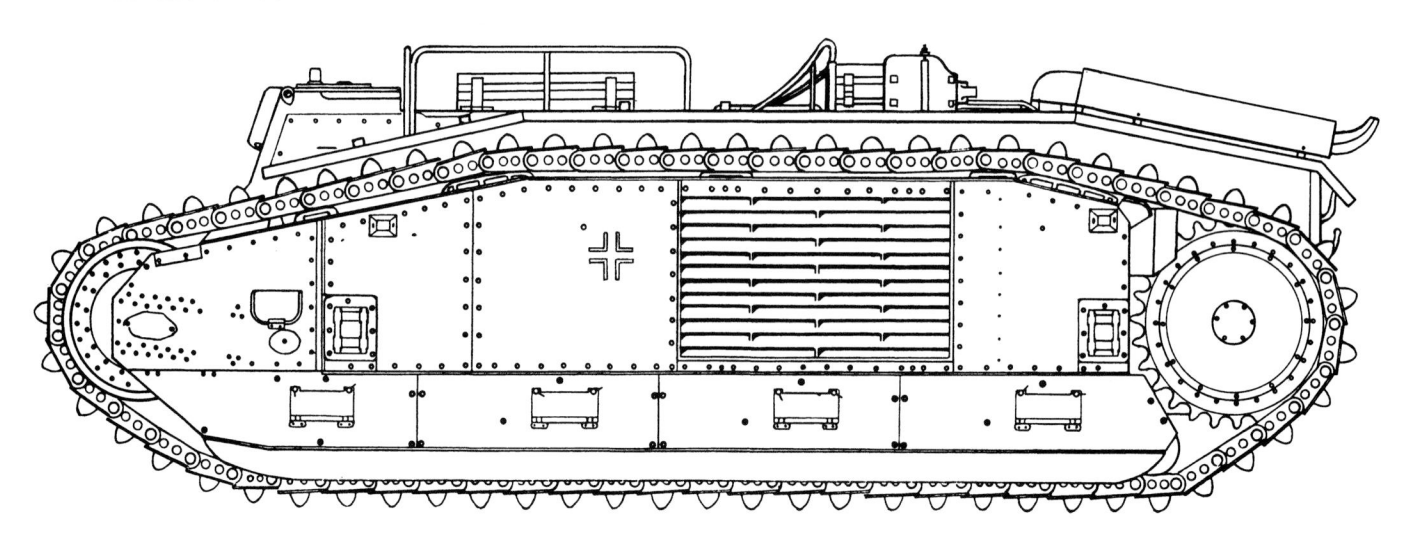

下記に大隊の編成を示すが、数字は砲塔番号である。
■第201（火焔放射）戦車大隊
大隊本部
・第1中隊
中隊本部：101（中隊長車）、102、103（標準型）
・第1小隊：111、112、113、114（火焔放射戦車初期型）
・第2小隊：121、122、123、124（火焔放射戦車初期型）
・第3小隊：131、132、133、134（火焔放射戦車初期型）
・第2中隊
中隊本部：201（中隊長車）、202、203（標準型）
・第1小隊：211、212、213、214（火焔放射戦車初期型）
・第2小隊：221、222、223、224（火焔放射戦車初期型）
・第3小隊：231、232、233、234（火焔放射戦車初期型）

最初の改造型（初期型）の（燃料タンク、バイザーブロックなどの後期型仕様への）改修については、次のように進められた。

1941年　　　　　　1942年
10月 11月 12月 1月 2月 3月 4月 5月 6月 7月
　－　 5 　3 　－　－　3 　2 　3 　4 　－

後期型の改造は兵器試験第6課（WaPruf6）によって行なわれ、基本的には1942年1月末には終了するはずであったが、実際には1941年11月から1942年6月までに約60両が火焔放射型（後期型）へ改造された。＊＊＊

*訳者注：この火焔放射戦車後期型10両を含む36両のシャールB2戦車を装備した第213戦車大隊は、1942年6月にチャンネル諸島へと輸送され、終戦まで駐屯することとなった。下記に大隊の編成を示すが、数字は砲塔番号である。
■第213戦車大隊（指揮官：レヒト少佐）
　大隊本部（ガーンジー島）：01、02（指揮型）
・第1中隊（ジャージー島）
中隊本部：101（中隊長車）、102（予備車両）（標準型）
・第1小隊：111、112、113、114、115（標準型）
・第2小隊：121、122、123、124、125（標準型）
・第3小隊：131、132、133、134、135（火焔放射戦車後期型）
・第2中隊（ガーンジー島）
中隊本部：201（中隊長車）、202（予備車両）（標準型）
・第1小隊：211、212、213、214、215（標準型）
・第2小隊：221、222、223、224、225（標準型）
・第3小隊：231、232、233、234、235（火焔放射戦車後期型）
**訳者注：シャールB2戦車は意外なほど稼働率が良く、驚くべきことに1945年2月の時点でドイツ国防軍はなおも40両以上のシャールB2戦車を使用していた。

●シャールB2（f）仕様の10.5cm軽榴弾砲18/3自走砲
　1941年3月に総統命令により、シャールB2を自走砲化した火焔放射戦車B2用の随伴砲兵車両の製造が要求された。1941年3月28日に監察第6課（In6）および兵器試験第6課（Wapruf6）との打ち合わせが行なわれ、デュッセルドルフのラインメタル・ボルジッヒ社がこの自走砲の開発を請け負うこととなった。回転砲塔は撤去され、操縦手横に据え付けられた7.5cmカノン砲が取り除かれ、10.5cm軽榴弾砲18/3型を搭載するために装甲ハウジング上部が取り付けられた。このオープントップ式装甲ハウジングは、全周20mmの装甲板で覆われていた。車両の乗員は5名であり、戦闘重量は32.5tで合計16両が改造された。

●その他
　装甲戦闘車両B2については、回転砲塔を撤去して操縦訓練用車両として用いられたことが知られている。

重"突破"戦闘車両2c（741）（f）

　すでに第一次大戦において、エティエンヌ（Estienne）中佐によって4m幅の壕を越えることができる超重戦車の製造が提案されていた。停戦後、2c型戦車10両についての最初の発注が、ツーロン近くのラ・セイヌ（La Seyne）にある地中海造船製鉄所（Forges et Chantiers de la Me'diterrane'e=FCM）社へ行われ、1921年に契約は遂行された。戦闘重量72tの車両は、路上を短距離しか進むことができず、操向機能も不充分（長大な履帯リターン部／狭い履帯幅）であった。この当時、フランスメーカーは大出力エンジンを入手することができず、各車両には連合軍の停戦委員会によって接収された毎分1270回転で出力260馬力のダイムラー・ベンツ社製6気筒ラジエターエンジン2基が据え付けられた。駆動伝達機構の問題は機械的には解決できず、良く考えられた末に、走行エンジン、発電機と駆動エンジンから構成される2個の独立した駆動システムが採用された。言葉を変えると、ガソリン発電－電気駆動システムの好例*であった。料消費量は100kmの平坦な路外走行で約2000リットルであった。

*訳者注：ガソリン発電－電気駆動システムが戦車に採用された例としては、他にポルシャ博士が設計したVK4501（P）戦車が有名であり、後に駆逐戦車エレファントとして90両が量産化された。

　戦車の運用には乗員11名が必要とされ、実戦の際に全乗員をコントロールすることは、指揮官の能力を超えて不可能であった。最大速度は12km/hであり、最大装甲厚は45mmであった。

　車両前部に据え付けられた回転砲塔に7.5cmカノン砲1門、下部車体前部および両側面に8mm機関銃各1挺が装備され、さらに同口径の機関銃1挺が、車体後部に設けられた限定旋回の回転砲塔に装備された。戦闘戦車2cは、1930年代に広がり全ての戦車生産国で製造された多塔型戦車のコンセプトを受け継いでいた。

　この超重車両の機動力不足を埋め合わせるため、車両前部および後部をボギー台車上に吊り上げて鉄道輸送が可能であったが、積載の際には特殊ランプ（傾斜台）が必要であり、自力での積載には約4時間かかった。

遠距離移動の際には、車両は鉄道ボギー台車へと積載されて運ばれた。

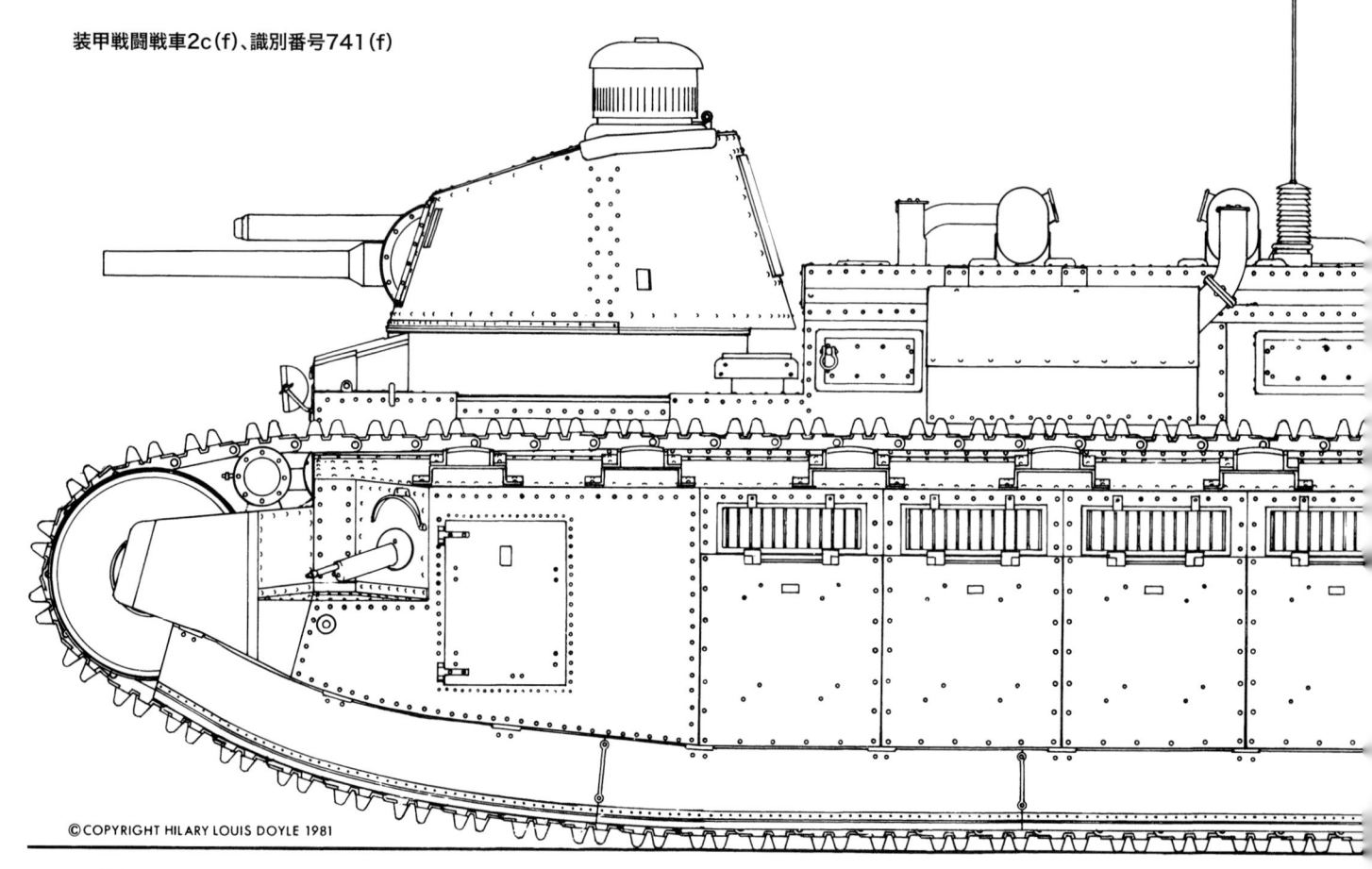

装甲戦闘戦車2c(f)、識別番号741(f)

©COPYRIGHT HILARY LOUIS DOYLE 1981

ボギー台車における戦車固定設備のクローズアップ写真。

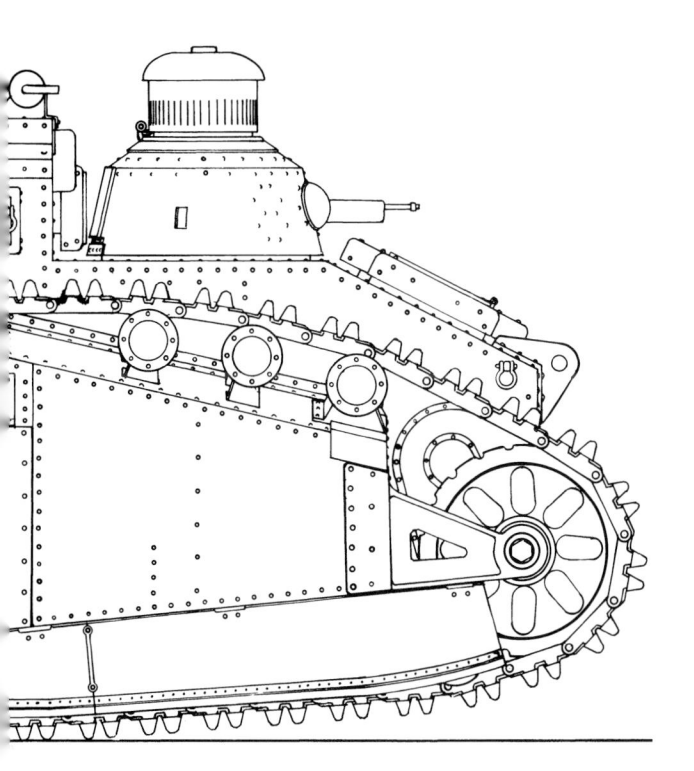

1940年の際にはドイツ空軍が鉄道網を破壊したため、この車両は実戦投入されなかった。ボギー台車上に残された車両は乗員の手で爆破された。

　10両の戦闘戦車2cはフランス第51戦車大隊へ配備され、1940年の時点でなお6両が可動状態にあり、東部国境方面へと行軍した。しかしながら、ドイツ空軍に鉄道網を破壊されて途中で立ち往生し、戦車は積載車両上で爆破され、実際には実戦には投入されなかった。
　その中の1両がソミュールのフランス陸軍の戦車博物館に大切に保管され、現在でもなおその姿を見ることができる。
　車両はドイツ軍部隊において使用されなかったが、装甲戦闘車両3c741（f）という識別番号が付与された。

装甲偵察車VM（f）－識別番号701（f）
　1920年代末にフランス騎兵部隊は、戦闘および偵察任務用の軽装甲車両を大量に調達した。この時、装輪式、半軌道式、全軌道式かが問題となり、全軌道式車両の総称は（automitrailleuse de combat＝戦闘機関銃車）またはAMR（automitrailleuse de reconnaissance＝偵察機関銃車）と呼称された。

173

重「突破」戦闘車2cは重量72tで乗員数12名であった。

装甲戦闘戦車2c、識別番号741（f）の後方からの写真。

装甲偵察戦車AMR33、識別番号701（f）。ルノー社型式名称はVMであった。

装甲偵察戦車AMR34、識別番号701（f）。ルノー社型式名称はVTであった。最初のタイプは13.2mm機関銃を回転砲塔に装備していたが、最終仕様では2.5cmカノン砲が砲塔に装備された。フランス軍のオリジナル迷彩塗装が確認できる。

クンマースドルフ実験場で撮影されたAMR34の最終仕様。回転砲塔には2.5cmカノン砲が装備されている。戦闘重量は7.13tで乗員数2名であった。

カーゼマット方式で2.5cmカノン砲を装備した無砲塔型AMR34。方向射界は20度であった。

　ルノー社は1932年のプロジェクト計画において、VM車両のプロトタイプを製作し、それは偵察戦車AMR33として生産されることとなった。ドイツ軍の手に落ちた少数の車両は装甲偵察車VM（f）－識別番号701（f）の名称が付与された。

装甲偵察車AMR ZT I / II 型（f）－識別番号702/703（f）

　ルノー社内でZT型と呼称された車両の最初のプロトタイプは、1934年2月に公開された。オリジナルでは8気筒エンジンが組み込まれていたが、量産型は出力22馬力の4

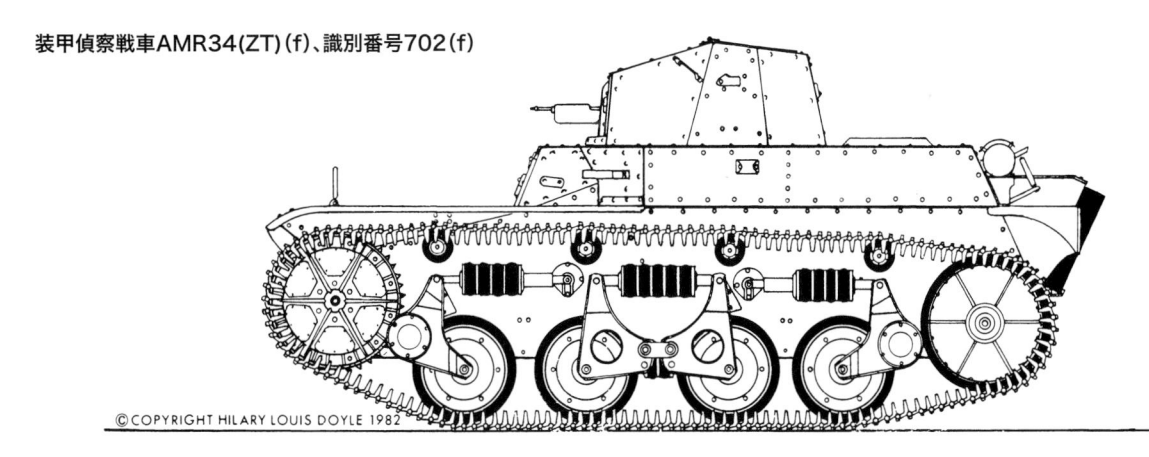

装甲偵察戦車AMR34(ZT)(f)、識別番号702(f)

©COPYRIGHT HILARY LOUIS DOYLE 1982

8cm重迫撃砲34型装甲偵察車AMR(f)

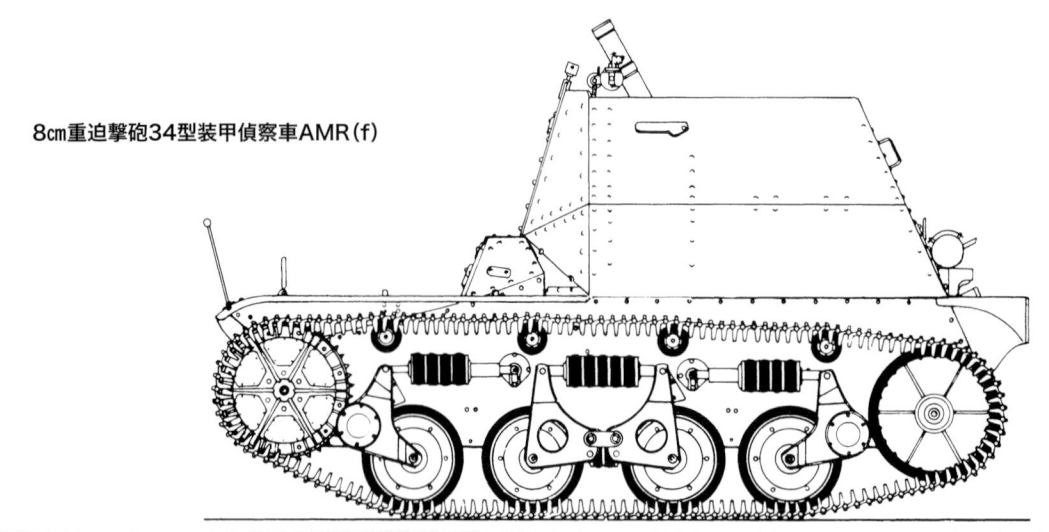

装着されたオープントップ式装甲上部ボディを有する自走砲の後方からの写真。 　　　連合軍の車両集積場での車両正面からの写真。

装甲偵察戦車AMR34のうち極少数の車両は、8cm重迫撃砲34用の兵器運搬車へと改造された。

気筒直列エンジンを搭載した。1934年4月に試験検査が行われ、若干の改修の後に100両が発注された。ZT I 型は13.2mm重機関銃を回転砲塔に装備し、二人乗りで戦闘重量は7.13tであった。

II型はカーゼマット式に搭載した2.5cm対戦車砲を装備し、重量は6.5tであったが、試験的に2.5cm対戦車砲をZT I 型の回転砲塔に搭載した車両もあった。

●装甲偵察車AMR（f）仕様の8cm重迫撃砲自走砲

一部のZT車両は、1943年／44年に砲塔が撤去されて厚さ10mmのオープントップ式上部装甲板が据え付けられ、8cm重迫撃砲34型自走砲として用いられた。戦闘重量は9tであり、乗員は4名であった。

●その他

識別番号19.4cmカノン砲485（f）自走砲は、第一次大戦において製造された旧式自走砲である。フランス陸軍により"カノン・ドゥ・ソンキャトルヴァンディス・ミル・ジェベーエフ・スール・シャニール（Canon de 194 mle GPF sur Chenilles：GPF 194㎜自走式カノン砲）"と呼称されたこの自走砲もまたドイツ側の手に落ち、ドイツ国防軍によって継続使用され、一部はイタリアや東部戦線で用いられた。*また、1945年にラ・ロシェル要塞において、第一次大戦で製造された"カトルピラール・シュナイダー（Caterpillar Schneider：シュナイダー無限軌道車）"、すなわちシュナイダー戦車を装甲化した応急措置的な5cm対戦車砲自走砲が、沿岸防衛のためにドイツ軍により使用された。**

*訳者注：1942年に軍直轄第84砲兵連隊／第II大隊が、24cmカノン砲2門の補充の替わりに、19.4cmカノン砲485（f）自走砲2両を受領し、北方軍集団戦区で作戦投入された。しかしながら、最大速度が僅かに12km/hであり、限定的な運用を余儀なくされた。

**訳者注：ラ・ロシェル要塞については、1944年9月12日に包囲されて以降も第265歩兵師団の一部、第764砲兵大隊、第18砲兵大隊、第1181軍直轄砲兵大隊、第282海軍砲兵大隊などが中心となって長期篭城戦を展開し、ドイツ本国が降伏した翌日の1945年5月9日になってようやく守備部隊は降伏した。皮肉なことに1945年4月29日に開始された最後の連合軍側の総攻撃においては、19両のシャールB1bisを装備する自由フランス軍の第13竜騎兵連隊／第2中隊が戦闘に参加し、本来の歩兵支援戦闘で大活躍をしている。

ボルト留めされたプレートに据え付けられた8cm迫撃砲。移動して使用するため、標準プレートを車外に携行していた。

後方から見た戦闘室。

19.4cmカノン砲485（f）自走砲は、ドイツ軍によってイタリアおよびロシアで使用された。

第一次大戦で開発された戦闘戦車の非装甲型であるキャタピラ・シュナイダーは、第二次大戦末期に装甲化され、ラ・ロシェル要塞包囲戦で実戦投入された。

装甲化型は沿岸防衛用に5cm対戦車砲を装備した。（訳者注：1945年5月9日のラ・ロシュル要塞降伏時に白旗をかかげて行軍するドイツ軍守備隊を撮らえたものである）

装輪式装甲偵察車

　数え切れないほどのフランス製捕獲車両の中には、相当数の装輪式の装甲偵察車が含まれており、中でもホワイト・ラフリー社の装甲偵察車Wh201（f）が際立っていた。ラフリー社は同様に装甲偵察車Laf202（f）を製造しており、パナール社の場合は装甲偵察車TOE203（f）型が代表格であった。

　これらの車両の大半は、スクラップにされるかドイツの友好国へ譲渡された。

　ある程度の価値が認められてドイツ陸軍や警察部隊で利用されてのは、唯一、パナール38型であり、技術的に平均以上の能力を示し、その戦闘力は定評があった。ドイツ側の識別番号は装甲偵察車P204（f）であった。*

　1940年までに360両が生産され、約190両がドイツ軍部隊へ引き渡された。

*訳者注：1941年6月に第7戦車師団／第37機甲偵察大隊が64両、第20戦車師団／第92機甲偵察大隊が54両のパナール装甲車を装備し、バルバロッサ作戦に臨んだ。しかしながら、前者は7月14日の時点で34両が全損失、修理中が17両で可動車両は13両に過ぎなかった。また、後者の場合も8月15日の時点で17両が全損失、19両が修理不能、4両が修理中で可動車両は僅かに14両であった。結局、1941年末までに合計109両のパナール装甲車が失われ、34両のみが補充された。また、意外にもSS第1戦車師団が、この種の装甲車を戦争後半まで使用しているのが知られている。その後、国防軍では使用されなくなった中古パナール装甲車の残余は、1942年から1943年にかけて編成された次の警察戦車中隊へ払い下げられた。
・第8警察戦車中隊（第1小隊：3両、第2小隊：3両）（1943年2月に第7警察戦車中隊へ譲渡）
・第7警察戦車中隊（第1小隊：3両、第2小隊：3両）（1943年2月より）
・第9警察戦車中隊（第1小隊：3両、第2小隊：3両）
・第10警察戦車中隊（第1小隊：3両、第2小隊：3両）
・第11警察戦車中隊（第1小隊：3両、第2小隊：3両）

　パナール178型（シャーシ番号126001から126270）は重量8.2tで、回転砲塔1基と傾斜式装甲ハウジングを有していた。車両後部にはパナール社製4気筒直列式エンジンSS型が搭載されており、排気量6330ccでスリーブバルブ型2ストロークエンジン（シーバーエンジン）は出力105馬力であり、125リットル燃料貯蔵タンクにより航続距離約350kmが可能であった。全輪駆動式車両は42×9のゴムタイヤが装着され、変速段は前進2段・後進2段で乗員4名であった。回転砲塔には基本的に2.5cm機関砲と機関銃1挺が装備され、車両装甲厚が7mmから20mmであった。

　この車両のうち43両が1941年に補助装甲トロッコ車（パンツァー・ドライジーネ）として改造され、装甲列車用警備車両として鉄道警戒任務に就いた。この改造の際には、路上走行への切り替えが可能なように考慮されたが、線路走行時に路上用走行輪への切り替えは不可能であった。*1941年11月に陸軍兵器局は、ゴテーア貨車製作所とレムシャイトのベルギー鉄鋼会社へこの車両向けの鉄道軌道用装備を発注した。

*訳者注：路上用走行タイヤを取り外して線路用走行輪に切り替える作業は、ジャッキを使用して約15分で可能であったが、その逆はクレーンなどの設備が必要であり、現場では不可能であった。最高速度は路上が72.5km/h、線路上が50km/hであった。

　装甲偵察車パナール178－P204（f）はドイツ製無線機を搭載し、一部の車両にはほとんど車両全体を覆うようにドイツ製装甲偵察車で採用されたフレームアンテナが装備された。1943年からの一連の改造の中で、少数の車両においてはオリジナル回転砲塔を撤去し、固定式装甲ハウジングを装着し、限定的方向射界を有する5cm対戦車砲L/42が搭載された。*ドイツ偵察部隊にとってパナール社製車両は、価値ある補完的車両であった。

*訳者注：第1戦車軍司令部偵察中隊において、5cm対戦車砲L/42搭載パナール装甲車を少なくとも1両装備していたことが知られている。

"ベッカー・プロジェクト"

　ドイツ陸軍の機械化の歴史にあって、唯一無二の事例が「ベッカー・プロジェクト」である。ベッカーは独裁者のがんじがらめな規制の中で、全く別なことをやり遂げるこ

装甲偵察車ラフリー、識別番号Laf202（f）。

装甲偵察車パナールTOE、識別番号203（f）。

約190両のパナール178装甲偵察車がドイツ国防軍により接収された。写真（下と次頁下）は実戦時および訓練時の車両を写したものである。

パルチザン掃討戦の際にドイツ警察部隊によって使用された装甲偵察車パナール178（訳者注：上は1943年6月～1944年9月に撮影された東部戦線における第10警察戦車中隊所属の車両、下は1940年5月24－25日のベトゥーン付近の戦闘でフランス軍を相手にSS髑髏師団で使用されるパナール178である）。

装甲偵察車パナール178(f)
識別番号204(f)2.5cmカノン砲搭載型

装甲偵察車パナール178(f)
パンツァードライジーネ仕様

装甲偵察車パナール178(f)
5cmKwKL/42搭載型

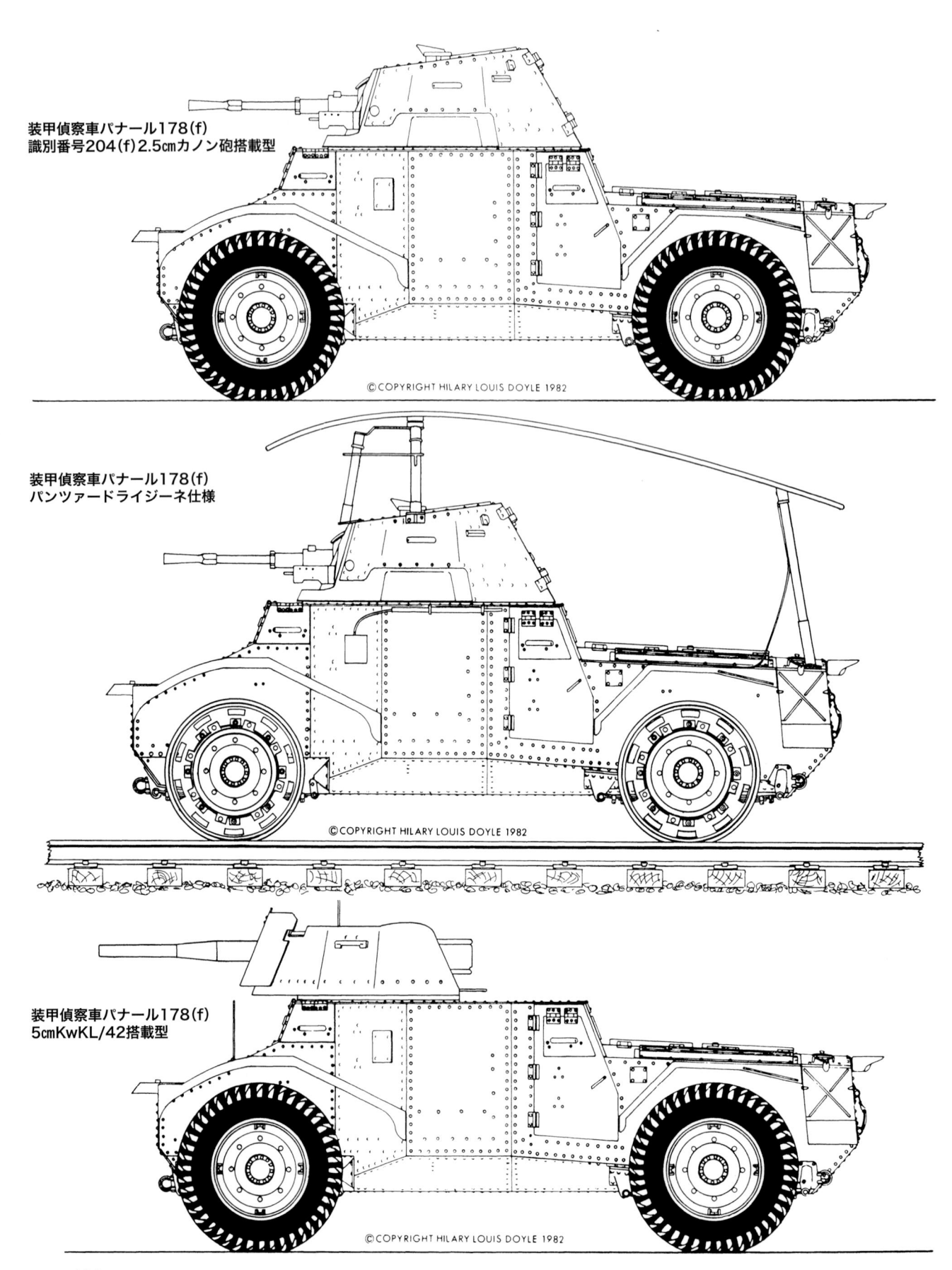

とができることを自ら証明したのであった。既存の基盤設備は努力とユニークな着想により流用し、役所の無能ぶりを情け容赦なく暴き出し、その際には応急処置的対策を立案し、激しい戦闘活動の中で多大な成果を自ら示した。もちろん、ヒトラーも含めた上層部との良好な連携がなくしては、全ては不可能であったに違いない。その証拠に、ヒトラーが部隊装備の細かい点にまで再三に渡って干渉したことが記録に残されている。

アルフレート・ベッカーは、1899年8月20日にクレフェルト（Krefeld）に生まれた。機械工学博士を取得し、紡績会社の設計技師として、そしてクレフェルトのヴォルクマン＆カンパニー社（Firma Volkmann & Co.）の共同経営者として頭角を現す。

1939年8月28日、ベッカーはクレフェルト軍管区で編成された第227歩兵師団へ召集され、1年以内に大尉にまで昇進し、1940年のオランダ侵攻作戦の際には第12砲兵中隊の指揮官となっていた。

装備良好なオランダ砲兵部隊が駐在していたアマースフォルト（Ammersfort）において、ベッカーはそれまで馬匹牽引であった彼の砲兵中隊をオランダおよびベルギー製捕獲車両によって装備改編を行った。同時に第227偵察大隊も同じように捕獲車両を装備し、この機械化部隊はまだ馬匹牽引型の第227歩兵師団本隊から常に30kmから40km先行して戦闘を行った。

1940年のフランス降伏により、砲兵中隊はノルマンディーに駐留した。

● 砲兵自走砲

西方戦役が終了した直後の1940年6月、ベッカーは砲兵中隊長として最初の突撃榴弾砲を製造した。彼の中隊、すなわち第227砲兵連隊／第15中隊は、2箇所の砲兵陣地を築城しなければならなかったが、僅か6ヶ月間の内に彼の中隊の兵士たちは昼夜作業によって完全な突撃榴弾砲中隊

鉄道軌道輪装備のパナール178は「パンツァードライジーネ（装甲トロッコ車）」として実戦投入された。パナール装甲偵察車は必要に応じて典型的なドイツ製フレームアンテナが装備されている。

改造してドイツ製5cm戦車カノン砲L/42を搭載したパナール装甲偵察車（下2点）。

を編成することに成功したのであった。

10.5cm軽榴弾砲16型と捕獲したイギリス製装甲車両であるヴィッカース・マークVI型を流用した初めての砲兵自走砲が誕生し、最初の射撃試験がル・アーヴルのハーフルール（Harfleur）射撃場で行われた。

この結果により、自立的な機甲砲兵部隊の創設に向けた雛型が確立し、開発計画の扉が開かれたのである。

ベッカー大尉は、これによりドイツ黄金十字章を授与された。*

*訳者注：公式記録では1942年5月13日付の授与である。前線での戦闘以外の功績でドイツ黄金十字章を授与された事例は、極めて少ない。なお、ベッカーはその他に1942年9月1日付で剣付一級戦功十字章、1945年4月20日付で全軍91番目の剣付戦功騎士十字章を授与されている。

第227砲兵連隊／第15中隊の自家製自走砲は、1年と半年の間、東部戦線で戦闘に投入され真価を発揮した。

1942年8月にOKH（陸軍最高司令部）の指示により、ベッカーのコンセプトによる車両の1つが戦線から引き揚げてベルリンへと輸送された。

アルフレート・ベッカー大尉は重榴弾砲を装備する第12砲兵中隊長として、1940年にオランダに駐留した。

ベルギーでの激戦から1週間後、彼の中隊は移動を開始した。部隊は捕獲車両で機械化されており、榴弾砲はベルギー軍のGebr.ブロッセル社製砲兵装輪牽引車TALで牽引された。弾薬運搬用二輪車は取り除かれ、榴弾砲の車輪は自動車牽引用車輪に変更された。

ベッカーの活動の結果、砲兵自走砲を装備した最初の国防軍部隊が誕生した。

　その車両は1942年9月2日に、ベッカーとその搭乗員の1名により総統官邸中庭でヒトラーと陸軍兵器局の責任者達に紹介された。

●アルケット社におけるベッカー
　アルトマルク履帯工場有限会社＝アルケット社（Altma'rkische Kettenwerk GmbH）のベルリン・シュパンダウ工場は、その製造における技術的柔軟性と高度な専門熟練工を擁していたことから、陸軍兵器局により戦車製造における特殊な問題解決に向けて動員されるのを常としていた。ベッカーはすぐにこの会社へ派遣され、アルケット社の試験工場において彼の経験と知識を発揮することができた。
　彼の最初の使命は、フランス製ロレーヌ弾薬輸送車を15cm榴弾砲搭載の自走砲へ改造することであった。ロレーヌシャーシは、通常の戦車シャーシとは反対にエンジンが車両前部に配置されており、その後部スペースが榴弾砲の取り付けに利用可能であり、この種の改造に適していた。

●北アフリカのロンメル向け砲兵自走砲
　ロンメルは北アフリカの作戦用として、緊急に砲兵自走砲を彼の戦車部隊へ配備する必要に迫られていた。ストックされていた重榴弾砲13型が、装甲防護がなされてロレーヌシャーシに搭載された。

●再びフランスでのベッカー
　ロンメル向けの自走砲の課題をクリアしたベッカーは、なおフランスに残っている全てのフランス製装甲車両をリストアップし、ドイツ軍の要求仕様に適合させ、再使用可能とする任務がヒトラーから与えられた。これらの車両は、2個戦車師団へ装備されることとされた。
　ロシアにおける砲兵自走砲が特に地雷のより損失した後、ベッカーの中隊は歩兵として戦闘へ投入されていた。ベッカーは装備および戦時生産省（軍需省）（ザウアー次官とシェーデ大佐）の命によりバウシュタープ・ベッカー（ベッカー生産本部）をパリに組織したが、技術と知識を有する旧友達を呼び寄せようとしても、当時、厳しい規則により、戦闘可能な兵士の東部戦線からフランスへの移動は禁じられていた。しかしながら抜け道はあった。第227歩兵師団長は、バウシュタープ・ベッカー（ベッカー生産本部）に兵士を送り込むために、毎週10名の兵士へ本国休暇を発令した。1942年のクリスマスまでに、ほとんど全ての中隊兵士がパリのベッカーの下に集まった。第227歩兵師団は見返りに装甲車両20両を受け取った。
　この取引の巧妙さは、大胆かつ向こう見ずなものであった。

●バウシュタープ・ベッカー（ベッカー生産本部）の成果
　フランスで改造する車両の雛形車両は再びアルケット社

ベッカーの第227砲兵連隊／第15中隊は、1941年10月に東部戦線の北方軍集団戦区へと移動した。

フランス降伏後、恐ろしい数の軍需機材が放置されていた。下の写真は大量に遺棄されたイギリス軍の軽戦闘車ヴィッカース・マークⅥ型。

自分の部下とフランス人労働者と伴にバウコマンド・ベッカー（ベッカー特別生産本部）は新たに編成される増強西方快速旅団のために、全西方地域にある車両残骸の中からコンポーネントや部品を収集した。写真は車両の再組み立てのために必要な部品やコンポーネントを示す。

ベッカーは1942年末に顧問としてアルケット社へ入社し、自走砲車両の量産に携わった。最初の見るべき成果は、フランス製ロレーヌシュレッパー12両を15cm重榴弾砲自走砲へ改造したことであった。この車両は北アフリカへと輸送された。

フランスの製造メーカーのための車両集積場。再組み立て開始前の様子。

で製作され、選ばれたフランスメーカーへ分配された。

その間、ベッカーたちは骨の折れる細かい作業、すなわち全西部地域の小川、河、スクラップヤードや集積所から、破壊、解体された車両やスクラップ寸前の車両を集め、「増強西方旅団」がそれらを工場へ運んだ。数人によりそれらは完全に分類され、部品は再生され、可能な場合はベルトコンベアによる一貫作業で、再び新品同様な車両として組み立てられた。徹底的なオーバーホールが行なわれた車両は、目的に応じて上部構造物が取り付けられた。

下記に製造された車両を記す。
・砲戦車
・突撃砲
・戦車猟兵（対戦車）自走砲
・高射砲自走砲
・砲兵観測戦車
・弾薬輸送戦車
・トレーラー装備の大型および中型弾薬牽引車両
・装甲化および非装甲化兵員輸送車
・通信車両
・工兵車両
・オートバイ車両

その他として、工場整備ワゴン車、自動車化キッチン車両および幾つかの特殊トレーラーが製造された。

車両は型式別にまとめられ、部品や装置が完全にオーバーホールされた後に、製造時間の短縮化を図るためベルトコンベアの流れ作業により組み立てられた。車両の動作機能については信頼できるもので、新品同様であった。

作業の大部分はベッカーの部隊によって行なわれ、過去の経験は最初から作業に応用された。多数のフランス人労働者が必要とされたが、彼らはグループ責任者や部隊から派遣された専門家により監督された。

特に価値あることは、多種に渡る型式ごとに車両装備が同じことであり、少数の型式は部品パーツの供給まで保証されていた。重要な消耗品は10％まで、一般消耗品は30％までストックが用意された。

この作業の全てが、短時間のうちにいかなる戦闘にも、いかなる任務にも耐えうる「増強西方旅団」の編成という形で報われた。

下記にフランスにおいてベッカー少佐のバウコマンド（特別生産本部）により改造され、再生された車両の一覧表を掲示する。

装甲化車両：
・小型無線および砲兵観測戦車　　　　　　　　40両
・大型無線および指揮戦車　　　　　　　　　　24両
・大型無線および砲兵観測戦車　　　　　　　　30両
・10.5cm突撃戦車および砲兵戦車　　　　　　280両
・10.5cm砲兵戦車　　　　　　　　　　　　　　60両
・15cm砲兵戦車　　　　　　　　　　　　　　　72両
・7.5cm突撃戦車Pak40型　　　　　　　　　　　48両
・7.5cm戦車猟兵Pak40型オチキス　　　　　　　60両

必要とあらば、ベッカー少佐自ら作業に取り組んだ。
(写真左)

新しい上部ボディに使用するための設計の大半はドイツで行なわれた。写真はFCMシャーシベースの戦車猟兵自走砲用の木造モックアップ上部ボディを製作中の様子を撮影したもの。組み立て作業は1943年2月に開始された。

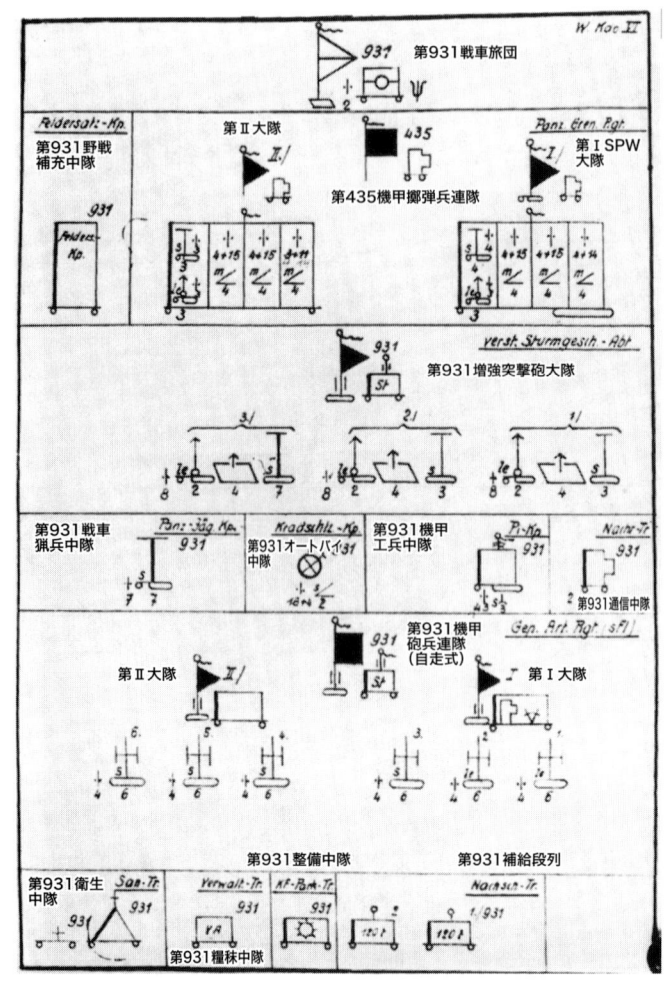

各型式の車両約1800台が1944年に増強西方快速旅団に配備された。この部隊の部隊編成を示す。

- 7.5cm戦車猟兵Pak40型ソミュア／半軌道式　　　　72両
- 兵員輸送装甲車／半軌道式　　　　　　　　　　　120両
- 機関銃ワゴン　　　　　　　　　　　　　　　　　60両
- 2cm高射砲38型自走砲／半軌道式　　　　　　　　82両
- 2cm4連装高射砲38型自走砲／半軌道式　　　　　18両
- 軽多連装迫撃砲／半軌道式　　　　　　　　　　　36両
- 重多連装迫撃砲／半軌道式　　　　　　　　　　　16両
- ロケットランチャー　　　　　　　　　　　　　　6両
- 装甲化弾薬牽引車両　　　　　　　　　　　　　　48両
- 装甲化軽弾薬牽引車両　　　　　　　　　　　　　60両
- 非装甲化車両：
  - 兵員輸送車　　　　　　　　　　　　　　　　　60両
  - トレーラー付弾薬輸送トラック（大型）　　　　48両
  - 工場整備トラック　　　　　　　　　　　　　　28両
  - 燃料輸送トラック　　　　　　　　　　　　　　64両
  - 医療用乗用車　　　　　　　　　　　　　　　　12両
  - 救急車両　　　　　　　　　　　　　　　　　　48両
  - 衛生器材トラック　　　　　　　　　　　　　　12両
- 野戦会議室車両　　　　　　　　　　　　　　　　6両
- 野戦キッチン車両　　　　　　　　　　　　　　　32両
- 野戦指揮車両　　　　　　　　　　　　　　　　　40両
- 野戦無線車両　　　　　　　　　　　　　　　　　24両
- 野戦電話車両　　　　　　　　　　　　　　　　　24両
- 補給段列3tトラック　　　　　　　　　　　　　120両
- 補給段列3tトラック　全輪駆動　　　　　　　　　24両
- 補給段列3tトレーラー　　　　　　　　　　　　　40両
- オートバイ（単車）　　　　　　　　　　　　　　72両
- オートバイ（サイドカー付）　　　　　　　　　　24両

合計で約1800両の車両がドイツ国防軍に供用され、これらは激しい戦闘の中で見事に真価を発揮した。

ロレーヌシュレッパーを砲兵自走砲へ改造する際、ベッカーは1942年4月10日に兵装および弾薬省（軍需省）とコンサルト契約を結び、総額2500RM（ライヒスマルク）の謝礼金を受け取った。

さらに別なコンサルト契約が同様に1942年11月1日に結ばれ、次のような車両の製造技術に関する提案および設計業務が委託された。

- FCM戦車ベースの軽榴弾砲および対戦車砲搭載の突撃砲
- 7.5cm対戦車砲40型自走砲ソミュア
- シトロエンP107ベースの2cm高射自走砲
- シトロエンP107装甲化兵員輸送車

作業費用の支度金として、ベッカーは総額10200RMを受領した。進捗の責任は、技術局／製造グループ／工学技術顧問委員会が受け持った。

1944年7月2日、ベッカー少佐は第21戦車師団の第200突撃砲大隊長として異動し、剣付戦功十字章候補者に推挙されて1944年末に授与された。

ベッカーによって着想され改造された前述の車両は、さらに必要な資材が調達され製造が組織化された。この作業に加えて、ベッカーは第200突撃砲大隊長として同時並行で大隊内に5個中隊を編成し、教育訓練を行って強力な戦闘部隊に鍛え上げた。*

*訳者注：1944年6月1日現在の第200突撃砲大隊の編成は、次の通りである。
　大隊本部：7.5cmPak38H(f)自走砲1両、2cmFlakP107自走砲6両、機関銃17挺
　・第1－第5中隊：各7.5cmPak38H(f)自走砲4両、各10.5cmlFH18/40またはlFH16自走榴弾砲38H(f)6両、各機関銃10挺
　・補給段列：トラック約50台

●モントゴメリー暗黒の日

自分達の車両について詳細な知識を有する乗員と兵装との融合は、実戦において大いなる真価を発揮した。

1944年6月6日の6週間後、カーン地区のオルヌ河沿いの橋頭堡からイギリス第8軍が突破攻撃を強行した。その巨大な地上軍および空軍の圧倒的優位性により、モントゴ

メリーはドイツ軍の抵抗を早々に粉砕できると考えていた。
　しかしながら、実際は全く違った。2200機の航空機車両に支援されたイギリス装甲車両600両のうち400両が1944年7月18日までに失われ、突破作戦は失敗に終わった。ドイツ側からすると数の上では絶望的な状況であったが、ベッカー少佐率いる第200突撃戦車大隊の捕獲戦車群が戦況を劇的に変えたのであった。*

*訳者注：1944年7月18日の「グットウッド」作戦発起時にイギリス軍を迎撃した捕獲兵器装備部隊は、第200突撃砲大隊だけではなかった。第16地上師団（L）（空軍地上師団）の前線後方には、第200突撃砲大隊と伴に第21戦車師団のフォン・ルック少佐率いる第125機甲擲弾兵連隊が展開していた。同連隊は1944年6月1日現在で、次のような捕獲兵器を装備していた。
・15cmロレーヌシュレッパー自走榴弾砲8両
・7.5cmPak40ソミュアS307自走砲7両
・2cmFlak38P107高射自走砲4両
・8.14cm迫撃砲16または20連装ソミュアS307自走砲4両
・P107無線装甲車17両、P107装甲兵員輸送車79両

写真はサイドカー駆動機構付24型ノーム・エ・ローヌ（Gnome et Rhone）のオートバイ（800cc）。

大英帝国

第一次大戦の捕獲装甲車両

　1916年10月2日、ドイツ第1軍司令部は陸軍最高司令部宛に次のような報告を行なっている。「1916年9月15日以来、第1軍戦線の前面には『イギリスの新兵器である装甲化車両』が姿を見せており、戦闘車両を回収、捕獲するには未だ至っていない」。これが、戦局を基本的に変えるような新型兵器、すなわち戦車が登場した最初であった。

　報告は戦時省へ転送され、戦時大臣は個人的に「注目に値する」と書き残している。この後、この種の車両製造の試みが推奨され、1916年11月13日に戦時省は、輸送技術試験委員会（VPK）へ砲兵試験委員会（APK）および兵器試験委員会（GPK）並びに関係企業との連携の下で、戦闘戦車（秘匿名称A7V）の製造・生産に必要な全ての作業を行なうよう指示した。

　戦闘戦車A7Vは、最初にドイツ国内で開発・製造された全軌道式車両であった。戦時省は1917年8月10日、自動車部隊として『突撃戦車大隊』の編成を了承し、1917年9月29日に第1および第2突撃戦車大隊の編成が下令されたが、A7V戦闘車両は僅か20両しか製造されなかった。陸軍最高司令部は1918年1月18日に、あらゆる手を尽くしてイギリス製捕獲タンク（タンクはイギリス側の戦闘戦車の秘匿名称）から突撃戦車大隊の編成を迅速に行なうよう特別に指示した。突撃戦車大隊は、戦車大隊に名称変更された。

イギリス重戦闘車両マークIVの前でポーズを取るドイツ軍兵士。

ドイツ帝国の国家章をつけた戦闘車両。

戦闘車両（タンク）マークIV
第一次大戦仕様

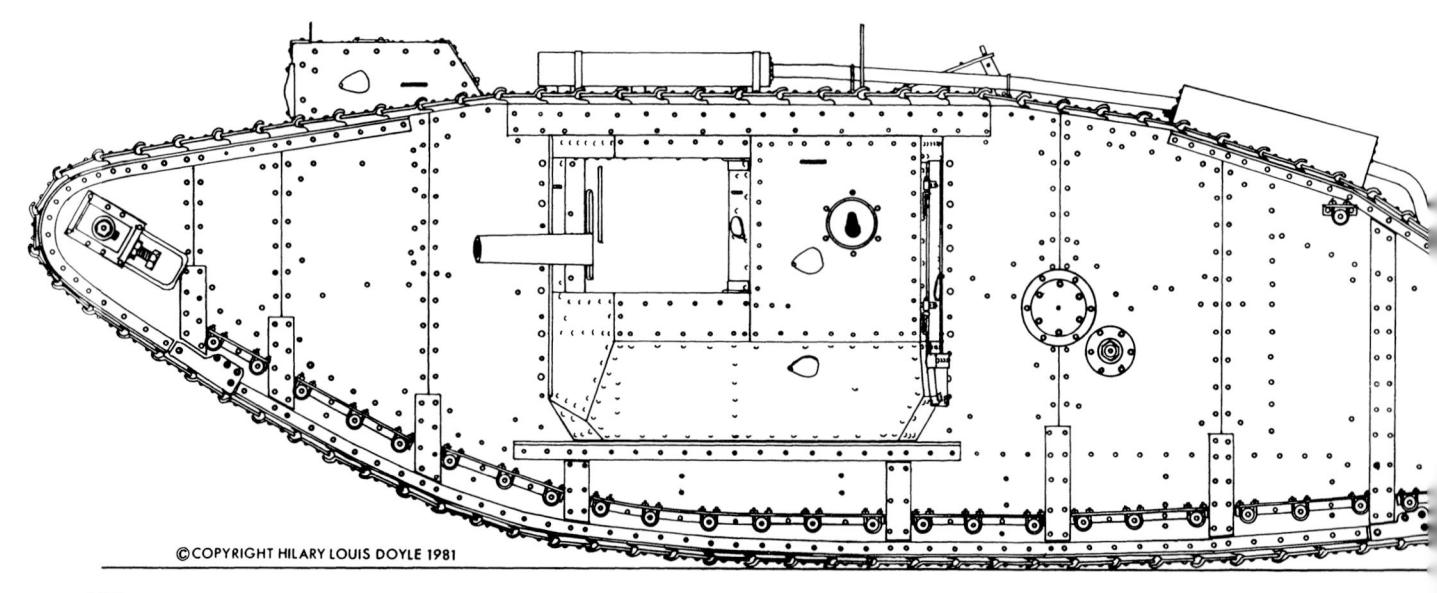

©COPYRIGHT HILARY LOUIS DOYLE 1981

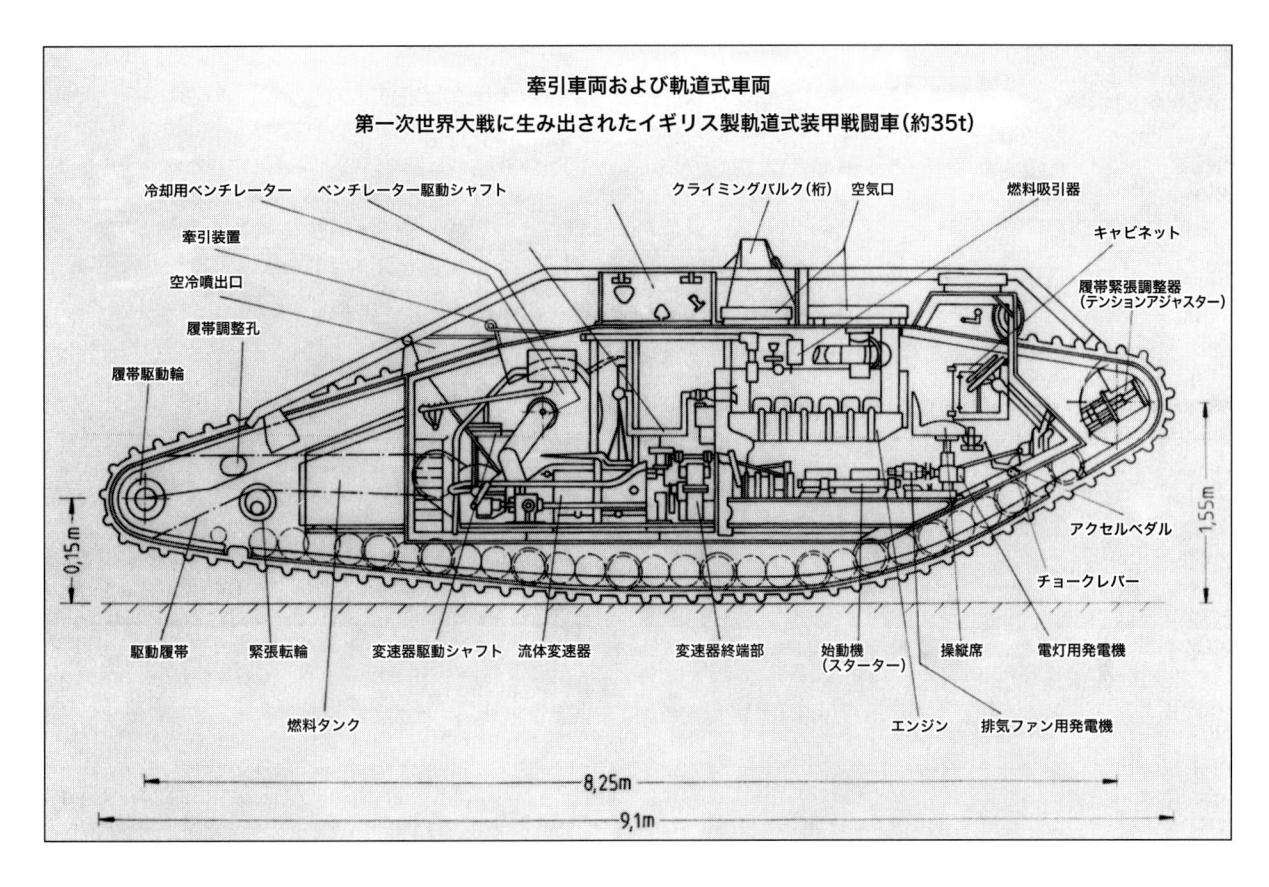

牽引車両および軌道式車両
第一次世界大戦に生み出されたイギリス製軌道式装甲戦闘車（約35t）

主要部品名：
- 冷却用ベンチレーター
- ベンチレーター駆動シャフト
- 牽引装置
- 空冷噴出口
- 履帯調整孔
- 履帯駆動輪
- 駆動履帯
- 緊張転輪
- 変速機駆動シャフト
- 流体変速機
- 変速機終端部
- 始動機（スターター）
- 燃料タンク
- エンジン
- クライミングバルク（桁）
- 空気口
- 燃料吸引器
- キャビネット
- 履帯緊張調整器（テンションアジャスター）
- アクセルペダル
- チョークレバー
- 操縦席
- 電灯用発電機
- 排気ファン用発電機

寸法：0.15m、1.55m、8.25m、9.1m

1918年4月24日、第一次大戦において最初のドイツ戦闘戦車がヴィレール・ブルトーニュ（Villers-Bretonneux）にて実戦投入された。

カンブレー（Cambrai）の戦闘で捕獲されたイギリス製マークⅣ型戦闘戦車は、事前に詳細に修理がなされた後に新たに編成中の第11から第16戦車大隊に配備された。1918年3月11日に野戦自動車担当長官（Cefkraft）は回収されたタンクから車両20両が完成し、現在25両が回収中であることを報告している。

1918年4月30日に同長官は、イギリス製車両約150両を使用可能状態にすることができると報告しており、1918年8月3日の報告では、イギリス製タンクの再生数量は170両に増加している。

しかしながら、これらの戦闘戦車のオリジナル兵装は、損傷するか使用不能状態にあり、再装備が困難な状況に

イギリス中型戦闘車両マークA "ホイペット（Whippet）"は、ドイツ軍により1個中隊が装備された。

オースチン10馬力、4×2ユーティリティー（軽乗用車）とオースチン8馬力、4×2トゥーラーを装備したベッカーの部隊。サイドカーに乗車しているのがベッカー少佐。

AECマーシャル3tトラック、6×4。

フォード3tトラック、4×2　イギリス軍の標準車両で典型的な大型タイヤ（シングルタイヤ）を装備している。

レイランド・リトリヴァー3tトラック、6×4。フロントガラスと運転席ドアはオリジナルではなくドイツ軍仕様である。約200台が補給段列トラックとしてドイツ国防軍によって使用された。

あった。そこで雄型（カノン砲装備）および雌型（機関銃のみ装備）タンクには基本的にルイス機関銃のみ装備された。ドイツ製機関銃MG08/15型は改修なしでは装着不能であったが、これに対してベルギー製5.7cmカノン砲（ドイツ製A7V戦闘戦車によっても使用された）の装着が可能であると判明した。

これらの兵装は出窓部分も含めてシュパンダウ砲兵工場で製造され、自動車集積所で据え付けられた。1918年6月5日、陸軍最高司令部は全ての捕獲戦車に対して野砲を装備するよう指示した。最終的に捕獲戦車の弾薬携行量は、5.7cm散弾100発、鉄鋼弾頭付5.7cm徹甲弾100発および遅発機能付触発信管装着の5.7cm砲弾100発と決定された。5.7cm砲弾収納設備は、再びシュパンダウ工場が製造し、野砲を装備した捕獲戦車には今後ドイツ製機関銃2挺が取り付けることとされた。

イギリス製捕獲タンクは、陸軍最高司令部によって戦闘戦車用に指定されたシャルルロア（Charleroi。ベルギー）にある第20軍自動車集積所に集められて修理された。ここでは戦闘後のドイツA7Vについても、新たな作戦投入の準備作業がなされ、第20集積所は全戦車大隊の補給用野戦中継基地となっていた。修理された車両は次の通りである。

・大型イギリス製戦闘戦車　マークⅣ型
・小型イギリス製およびフランス製戦闘戦車　ホイペットおよびルノー
・ドイツ製A7V戦闘戦車
・A7Vおよびその他全軌道式車両および牽引機材

この集積所においては、独立戦車回収司令部が開設され、専ら捕獲戦車の回収に携わった。

野戦自動車担当長官は、陸軍最高司令部からイギリス製戦闘戦車マークⅣ型のコピー生産を行うよう命令を受けた。詳細な研究の後、1918年4月10日に次のような数量のコピー生産が可能との報告がなされた。

・1919年2月までに60両
・1919年4月までに60両
・1919年6月までに120両、1919年夏までに合計240両

1918年7月3日に陸軍最高司令部は、資材をトラック生産へ集中させることが適当と判断し、イギリス製捕獲戦

オリジナル上部ボディを装備したモーリスCS8 15cwtトラック、4×2。

ロシアで使用中のガイ・クワッド・アント（Guy Quad-Ant）砲兵シュレッパー4×4。（ドイツ公文書館）

ドイツ軍にKfz.12として改造されたモーリスCS8トラック。

モーリス・コマーシャルCS11/30F重トラック。24台が西方快速旅団で補給用段列トラックとして使用された。

車のコピー生産を断念することを了承した。その代わり、軽戦車（LK II）を製造することとなった。しかしながら、ドイツメーカーによる重突撃戦車の更なる開発が必要なのは明らかであった。

捕獲戦闘車両はドイツ乗員により戦闘に投入され、その真価を発揮した。修理整備能力を上げるため、デマーク社、フォン・ハルコート社、ハノマーク社およびクレーネ社（ドルトムント）などの私営企業が整備作業に加わった。

再生可能と報告された170両の捕獲戦闘車両のうち、何両が戦争終結までに戦闘に投入されたかはもはや確認するすべはない。

一般および非装甲化車両

イギリス陸軍における機械化は、第一次大戦後、ドイツやフランスで明らかになった同じような問題に直面した。すなわち、あまりにも多い製造メーカーが乱立し、その一部は非常に限定された生産能力しかなく、軍事的基本コンセプトの欠如によりタイプ別の分類が徹底されず、そのため統一された基本タイプというものが確立しなかったのである。この結果、途方もない数のタイプが製造され、メンテナンス、修理やスペアパーツ供給に無駄が多く支障をきたした。

1939年の第二次大戦勃発時、イギリス戦時省は車両約85000台を有しており、そのうち約26000台は民間所有のものを徴発したものであった。この大部分はタイプ別にすると次の通りである。

・15cwt* 4×2（cwt=4 qtr=112 lB=50.80kg/ 4×2 4輪式2輪駆動）
・30-cwt 4×2および6×4（6×4 6輪式4輪駆動）
・3t 4×2および6×4

*訳者注：ハンドレットウェイト（hundredweight）＝50.8kg（アメリカでは45.36kg）。

この車両の大部分は、1939／40年にイギリス大陸派遣軍と伴にフランスへと送られた。このうち5000台足らずが1940年のフランス戦役後に帰還し、その他は大陸へ取り残されてドイツ国防軍の手に落ちた。

イギリス軍が置き去りにした膨大な捕獲車両について整

理が行なわれ、ドイツ語の取り扱い説明書やドイツ製スペアパーツが造られ、それに応じて専門家が訓練された。それらの全てが整備されなければ、軍用および民間車両およびそれに対応する運用を一つに統合することはできなかったであろう。

イギリス軍は車両をクラス分けしており、概要を次に示す。

・8cwt　4×2および4×4（本部車両、軽トラック、小型救急車）
・15cwt　4×2および4×4（トラック）
・30cwt　4×2、4×4および6×4（トラックおよび大型救急車）
・3t　4×2、4×4および6×4（トラック）
・6t　4×2（トラックおよびセミトレーラー）
・10t　6×4（トラック）
・野戦砲兵（FAT）用牽引車両　4×4および6×6
・中型砲兵用牽引車両　4×4
・重砲兵および回収車両用牽引車両　6×4および6×6
・戦車輸送車両6×4、セミトレーラー

次のリストは1930年代末に製造に携わっていた会社を記しているが、大英帝国における軍用車両の製造メーカーがいかに多数に上るかが理解できる。

・AEC：装備協会有限会社、サウスホール／メドルエセックス
・ALBION：アルビオン・モータース有限会社、スコッツタウン／グラスゴー
・ALVIS−STRAUSSLER：アルヴィス・ストロイスラー有限会社、コヴェントリー
・AUSTIN：オースチン・モーター有限会社、ロングブリッジ／バーミンガム
・BEDFORD（GM）：ヴォクスホール・モータース有限会社、ルートン／ベッドフォードシャー
・COMMER（ROOTES）：コマー・カーズ有限会社、ルートン／ベッドフォードシャー
・CROSSLY：クロスリー・モータース有限会社、ゴートン／マンチェスター
・DAIMLER：ダイムラー・モーター有限会社、コヴェントリー
・DENNIS：デニス兄弟有限会社、ギルドフォード
・DODGE：ダッジ兄弟（ブリテン）有限会社、キュー、サリー
・FODEN：フォーデンス有限会社、サンドバック／チェシャー
・FORD（SON）：フォード・モーター有限会社、ダゲナム／エセックス
・GARNER：ガーナー・モータース有限会社、ティスレイ、バーミンガム
・GUY：ガイ・モータース有限会社、ウォルヴァーハンプトン
・HILLMAN（ROOTES）：ザ・ヒルマン・モーター・カー有限会社、コヴェントリー

スキャンメル6×4、TRUM/30型トラックトレーラー。この戦車回収用特殊車両は、ドイツ軍国防軍により捕獲戦車の集積作業に使用された。

ヴォクスホール・モータース15cwtトラック、4×2（ベッドフォードMWD）。車両はドイツ軍向けに再組み立てされたもの。

- HUMBER（ROOTES）：ハンバー有限会社、コヴェントリー
- KARRIER（ROOTES）：キャリア・モータース有限会社、ルートン／ベッドフォードシャー
- LEYLAND：レイランド・モータース有限会社、レイランド／ランクス（およびキングストン・アポン・テームズ／サリー）
- MAUDSLAY：ザ・モーズレイ・モータース有限会社、オルスター／ワーウィックシャー
- MORRIS（NUFFIELD）：モーリス・モータース有限会社、コーリー／オックスフォード
- MORRIS－COMMERCIAL（NUFFIELD）：モーリス・コマーシャル・カーズ有限会社、アダレイ・パーク／バーミンガム
- RILEY：ライレー（コヴェントリー）有限会社、コヴェントリー
- ROLLS－ROYCE：ロールス・ロイス有限会社、ダービー
- ROVER：ザ・ローヴァー有限会社、ソリフル／ワーウィックシャー
- SCAMMELL：スキャンメル・ロリーズ有限会社、ワットフォード／ハーツ
- STANDARD：スタンダード・モーター有限会社、コヴェントリー
- STRAUSSLER：ストロイスラー・メカニゼイション有限会社、ロンドン
- SUNBEAM：サンビーム・モーター・カー有限会社、ウォルヴァーハンプトン／スタッフス
- TALBOT：クレメント・タルボット有限会社、ロンドン
- THORNYCROFT：ジョン・I・ソーニクロフト＆有限会社、ベイジングストーク／ハンツ
- TILLING－STEVENS：ティリング・スティーヴンス・モータース有限会社、メイドストーン／ケント
- TRIUMPH：トライアンフ・エンジニアリング有限会社、コヴェントリー
- TROJAN：トロージャン有限会社、クロイドン／サリー
- VAUXHALL（GM）：ヴォクスホール・モータース有限会社、ルートン／ベッドフォードシャー（BEDFORDの商標付トラック）
- WOLSELEY（NUFFIELD）：ウーズレイ・モータース有限会社、バーミンガム

これらの会社によって製造された車両の多くは、フランスおよび北アフリカでドイツ軍部隊の手に落ちた。これらは一時的にはドイツ軍の車両不足を解消することとなったが、長期的にはその部品補給の確保にかなりの負担がかかることが明らかとなった。

非装甲化全装軌式シュレッパー

1923年に王立砲兵部隊は、部隊の機械化に取り組み始めた。野砲および中型砲兵用牽引機材としての全装軌式シュレッパーは、当初、極少数しか調達されなかった。1920年代の典型的なものは、「ドラゴン」と命名されたヴィッカース中型戦闘戦車のシャーシを母体とした車両であった。搭載された空冷式7800cc航空機用エンジンは、そのオリジナルは1915年にまで遡る代物であり、V8配置方式で出力が82馬力であった。エンジン製造者はアームストロング・シドレー社で、車両自体はヴィッカース・アームストロング社によって量産（マークⅠ、ⅡおよびⅢ）された。*

*訳者注：ヴィッカース・マークE型（いわゆる6t戦車）の車体を流用した60ポンド砲（127mm砲）用砲兵シュレッパーである。12両がイギリス軍へ供給され、さらに中国が23両、インドが13両購入した。

ドイツ陸軍兵器局は、すべての量産型に対して識別番号「中型砲兵シュレッパーVA604（e）」を付与した。

その他に陸軍兵器局によってリストアップされた車両は次の通りである。

軽砲兵シュレッパー・マークⅡ、識別番号603（e）は、カーデンロイド社製シャーシを採用している。

中型砲兵シュレッパー・マークⅢc、識別番号604（e）。

一昔前の1920年代に開発された典型的なイギリス製装甲車（モデル20）であるシルヴァー・ゴースト社製シャーシを流用したロールスロイス装甲車。第二次大戦初期に、北アフリカで治安任務に投入された。

1930年代の典型的な6輪装甲偵察車の代表であるランチェスター40馬力、6×2。ドイツ軍識別番号は装甲偵察車La 201（e）である。

1940年のフランス戦役では、38台のイギリス装輪装甲車モーリス・コマーシャルCS9/LACが初めて投入された。ドイツ軍識別番号はMo205（e）である。

装甲偵察車ガイ、識別番号G209（e）は、1940年のフランス戦役で初めて姿を現した。

軽装甲偵察車マークⅠからマークⅢ、識別番号202（e）は、一種の装甲化された連絡車両であった。

AECマタドール型装甲化指揮車両は北アフリカでロンメル元帥によっても使用された。後方に見える車両はⅢ号戦車（訳者注：少なくとも3台のAECマタドールが捕獲され、2台は「マックス（Max）」、「モーリッツ（Moritz）」と名付けられてアフリカ軍団司令部で、もう1台は「マムート＝マンモス（Mammut）」と名付けられて第5軽師団司令部で使用されたと言われている。なお、写真の車両側面には"Moritz"の文字が確認できる）。

察車が、1920－30年代におけるイギリス装甲化装輪車両の外観を決定付けた。これらの車両は1940年にはすっかり旧式化してしまっていたが、ドイツ軍は識別番号La201（e）を付与して継続使用した。

1939年10月18日、第12竜騎兵連隊（ランサーズ）はフランスへと移動した。連隊は偵察車両の装備として、モーリス・コマーシャルCS9/LAC型38両を大陸へ運んだ。この車両は1937年／38年に100両製造されたもので、後輪駆動15cwtトラックシャーシを強化したものであった。エンジンは6気筒で出力98馬力であった。上部ボディはウールウィック王立兵器廠で製造された。オープントップ式砲塔にはボーイズ対戦車ライフルと機関銃が1挺ずつ搭載されていた。ドイツ国防軍によって捕獲された車両は、識別番号Mo205（e）が付与された。

1940年にイギリス大陸派遣軍（BEF）は、フランスのガイ社によって開発された軽装輪式装甲車マークⅠ型6両を配備された。クァッド・アント（Quad Ant）砲兵シュレッパーの4輪駆動シャーシを流用したもので、車両後部に駆動装置が装備されていた。製造はキャリアー社に委託され、装甲上部ボディは王立兵器廠によって製造され、従来用いられなかった全溶接構造が採用された。乗員3名で回転砲塔には12.7㎜および7.7㎜機関銃各2挺が装備された。ドイツ軍の識別番号はG209（e）である。

1940年にフランスにおいて最初に投入されたのが、小型装甲連絡車両であった。これはバーミンガム・スモール・アーム株式会社（BSA）が開発し、コヴェントリーのダイムラー社が「ドラゴン」として発表したもので、プロトタイプ（マークⅠ型）2両がフランスで実戦に投入された。乗員2名、オープントップ式車両で戦闘重量は3tであった。排気量2520ccの6気筒ダイムラーキャブレターエンジンが搭載され、出力は55馬力であった。流体継ぎ手（無段階変速装置）、4輪駆動および4輪操向装置が採用され、車両は機動性に優れていた。

この車両はマークⅠ、ⅠA、ⅠB、ⅡおよびⅢ型がギリシャおよび北アフリカで大量に捕獲され、ドイツ軍識別番号は軽装甲偵察車マークⅠ型202（e）である。

サウスオール（Southall）のアソシエイテッド・エクイップメント有限会社（AEC）は、第二次大戦中に約416両の全輪駆動式車両「マタドール」を量産した。車両は装甲化指揮車両としても使用され、駆動エンジンは6気筒ディーゼルエンジンで出力95馬力であった。この車両のうち2両が北アフリカでドイツ部隊に捕獲され、暗示的な名称である「マックス」よび「モーリッツ」と名づけられ、ロンメル元帥の車両輸送部隊の一翼を担った。

ドイツ海軍部隊で使用される小型連絡車両"ディンゴ"。車両のナンバープレートにWM（国防軍海軍）の頭文字が見える。

・軽砲兵シュレッパーMo601（e）
・軽砲兵シュレッパーマークⅠ601（e）
・軽砲兵シュレッパーマークⅡ603（e）

しかしながら、イギリス製車両の詳細データは不十分であり、実際の故障などには対応不可能となることが多かった。これらの車両はカーデン・ロイド社製シャーシが流用された。1933年から1935年にかけて、主に王立兵器廠によってマークⅡD型軽砲兵シュレッパーが引き渡された。ドイツ軍識別番号は603（e）である。この車両は重量4.2tで59馬力の6気筒メドゥーガソリンエンジンを搭載しており、牽引対象物は砲車リンバー（前車）及び火砲であった。

装甲化装輪車両

装甲化装輪車両は、すでに第一次大戦からイギリス軍の重要な部隊構成要素であった。1914年に最初に供給されたシルヴァー・ゴースト社製シャーシをベースとしたロールス・ロイス装甲車が、いまだに第二次大戦においても使用された。クロスリー社やランチェスター社製6輪装甲偵

戦闘戦車および装甲化全装軌車両
●一般事項

単一的な戦車部隊を創設しようという第一次大戦以来のイギリスの様々な努力は、装甲車両（巡航戦車）と歩兵支援装甲車（歩兵戦車）とを分離運用するという軍の伝統的基本方針の前に実を結ぶことはなかった。やっと第二次大戦の終わりになって標準戦闘戦車を製造するということが認められ、「センチュリオン」という形になってようやく実現した。

歩兵戦闘戦車

1934年に将来の「歩兵タンク」創造についての新たな条件が提示されたが、それは基本装甲の厚さ25.4mmが要求され、最大速度としては約16km/hと決められた。この車両は2つのタイプに分かれ、一つは機関銃1挺だけ装備した軽車両、もう一方は重車両で2ポンドカノン砲（40mm）を装備していた。

1937年にヴィッカース・アームストロング社によって、基本装甲30mmの「A10」と名づけられた歩兵戦車の最初の提案がなされたが、あまりにも脆弱な装甲のために却下された。この「A10」車両の後の改良型は、「歩兵タンクマークⅢ」の基礎となった。

1935年10月に「マチルダ」の秘匿名称により「A11」車両が開発され、そのプロトタイプは1936年9月に公開された。車両の基本装甲は60mmであり、総重量は11tであった。出力70馬力の量産型フォードV8型エンジンを搭載し、最大速度は約12km/hであった。乗員は2名で回転砲塔にはヴィッカース303型機関銃1挺が装備されていた。

しかしながら「A11」案では要求仕様を満たすことができず、暫定案として見なされ、「歩兵タンクマークⅠ」として合計139両が製造された。この車両の相当数が「イギリス大陸派遣軍」のフランス戦で失われ、ドイツ軍に手に落ちた少数の車両が「歩兵装甲戦闘車マークⅠ」－識別番号747（e）として使用された。*

歩兵戦車マークⅠ "マチルダ"、識別番号747（e）。1940年にフランス国内で写されたもの。

車両A11の後面からの外観。一見して戦闘能力が低いことがよく分かる。

歩兵戦闘戦車マークⅡ "マチルダⅡ"、識別番号748（e）。1940年にフランス国内で遺棄された車両の前面および後面の写真。

レンドリース法によりロシアへ送られた"マチルダⅡ"。

*訳者注:「イギリス大陸派遣軍」は97両のマークⅠ歩兵戦車を装備していたが、その全数が失われた。その内の2両がクンマースドルフ兵器実験場で性能試験に供された。

1936年11月、「歩兵タンクマークⅠ」の後継車両の発注が行われた。最大速度は20km/hとされたが、基本的には2ポンド砲を装備した「A11」車両の拡大発展型で重量は約14t、可能であればディーゼルエンジンを搭載することとなった。

戦時省の「機械化委員会」とウェリントンのヴァルカン・ファウンドリー(Vulcan Foundry)社の共同作業により基本設計がまとめられたが、すぐに「A11」ベースでは要求仕様が満足できないことが わかった。

これにより、以前の「A7」車両の基本設計をベースと

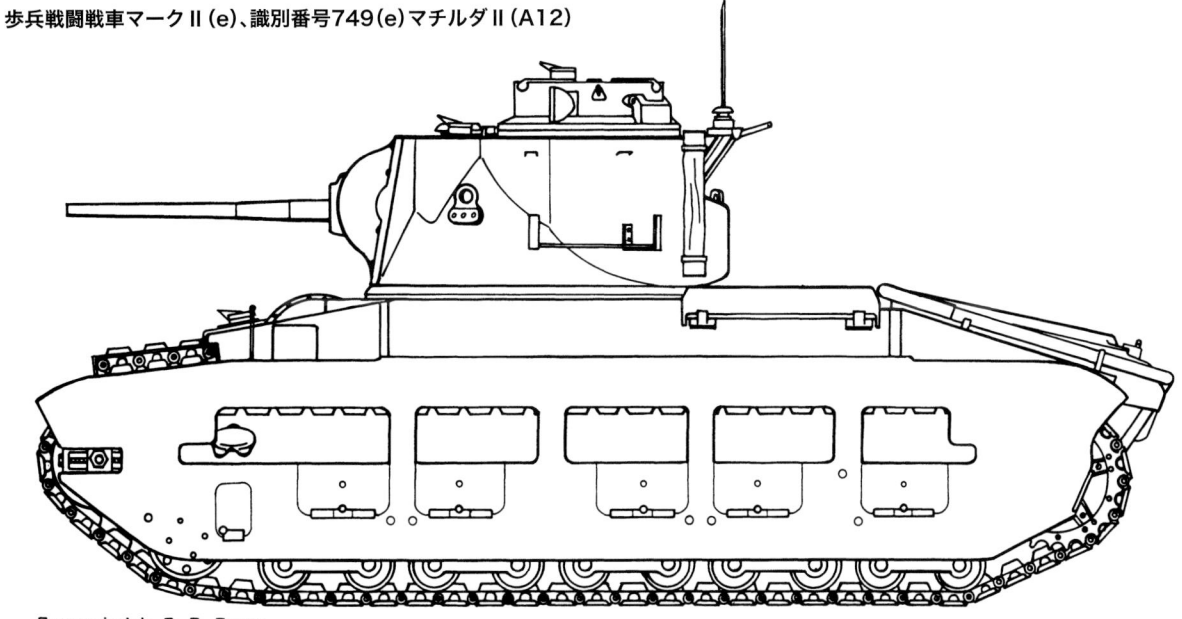

歩兵戦闘戦車マークⅡ(e)、識別番号749(e)マチルダⅡ(A12)

Copyright D.P.Dyer

凸凹コンビ（似合わない相棒）。ドイツI号戦車と捕獲された歩兵戦闘車両マークII（A12）（1942年6月に北アフリカにて撮影されたもの）。

した「A12」車両の開発が開始された。2ポンド砲装備の砲塔が最終的に承認され、最初の木造モックアップが1937年4月に公開された。

　開発作業時間を短縮するため、量産型エンジンの搭載が強く求められ、AEC社製ダブル直列バルブ機構型のディーゼルエンジンが採用された。基本装甲厚は70mmであり、総重量は24tであった。最初のプロトタイプは1938年4月に製造されたが、ヨーロッパにおける政治情勢の悪化により、すでに1937年12月に65両の製造発注が行われていた。この発注数は1938年5月には165両に増加された。

　「A12」または「歩兵タンクマークII」で知られるこの車両は、戦争勃発の1939年9月の時点で僅か2両しか製造されていなかった。

　1940年時点でフランスには合計「マークII」が23両投入され、僅かな交戦機会しかなかったにもかかわらず、その強力な装甲によってドイツ軍部隊に消えがたい印象を残した。

　1940年8月から1942年7月までの間に、この車両は北アフリカにおいて大量に投入され、その真価を発揮した。歩兵戦車マークIおよびIIを総称する「マチルダ」は、5つの型式がある。マチルダIおよびIIは各87馬力のA.E.C.A183/184型エンジンを搭載し、マチルダIIIはレイランドE148/149型または164/165型エンジン各2基を搭載し出力は95馬力であった。「マチルダIV」はレイランドE170/171型エンジン2基を搭載し、「マチルダV」は最終的に95馬力のレイランドE170/171型エンジン2基を装備した。「マチルダII」についてはレンドリース法によりソ連へ送られ、北アフリカと同じように少数がドイツ軍部隊の手に落ちた。ドイツ軍の呼称は「歩兵装甲戦闘車両マークII」－識別記号748（e）である。*

*訳者注：「イギリス大陸派遣軍」は29両のマークII歩兵戦車を装備していたが、その全数が失われた。その内の2両がクンマースドルフ兵器実験場で性能試験に供された。さらに1941年のクレタ島侵攻作戦において6両のマークII歩兵戦車が捕獲され、第212戦車大隊に組み込まれた。また、北アフリカでは、1941年6月から8月にかけて第15戦車師団／第8戦車連隊が7両、1941年6月に第21戦車師団／第5戦車連隊が5両使用している。

　少数の車両は一時的に国防軍の使用に供されたが、さらに「マチルダII」を改修したケースが知られている：この車両は演習を目的としてフランスで使用された車両であり、オリジナル砲塔を撤去して回転式防盾シールドの後方に5cm対戦車砲L/42を据え付けたものである。*結局、1943年8月までにマチルダは2987両が生産された。

*訳者注：西方戦役で捕獲された砲塔番号111のマチルダIIは、「アシカ作戦」の上陸用舟艇の教育訓練用として使用された。その後、1942年末にオランダのテルヌーゼンにある海軍教育司令部により自走砲へ改造されて「オスヴァルト（英語読み：オズワルド）と命名された。なお、防盾シールドには対空用機関銃2挺が装備されていた。

　1938年初め、大量発注された生産をさばくため、ヴィッカース・アームストロング社は「マチルダII」の生産に参加するか、同等の車両の設計を提示するよう要求された。すでに「A10」車両の製造設備を有していた同社は、「A10」のコンポーネントを多数流用した設計を行った。この基本設計は1938年2月に戦時省へ提示されたが、参謀本部は提案された二人乗り砲塔については納得せず、最終的に決定を数ヶ月遅らせることとなった。

　しかしながら、「ヴァレンタイン」と命名されたこの車両は「マチルダII」と比較して製造作業量を30％削減できるとヴィッカース社が請け負ったことや、この時期に政治的状況は急激に悪化したことも相まって、生産開始が承認された。生産契約はニューカッスルのヴィッカース・アームストロング社、ウェンズベリー（Wednesbury）のメトロポリタン・キャメル・客車および貨車（Metropolitan Cammel Carrige and Wagon）有限会社へ発注され、カナダではモントリオールのカナダ太平洋鉄道会社が参加した。

最初のプロトタイプは1940年5月に製造され、1940年6月より量産がヴィッカース社で開始されたが、他の製造メーカーの量産開始は若干遅れることとなった。特にカナダでの製造は、開始においては多くの問題点が発生した。

「歩兵タンクマークIII」の最初の350両は、ラジエターエンジンを搭載し、それ以降の車両はAEC社製「A190」ディーゼルエンジンを装備した。後にラジエターエンジン付き車両は「ヴァレンタインI」、ディーゼルエンジン付きは「ヴァレンタインII」と呼称された。「マークI」型は、ラジエターエンジンを装備し二人乗り砲塔であった。約700両の「ヴァレンタインII」が生産され、「マークII」として供給された。アメリカGMC社製2ストロークディーゼルエンジンが供給されるようになると、ディーゼルエンジンに改装された車両は「ヴァレンタインIV」と呼称された。カナダで生産された大部分の車両は、ソ連へと供給された。

北アフリカでの戦闘のために、車両側面の増加装甲板と着脱可能な燃料タンクが設けられた。この車両、すなわち「ヴァレンタインIII」は改良型の三人乗り回転砲塔を有していた。

合計で11種類の型式が製造され、1944年に生産中止となるまでに8275両が量産された。

ドイツ軍部隊に捕獲された少数の「ヴァレンタイン」歩兵タンクマークIIIは、「歩兵装甲戦闘車両マークIII」－識別番号749（e）と呼称された。* **

*訳者注：北アフリカにおいて、ドイツアフリカ軍団がヴァレンタイン12両を装備する捕獲戦車中隊を編成している。また、第605戦車猟兵大隊（4.7cm対戦車自走砲装備）においては、ヴァレンタイン5両を装備する1個小隊が存在した。

**訳者注：珍しい事例では、第9警察戦車中隊の第3小隊が、東部戦線で捕獲されたヴァレンタインを少なくとも2両装備していた。

2枚の写真はドイツ軍現地部隊により改造された歩兵戦闘戦車マークII。回転砲塔は取り外し、後方に防盾付5cmKwK L/42（5cm戦車カノン砲42口径）を搭載している。フランス沿岸での演習中の様子を撮影したもの（訳者注：車体側面に"Oswald"の文字が確認できる）。

歩兵戦闘戦車マークII (e)、
5cmKwK L/42（5cm戦車カノン砲42口径）搭載型

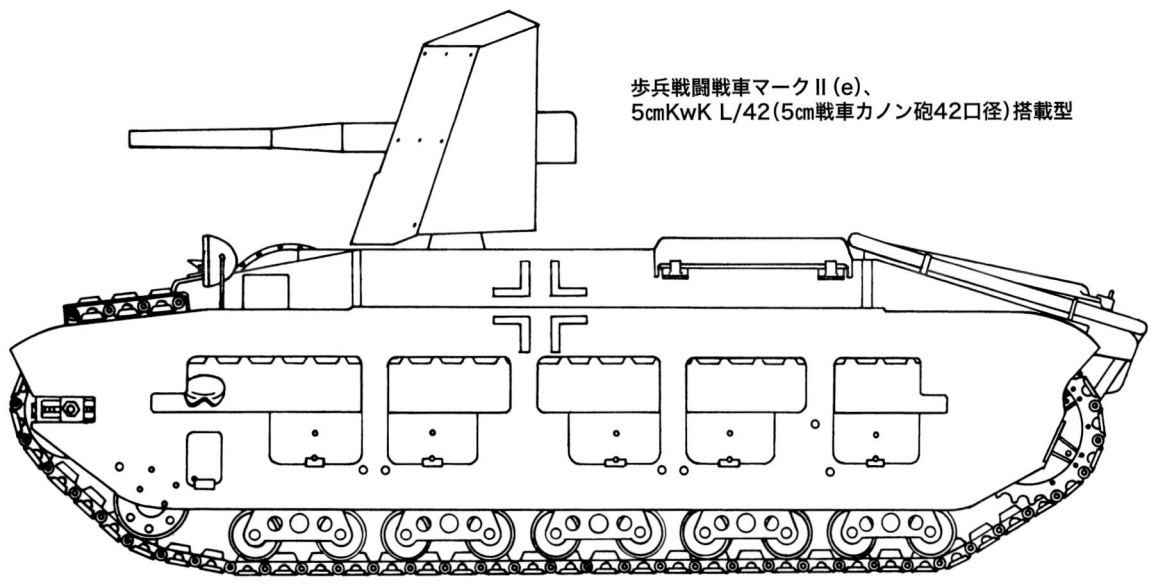

Copyright D.P.Dyer

1939年9月、歩兵装甲戦闘車の新たな目標が「A20」として制定されたが、「マチルダⅢ」よりも装甲が強力であることとされた。しかしながら、この車両は専ら第一次大戦の教訓に基づいて、超壕突破力が求められた。
　「A20」としては僅かにプロトタイプ2両が製造されたに過ぎない。その基本的な特徴は次世代の「A22」に受け継がれ、100mm装甲を有する重量38.5tの「チャーチル」が開発されたが、相変わらず主砲は40mmカノン砲のままであった。「歩兵タンクマークⅣ」の初陣は1942年8月のフランスでのディエップ奇襲上陸作戦であり、多数の車両がドイツ軍の手に落ちた。* この時期においては、ドイツ軍識別番号は付与されていない。11種類の型式と数多くのバリエーションが知られており、限られた数量ではあるがソ連にも供給された。
　合計で5650両の「チャーチル」が1944年までに生産され、長きに渡るイギリスの「歩兵タンク」の最後を飾った。

*訳者注：1942年8月19日に行われた連合軍の奇襲上陸作戦のこと。フランスのディエップに上陸して、6時間港を占拠して撤退する作戦で、威力偵察の意味合いが強い作戦であった。カナダ第2歩兵師団の6個大隊、イギリス・海兵隊コマンド（第3、第4コマンド大隊）、カナダ第14戦車連隊（チャーチル戦車58両）の約7000名が投入された。上陸部隊は海上においてドイツ沿岸砲兵

歩兵戦闘戦車マークⅢ "ヴァレンタイン"、識別番号749（e）。写真は北アフリカで捕獲された車両である（訳者注：砲塔のバイソンの図柄は第10戦車師団／第7戦車連隊の部隊マークであり、写真は1943年2月24日、チュニジアのカセリーヌ戦線で撮影されたものである）。

5.7cmカノン砲装備の歩兵戦闘戦車マークⅣ "チャーチル"。1942年8月19日フランスのディエップにて捕獲された車両で、ドイツ軍乗員が搭乗している（訳者注：このチャーチルはジョルダン伍長が搭乗していた戦車で、愛称が「ブロンディ」であった。車体側面には車体番号T68880が白色で書き込まれている）。

チャーチル戦闘戦車も、レンドリース法によりロシアで使用された。この車両はドイツ軍に捕獲されたもので、その向側にはロシア軍のKWⅠ型が写っている。

により捕捉され、上陸に成功した部隊も大損害を受けた。30両の戦車がかろうじて揚陸に成功したが、27両がコンクリート壁に阻まれて上陸直後に立ち往生した。予定通り6時間後には撤退を開始したが、生還者は約2500名のみであり、戦車28両が置き去りにされた。

その後、この中の相当数が修理後に第81戦車中隊へ配備され、1942年末には第100戦車連隊の一部となった。1943年末になおも3両が可動状態であり、最終的には第205戦車大隊へ配備され、そこで演習の砲撃目標となって務めを終えた。

巡航戦闘戦車

起動作戦遂行を目的とした車両は、イギリスにおいては「巡航装甲戦闘車両」とされ、明確に「歩兵戦闘戦車」と区別されていた。新たな中型装甲戦闘車両の最初の設計は、「中型タンクマークⅠ」の代替戦車であり、1934年に現実化した。

「A9」という呼称の下で、最初のプロトタイプが1934年にヴィッカース社により公開された。この「巡航タンクマークⅠ」は1937年に小規模生産が行われた。6人乗り車両は重量12.5tであり、装甲厚は14mmであった。油圧駆動の回転砲塔には、機関銃3挺と新型40mmカノン砲が装備された。AEC社製ラジエターエンジンは150馬力であり、排気量9500ccの6気筒直列エンジンであった。この車両の大部分はフランス戦に投入され、残りも1941年までに北アフリカで使い尽くされた。ドイツ軍の呼称は、「巡航装甲戦闘車両マークⅠ」ー識別番号741（e）であった。*

*訳者注：「イギリス大陸派遣軍」は24両のマークⅠ巡航戦車を装備していたが、その全数が失われた。その内の2両がクンマースドルフ兵器実験場で性能試験に供された。

巡航戦闘戦車マークⅠ、識別番号741（e）（A9）。

巡航戦闘戦車マークⅡ、識別番号742（e）（A10）。

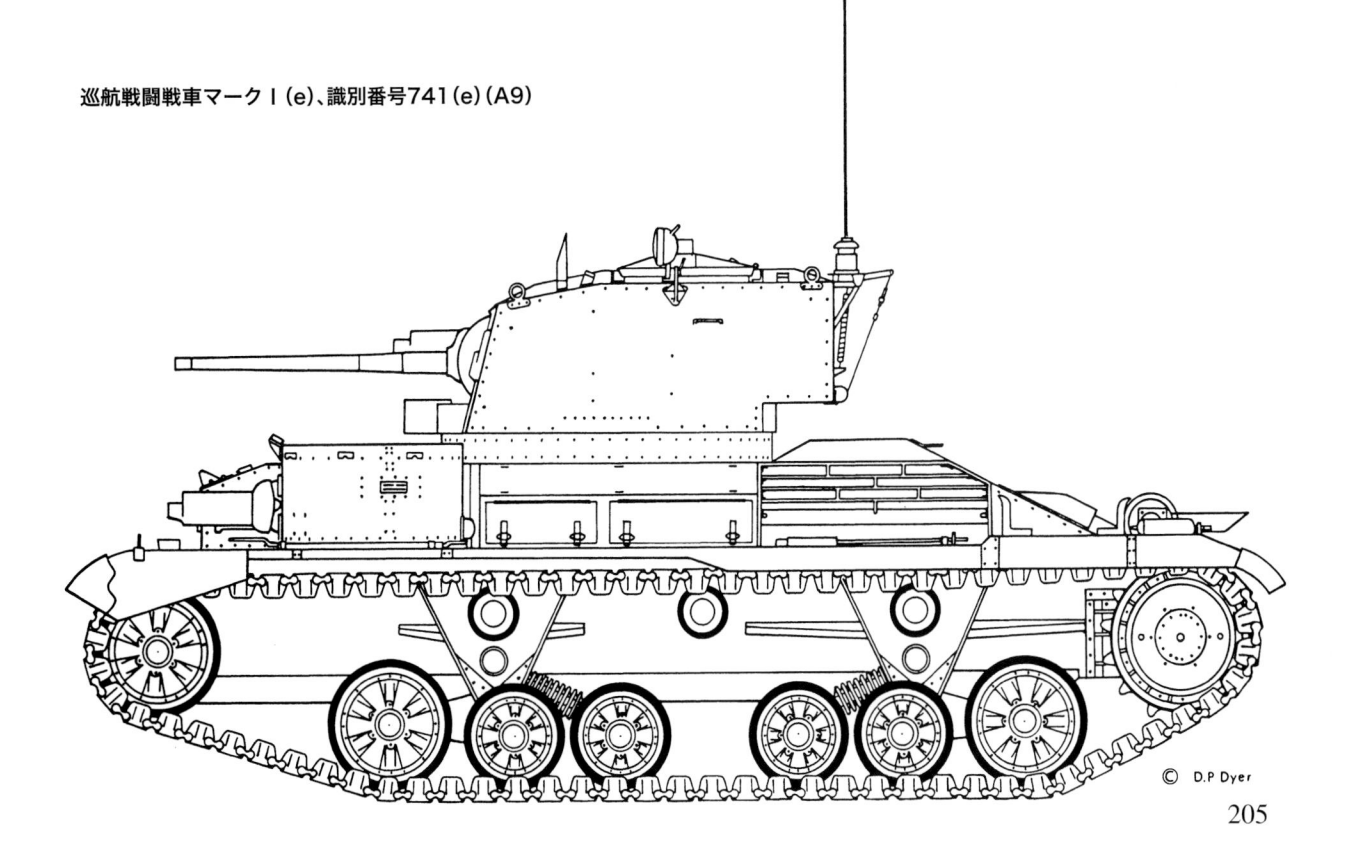

巡航戦闘戦車マークⅠ(e)、識別番号741(e)（A9）

205

巡航戦闘戦車マークIV、識別番号744（e）（A13）。

巡航戦闘戦車マークVI "クルセーダーI"、識別番号746（e）。最初の型式は前部の上部プレートに機関銃装備の小型砲塔を有していた。

巡航戦闘戦車マークIII（e）、識別番号743（e）（A13）

同様に1934年、ヴィッカース社によって「A9」および「A10」の歩兵戦車ヴァージョンの設計が着手された。基本装甲厚は30mmで、2基の補助的な機関銃砲塔は撤去された。歩兵戦車の割に車両は軽装甲であり、重巡航－装甲戦闘車両マークIIと格付けがなされた。

5人乗りで野戦重量は13.75tである「A10」は、1940年にフランス戦に投入され、残りは同じように北アフリカで使い尽くされた。

ドイツ国防軍は何両かの車両を「巡航装甲戦闘車両マークII」－識別番号742（e）として使用した。*

*訳者注:「イギリス大陸派遣軍」は31両のマークII巡航戦車を装備していたが、その全数が失われた。その内の1両がクンマースドルフ兵器実験場で性能試験に供された。

1936年からアメリカの「クリスティー」式走行車輪懸架装置が採用され、巡航装甲戦闘車両に大きな変化が訪れた。このシャーシの1つはアメリカ合衆国で購入され、提案された「A13」の製造が命令された後、新たに設立されたナッフィールド・メカニゼーション（Nuffield Mechanisation）有限会社によって「巡航装甲戦闘車両マークIII」として1937年末にプロトタイプが提示された。

340馬力のナッフィールド・リバティV12エンジンを搭載し、14.2tの重車両の最大速度はほぼ50km/hに達した。乗員数は4名で4cmカノン砲1門と機関銃1挺を有する回転砲塔が装備された。基本装甲厚は14mmで、「巡航タンクマー

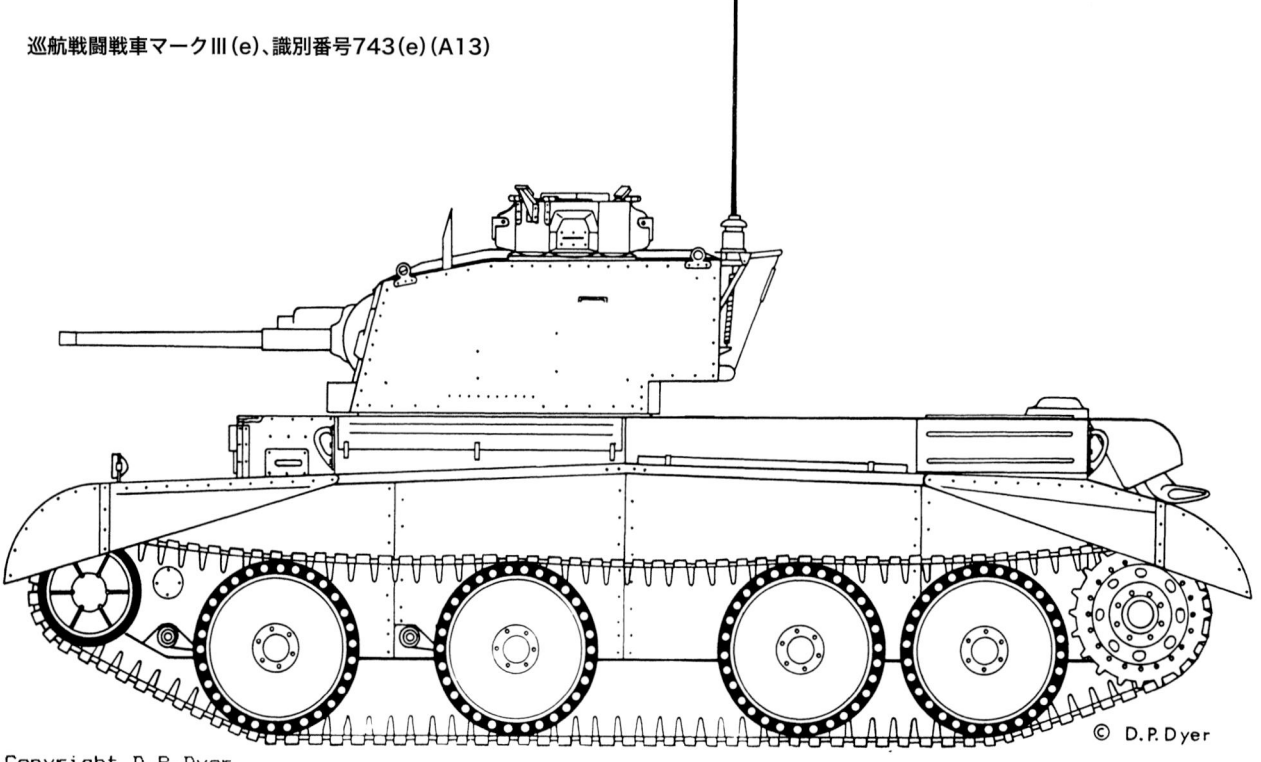

クⅣ」においては30mmに増強された。この型式は1938年から製造が開始され、野戦重量は14.75tであった。

この両型式は1940年にフランスで実戦投入され、1941年9月までに北アフリカのイギリス第7機甲師団に配備された。＊ドイツ軍識別番号は「巡航装甲戦闘車両マークⅢ」の場合は743（e）であり、マークⅣの場合は744（e）である。

＊訳者注：マークⅢおよびマークⅣ巡航戦車は「イギリス大陸派遣軍」の戦車部隊の中核であり、100両以上がフランス戦で失われた。1940年に可動するマークⅢおよびマークⅣ巡航戦車により捕獲戦車中隊が編成された。同中隊は後に第100戦車大隊に編入されたが、1941年6月22日現在で9両装備していた。

1937年、「A13」タイプの後継車両としてL.M.S.鉄道会社によって300馬力「メドゥー」12気筒ボックスエンジンを搭載した車両が特別に設計された。この車両は1939年に「巡航タンクマークⅤ」として部隊へ導入され、名称は「コヴェネンター（Covenanter）」と名づけられた。この4人乗り車両の基本装甲厚は40mm、重量は18tで4cmカノン砲1門と機関銃1挺を有する回転砲塔を装備していた。数多くの機械的問題点、特にエンジン冷却装置のトラブルにより、この車両は実戦投入されず、主に訓練用として使用された。しかしながら、ドイツ兵器局はこの車両に対して、「巡航装甲戦闘車両マークⅤ」－識別番号745（e）を付与している。

1938年から1940年の間に、「機械化委員会」ナッフィールド社との共同作業により「巡航－装甲戦闘車両」の新しい概念を制定した。この概念は「A15」として具現化され、「巡航タンクマークⅥ」が1941年6月から北アフリカで戦線へ投入された。この車両はナッフィールド・マシーン社で組み立てられ、回転砲塔の4cmカノン砲はそのままであったが、新たに機関銃砲塔が操縦席の隣に設けられた。この機関銃砲塔はマークⅡ型から取り払われた。車両の量産型式である「クルセーダーⅢ」においては、主砲の4cmカノン砲は5.7cmカノン砲へと換装され、基本装甲厚は52mmに増強された。「クルセーダー」は北アフリカに展開したイギリス機甲部隊の中核を構成し、約5300両が生産されたが、これらは逐次アメリカ製戦車へと代替された。ドイツ軍の呼称は「巡航装甲戦闘車両マークⅥ」－識別番号746（e）であり、少数がドイツ軍部隊によって使用された。＊

＊訳者注：「クルセーダー」が初めてドイツ軍によって捕獲されたのは、1941年6月の「バトルアックス（戦斧）」作戦時であった。ドイツアフリカ軍団は1942年2月から年末にかけて、「クルセーダー」装備の1個戦車小隊を保有した。また、第21戦車師団／第5戦車連隊や第605戦車猟兵大隊が、少数装備しているのが知られている。

一時的暫定案の「カヴァリエ」（1941年）や「セントー」（1942年）を経て、「巡航タンクマークⅧ」（A27）として

"クルセーダーⅠ"の後継型である"クルセーダーⅡ"は機関銃砲塔がなくなっている。

巡航戦闘戦車マークⅣ "クロムウェルⅣ"（A17）。

「クロムウェル」が開発され、1944年からイギリス戦車の最重要車両として大陸侵攻作戦へ投入された。車両は600馬力のロールス・ロイス「メテオラ」エンジンを搭載していた。最初の型式は5.7cmカノン砲のままであったが、4番目の型式から主砲は7.5cmカノン砲へ換装された。装甲厚は76mmまでであった。

1944年に改良開発型「A34」、「コメット」が出現した。このプロトタイプ車両は、相変わらず「クリスティー」式走行装置を継承しており、量産型車両は車体両側に各4個の補助輪が設けられていた。

このプロトタイプには初めての試みとして、主砲として極めて重要な7.62cmカノン砲が採用されていた。しかしながら、実際は場所的制限により、短砲身ヴァージョンの7.7cmマーク2型カノン砲で当初は我慢するほかなかった。レイランド社は1944年末から車両を供給し、それらは戦争末期の数ヶ月の間にその真価を発揮した。7.62cm主砲は量産車両としては「A41」、「センチュリオン」に最初に搭載されたが、そうこうしているうちに終戦を迎えた。

軽装甲車両

イギリスは長期にわたって軽戦車の開発に取り組み、1924年から数限りないヴァージョンが生み出された。この時期、リー・Q・マーテル少佐は戦時内閣に対して、一人乗り戦車（ワンマンタンク）の最初のタイプを提示し、承認後にモーリス社およびクロスリー社により一人乗りおよび二人乗り戦車が第一次大戦後に商用として製造された。同様に元将校のジョン・ヴァレンティン・カーデンとロイドにより全くの私案として、小型全装軌式戦車のプロトタイプが創り出された。1926年にカーデンとロイドはこの種の車両を製造する会社を設立し、必要なパテントを保持した。2つの一人乗りモデルの後、1926年には最初の二人乗り車両が製造された。

最初の車両の幾つかは装輪－装軌両用走行装置を有していた。この「マークⅣ」車両8両は、モーリス・マーテル社製軽戦車8両と伴にイギリス軍の偵察車両の礎となった。

カーデン・ロイド社は1928年初頭にヴィッカース社に譲渡され、カーデン・ロイド社で最後に製造された車両は装輪－装軌両用走行の「マークⅤ」であった。この車両はほとんど変更がないままに、ヴィッカース・アームストロング社で継続生産された。1928年終わりに姿を現した「マークⅥ」型は、初めてフロント装甲の重要性を示した。この車両は新しい軽戦車製造の道しるべとなり、長年に渡って内外諸国における多数の軽戦車開発のプロトタイプとして活躍した。ほとんどの型式は、エンジンについては40馬力のフォード社製「T」型エンジンを搭載していた。「マークⅣ」車両は、イギリス軍によって歩兵支援任務へ大量に用いられた。第二次大戦中に投入された車両のうちドイツ軍の手に落ちた車両は「装甲化機関銃（MG）運搬車CL」－識別番号730（e）と名づけられた。この機関銃運搬車（ガンキャリア）の開発は1933年に一度中止されたが、1935年に生産を再開している。

1935年に設計が修正され、1936年に機関銃運搬車5両と同じシャーシを流用した自走砲1両の発注が行われた。さらに10両の車両が追加され、1936年末には再度41両が追加発注された。この車両は大量に部隊へ供給され、戦争勃発時には各歩兵大隊はこの装甲化機関銃運搬車10両が配備されていた。2種類の型式があり、「ユニヴァーサル・キャリア」で知られる車両は、4人乗りで通常はブレン機関銃1挺を装備していた。このため、この車両は大概「ブレン・キャリア」と呼ばれ、さらにボーイズ対戦車銃も供用可能であった。「ブレン・キャリア」と比べてより大きい「ロイド・キャリア」は、兵員輸送並びに迫撃砲（臼砲）運搬などに使用できるよう考慮され、このため、車両乗員数は9人まで要求された。両者の外見上の違いは、容易に見分けられる。

「ブレン・キャリア」は各車両側面に走行転輪3個、「ロイド・キャリア」は4個である。両車両は前部が10mm、側面が7mmの装甲板によって防護されていた。

最初のブレン機関銃運搬車（ガンキャリア）は、ソーニクロフト（Thonycroft）社により機関銃運搬車（マークⅠ、No.2）を改造して製作された。他の製造メーカーもこの車両の生産プログラムへと参加した。ドイツ軍識別番号はCL730（e）である。写真は「アシカ」作戦に向けた上陸作戦演習時のもの。

装甲化機関銃運搬車（e）
識別番号CL730（e）

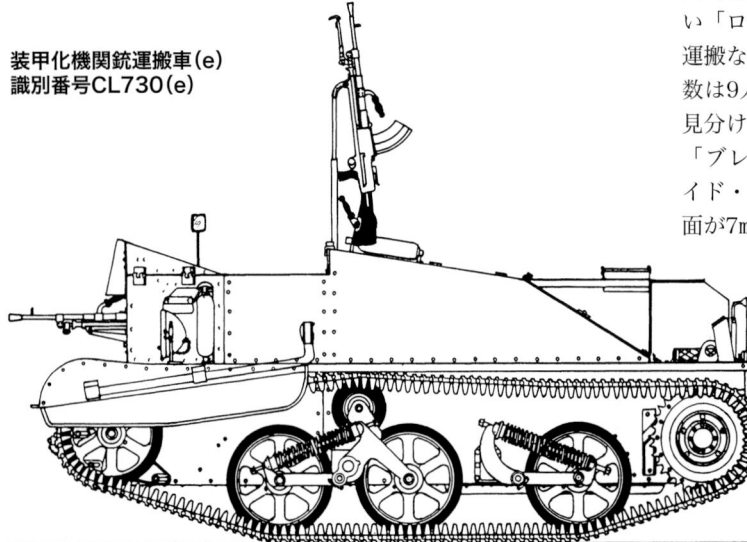

特筆すべきことは、全ての開発作業はヴィッカース・アームストロング社で行なわれたが、同社は大戦中に40000両以上生産された「ユニヴァーサル・キャリア」を1両も製造していないという点である。ライセンス供与により、カナダ、オーストラリア、ニュージーランドおよびイギリス連邦の諸国で生産が行われた。1940年以降にドイツ軍の手に落ちた「ブレン・キャリア」は、「装甲化機関銃（MG）運搬車Br」－識別番号731（e）と呼称され、13.9mm対戦車銃を装備した型式の識別番号は732（e）であった。
　これらの在庫となった車両は、多目的用途に応じて改修が行われた。
　NSKKや「トット機関」において、警備のための運搬車両として何も変更を加えずに用いられたほか、一部はドイツ製や旧式捕獲機関銃を装備した。車両上部に3.7cm対戦車砲を搭載した型式は、「3.7cm対戦車自走砲ブレン（e）」として供給された。3.7cm対戦車砲36型は、車輪砲架を取り外した後にオリジナル防盾と伴に、何ら改修せずにそのまま機関銃－運搬車のシャーシ上部に据え付けられた。

● 2cm高射砲搭載ブレン・キャリア（e）
　カーデン・ロイドのカタツムリ達のうち少数は、1940年にドイツ軍によって2cm高射砲30型および38型搭載車両に改装された。この車両は1941年のバルカン戦役期間中に実戦投入されたが、あくまでも応急的な措置であった。
　特殊工兵部隊向けとして、この車両の一部は遠隔操縦の「ブレン（e）シャーシ仕様の爆薬運搬車」として改修された。この運搬車両は目標へ爆薬を遠隔操縦で運搬するもので、爆薬がない場合は遠隔操作で補給運搬車としても使用可能であった。これらは特にソ連において、包囲された部隊の補給に供された。
　ドイツ空軍は離着陸場の除雪のため、「ユニヴァーサル・キャリア」前部に除雪ドーザーを装着した車両を使用した。
　1944年にはこの車両の相当数が「ブレン（e）シャーシベースの戦車猟兵車両」として改修された。この場合、無反動の8.8cmパンツァーシュレッケ対戦車ロケットランチャー54型各3門が、小規模改造された上部車両に搭載された。さらに、パンツァーファウスト多数が車内に携行された。車両は8人まで乗車可能で、フランスにおいて幾つかのドイツ戦車猟兵部隊*がこの車両を装備した。

*訳者注：第3機甲擲弾兵師団が装備したのが知られている。

　同様のシャーシを流用した弾薬運搬車両が、このリストの最後を飾ることとなる。

3.7cm対戦車砲36型を搭載したオリジナルのブレン・ガンキャリア自走砲の前方（写真上）および側面からの様子。

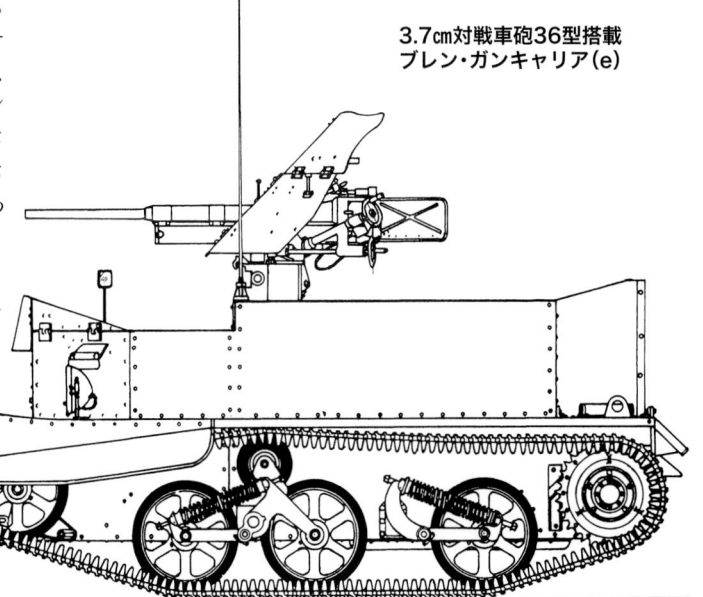

3.7cm対戦車砲36型搭載 ブレン・ガンキャリア(e)

装甲化機関銃運搬車の製造による経験を活かして、ヴィッカース・アームストロング社は回転砲塔付きの軽装甲車両の開発を行ない、その大部分は輸出された。最初のプロトタイプは、「A4E1」名称の下で軽戦車マークⅦとして1929年に姿を現した。しかしながら、この車両は1両製造されたに過ぎない。1930年に「A4E2」から「A4E5」までのタイプが、軽装甲車両マークⅠとしてイギリス軍に採用された。その後、1930年10月に改良型マークⅠA、そして1931年には16両の「軽戦車マークⅡ」が製造された。この車両は早々に公式に陸軍兵器局によってリストアップされ、ドイツ軍名称「軽装甲戦闘車両マークⅡ」－識別番号733（e）が付与された。二人乗りで戦闘重量は4.25tであり、ヴィッカース303型機関銃1挺を回転砲塔に装備していた。

　改良型マークⅡAの29両がウールウィッチの王立兵器廠により製造され、ついで21両がマークⅡBとしてヴィッカース・アームストロング社によって製造された。*

*訳者注：ソ連の斡旋によりヴァイマール共和国軍は、イギリスのカーデン・ロイド製シャーシを入手することができた。

3.7cm対戦車砲自走砲仕様に改修された上部ボディ。

ドイツ歩兵部隊によってロシアで使用されるイギリスのブレン・ガンキャリア（左がブレンNo.2 マークⅠ、右がスカウトカーマークⅠ）。

460kgの搭載能力があるブレン・キャリア貨物トレーラー（e）。17両が1942年にレニングラード前面で使用された。

2cm対空砲38型を搭載したブレン・ガンキャリア。

ブレン・キャリアのシャーシを流用した貨物トレーラー(e)

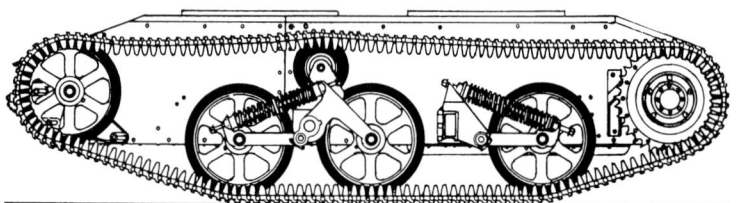

ブレン・ガンキャリアを装備した1944年フランスにおけるドイツ戦車猟兵部隊（ユニヴァーサル・キャリア）。

前面および後面から見たパンツァーシュレッケとパンツァーファーストを装備したブレン・ガンキャリア戦車猟兵車両（訳者注：3枚の写真はいずれも第3機甲擲弾兵師団の車両である）。

　この車両2両がKAMA（ソ連領内のドイツ戦車実験所）向けに購入され、最初の車両は1932年1月にクンマースドルフ（ベルリン郊外）に到着した。1932年に2545km、1933年は2395kmを走行し、1933年5月6日から車両修理がなされた。一方、1932年5月にヴィッカース・アームストロング社製車両が到着し、1932年に1255km、1933年に204kmを走行し、1933年3月より整備工場に持ち込まれた。（最初の計画とは違って）KAMAには、カーデン・ロイド車両は発送されなかった。

　1933年初めには改良されたホーストマン（Horstmann）走行装置を有するマークⅢ型が完成し、36両が製造された。

　基本的な設計変更が行われ、1934年には「マークⅤ」型が開発された。基本装甲は12mmに強化された。シャーシにおいては、ボギー式第2走行転輪後方の走行転輪から履帯をガイドする履帯緊張転輪（テンションロール）がなくなり、補助転輪が前部走行転輪の上部に設けられた。下部車体は自立強度が保てるよう設計された。総重量は4.6tで駆動装置には88馬力のメドゥー「ESTE」6気筒キャブレターエンジンを採用していた。ドイツ軍呼称は「軽装甲戦闘車両マークⅥ」－識別番号734（e）である。

　1935年には、最初の二人乗り回転砲塔を有する「マークⅤ」が姿を現し、これにより乗員数は3名に強化された。重量配分は改良され、回転砲塔には5型および303型機関銃が各1挺ずつ装備された。この車両は22両が製造されたに過ぎない。

211

全軌道式ブレン・ガンキャリアベースの弾薬戦車。

　1936年にこの系列の最終型である「マークVI」型が導入された。無線装置が搭載可能なように砲塔が改良され、前面は15mm装甲とされた。マークVIA型は改良型のホーストマン走行懸架装置が採用され、走行転輪間の補助転輪はボギー式走行転輪上部ではなく下部車体側面に設置された。また、従来の丸い指揮官用キューポラは多角形型に切り替った。
　「マークVIB」型は戦争開始期においては、イギリス軍を代表する最もポピュラーな装甲車両であった。その戦闘重量は5.2tで指揮官用キューポラは再び丸いタイプとなった。
　最後の型式となった「マークVIC」型は、指揮官用キューポラは前部取り払われた。車両は幅広の走行転輪と履帯を有しており、従来の水冷式兵器から空冷の7.92mmと15mmベサ機関銃に変更された。「マークVIB」型のドイツ軍識別番号は735（e）、「マークVIC」型は736（e）と呼称された。
　この車両は1940年のフランスにおけるイギリス戦車兵力の中核を形成しており、大量にドイツ軍の手に落ちることとなった。また、北アフリカでのドイツアフリカ軍団に対しても投入され、ギリシャやクレタ島においてもドイツ軍部隊に捕獲された。

●軽装甲戦闘車マークVI 736(e)シャーシベースの砲戦車
　皮肉に思えるかもしれないが、これらの捕獲装甲車両は、（遅々として進んでいなかった）グデーリアンが提唱するドイツ戦車師団内の戦闘支援部隊の機械化、装甲化を現実的に転換するきっかけとなった。
　製造能力は限られ、原材料の調達も決して保証されていない中では、主力戦闘戦車の開発および生産が優先的であり、陸軍兵器局はこの提案（支援部隊の機械化・装甲化）に賛成することに躊躇していたのである。
　従って、ここで解決策をはっきりさせることは、前線部隊の意思に委ねられていた。
　アルフレート・ベッカー*は、1940年の西方戦役勃発時は第227砲兵連隊／第12中隊長の大尉として、オランダの占領直後に彼の馬匹牽引中隊を捕獲車両によって自動車牽引中隊に転換した。

*訳者注：「フランス」の章参照（「ベッカー・プロジェクト」）。

ブレン・ガンキャリアベースの弾薬戦車(e)

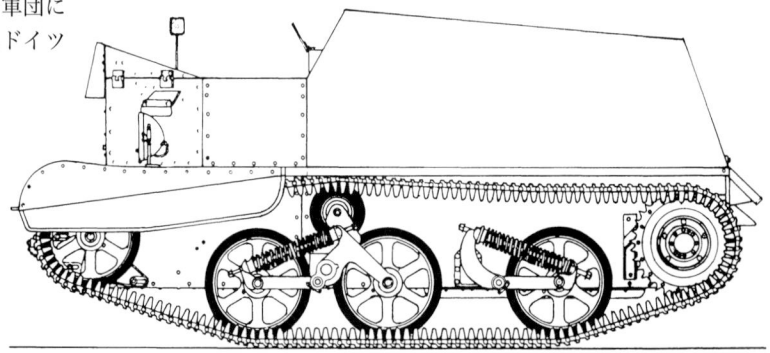

停戦後にベッカーおよび彼の兵士は、クレフェルト周辺の企業や鉄工所の作業者、専門家と伴にイギリス製捕獲戦闘戦車のシャーシを流用したドイツ陸軍における最初の砲兵自走砲を創り出した。イギリス軍によってフランスへ300両以上が持ち込まれ、遺棄された多数の軽戦闘戦車マークVIBおよびCが、このベースとなった。

　この車両の技術的設計が砲兵自走砲として使用するのには、非常に適合していた。と言うのも、駆動装置（エンジン、変速機および操向および駆動輪）は車両前部に集中化されており、車両後部の上部車両構造を特別に改装するにあたって制約がなかったためである。戦闘戦車上部構造は回転砲塔と伴に撤去され、その代わりに砲兵用野砲がそこへ搭載された。乗員は4名が計画された。

　ベッカーは部隊の数名と伴にこの改造を行った。装甲カバーがないプロトタイプは最初の部隊試験を終了し、1940年6月に射撃試験がフランスのル・アーヴル近郊のハーフルール射撃場で行われた。この時にはベッカーの個人的な努力により、クレフェルトのエーデル鉄鋼所によって装甲厚20mmの装甲ハウジングが提供された。

　ベッカーによって考案された解決策は、比較的大きな野砲を軽シャーシへ搭載して射撃可能とし、この際に車両後方へ発生する決して大きくないとは言えない反動力を、埋め込み可能なトレールスペード（駐鋤）で減少させると言う点が眼目であった。この提案は陸軍兵器局によって強く拒絶され、後日に（そのことを知った）ヒトラーとその担当部署が険悪な仲になったと言う。

軽戦闘戦車ヴィッカース・マークIVc、ドイツ軍識別番号736（e）は、1940年に大量にドイツ軍の手に落ちた（訳者注：写真からは読み取れないが、正面のプレートナンバーはWH－0135041である）。

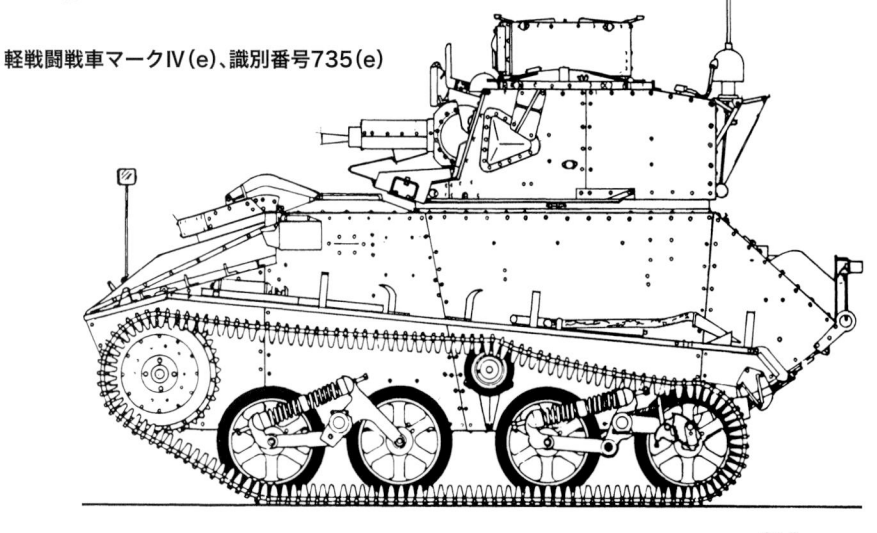

軽戦闘戦車マークIV（e）、識別番号735（e）

213

ドイツ軍による接収前の軽戦闘戦車マークVI（e）、識別番号735（e）。

　現地部隊自らが創り出した「突撃戦車」の名称は、味方の指揮官達に誤った考えを助長させることとなった。それらの車両は、所詮は軽装甲のオープントップ式自走砲であり、最前線へ投入することは考えられていなかったが、うまくすれば敵の戦車攻撃も撃退することが可能であった。車両は平均以上の機動力を発揮し、悪天候の場合は戦闘室上部を防水シートで覆うこともできた。

●兵装

　兵装については、旧式の10.5cmおよび15cm榴弾砲が搭載された。

・軽10.5cm榴弾砲16型は、クルップ社により第一次大戦中に7.7cm野砲16型に対抗して開発されたもので、1939年の第二次大戦勃発の際には技術的オーバーホールがなされ、予備および教育部隊によってまだ多数が使用されていた。

主要データ：

口径105mm、砲長2310mm、32本の右回り旋条（ライフリング）で1/45から1/18へピッチ幅が増大するタイプ、横閉鎖式プラグで機械式点火。重量は約1.2t。6番装薬の場合は最大射程7600mで、薬莢／装薬分離型砲弾が使用された。射撃は榴弾射撃、対戦車徹甲弾射撃が（後にはHL（成形炸薬弾）射撃も）可能であった。

・15cm重榴弾砲13型も同様に第一次大戦中にクルップ社により製造され、1917年に部隊へ配備された。この榴弾砲のある一定数量は、予備、あるいは教育用榴弾砲として第二次大戦まで生き残った。

主要データ：

口径150mm、砲長2540mm、32本の右回り旋条（ライフリング）で1/45から1/22.4へピッチ幅が増大するタイプ、横閉鎖式プラグで機械式点火。高低射界は−4度から＋45度で重量は約2t。7番装薬の場合は最大射程8600mで、薬莢／装薬分離型砲弾が使用された。射撃は榴弾射撃、対戦車徹甲弾射撃（後にはHL（成形炸薬弾）射撃）、煙幕弾射撃が可能であった。

　第227砲兵連隊／第15中隊は第1突撃砲中隊（突撃砲とは全く別な設計で全く違う用兵であったにもかかわらず、名称は再び誤解を招くものであった）と呼称され、イギリス製マークVI型シャーシを流用した10.5cm軽榴弾砲16型搭載の自走砲12両と15cm重榴弾砲13型搭載の自走砲6両

これらの車両は西方戦役の戦場から回収され（ここではNSKKが回収している）、新たな任務に就いた。

車両は完全に解体され、構造部品は再度使用可能なように仕上げられ、流れ作業により再組み立てが開始された。

最初の射撃試験はル・アーヴル近くのハーフルール射撃場で行われた。写真中央がベッカー大尉（撮影当時）。

が1940年7月に作戦準備が整った。

中隊の実弾演習がベルギーのベヴェルロー射撃場で行われた。

部隊自らが改造したため兵士達は車両に精通しかつ信頼しており、演習結果は上々であった。

自走砲のオリジナル設計では、榴弾砲用の前部防弾板は単純化され、一方で前面装甲の開口部はうまく防護され、上部装甲側面は高くなって内側に傾斜していた。

●軽装甲戦闘車マークVI 736(e)シャーシベースの観測戦車
　回転砲塔の撤去後、装甲ハウジング上面に指揮官用キューポラが設けられた。この型式の観測／無線戦車4両が製造され、中隊に配備された。

●軽装甲戦闘車マークVI 736(e)シャーシベースの弾薬運搬戦車
　型式の統一を広範囲に保つため、ベッカーは彼らの兵士達と伴に同じシャーシを流用し、12両の弾薬運搬戦車を製造した。車両は装甲化した上部構造ハウジングを有していた。

　その他の中隊の配備車両についても、ほとんど主にイギリス製とされた。その中には32両のモーリス・コマーシャル・CDF社製の30cwtトラック、8馬力オースチン・ツアラー（Tourer）、10馬力オースチン・ユーティリティーズおよびブレン・キャリアが含まれていた。

　このような装備状況で、突撃戦車中隊、すなわち第227砲兵連隊／第15中隊は1941年10月に東部戦線へと出発した。

　部隊は最初に北方戦区のレニングラード前面に投入され、ドイツ国防軍最初の砲兵自走砲部隊として真価を発揮した。自ら対戦車戦闘も行って戦果を挙げ、対戦車徹甲弾（赤）によってソ連のT34戦車撃破も達成した。

　応急措置であったこれらの車両は1942年末まで戦闘に投入され、時間が経つにつれて主に地雷により失われた。

●軽装甲戦闘車マークVI 736(e)シャーシベースの7.5cm Pak 40型搭載自走砲
　アルバイト・シュタープ・ベッカー（ベッカー作業本部）はマークVI型シャーシを流用して7.5cm対戦車砲40型を搭載した対戦車自走砲のプロトタイプを製造した。

まとめ
　1940年にフランスにおいて約700両のイギリス戦車が失われたが、その大部分は軽戦車マークVI型であった。
　フランスで蒙った損失は、軍需産業の大きな努力により素早く解消された。すでに1941年にイギリス工業界は約1000両の戦車を製造したが、それは遥かにドイツ帝国を

凌駕していた。1942年におけるイギリスの戦車生産量は、ドイツで生産された装甲車両数の2倍であった。しかしながらこの努力は、戦線での戦闘結果には何ら結びつかず、第二次大戦の全期間中を通じて、イギリスの戦車開発は常にドイツの後塵を拝することとなった。これは、すなわち兵装と防御とのバランスに問題があったのであった。イギリス部隊に大量に配備されたアメリカ製戦闘戦車を通じて、ようやく最終的にイギリス戦車部隊は量的優位性により優勢を保つことができた。基本的な任務を歩兵支援車両と作戦用攻撃車両とに分離することは不都合であることがはっきりしていたが、この状態が克服できたのはようやく1945年の戦争末期になってのことであった。

英連邦の車両製造メーカー

　英連邦で製造された車両は、限られた数がドイツ軍に捕獲されただけであった。この車両は主に北アフリカで捕獲されたものである。連合軍の装備に関するこれらの製造メーカーの生産能力については、幾つかの短いメモによりはっきりしている。すでに30年代において、イギリス戦時省は英連邦諸国による軍需車両の同時生産を前提条件としていた。1939年から1945年の間に実際に供給された全ての種類の車両数には感銘深いものがあり、連邦における型式統合についても納得させられる。

　（数量データはバート・H・ファンダーヴィーン「戦闘車両辞典　1972年」より出典）

最初に量産されたドイツ国防軍砲兵自走砲で上部装甲板を装備したもの。野砲は軽10.5cm榴弾砲16型である。初期型の場合、正面防御は直線的な装甲板によって構成されていた。

ベッカー部隊によって最初にフランスで製造された砲兵自走砲。ここではまだ上部装甲板がない状態である。

● カナダ
　カナダの車両製造メーカーは、第二次大戦期間中にすべてのクラスの軍需車両815729両と装甲化車両50663両を供給した。

● オーストラリア
　第二次大戦終了までに、オーストラリアは専ら自国軍の装備のために車両を輸入した。コンポーネントの供給は主にカナダからであり、オーストラリアで組み立てられたが、その際に操縦席キャビネットと上部構造物の大部分は、オーストラリアの製造メーカーによって提供された。

● インド
　フォード・カナダ社がインドの組み立て工場において、カナダから支給された構造部材によってコンポーネントの大部分を組み立てた。戦争期間中におけるインド・フォード社の車両総生産数は、64216台（4×2）、45213台（4×4）、3088台（6×4）であった。その他として11614台が民間用車両として、さらに9876台の雑多な多種多様な車両が別途生産された。

● 南アフリカ
　南アフリカのフォード・モーター社の組み立て工場は、戦争期間中にトラック31336台、乗用および軽トラック1643台および雑多な連合国向け軍需車両1890台を供給している。

● ニュージーランド
　同様にフォード・モーター社の組立工場において、戦争期間中に特殊車両1162台、民間車両改修型3611台および雑多な車両427台が製造された。

マークⅥ自走砲の改良型は、砲身が制動後退しやすいように補助装甲板により正面装甲が改善された。対空機関銃は埃よけカバーで覆われている。

射撃準備状態の対空機関銃。

車両後部には降下可能なトレールスペード（駐鋤）が装備されており、砲撃時の後座力を受け止めてスプリングによりブロックした。

自走砲前に整列した乗員（運転手除く）。

演習中の自走砲マークVIの前方および側面からの写真。

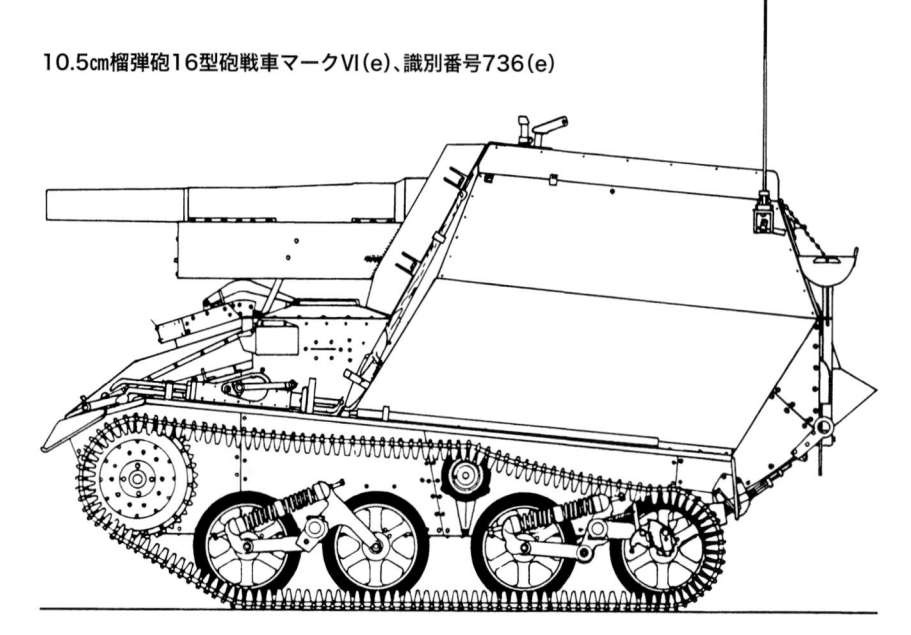

10.5cm榴弾砲16型砲戦車マークVI(e)、識別番号736(e)

218

乗員がいる場合（写真右）といない場合のオープントップ式の戦闘室。

左右の写真は車両戦闘室を上方および後方から見たもの。開放された搭乗口と下降された
トレールスペード（駐鋤）がよく分かる。

4両の車両がベッカー部隊によって製造されたが、内部空間は極めて制限されたものとなった。2枚の写真は開放式ハッチを装備した車両の特徴をよく捉えている。

マークVIシャーシベースの開閉ハッチ付き砲兵観測および無線戦車。

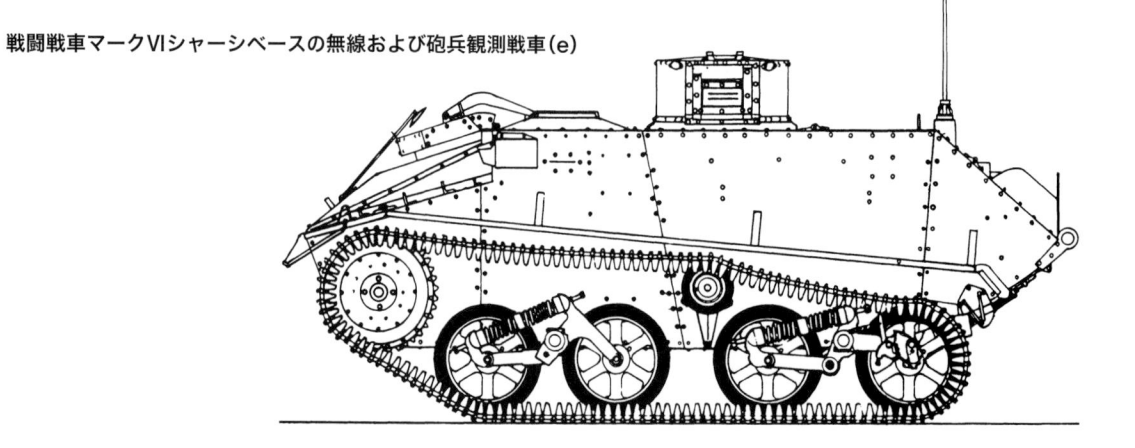

戦闘戦車マークVIシャーシベースの無線および砲兵観測戦車(e)

1941年秋、第227砲兵連隊／第15中隊、すなわち突撃戦車中隊はロシアへと進発した。中隊は少数の例外を除き、装備機材はすべてイギリス製であった。

ベッカーは同じシャーシを使って弾薬戦車12両を製造した。トレーラーは暫定的なもので、基本的には全装軌式走行装置装備のものが計画された。

戦闘戦車マークVIシャーシベースの弾薬戦車(e)

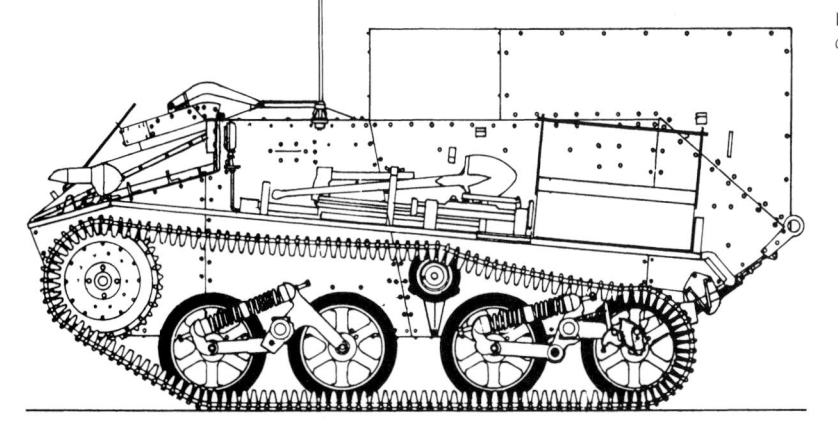

アルバイト・シュタープ・ベッカー（ベッカー作業本部）によりヴィッカース・マークVIシャーシに7.5cm対戦車砲40型が試験的に搭載された。

東部戦線の北方軍集団への長い道のりに向けて貨車に積載された車両。

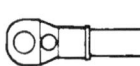

砲塔部にドイツの国籍マークが記されたM4シャーマンVCファイアフライ。
（写真提供：大塚康生）

主にイギリス部隊によって使用された戦闘戦車M4シャーマンVCファイアフライ(a)

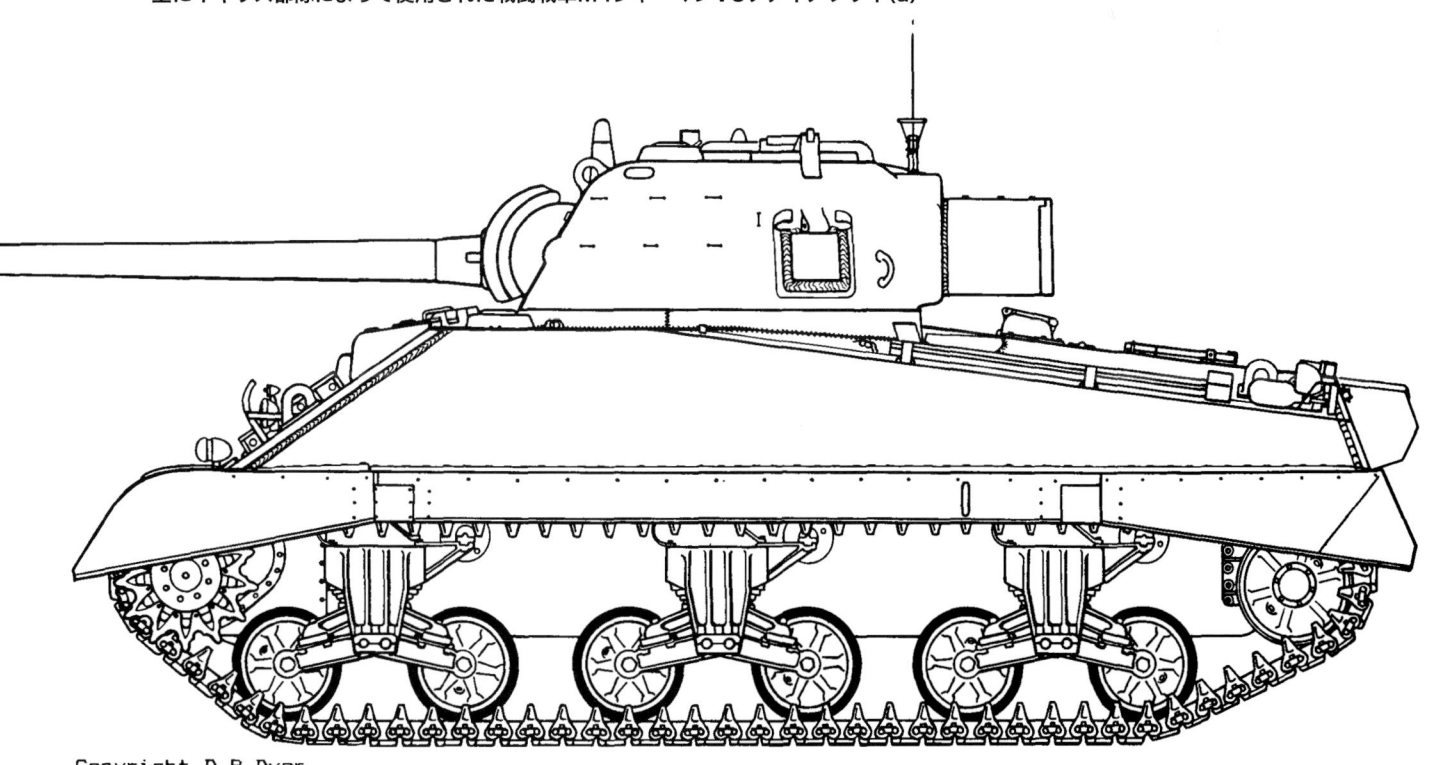

Copyright D.P.Dyer

ソビエト連邦

概要

　1930年代前半においては、ソ連には言うに値する自動車産業は存在しなかった。インフラ（社会基盤）－石炭－鉄鋼産業は発展途上にあって欠如しており、鉄道網や道路網もほとんど使い物にならず、開発は遅々として進まず、ゴスプラン（「経済5ヵ年計画」）は期待された成果を常に下回っていた。

　工業、農業、軍事の育成が、ソ連の第一の優先順位であった。

　従って、この時代の道行く自動車は決まって輸入自動車であり、これらの外国製車両がソ連の自動車産業の礎となったのであった。これは開発時間が短縮でき、しかも時代に即した機材によって赤軍の優れた装備の基礎を形成できたのである。

　最初のロシア製トラックのルーツであるAMO F15型は1924年に発表され、1933年には製造会社はSIS社と改称された。SIS社はもっとも重要な二つの国営自動車製造会社の一つであった。もう一方はゴルキにあるGAS社であり、フォード製車両のライセンス生産に携わっていた。製造は1932年に開始され、製造された車両は「ロシア・フォード」としても知られていた。

　1930年代に操業を始めたその他の工場は、優先的にトラックを製造し、乗用車の製造は後回しとなった。現在においても、ソ連が製造する自動車のうち3/4がトラックである。

　1928年に開始された最初のゴスプラン（「経済5ヵ年計画」）においてはトラック50000台、第二次ゴスプランでは合計200000台がソ連にもたらされた。

乗用車

　1943年まで赤軍は専ら商用乗用車をスタッフ車両や連絡車両として活用しており、その一部は4輪駆動装置を備えていた（例えばGAS61）。アメリカで製造されてソ連に大量に供給された「ジープ」はその優れた能力が立証され、アメリカ製車両を雛型にした広範囲に渡るコピー生産の一環としてGAS社がGAS67として量産を開始した。試作型のGAS64は1942年に発表された。

トラック

　フォードのコピー生産であるGASAA型は、増強された50馬力4気筒「A型エンジン」を搭載されてGASMMとして赤軍の1.5tトラックの標準型となった。後輪のみの駆動であったが、平均以上の野外走行能力を示した。後年には三車軸型GASAAAの生産プログラムを補完する形で生産が継続された。

　GAS型が1.5tから2.5tの実用荷重クラスが支配的であるのに対し、SIS社はSIS5型をソ連軍向け3t標準トラックとして大量生産した。なお、この型式は三車軸型（SIS6型）としても生産された。エンジンは6気筒エンジンで73馬力であった。

GAS－A乗用車4×2、フォード・モデルAのコピー生産で、タイヤサイズは5.50－19であった。赤軍においてはスタッフカー（本部車両）として使用された。

GAS－Aの全寸法が記載された4面図

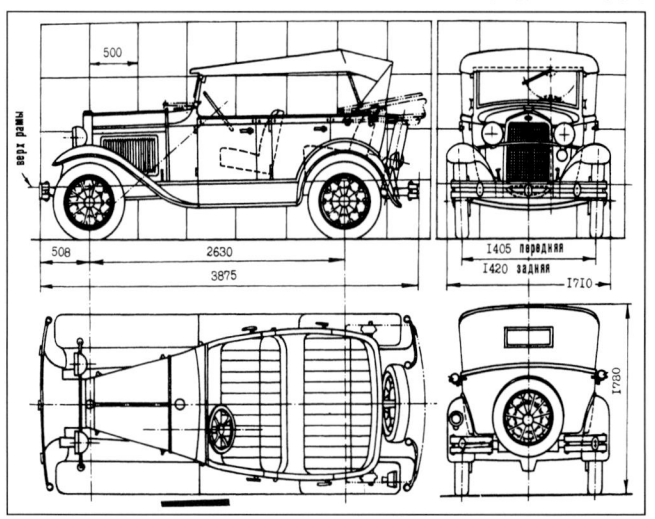

SIS6のシャーシはロケットランチャー（カチューシャまたはスターリンのオルガン）用運搬車としても供用された。これらのロシア製トラックは自国の道路事情に良く適合しており、実際に捕獲されたSIS5は優先的にキッチンフィールド車両としてドイツ国防軍によって使用されており、このことからもその頑丈さと耐久力が優れていることがわかる。

アメリカ製ジープのコピー生産であるGAS 67。

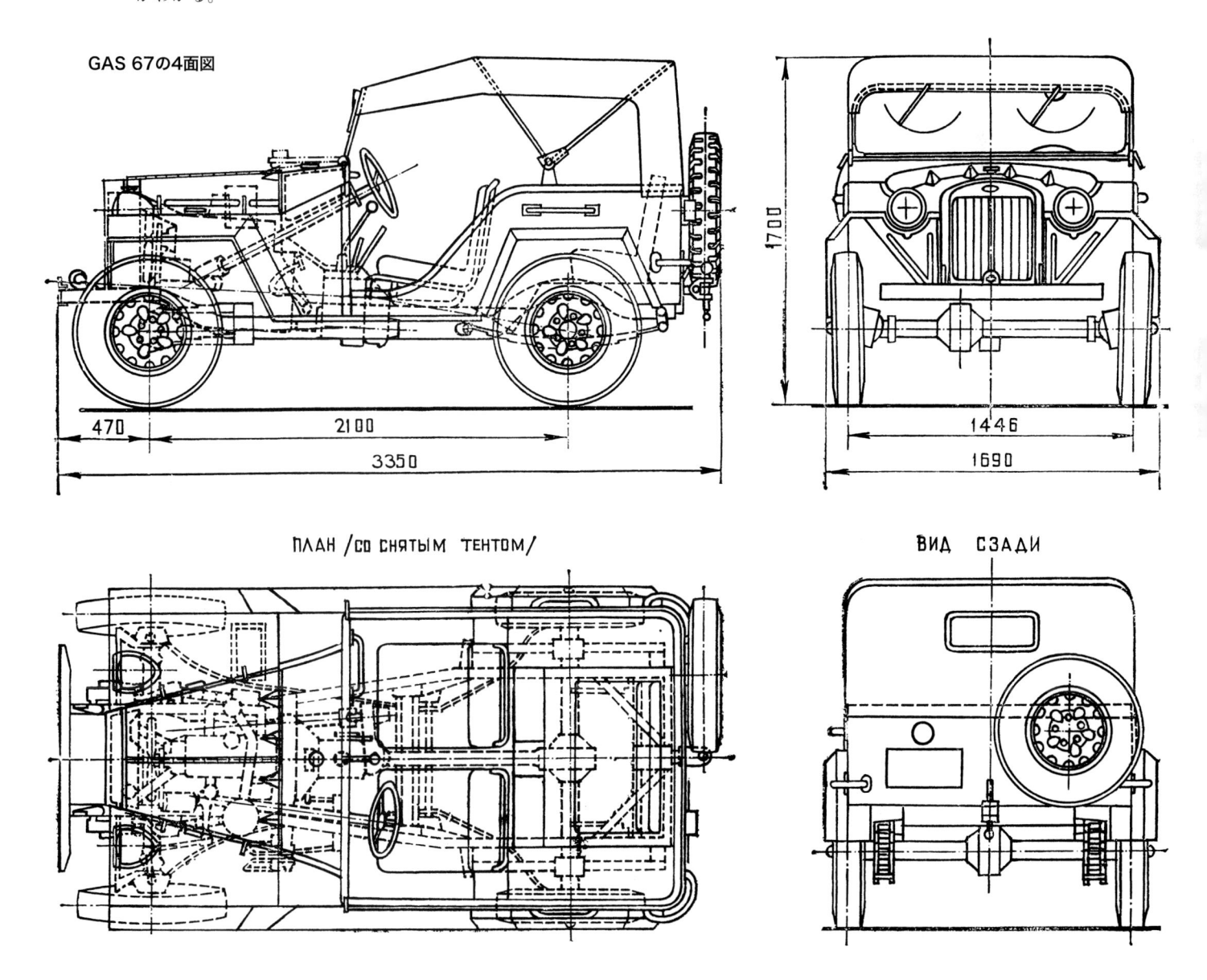

GAS 67の4面図

ПЛАН /СО СНЯТЫМ ТЕНТОМ/

ВИД СЗАДИ

ロシア侵攻の開始直後の1941年、中部ヨーロッパ向けに設計されたドイツ製車両や戦車は、ロシアにおける使用に際しては制限があることが明らかとなった。
　次に挙げる車両数の配備状況が雄弁に物語っている。
(東部戦線における車両の損害および配備状況　1941／1942年冬季)

車両種類	合計損失数	配備数
オートバイ	22496	938
乗用車	18292	2469
トラック	31143	3542
牽引車両	2252	492

(これらの車両はすべて敵の攻撃によって喪失したわけではなく、その大部分はロシアの道路事情の犠牲となったものである)

　これについては、ドイツ軍はロシア侵攻開始前に、部隊補給の車両をある程度確保するために多大な努力を行った。そして、フランス侵攻の際に成功したシステムを手本として、ロシア侵攻開始後にドイツ国防軍によってケーニヒスベルクのジッツに「東方自動車センター」を設立し、可能な限り車両の機動性を確保する基盤を確立した。部隊再編や新編成のために、全種類の車両約200000台が供給され、ロシア侵攻が開始された1941年には捕獲車両を含む約100万台の車両が投入された。
　この型式数は驚くべき数に上った。1942年秋にはドイツ国防軍は1371種類もの車両タイプを使用しており、この理由だけにより中央補充品センターは少なくとも2500種類の補充品を貯蔵しなければならなかった。

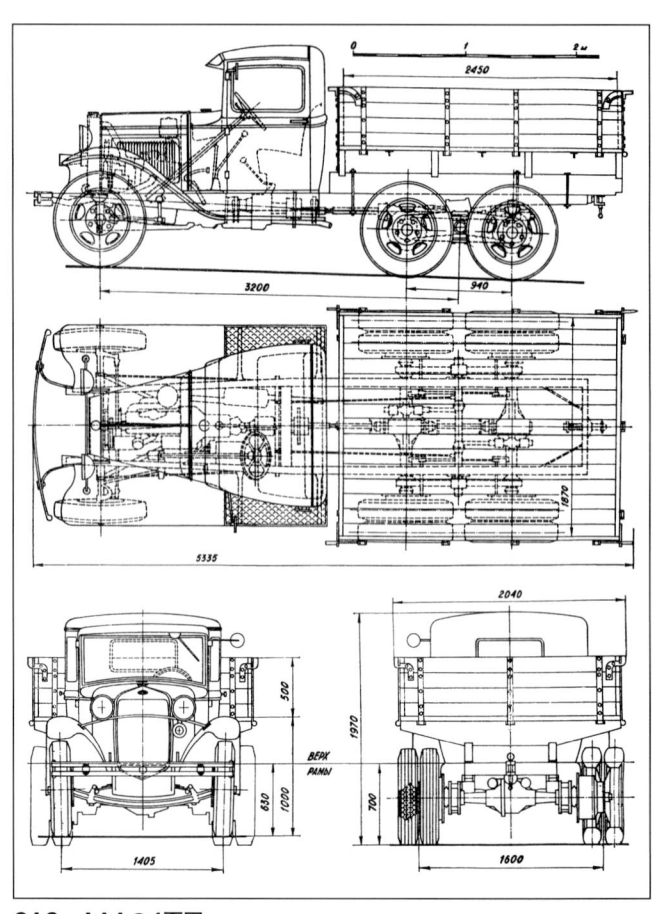

GAS－AAAの4面図

混雑するロシアの「自動車道路」では、もっぱらロシア製捕獲車両が活躍している。右からSIS－5（その後方はクルップL3H63）、中央がGAS－AAA、その次がGAS－AAである。（ドイツ公文書館）

ドイツ陸軍、空軍、海軍および本国の任務機関の車両在庫数は、1943年1月1日現在で120万台であり約2200種類にも上った。このうち約半数はドイツ製であったが、残りはアメリカ、イギリス、フランス、イタリア、ロシア、スウェーデンおよびチェコなどの外国製車両であった。

大体のところ、これがドイツ軍の機械化の実情であった。

ソ連向けの賃貸借供与（レンドリース）

ドイツ帝国に対する第二戦線構築のためには入念な準備と時間が必要であり、西側連合軍による軍需物資の供給援助を通じてのソ連支援が求められた。連合軍は1941年6月から1944年4月までの期間に、車両約210000台と戦車3734両がソ連へ供与された。

同じ時期、大英帝国から4292両の装甲車両が譲渡された。

カナダは終戦までに戦闘車両約130000両とトラック約427000台を供給した。

ソ連向けの供給任務の責任者であるディーネ大将は、「我々の供給および運営に費やした費用は1100万ドルに達する。これだけで戦争が勝利したわけではないが、ソ連の負担を実際に軽減したのは疑いもないことだ」と語っている。

全軌道式牽引車

ソ連製の農業用全装軌式牽引車が優れているという事実は、赤軍の装備にも影響を与えた。と言うのもロシアの道路事情は、装輪式牽引車が中型および重砲兵やその他の牽引機材として発達するのを許さなかったのである。カザン近郊にあったKAMA（ドイツ戦車実験センター）に1933年に残置されたハノマーク社製WD牽引車が、ソ連におけるトラクター製造の基礎として役に立った。そして、全軌道式牽引車の取り扱いに慣れている信頼に足るトラクター運転手は、同時にいつでも訓練された戦車操縦手の潜在的供給源として活用できることを意味していた。

対照的にドイツ国防軍においては、泥濘期や大雪の際にはほとんど交通が麻痺し、ソ連側の機動力は変わらなかった。全く動けなくなった際、ドイツ軍によって大量に見出されたこれらの牽引車が大歓迎されたのは言うまでもない。ChTZ60型は1932年から1937年まで68997台が生産され、後継型式のスターリネツ65/SG65型は1937年から1941年までの間に37626台が生産された。搭載された排気量18500cc、4気筒ディーゼルエンジンは75馬力であった。低温の場合、ガソリン式スターターエンジンがメインエンジンの起動を可能とした。車両は運転手キャビネットがなく、砲兵用車両にはワイヤーウィンチ付の牽引装置が

ドイツ国防軍によって捕獲され鉄道軌道走行型に改修された2台のロシア製SIS-5。

装備されていた。これらの車両は、擱座した装甲車両の回収に多大な威力を発揮した。しかしながら、最大速度は僅かに6.95km/hであり、広範囲な機動性は望むべきもなかった。

砲兵牽引機材としては、とりわけ型式名称がKhTz3、すなわち特殊砲兵牽引車"スターリン"（ドイツ軍識別番号607（r））および"コミンテルン"（ドイツ軍識別番号604（r））が使用された。砲兵牽引車スターリンは戦闘戦車T34と同じエンジンを搭載し、大きな牽引力を有するワイヤーウィンチを装備していた。

軽軌道牽引車も同様に、基本的には農業用トラクターとして開発され、軍事型として転用されたSTZ52TB型は総重量6tのフロントドライブ型であり、ドイツ軍呼称はCT3－識別番号601（r）であった。車両はガソリンで最初起動し、その後ディーゼル駆動に切り替えられた。この車両の一部は消防装置を上部車両に搭載し、ケーニヒスベルク消防警察において使用された。

軽砲兵牽引車STZ3－識別番号630（r）は総重量4.01tであり、装甲化された運転手キャビネットには近接防御用機関銃1挺がボールマウント（球形銃架）に備えられ、オープントップ式座席には6名が乗車可能であった。車両は1940年に導入され、4.5cm対戦車砲用牽引車や燃料補給車両として使用された。

このような多大な努力にもかかわらず、ソ連軍部隊の大半は馬匹牽引部隊であった。

軽戦闘戦車、例えばT60について言えば、1943年以降はほとんど製造されなくなった。しかしながら、野外走行能力を有する牽引機材は生産を最優先することが要求され、車両シャーシはこのために継続生産され、牽引車両として投入された。この車両、すなわちYA12型については1944年から赤軍へ配備された。

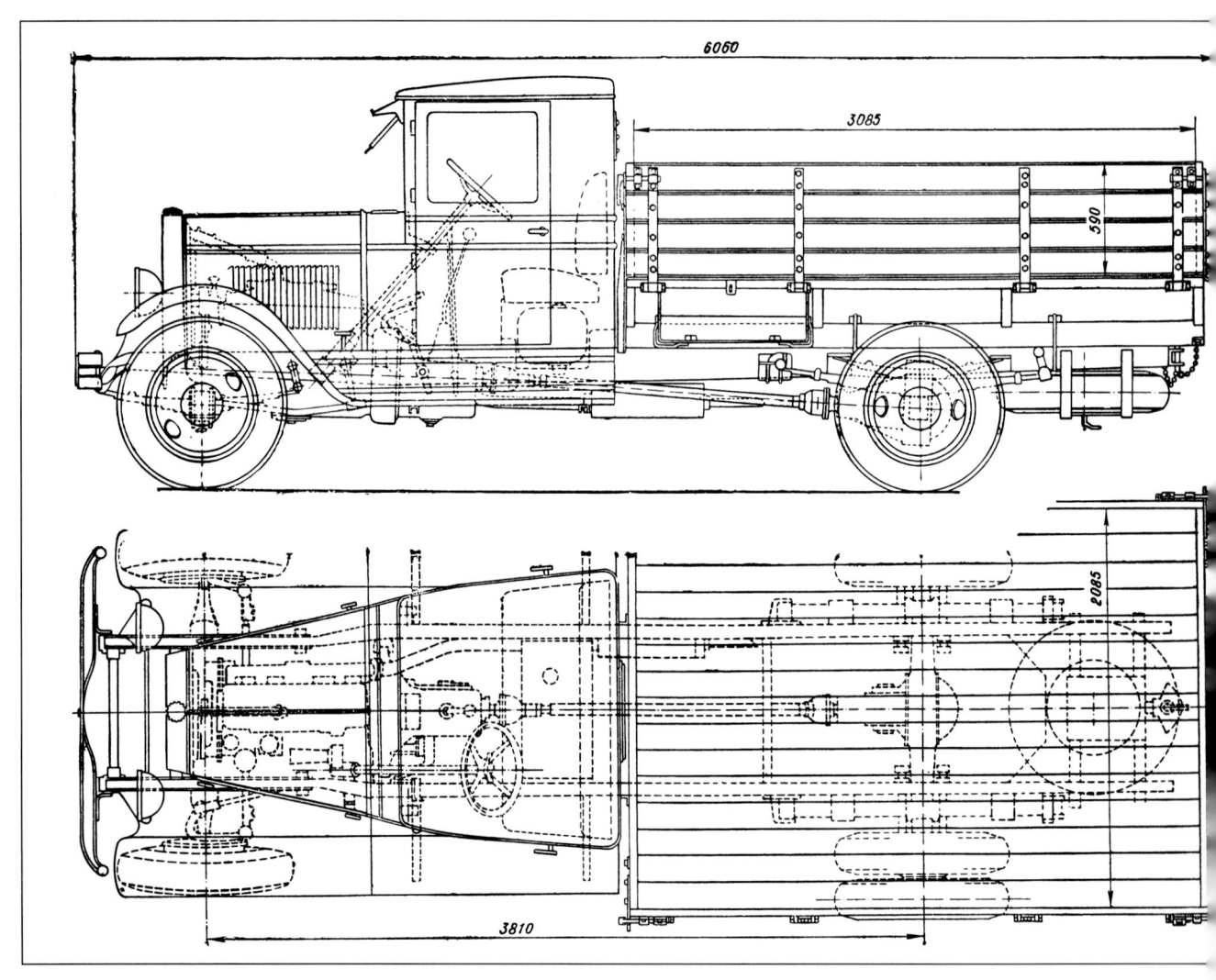

1.5tトラックGAS MM(r)

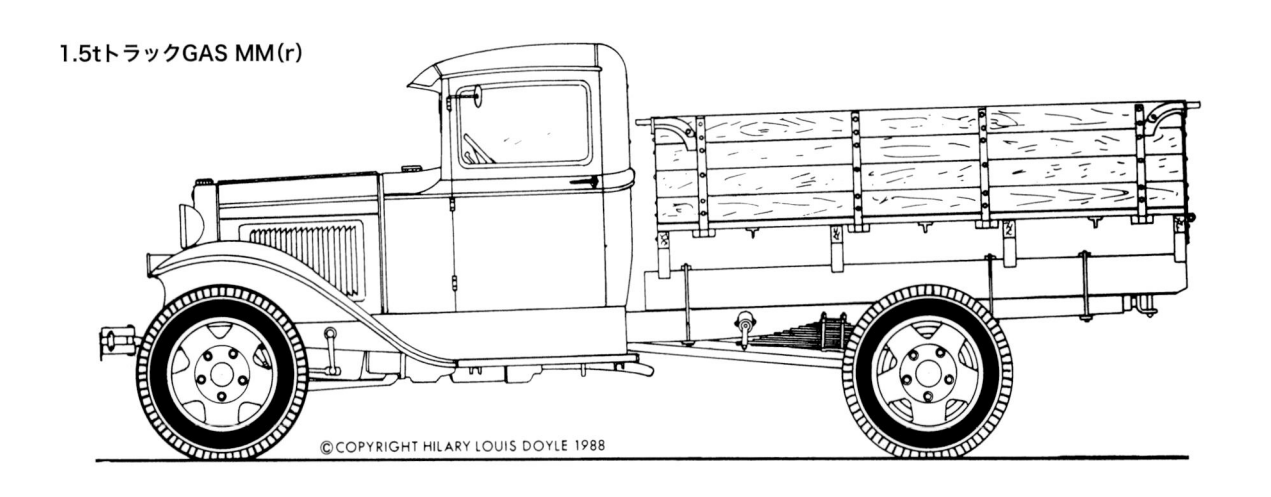

©COPYRIGHT HILARY LOUIS DOYLE 1988

ソ連軍の標準3tトラックであるSIS－5の4面図

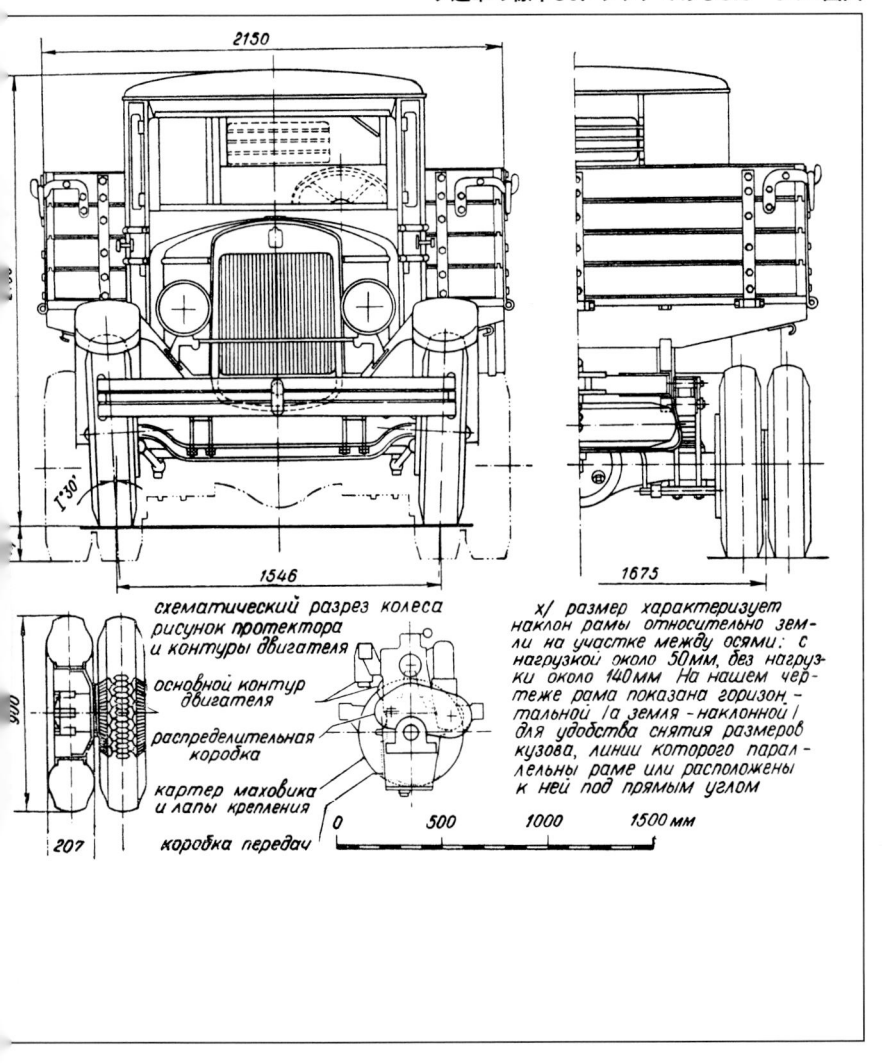

схематический разрез колеса
рисунок протектора
и контуры двигателя

основной контур
двигателя

распределительная
коробка

картер маховика
и лапы крепления

коробка передач

x/ размер характеризует
наклон рамы относительно зем-
ли на участке между осями: с
нагрузкой около 50мм, без нагруз-
ки около 140мм На нашем чер-
теже рама показана горизон-
тальной /а земля -наклонной /
для удобства снятия размеров
кузова, линии которого парал-
лельны раме или расположены
к ней под прямым углом

229

ドイツ補給輸送車両の大半は自分の任務に対して無力であったことを証明する写真（訳者注：1944年春の泥濘期に東部ポーランドにて撮影されたもので、牽引されているのはオペル・ブリッツ3tトラックである）。（ドイツ公文書館）

ドイツ補給段列を牽引するロシアの道路事情にぴったりのスターリネツ65ディーゼル全軌道式シュレッパー（訳者注：lHf軽フィールドワゴン6台を連結牽引している）。

装甲化装輪車両

前述した通り、装輪車両はロシアでは限定的にしか使用されなかった。とりわけ、装甲化装輪車両については、重量増加が不利に働くのは明らかであった。しかしながら、赤軍はその種の車両を偵察および警備任務に投入した。

装甲偵察車BA（識別番号202（r））、いわゆるブロニー・フォードは、一般量産型フォードシャーシにロシア製上部ボディを装備したものであった。（BA20M型）車両は1941年には発注されなくなった。

1943年からは新型のGAS社製BA64に切り替わり、これに流用されたGAS67Bは全輪駆動方式のシャーシであった。

ロシア戦役の初期には、商用のフォード社製6輪（3車軸）シャーシを流用した装甲偵察車が大量にドイツ国防軍の手に落ちた。ドイツ軍識別番号はBAF203（r）であり、ロシア側名称はBA10またはBA32であった。重量5tのこの車両は、乗員4名で回転砲塔に4.5cmカノン砲L/46を搭載し、副装備として機関銃2挺を有していた。*

BA10の水陸両用型のドイツ軍呼称は、シュヴィム（水上走行）装甲偵察車F204（r）であった。乗員4名で回転砲塔には3.7cmカノン砲を搭載し、戦闘重量は6tであった。

*訳者注：警察部隊においては、第12警察戦車中隊が1943年1月から1944年7月までにBA10を少なくとも2両装備していた。また、第5警察戦車中隊も1944年初めに3両保有していた可能性がある。

装甲化全装軌式車両

一番初めにロシアにおいて戦闘戦車が戦闘へ投入されたのは、第一次大戦後のことであった。「白軍」と「赤軍」部隊が入り乱れる中で、当時まだできたての赤軍が戦闘戦車を手に入れ、おなじみのフランス製FT17やイギリス製

主に重軌道式シュレッパーは、特に困難な道路状態の箇所へと投入された。

マークVなどが新生ソ連機甲部隊の基礎となったのであった。ロシア軍はFT17を16両コピー生産したということであり、ドイツ陸軍兵器局は識別番号としてルノー・ロシアM23-735（r）を付与した。1920年代は特に戦闘戦車の開発においてもまだ外国の影響が大きく、この車両は技術的設計面で大きな影響を及ぼした。イギリスおよびフランスの開発と並んで後にアメリカが加わったが、取り分けドイツの影響を受けたのは紛れもない事実であり、ドイツ共和国軍が1920年代末にヴォルガ河沿いのカザンに戦車実験場を設置し、それを1933年までロシア軍も使用していたことは驚くに値しない話であった。

戦闘戦車T34と同じエンジンを搭載する砲兵シュレッパー・スターリン、識別番号607（r）。

チェコスロヴァキア軍において、戦後、ドイツ15cm榴弾砲用牽引機材として使用されるYA12。

砲兵シュレッパーCT3、識別番号601（r）。

砲兵シュレッパーCT3（r）、識別番号601（r）

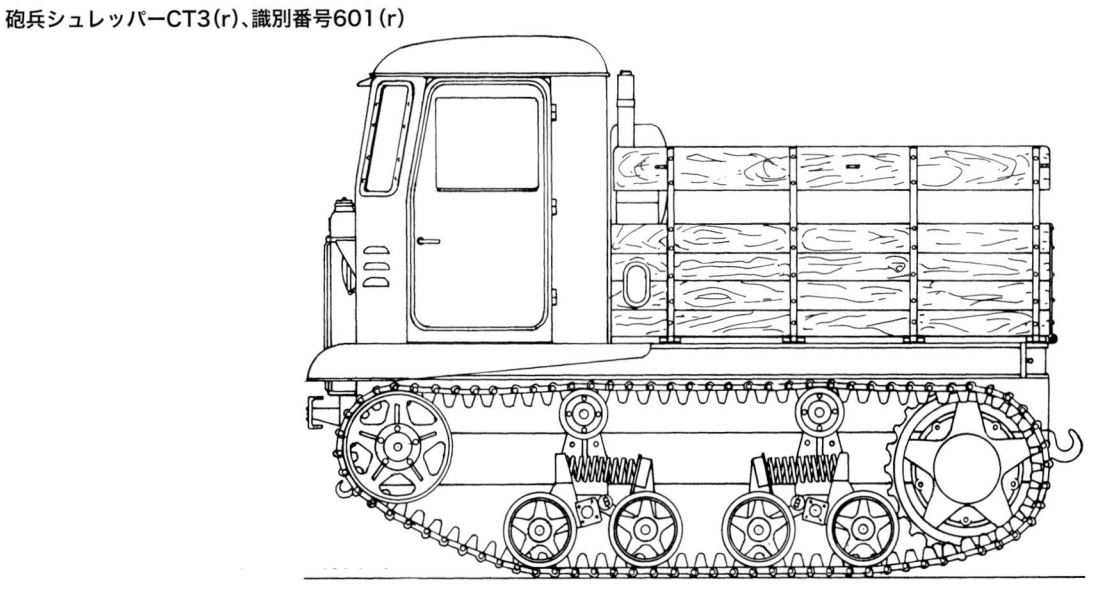

　共同機動演習が催されて意見交換がなされ、ロシア製車両はドイツ軍の使用に供された。

　ソ連重工業の勃興と伴に、赤軍の装備用として国産の装甲車両の開発が開始された。最初に量産されたモデルはMS1またはT18であり、フランス製FT17の改良型であった（ドイツ軍識別番号MS736（r））。

　中型のT24も少数生産されたが、両モデルは世界大戦時の開発に対しては本質的には寄与することはできなかった。

　新しい発想は外国からやって来た。1930年から1932年の間に、ソ連は大英帝国からヴィッカース中型戦車15両、6t戦車15両と軽カーデン・ロイド装甲車両多数を購入した。ヴィッカース6t戦車とカーデン・ロイド車両は技術的に当時の最先端であり、多数の諸外国でライセンス許可に

よりコピー生産が行われており、ソ連のように多数を購入する国は皆無であった。

ロシア製カーデン・ロイドタイプのT27型は1931年に生産されたが、オリジナルのマークVI型に比べて走行転輪数が増加され、履帯フェンダーが大型化されており、これによってソ連の道路事情により適することとなった。

車両は先端装甲を有しており、乗員2名で機関銃1挺を使用することができた。この車両は専ら教育訓練に使用され、ソ連における戦闘戦車の量産に必要な基礎を創り出したのであった。ヴィッカース6t戦車はライセンス生産を通じて、その先進的な設計思想を思いがけず体験することができた。基本的には2つの型式が購入された。T26Aは限定された射界を有する2個の砲塔が並列に搭載され、各機関銃1挺を有していた（ドイツ軍識別番号装甲戦闘車T26A－737（r））。1930年代中頃、T26BおよびC型が開発されたが、回転砲塔は1個でL/46口径4.5cmカノン砲を装備し、その時代においては先進的な兵装であった。乗員は3名で機関銃1挺から2挺まで使用可能であった（ドイツ軍識別番号はT26B－738（r）、C型は識別番号T26C－740（r））。

このほかにカノン砲の代わりに砲塔装甲を改装し、火焔放射器を装備した火焔放射ヴァージョンのT26Bも製造された。砲塔内部の左側面に400リットルの火焔放射用燃料タンク、右側面には交換可能な圧縮空気ボンベ4本が積載されていた（ドイツ軍識別番号は火焔放射戦車T26B－739（r））。

T26の各型式は専ら歩兵支援を目的としており、1941年時点でソ連戦車部隊の大部分を占めていた。ソ連から供給されたこれらの車両は、スペインの市民戦争へ最初に実戦投入された。

砲操作兵用のオープン座席を装備する装甲化砲兵シュレッパーSTZ－3、識別番号630（r）。

ドイツ国防軍にて補給輸送車両として使用されるSTZ－3。

3.7cm対戦車砲36型を搭載したSTA－3対戦車自走砲。

装甲化砲兵シュレッパーSTZ3(r)、識別番号630(r)
3.7cm対戦車砲36型応急装備型

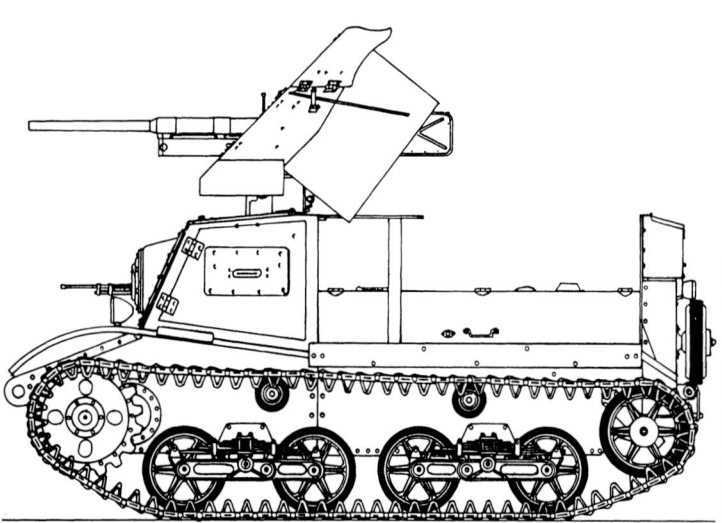

この車両の多数は1941年にドイツ国防軍との戦闘で犠牲となった。火力は優れていたが、取り扱い（運転操縦）の面でドイツ戦車に劣っていたのである。この時点においてT26はすでに旧式化しており、捕獲されてまだ可動状態にあった車両は、治安任務のため戦線後方で用いられた。*

*訳者注：警察部隊においては、第9警察戦車中隊が1942年11月からT26B/Cを少なくとも1両装備しており、第10警察戦車中隊も1943年6月から1944年12月にかけて少なくとも3両保有していた。珍しいところでは、第12警察戦車中隊が、ツイン砲塔型のT26A型を少なくとも1両装備していた。

唯一の派生型として、1943年に砲塔を撤去してフランス製7.5cm対戦車砲97/98を装甲防盾の後方に据え付け、自走砲として改修した例が知られている。*

*注：1943年10月8日現在、第563戦車猟兵大隊／第3中隊（第18軍）において、可動状態の車両5両、整備工場で修理中の車両5両という記録がある。1943年12月1日時点でこれらの車両は無線装置を装備しておらず、1944年1月7日時点で可動状態の車両は10両であった。1944年3月1日、T26改修自走砲に替わって38（t）自走砲が供給された。

水陸両用の装甲化偵察車両として、ソ連軍はT37およびT38型を実戦投入した。両型式は、オリジナルのヴィッカース・カーデン・ロイド水上走行戦車をベースとしたもので、T37型（ドイツ軍識別番号731（r））は重量3.2t、乗員2名で機関銃1挺を装備していた。水上走行の駆動については、プロペラスクリュー1基を用いた。

改良型のT38型（ドイツ軍識別番号732（r））は、冬季の凍結防止を考慮して車両内部のブレーキを変更した。また、水上走行用の駆動スクリューは3枚プロペラ式となった。

T26型と同じく大量に装備され、赤軍の代名詞となったのがBT型（Bystrokhodnii Tank＝ブィーストルィイ・ター

ドイツ軍部隊により接収された装甲偵察車BA10、識別番号203（r）の前方および後方からの写真。

装甲偵察車BA20M、識別番号202（r）。車両はブレスト・リトフスクの洲政府建物（第19軍団司令部として接収）前で、1939年のポーランド戦役終了後に撮影されたもの。

装甲偵察車BA10(r)、識別番号203(r)

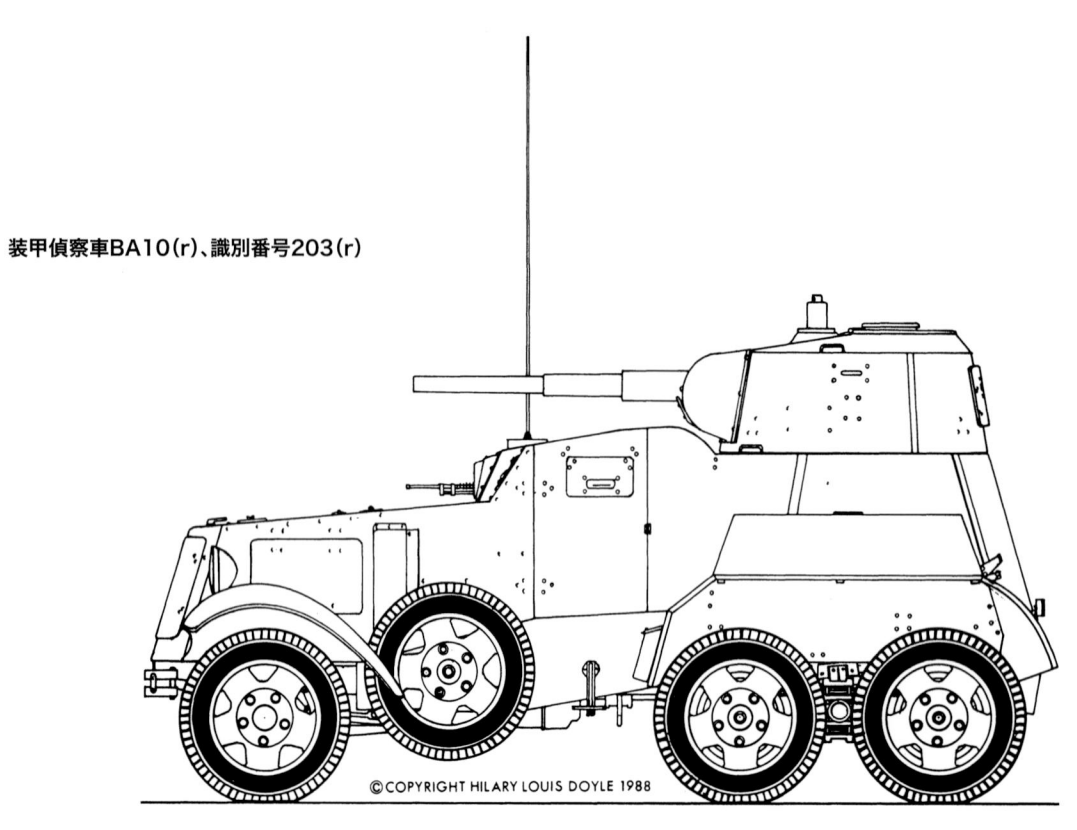

装甲偵察車BA20、識別番号202(r)

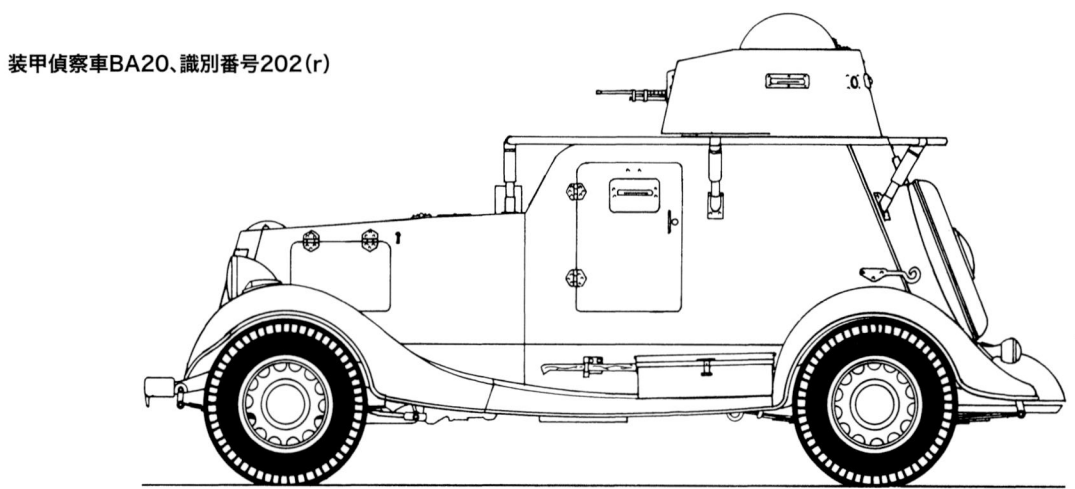

ンク。快速戦車)であり、アメリカ人のJ・ウォルター・クリスティーの設計思想がベースとなっていた。この走行装置は、高速走行全軌道式車両の新たな標準となった。クリスティーは、路上においては装輪走行し、路外においては速やかに履帯走行に切り替え可能な装輪／装軌両用駆動装置の分野ではパイオニア的存在であった。

しかしながら、複雑な駆動装置は車両重量の増加には耐えられず、装甲防御を犠牲にすることとなった。1931年に赤軍は、クリスティー型車両2両を購入した。これは後に決定的な役割を演じることになるのであるが、この時点ではそれを予見することはできなかった。車輪走行から履帯走行への変換作業は、平均で30分を要した。この車両はロシアにおいては、それぞれ異なる開発段階を経ており、BT1からBT7までの呼称が付与された。兵装の開発については、3.7cmカノン砲から4.5cmカノン砲を経て、最終モデルは短砲身7.62cmカノン砲を装備した。戦闘重量は乗員3名で13.7tであった。この車両は基本的には攻撃用の戦闘用兵を想定しており、その最大速度は履帯走行で54km/h

に達した。T26のエンジン出力は91馬力であったが、BTシリーズは500馬力にまで向上したが、回転砲塔は乗員2名でT26と同構造であった。

装甲戦闘車BT-742（r）は大量にドイツ国防軍の手に落ちたが、ドイツ軍は治安任務やパルチザン掃討戦のために少数を実戦投入したに過ぎなかった。

赤軍の第一次戦闘戦車装備計画の構想は、重戦車タイプのT28およびT35で完全なものとなった。これはいわゆる多砲塔車両であり、この時期にフランスやイギリスおよびドイツにも見られたものであった。両戦闘戦車は諸外国の原型とは明らかに違っており、その開発においてはロシア独自の考えが明確に現れていた。中型の重量29tのT28は、回転砲塔3個を有しており、主砲塔は短砲身7.62cmカノン砲を装備し、副砲塔2個には各機関銃1挺を装備していた（ドイツ軍識別番号746（r））。

火力については圧倒的である45t重量の戦闘戦車T35は、回転砲塔が5個以上もあった。
車両には乗員10名が乗り込んでいたが、実戦の際には各指揮官は与えられた任務を果たすことはほとんどできなかった。ドイツ軍識別番号は751（r）である。

両タイプの車両も、ドイツ国防軍との戦闘で多数が犠牲となった。機動性に欠け、装甲防御力は弱く、その火力においても戦術的に乗員3名の回転砲塔1基というドイツの標準型に劣っていたのであった。

1941年現在で赤軍の戦車部隊の戦車兵力は、21000両から24000両でドイツ戦車兵力の4倍であり、その他の諸外国の戦闘戦車を全て合計した数よりも多かった。これらの第一次世代の車両のうち、1941年の単年度だけでも

機関銃砲塔2個を有する装甲戦闘車T26A、識別番号737（e）と単砲塔のT26B、識別番号738（e）。1941年のロシア戦役開始の頃に写されたもの。

ポーランド戦役終了後、ハインツ・グデーリアン大将の前を行進するロシア製T26（1939年9月22日撮影）。

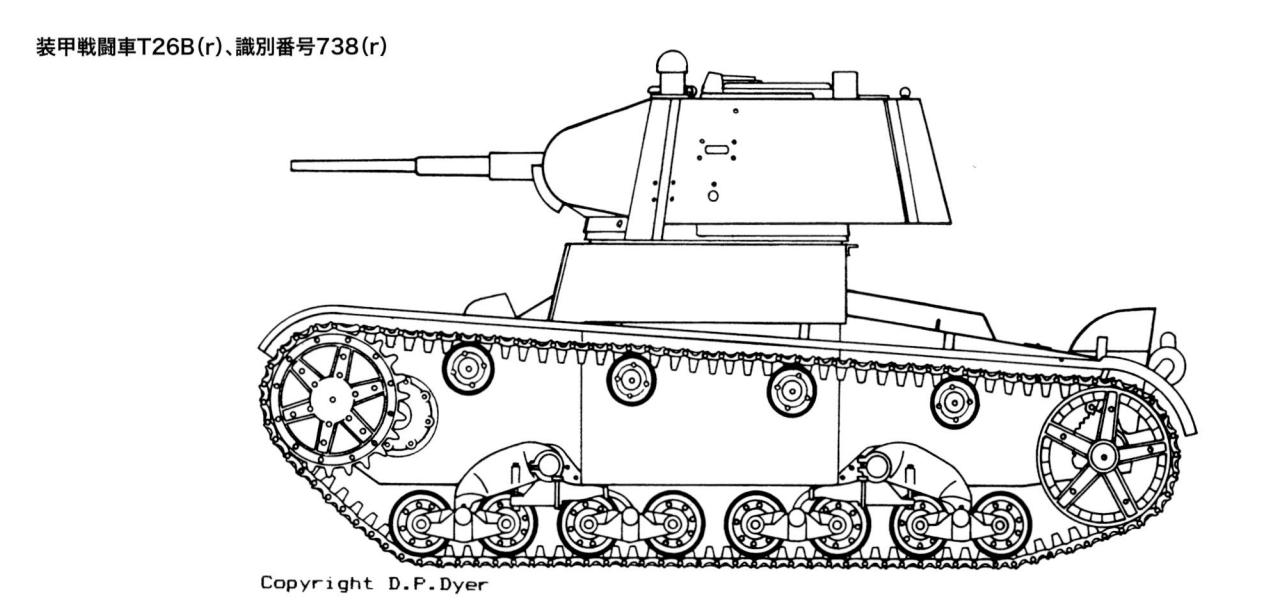

装甲戦闘車T26B(r)、識別番号738(r)

Copyright D.P.Dyer

235

ドイツ軍部隊で使用される装甲戦闘車T26の前方および後方からの写真。車両はもっぱら治安維持任務に投入された。

少数のロシア製シャーシの改造例であるT26シャーシベースの7.5㎝対戦車砲97/98（f）搭載自走砲。

ドイツ空軍で使用される水陸両用装甲化偵察車両T37、識別番号731（r）。

装甲戦闘車T26(r)シャーシベースの7.5㎝対戦車砲97/98(f)型搭載自走砲

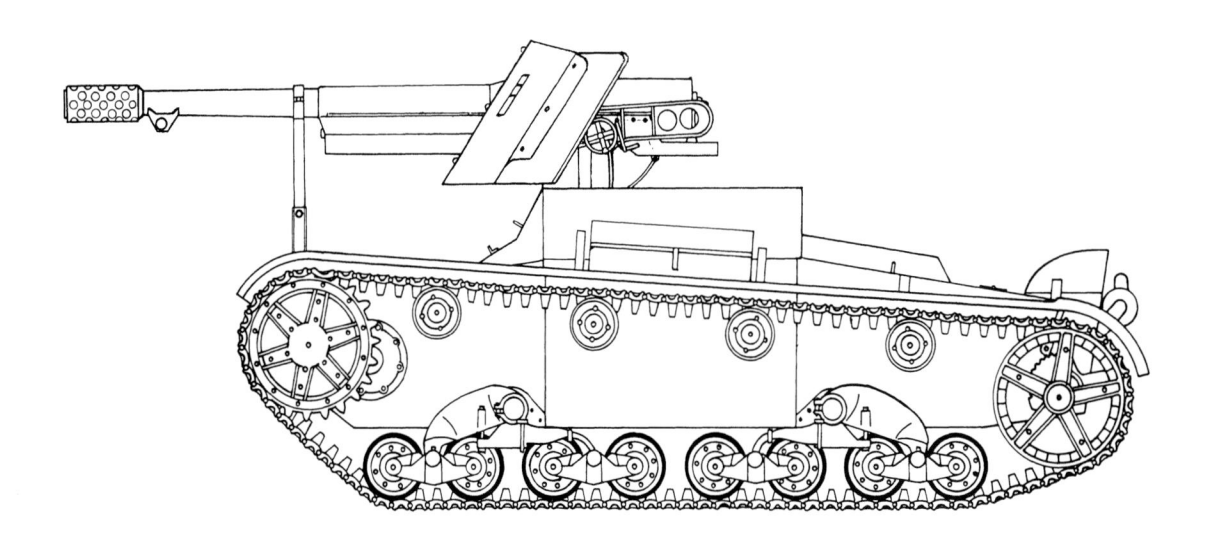

水上走行戦車T37の改良型タイプ38、識別番号732（r）。

装甲戦闘車BT、識別番号742（r）は、もっぱらドイツ国防軍によって治安維持任務に投入された。

J・ウォルター・クリスティーのパテント取得後、BTシリーズについては、路上は装輪走行（BT5）、路外は履帯走行（BT7）が可能となった。

17000両が失われたが、大部分がこの時点では旧式化したものであった。これらの車両をフランスの場合と同じように利用するのは当然と考えられたが、基本的な状況は大きく異なっていた。下記に1941年11月5日付のOKH組織局の報告を示す：

ロシアにおいて捕獲された数千両の戦車は、（フランスと）同様な目的に供用すべきであるが、ここで次のような問題点が判明した：

「戦車の大半は戦闘により破損しており、くず鉄に利用する以外は不可である。外見上破損していないように見える戦車も多数あるが、必要不可欠な部品が欠落しており、ロシア軍自らが抜き取って行くか破壊しており、あるいは前線部隊によって持ち去られている。整備可能と思われるロシア製戦車も多数あるが、その重量が52tまであり、ドイツ軍の牽引装置では動かすことができない状況にある」

ロシア製戦車をドイツの任務に使用できない主要因は、味方の整備補修能力が、ドイツ戦車を必要な短時間の内に牽引回収したり、前線部隊に再配備したり、長期修理が必要な車両を本国まで後送することすら充分できないという点にあった。1941年10月末までに、僅か100両余りのロシア製戦車しか整備補修を施し、治安任務へ投入することができなかった。広大な範囲で放置されている10000両をくだらないと思われるロシア戦車が、冬季になってもそのままにされ、そのためドイツ軍が供用することはもはや不可能であった。

この時点でのドイツ戦車部隊の状況を紹介しよう：1941年12月27日、ミュンヒェンにある『技術館』において、軍需省の代表者とザウアー次官の監督下にある当該の企業が会議を開催した。この会議の中で、完全に麻痺してしまった戦車の補充予備部品の供給は今や死活問題であり、新たに組織化する必要が確認され、東部戦線後方の鉄道近くに大規模な補充部品貯蔵センター4箇所を新規に設置することとなった。この貯蔵センターは、より大きなメイン修理工場に所属し、1000名規模の従業員メンバーが予定された。これらの修理工場は後に補充部品を生産し、徐々に装甲戦闘車両用生産工場へと拡張する計画であった。そのため、MAN社、ヘンシェル社、ダイムラー・ベンツ社とクルップ社が、それに応じた委託契約を受託した。

装甲戦闘車BT7、識別番号742(r)

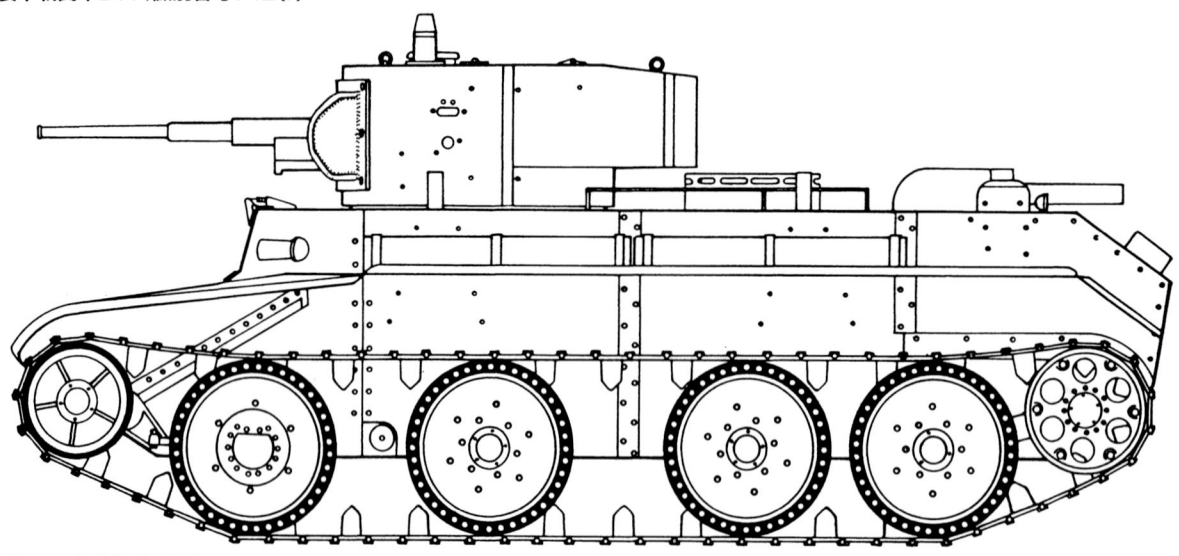

Copyright D.P.Dyer

装甲戦闘車T28、識別番号746(r)

T-28

リッター・フォン・ラドルマイアー大将は、従来の組織から有利な新しい組織へ一刻も早い転換を行うよう警告した。うまくいかないのは補充予備品の製造ではなく、補給そのものの問題であったためである。彼は1942年1月15日から全修理戦車をドイツ本国へ返送するべきであると意見を述べた。これらの車両は5月初めまでにオーバーホールを行い、再び使用に供する必要があった。ロシアに投入された3000両のドイツ戦車のうち、2000両は全損と見なされ、もはや修理不能であった。ザウアー軍需省次官は、会議の結びの言葉として、この計画の全体指揮は企業経営者の一人が責任を持ってあたるべきであるとして、総指揮者はアルケット社のホルツカンプ社長が選出された。

第二次世代のロシア製戦闘車両

1941年までの間、T34のように国際的な戦車製造の分野で顕著な影響を及ぼした車両は存在しなかった。この戦車は、機動性、火力と装甲防御力の要素がうまくバランスされており、しかもソ連に現存するインフラ設備に適合して製造が可能であった。それは新たな戦車の世代全体におけるプロトタイプとも言うべきものであった。BTシリーズのシステマティックな更なる開発の一環として、1937年にハリコフ・トラクター工場の製造事務所でその開発は開始された。プロトタイプA20の下部車体と回転砲塔は、全ての面が厚さが違う傾斜装甲板で構成されており、後のT34の典型的な特徴を示していた。1938年に装輪／装軌駆動装置のコンセプトは放棄され、次期開発戦車として完全な履帯戦車T32が決定された。最初の車両は1939年に製造され、装甲板と火力の更なる改良の後、それはT34のプロトタイプへと進化した。1939年12月19日にT34の導入が決定された後、主兵装としてL/30.5口径7.62㎝カノン砲を装備した最初の2両が1940年3月に完成した。量産

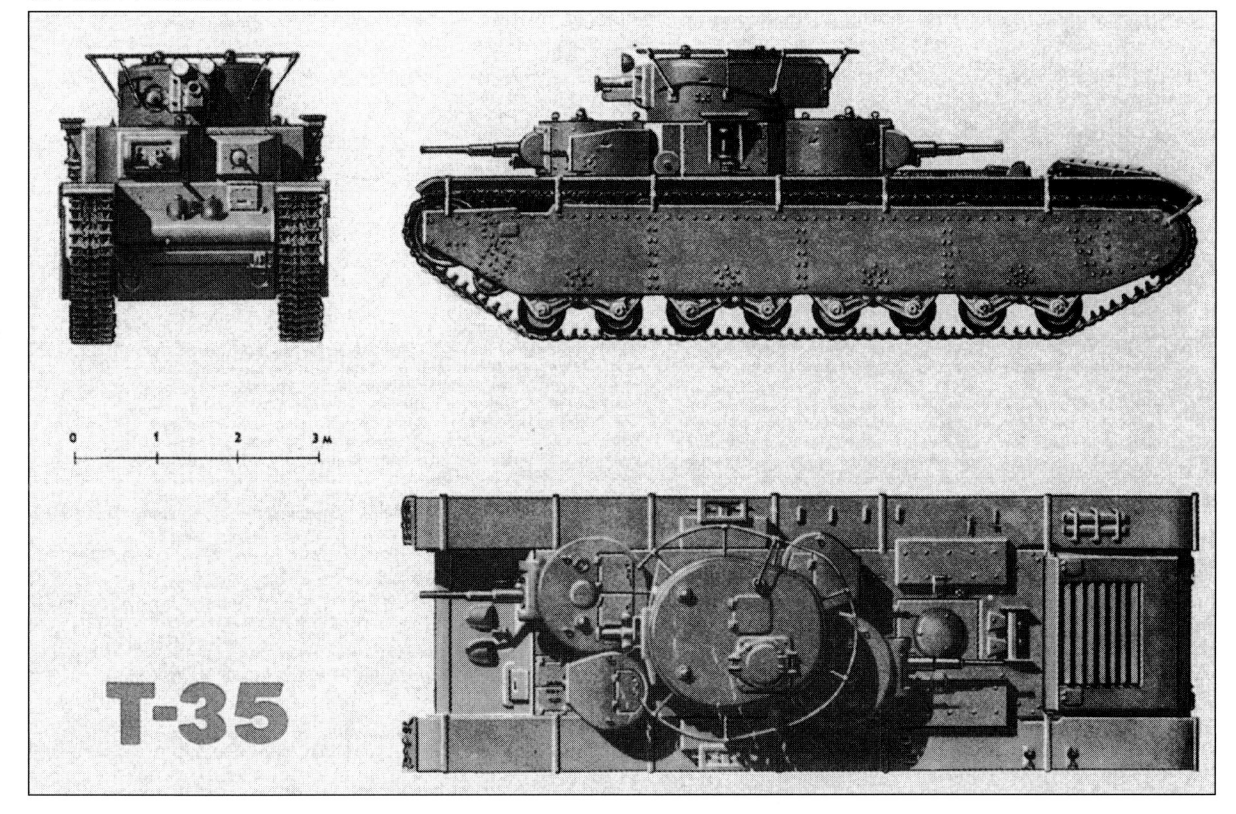

装甲戦闘車T35、識別番号751(r)

は1940年6月に開始され、その年の末には115両の量産車両が納入された。

　ヒトラーは1941年春にソ連の将校団に対して、ドイツ戦車学校と戦車製造工場を視察するよう故意に許可し、ロシア人に全てを見せるよう命令した。しかしながら、ロシア人はⅣ号戦車がドイツの最重量戦車であるとは考えず、再三に渡って彼らはヒトラーが約束した最新の生産設備を秘密にしていると主張した。ドイツの製造者と兵器局将校は、その時、次のように確信した。「ロシア人は我々より優れた重戦車をすでに自ら保有している」。

　1941年7月末、ロシアで我々の前線に戦闘戦車T34が現れた時、戦車および対戦車兵器のドイツ標準兵装は一夜にして無力になってしまった。

　重量26.3t、乗員4名で前面装甲は45mmまでの厚さであり、500馬力ディーゼルエンジンを搭載し、最大速度は54km/hに達した。その接地圧は0.65kg/cmであり、ドイツ車両より遥かに低い値であった。単純なクリスティー走行装置の転輪幅は直径240mmであり、ショックアブソーバーは備えられていなかった。カノン砲の砲長は、導入直後にL/30.5口径からL/41.5口径に延伸された。

　もちろん、T34にも重大な欠点があった。操縦性がドイツのⅢ号およびⅣ号戦車より劣っていた。というのは、短砲身の場合でさえ砲塔内は手狭であり、ドイツの標準より長い長砲身の場合には不充分であったためである。方向射界は粗調整は電動で行い、微調整は手動で行った。砲塔は乗員2名で指揮官（照準手を兼任）および装填手のみであり、指揮官にとって二つの任務は過大であった。変速装置は特に劣悪であり、これがソ連製戦闘戦車の第二の大きな弱点であった。損傷がない状態で発見されたT34型およびKW型戦車のほとんど全ては、クラッチ装置の故障により遺棄されたものであった。ドイツ国防軍に捕獲されたT34は、装甲戦闘車T34-747（r）と呼称された。これらは捕獲車両としては熱望されたが、その特徴ある外見と騒音のために、ほとんど必然的にドイツ軍の対戦車兵器のありがたくない歓迎を招くこととなった。T34に対しては、まず一発ぶっ放すのが基本であったのである。多数の砲塔を撤去したT34は、牽引車両（兵士のスラングで「回収下部車体」と名づけられた）として卓越した能力を発揮した。結局、T34はドイツ軍の整備補修システムにとっては重荷だったのである。＊　＊＊

*訳者注：1943年5月31日付の報告書によれば、ドイツ軍保有のT34は50両（可動数17両）であり、このうち29両はSS第2戦車師団"ダス・ライヒ"に配備されていた。また、1944年12月末現在では39両保有されており、そのうち29両（T34-85）は第1スキー猟兵師団に配備されていた。なお、第1スキー猟兵師団は1945年1月7日現在で、なおも22両のT34-85を運用していた。
**訳者注：警察部隊においては、1944年3月の時点で第5警察戦車中隊の第3、第4小隊が各5両のT34を装備していた。また、第9警察戦車中隊も少なくとも1両装備していたのが知られている。

ロシア製捕獲戦車の大部分は回収されずに遺棄され、軽タイプのみは集積されて再使用に供された。写真は積載されて鉄道輸送で集積場へ向かうBT車両群を写したもの。（ドイツ公文書館）

●ドイツにおけるT34のコピー生産

　ドイツの戦車製造企業の権威ある経営者と製造者並びに陸軍兵器局の将校は、1941年11月にグデーリアンの戦車軍を訪れた。ロシアに対するドイツ戦車部隊の技術的優位性を再び取り戻すため、専門家達は前線でのロシアのT34に対する生々しい戦訓に基づいて対抗策を明確にしたかったのである。この車両を単純にコピー生産するということも検討されたが、実際にコピー生産するためにT34の構造部材を指定された時期に用意することはすぐに不可能であることが明らかになった。しかしながら、この可能性についてはより詳細に検討が続けられた。

　1942年3月16日、ロシアのT34をコピー生産する計画は最終的に放棄された。というのは、次世代のパンターやティーガーが兵装や装甲に関してT34を凌駕していたのである。

装甲戦闘車T34-76(r)、識別番号747(r)

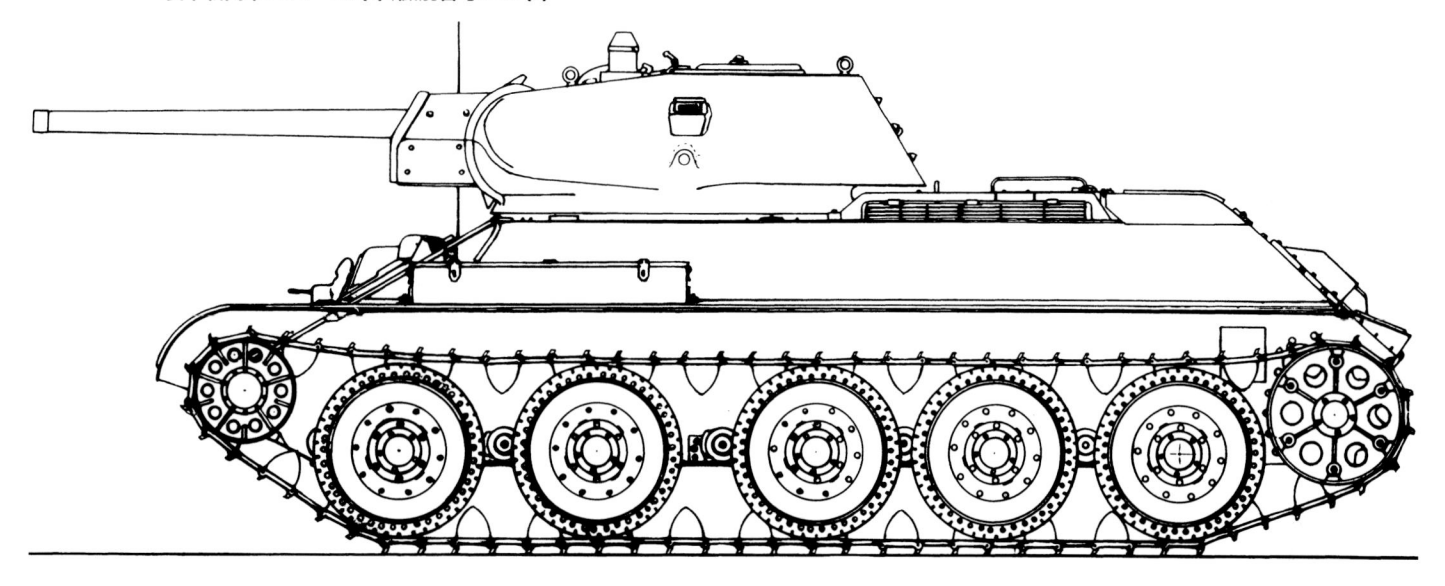

ロシア側から見た装甲戦闘車T34、識別番号747(r)の開発の歴史。型式は順番に1941年から1942年（下）、1942年から1943年（次頁上）、1943年（次頁下）から1945年を表わしている。最後の図はT34-76の長手方向断面図である。

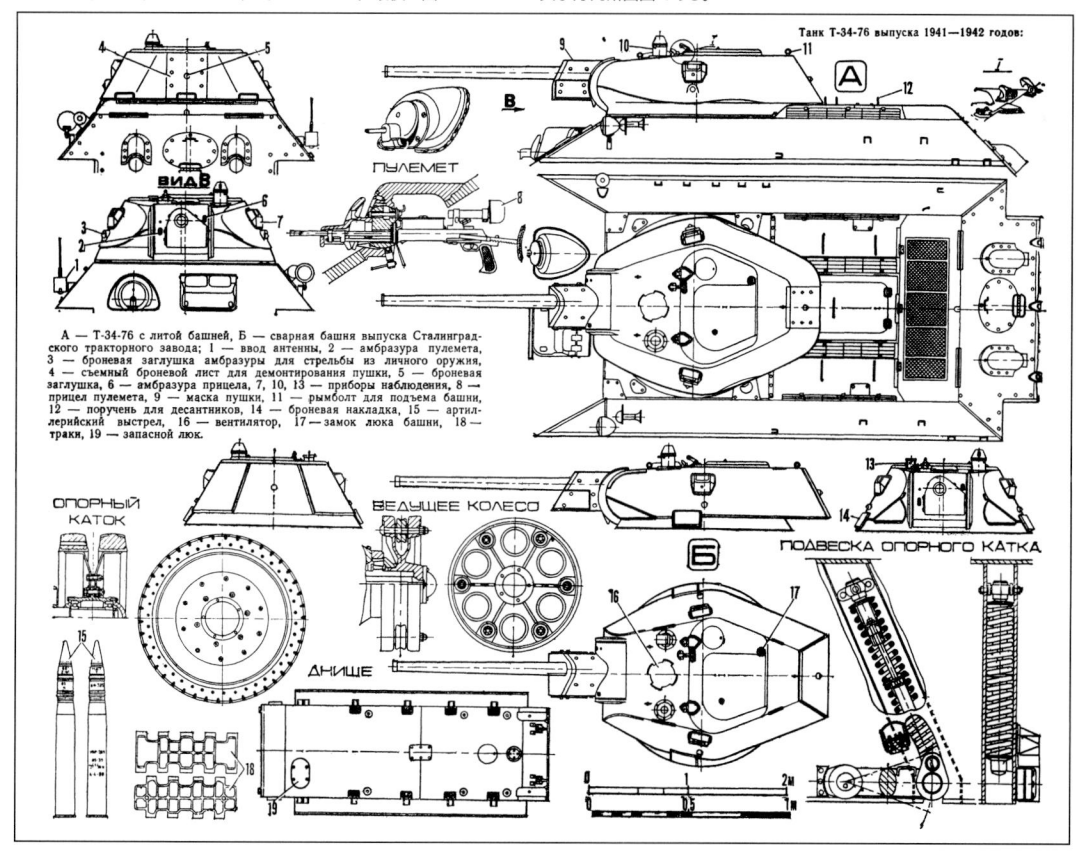

Танк Т-34-76 выпуска 1941-1942 годов:

А — Т-34-76 с литой башней, Б — сварная башня выпуска Сталинградского тракторного завода; 1 — ввод антенны, 2 — амбразура пулемета, 3 — броневая заглушка амбразуры для стрельбы из личного оружия, 4 — съемный броневой лист для демонтирования пушки, 5 — броневая заглушка, 6 — амбразура прицела, 7, 10, 13 — приборы наблюдения, 8 — прицел пулемета, 9 — маска пушки, 11 — рымболт для подъема башни, 12 — поручень для десантников, 14 — броневая накладка, 15 — артиллерийский выстрел, 16 — вентилятор, 17 — замок люка башни, 18 — траки, 19 — запасной люк.

ОПОРНЫЙ КАТОК
ВЕДУЩЕЕ КОЛЕСО
ПОДВЕСКА ОПОРНОГО КАТКА
ПУЛЕМЕТ
ВИД Б
ДНИЩЕ

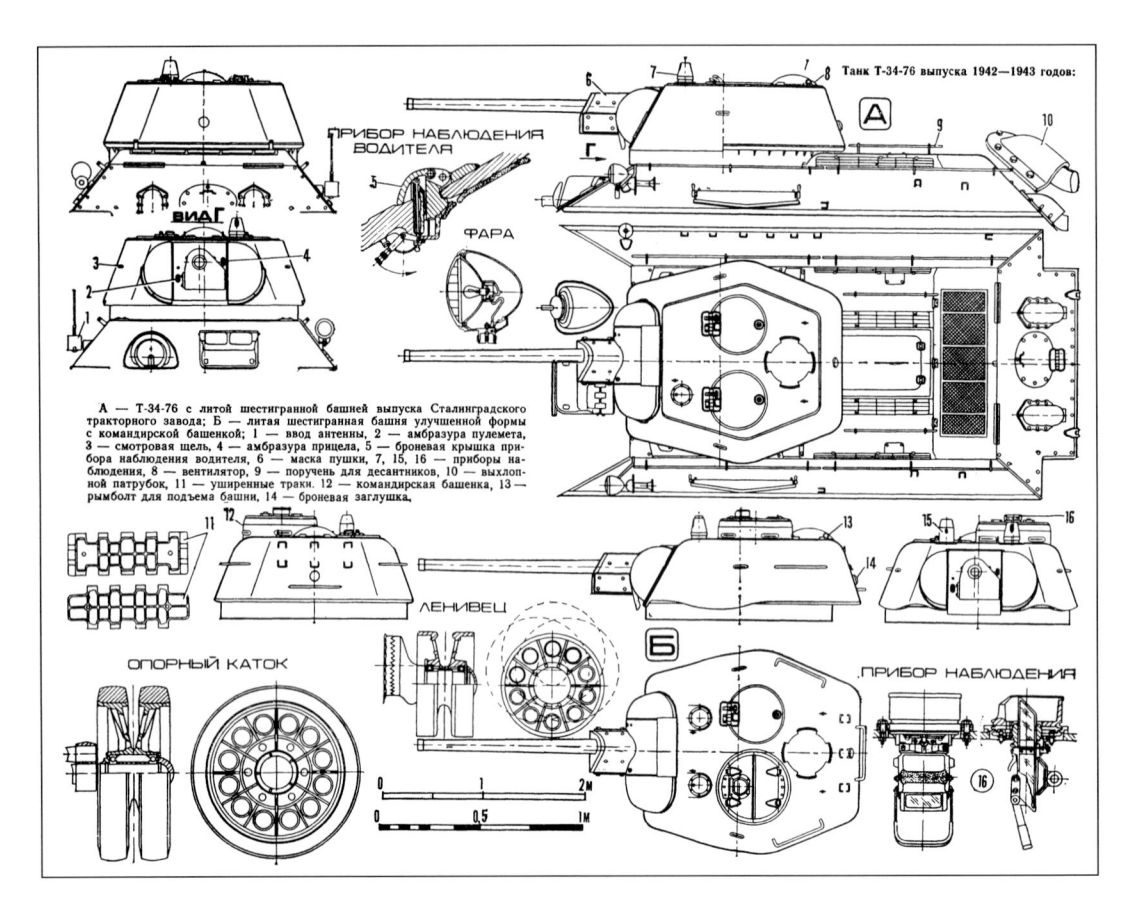

Танк Т-34-76 выпуска 1942—1943 годов:

А — Т-34-76 с литой шестигранной башней выпуска Сталинградского тракторного завода; Б — литая шестигранная башня улучшенной формы с командирской башенкой; 1 — ввод антенны, 2 — амбразура пулемета, 3 — смотровая щель, 4 — амбразура прицела, 5 — броневая крышка прибора наблюдения водителя, 6 — маска пушки, 7, 15, 16 — приборы наблюдения, 8 — вентилятор, 9 — поручень для десантников, 10 — выхлопной патрубок, 11 — уширенные траки, 12 — командирская башенка, 13 — рымболт для подъема башни, 14 — броневая заглушка.

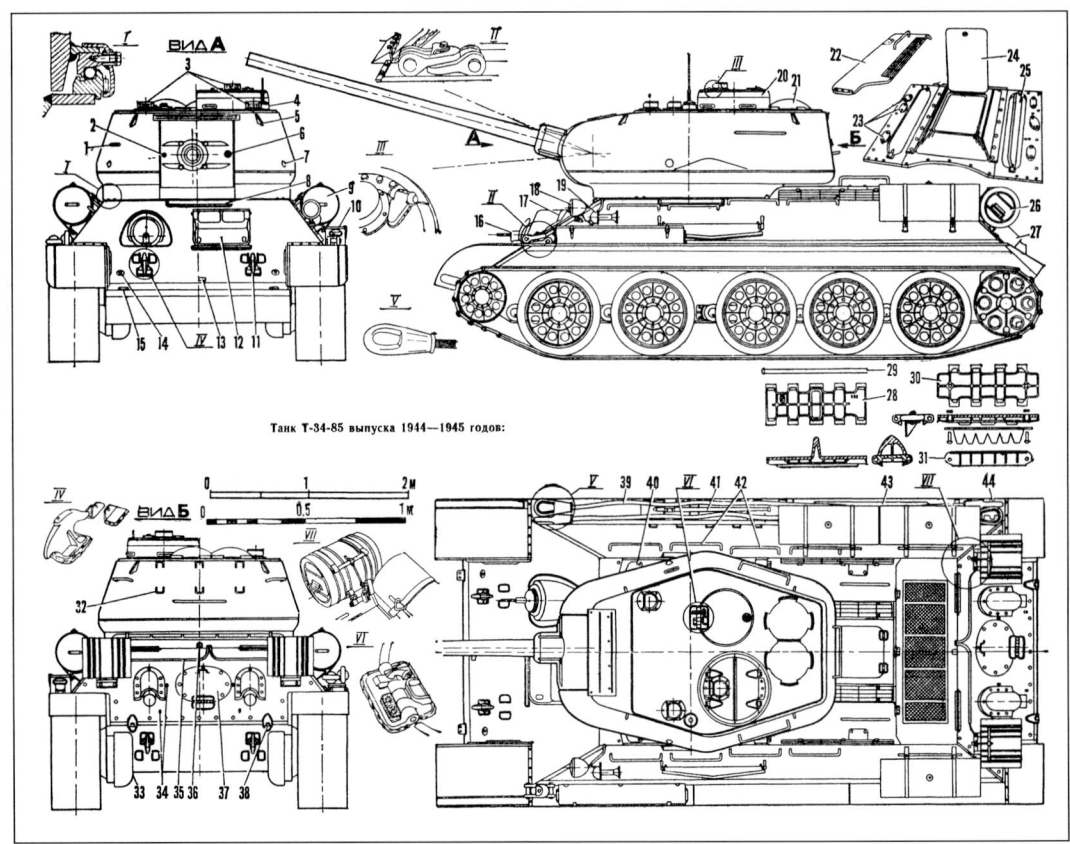

ПРИБОР НАБЛЮДЕНИЯ ВОДИТЕЛЯ
ФАРА
ВИД Г
ЛЕНИВЕЦ
ОПОРНЫЙ КАТОК
ПРИБОР НАБЛЮДЕНИЯ
Б

Танк Т-34-85 выпуска 1944—1945 годов:

ВИД А
ВИД Б

装甲戦闘車T34の内部構造図

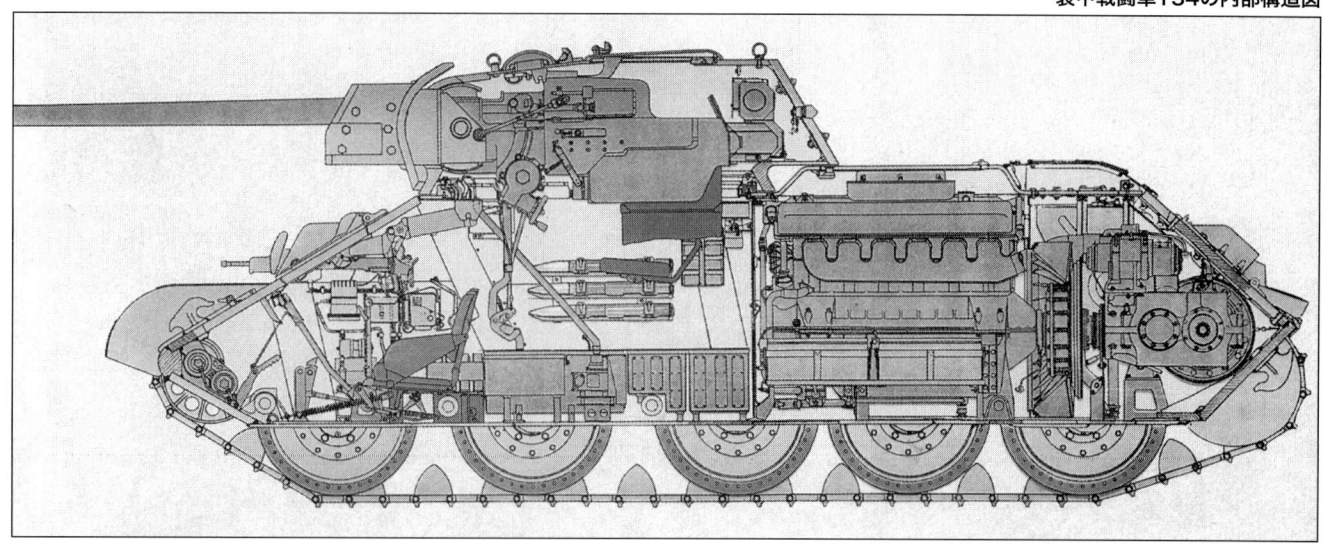

比較的少数のT34がドイツ軍によって再使用された。Ⅲ号戦車およびⅣ号戦車のドイツ仕様の指揮官用キューポラを装備しているが、極めて珍しい。

ドイツ仕様の側面シュルツェンを装備した例。捕獲車両のほとんどは、馬鹿でかい国章が描かれている。航空機から容易に識別できるように、砲塔ハッチには航空機用表示布が置いてある。

T34シャーシにドイツ製2cm4連装高射砲38型を搭載した現地部隊の改修車両（訳者注：第653重戦車大隊の大隊本部車両である）。

T34戦車には伝達系に驚くべき欠陥があった。（ドイツ公文書館）

ドイツ軍により使用されるディーゼル燃料を補給中のT34。マウルティーア4.5t半装軌式トラック（ダイムラー・ベンツ4500R型）が給油任務を引き受けている。（ドイツ公文書館）

戦争終了後、ニーベルンゲン工場で見つけられた装甲戦闘車T34-76。隣は前部フェンダー付きの6tクレーン装備の18t牽引車両最終型である。他にオープントップ式と操縦室装備の全軌道式シュレッパー・オスト（RSO）が多数見られる。

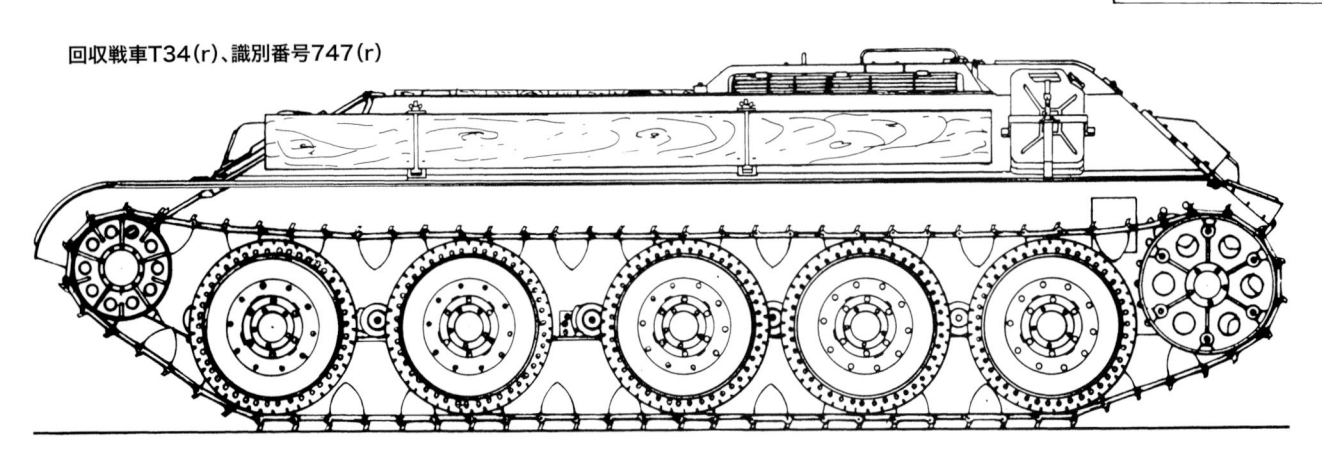

回収戦車T34(r)、識別番号747(r)

ソ連における戦車生産は、1941年の東方への工場疎開の結果、危険なまでに停滞していた。しかしながら、1942年からは戦車の製造は目覚しい進歩を遂げた。ソ連の全戦闘戦車の3分の2は東部の3大工場、すなわちウラル鉄道車両工場、チェルヤブリンスクのキーロフ工場と第183工場*によって生産された。1942年初めに軽戦闘戦車の製造は総生産の半分に達していたが、1943年には完全に中止された。その他の製造プログラムも、1943年から基本的に変更されたT34の生産に集中した。砲塔は完全に新しくなり、鋳造鋼製の回転砲塔は乗員3名となって操縦性は本質的に改善された。主兵装は8.5cmカノン砲SIS S53を搭載し、新たに投入されつつあった(パンター、ティーガーなどの)ドイツ戦闘戦車に対して著しい効果を示した。戦闘重量は32tに増加し、最大速度は53km/hに低下した。

戦闘戦車T34/85は、現在においてもなお数ヵ国で部隊使用がなされている。**

*訳者注：1943年3月にハリコフはドイツ軍部隊によって奪回された。市街の東外縁にある戦車工場は、武装SS組み立て工場として再び操業を開始し、流れ作業による損傷戦車の修理と戦闘戦車T34/76の組み立て作業に取り組んだ。生産された車両の大部分は、大きなバルケンクロイツ(鉄十字章)を描いてビエルゴロド付近の戦闘へ投入された。

**訳者注：この本が出版されたのは1989年であることに注意。

クンマースドルフ試験場における比較写真。上が装甲戦闘車T34-76、下が1943年から投入されたT34-85。

装甲戦闘車T34-85(r)

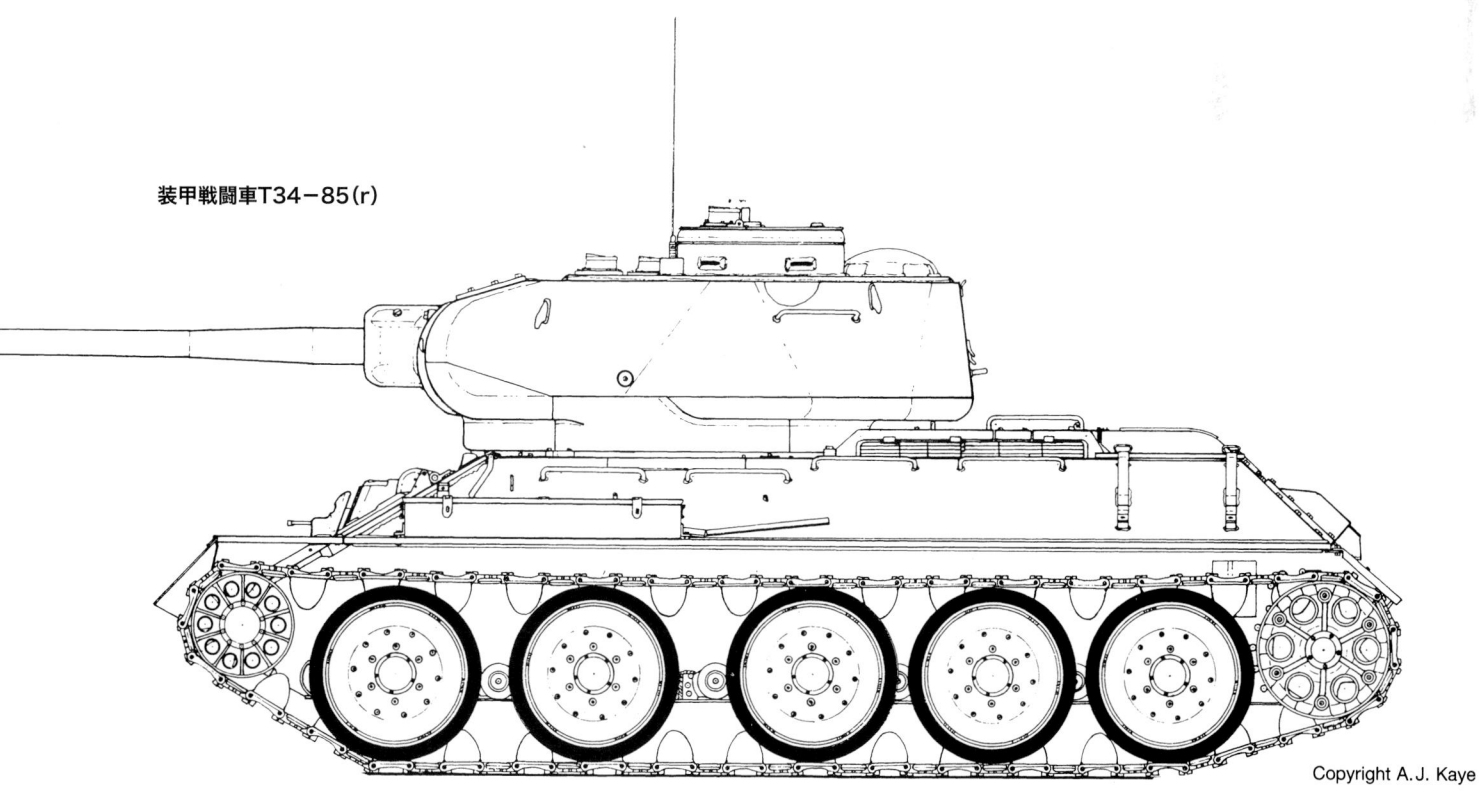

Copyright A.J. Kaye

245

●T34ベースの戦車駆逐車

　ドイツ突撃砲と戦車駆逐車の対戦車戦闘での大きな戦果がきっかけとなり（撃破数についてはドイツ戦闘戦車より遥かに上回っていた）、赤軍は似たような歩兵支援車両の複製を供給した。コンセプトは単純であり、コストのかかる回転砲塔を撤去することで車両重量がかなり低減し、その分前面装甲を厚くしてより大型の主兵装を搭載することが可能であった。欠点は兵装の制限された方向射界であり、方向射界の粗調整は車体全体の向きを変えなければならなかった。この当時、それは耐久性のない駆動機構（操向変速機や操向ブレーキなど）の負荷が増加することを意味していた。生産時間は戦闘戦車に比べて大幅に短縮された。この種の車両についての型式は、自走砲（Samkhodnaye Ustanovka＝SU）として分類要約され、多数の派生型を輩出した。T34ベースの最初はSU85であり、その主兵装はT34/85に搭載されたものと同じであり、次いでSU100が生産された。SU100は戦争末期に部隊配属された。

　同じような方法で12.2cm榴弾砲をT34シャーシに搭載した車両はSU122と呼称された。

　ドイツ戦車部隊の工場整備中隊は、部隊の日常任務の中に大量の捕獲戦車の整備を組み入れることは重荷であった。これらの車両はある程度まとまった数量が投入できれば戦果が期待できたが、味方の前線部隊の報告は問題の解決は不可能であることを示唆していた。

　いずれにしても、捕獲戦車は味方補給段列の警護や味方

ドイツ軍仕様に塗装・マーキングが施された2両のSU100。（ドイツ公文書館）

操縦手ハッチから10cm砲弾の弾薬補給を行うSU100。（ドイツ公文書館）

S.U.100突撃砲の三面図

戦車の回収に大きな助けとなった。

　捕獲戦車の整備は手間がかり、最終的に味方戦車のための修理時間減少に跳ね返って来た。しかしながら、やむを得ぬ理由により常に捕獲戦車は使用されたが、中にはT34やKWⅡをドイツ製指揮官用キューポラへ改修したり、T34シャーシに2cm4連装高射砲を搭載したり、果てはドイツの7.5cm戦車カノン砲L/43をKWⅠ型の回転砲塔に装着したりといった通常では考えられないような異形の車両も存在した。これらの「外来種」は部隊防衛にとって決定的に貢献したが、すべては例外的な取り扱いに止まった。

12.2cm自走砲SU122の正面および上面写真。

ロシアの某所で作戦中の捕獲されたSU100およびT34。（ドイツ公文書館）

重戦闘戦車

　新世代の最初の戦闘戦車として、ロシア側は1939年－40年のフィンランド戦役においてKWⅠおよびKWⅡ（KW＝クリメント・ヴォロシーロフ）を実戦投入した。43.5tの重車両であるKWⅠは、ドイツ軍部隊に対しても3タイプ（a型は非強化型、b型は部分強化型、c型は全体的な強化型）が投入されたが、基本的にはT34の7.62cmカノン砲L/30.5口径を搭載し、後にはカノン砲L/41.5口径モデル1940に換装された。基本装甲は75mmまでであり、撃破することは困難であった。技術的にはT34の設計と相似していたが、クリスティー走行装置の替わりにトーションバー機構を組み込んだ補助転輪－走行転輪装置を採用していた。500馬力ディーゼルエンジンは、600馬力にまで出力が高められて搭載され、最大速度は35km/hであった。ドイツ軍識別番号は、KWⅠa－753（r）、KWⅠb－755（r）およびKWⅠc－756（r）である。

　姉妹型のKWⅡは、見間違いようもない15.2cm榴弾砲を装備した特徴的な砲塔を装備しており、乗員6名で戦闘重量は52tに達した。3.28mにもおよぶ車高はすぐに目立ち、機動性も低いことから、1941年末より戦線から引き揚げられたため、散発的にしか出会うことはなかった。ドイツ軍識別番号は、KWⅡ－754（r）である。

　1942年にはドイツ軍のティーガー戦車に対する過渡的対策として、後のT34/85の兵装を装備したKW85が登場した。

　そして1943年になると、KWのシャーシをほとんど変えないまま回転砲塔にL43口径12.2cmカノン砲D25を装備した重戦闘車JSが開発された。

　ヨゼフ・スターリン重戦車は、1945年からJSⅢ型の新

重装甲戦闘車KWⅠ、識別番号753（r）の回収作業は、ほとんどの場合困難を極めた。

開発を通じて基本的に改良された下部車体を供給された。これらの車両のうち、ドイツ側の手に落ちたのは極少数であった。

●KWをベースとした戦車駆逐車

　1942年から姿を現したドイツ重戦車および重戦車駆逐車に対抗するため、KWシャーシをベースとした多数の重装甲対戦車車両が開発され、SUシリーズとして供給された。有名なものとしては、SU122およびJS（スターリン）のシャーシをベースとしてJSU152が挙げられる。これらの車両は、突撃砲、装甲榴弾自走砲または戦車駆逐車として同じように投入された。

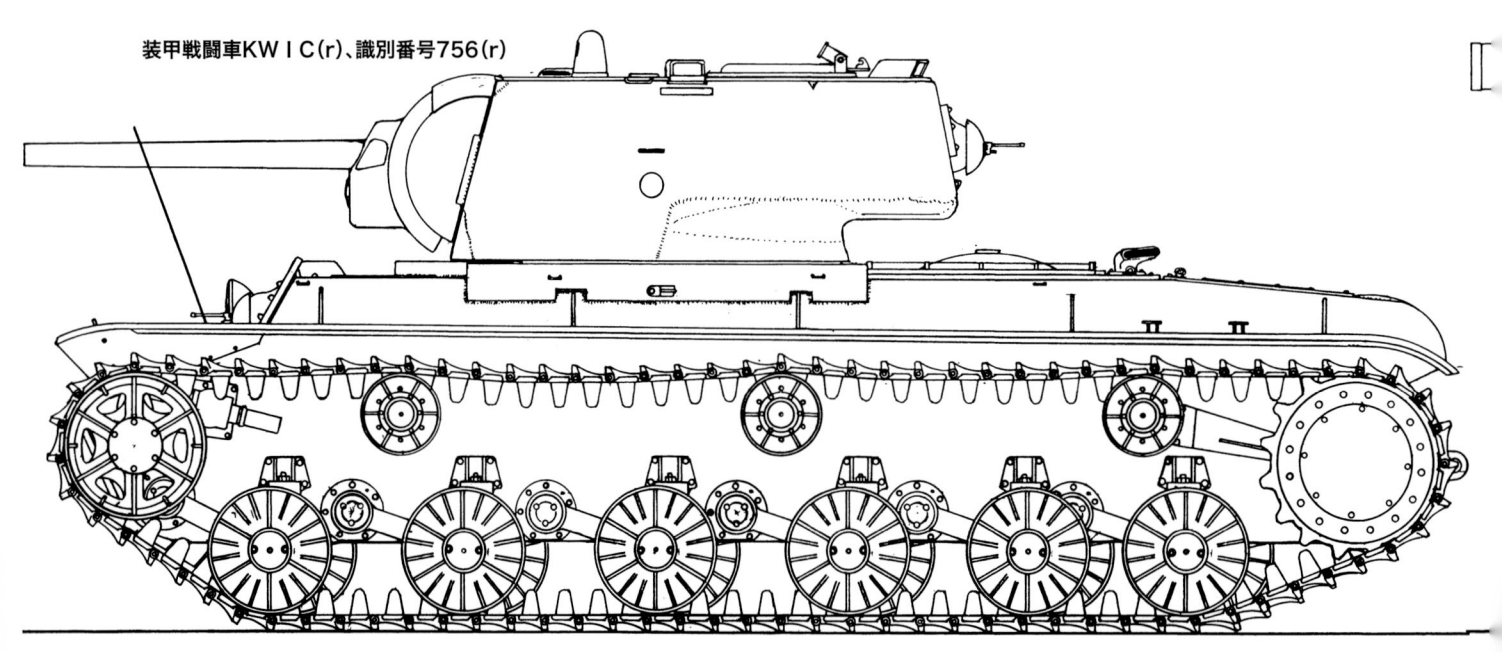

装甲戦闘車KWⅠC(r)、識別番号756(r)

1942年にベルリンで開催される戦勝展示会のために、デモンストレーションとしてベルリン市街の路上を走行するKWⅡ。新聞は「たった一人の逃亡者（Einer kam durch）」という題でこれを報じた。このデモンストレーションから数年後、過酷な敗北が訪れるとは誰が予想したであろうか。

マルタ島攻略作戦のために出撃準備を行う第66特別編成（z.b.v）戦車中隊の装甲戦闘車KWⅡ、識別番号754(r)。この車両はドイツ軍仕様の砲塔キューポラ（Ⅲ号およびⅣ号戦車）を装備している。

Ⅳ号戦車の7.5cm戦車砲L/43を装備したKWⅠの改修の一例。

装甲戦闘車KWⅡ(r)、識別番号754(r)
（ドイツ軍仕様キューポラ装備）

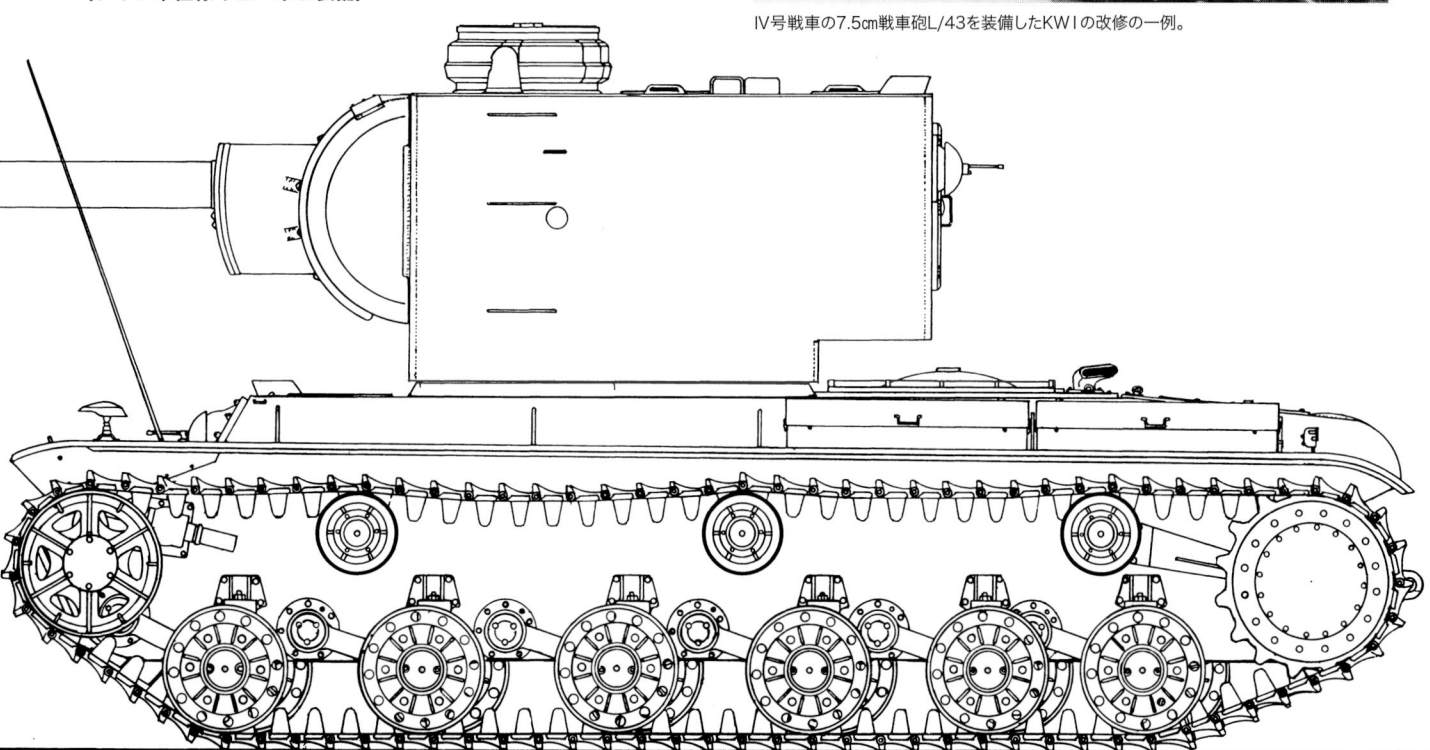

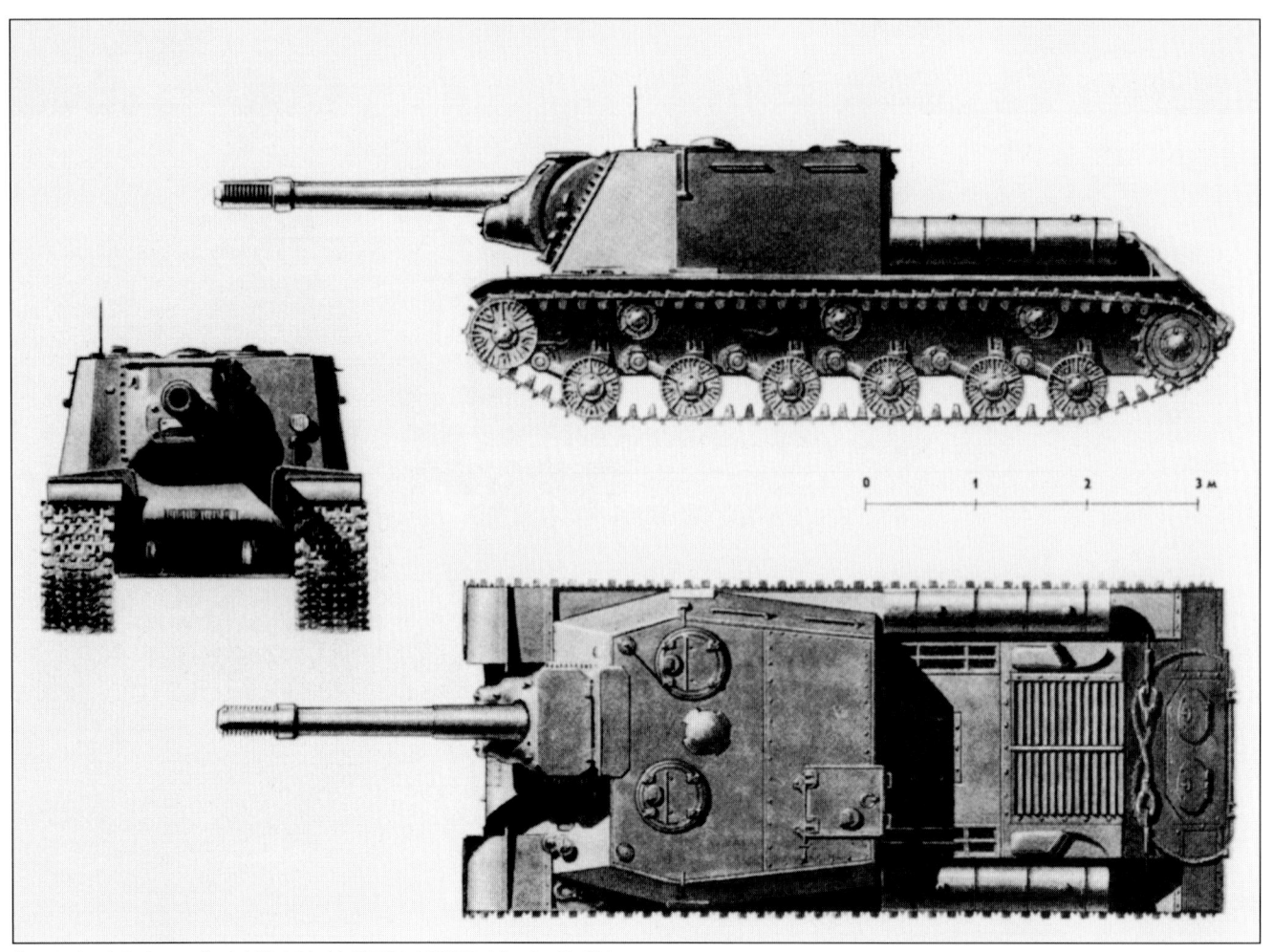

特にパンターおよびティーガーに対抗するために計画されたKW若しくはスターリン戦車
ベースの15.2cm重突撃砲JSU152の三面図。車両の詳細がよく分かる。

図面参考用に正面上から撮影された車体写真。

軽戦闘車両

　水陸両用戦車シリーズの最終型は、1941年に導入された水陸両用装甲戦闘車T40－733（r）であった。トーションバーシステムを採用し、乗員2名の車両は重量5.5tであり、回転砲塔には12.6mmおよび7.62mm機関銃各1挺が搭載されていた。水上走行機能を持たないヴァージョンのT60は、T40と同じように回転砲塔が車両の左側、エンジンが右側に配置され、主兵装として2cmカノン砲が装備されていた。

　専ら偵察任務に使用された軽戦闘戦車の集大成として、T70が挙げられる。T60とは違って各側面には補助走行輪を有していたが、相変わらず乗員は2名のままであった。

　主兵装として回転砲塔に4.5cmカノン砲を装備しており、各85馬力のトラックエンジン2基を搭載して最大速度は45km/hであった。

　軽戦闘戦車の生産はソ連においては1943年が最後となり、製造設備はT70ベースの牽引機材の生産に継続使用された。*

*訳者注：警察部隊においては、第12警察戦車中隊が1943年1月から1944年7月までにT60を少なくとも2両装備していた。また、第5警察戦車中隊が1944年初めの時点でT70を少なくとも2両装備していたことが知られている。

●T70ベースの戦車駆逐車

　1943年、最初の戦車駆逐車－自走砲が姿を現したが、軽戦闘戦車T70のシャーシが延長されてこのために使用された。

　SU76と呼称されたこの車両は7.62cm野砲を装備しており、歩兵部隊の支援任務を目的としていた。

　ドイツ軍と全く同じく、赤軍も幾つかのバリエーションの捕獲ドイツ戦車の改造車両を投入している。突撃砲をお手本にして、Ⅲ号戦車シャーシに上部構造物が設けられ、限定的方向射界を有する7.62cm対戦車砲が主兵装として装備された。この車両はSU76－Ⅰと呼称され、190両が改造された。

水陸両用装甲戦闘車T40、識別番号733（r）。

ドイツ国防軍の任務に使用されるT40からの改造型。回転砲塔は撤去され、治安警備用車両としてMG34のみ装備している。（ドイツ公文書館）

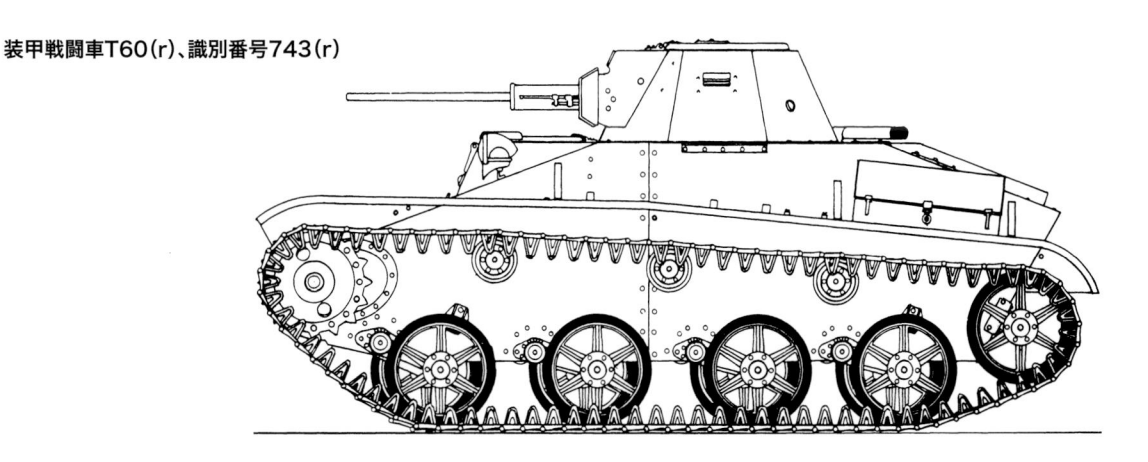

装甲戦闘車T60(r)、識別番号743(r)

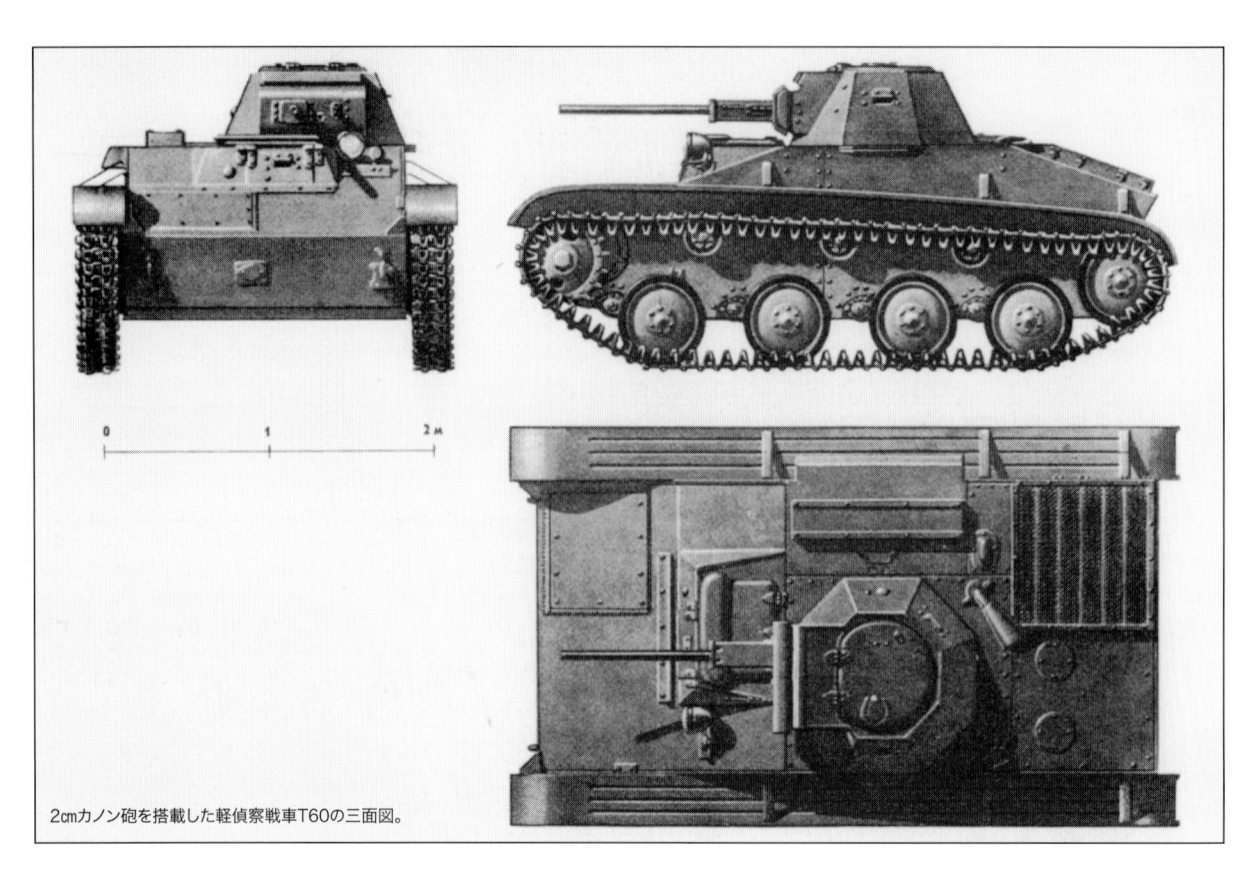

2cmカノン砲を搭載した軽偵察戦車T60の三面図。

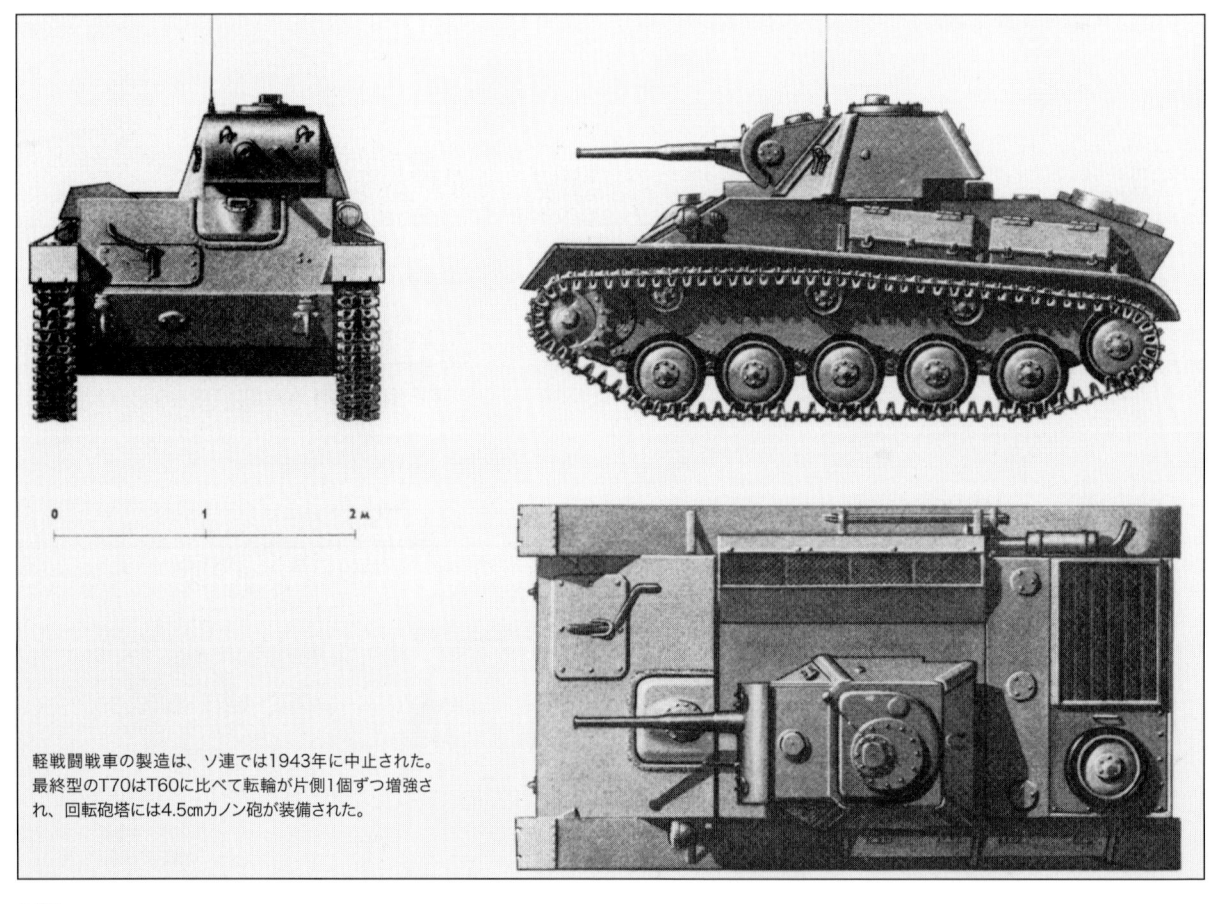

軽戦闘戦車の製造は、ソ連では1943年に中止された。最終型のT70はT60に比べて転輪が片側1個ずつ増強され、回転砲塔には4.5cmカノン砲が装備された。

戦闘戦車T70のシャーシを流用した全軌道式牽引車

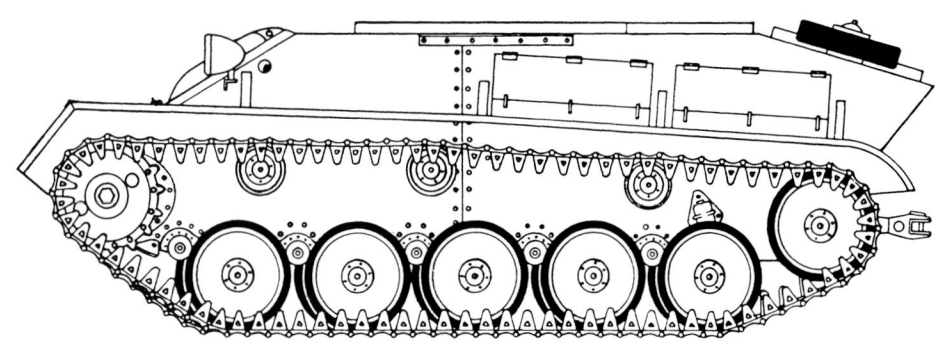

Copyright D.P.Dyer

ドイツ軍で軽牽引機材として使用される戦闘戦車T70。上の写真は7.62cm野砲（r）、下の写真は7.5cm対戦車砲40型を牽引している。

図面参考用のSU76の側面写真。

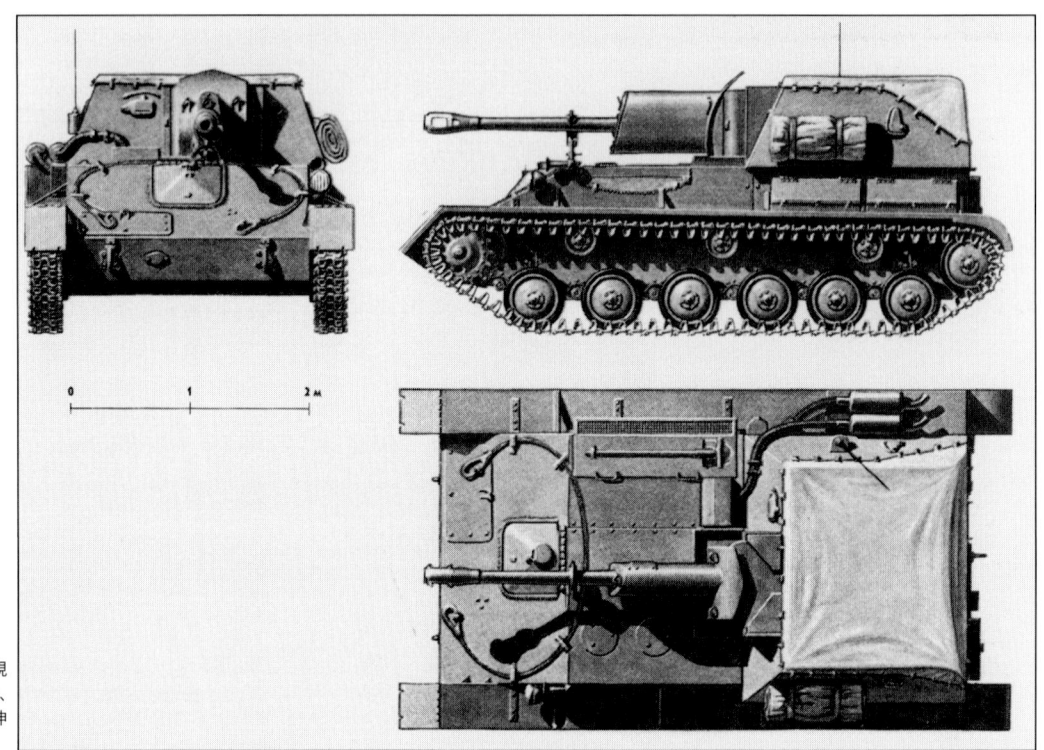

戦車猟兵自走砲として1943年に姿を現わしたSU76はT70をベースとしており、さらに転輪が1個増強されて車体が延伸された（ソ連軍資料からの三面図）。

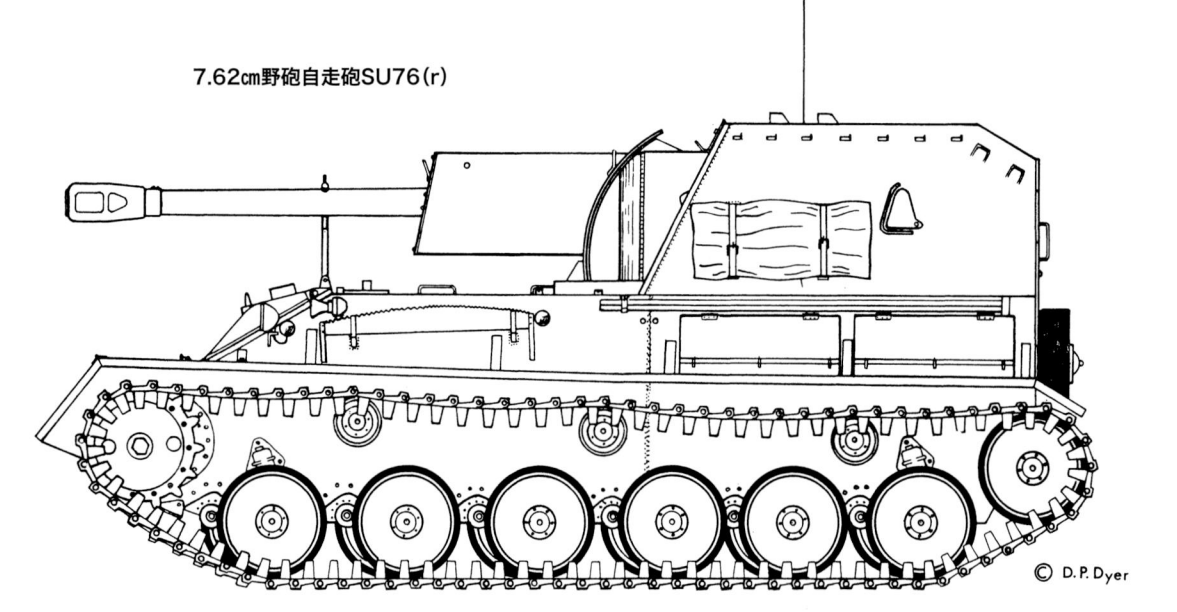

7.62㎝野砲自走砲SU76(r)

© D.P. Dyer

まとめ

　装甲車両の生産は、ソ連の東方へ生産設備が疎開した後に大急ぎで再開された。この結果については、強い感銘を覚えずにはいられない。ドイツ主力戦車のIV号戦車が合計9124両生産されたのに対して、T34は同じ時期に53536両が生産され、この分野だけでも赤軍の圧倒的な優位性がはっきりと示されている。

　これは次に掲げる1940年から1945年までのロシア戦車生産台数の総合計を根拠としている。

型　式	T40	T50	T60	T70	T34/76	T34/85	KW I およびKW II
1940年	900				115		243
1941年	620	48	1548		2986		1358
1942年		15	4474	4883	12520		2553
1943年				3463	15529	283	452
1944年					2995	11778	
1945年						7330	
合計数	1520	63	6022	8346	34145	19391	4606

型　式	KW85	JS2	JS3	SU76	SU76-I	SAU122	SU85
1942年				26	190	25	
1943年	130	102		1928		630	750
1944年		2250		7155		493	1300
1945年		1150	350	3562			
合計数	130	3502	350	12671	190	1148	2050

型　式	SU100	SU152	JSU122/152
1943年		704	35
1944年	500		2510
1945年	1175		1530
合計数	1675	704	4075

　1945年の数値は、第一四半期分のみ含めている。T40については、1939年に1800両の車両が製造されている。1940年分の総合計は記載された車両型式のみの数値であり、その他に旧式戦車1536両が製造された。第二次世界大戦に赤軍によって製造された装甲車両は、実に100588両に上る。

ドイツIII号戦車シャーシを流用したソ連製7.62cm対戦車砲搭載の自走砲。（訳者注：SU76I自走砲は1943年3月から11月にかけて合計201両が製造された。また、12.2cm榴弾砲を搭載した型式も製造されている。なお、写真はウクライナのサルヌイにある公園に展示されているSU76I自走砲である）。

イタリア王国

概要

　第二次世界大戦において、イタリア軍はドイツ軍側についてアルバニア、ギリシャ、北アフリカおよび最終的にはロシアで戦った。1943年にはイタリア部隊は、ドイツアフリカ軍団と伴に北アフリカで降伏した。そして1943年7月24日に連合軍はシシリー島に上陸。1943年7月24日にイタリアにおけるファシスト政権は崩壊し、バドリオ新政権が1943年9月13日にドイツ第三帝国に対して宣戦布告を行った。

　イタリア軍の大部分はドイツ国防軍によって武装解除され*、一部の部隊はドイツ側について戦闘を継続した。イタリア軍の軍需機材はドイツ側の手に落ち、製造工場はドイツ軍の監督下に置かれた。イタリアの自動車工業の能力レベルは明白であり、その名は世界中に轟き渡っていた。しかしながら、自国の軍隊へ適切な車両を供給することは苦手であった。作戦地域については、アルプス高山までの山岳地帯を有する一方で、広大な砂漠が広がる植民地を有していた。従って、(車両の性能について) 満足すべき妥協点を見出すことができず、それによって作戦上の問題が生じることとなった。

*注：イタリア軍の武装解除およびイタリア艦隊の占拠は、1943年9月8日に計画された。この作戦の暗号名は「アクセ (ACHSE：枢軸)」であった。

　イタリアの自動車工業の生産状況については、信頼すべき書き手により多数の資料が公開されており、この章においては専ら1943年の政変後の生産車両を取り上げることとする。なぜならば、この時期以降に生産されたこれらの車両は、捕獲車両して区分することができるためである。ドイツ軍識別番号はイタリア車両には付与されず、機材説明書や取り扱いマニュアルもドイツ語に訳されていた。

　なお、捕獲機材の装備について、とかく怪しげな (根拠がなく経験則的な) 優先順位を有していたドイツ軍部隊ではあったが、これらイタリア製造メーカーの装甲車両は往々にして不人気であったということを、最後に付け加えておく。

非装甲化車両のタイプおよびメーカー

●アルファロメオ　アルファロメオ有限会社、ミラノ

　この会社は1944年の戦時生産プログラムにはもはや参加しておらず、ドイツ軍による生産プログラムで次のような数の乗用車を製造したに過ぎない。

　乗用車：アルファロメオ2500タイプ (6.00-18タイヤ装備) について1944年40台、1945年 (1月) 4台 (このうち3台はTuringa/チュリンガ型。ツーリングタイプのリムジン)

　トラック：アルファロメオは、イタリア軍向けの搭載重量3.5tの「統一型」若しくは「標準型」トラックを生産した。3.2tタイプ500REと3.5tタイプ430REはディーゼルエンジンを装備し、1944年1月から1945年1月31日までに176台がドイツ部隊へ供給された。

●アンサルド・フォッサーティ　ジェノバ/セストリ

　この会社は専ら装甲化車両を製造した。

●ビアンチ　エドュアルド・ビアンチ・エンジン機械有限会社、ミラノ

　乗用車：ビアンチ社は1938年頃にタイプS4キューベルヴァーゲン100台をイタリア軍向けに製造した。車両は後輪駆動のみで、簡易改造されたヴァージョンが植民地用として開発された (植民地タイプ)。

　トラック：ビアンチ社の中型標準トラック (Autocarro Unificato Medio) はマイルス (Miles) タイプであり、3.5t積載重量を基準に設計された車両はディーゼルエンジンが搭載された。1944年5月から1944年12月まで90台がドイツ国防軍向けとして製造された。

●ブレダ　エルネスト・ブレダ会社、ミラノ

　重トラックおよび装輪牽引車両がこの会社の主力生産で

アルファロメオ8tトラック800RE。

ドイツ半軌道式車両のコピー生産であるブレダKMm11型。ブレダ社の型式はタイプ61。この車両の操縦席は右側に設けられている。

あった。ブレダ社はミュンヒェンのクラウス・マッファイ社のライセンス供与により、8t牽引車のコピー生産も行なった。

トラック：ドイツ国防軍の継続生産プログラムによって生産された唯一の車両として、積載重量7tでディーゼルエンジン搭載のブレダ52型が挙げられる。この6輪車両はダブルシャフト駆動であり、タイヤサイズが9.75－24であった。1944年に29台が製造された。

装輪式シュレッパー：4輪駆動の重装輪式シュレッパーが、1932年よりブレダ社によってイタリア軍へ供給された。ドイツ国防軍の継続生産プログラムにおいては、115馬力ディーゼルエンジン搭載の装輪式シュレッパーが、1944年から100台生産された。

半軌道式車両：信頼性のあるドイツ半軌道式車両は、イタリアでもコピー生産された。イタリア的なボンネット形状を有する点を除くと、タイプKMm11はほとんどそのままブレダ社によってコピー生産され、1944年に合計199両がドイツ国防軍用に製造された。ブレダ社の名称はタイプ61である。

●セイラノ　ジョヴァンニ・セイラノ有限会社、トリノ
　軍事用車両の専門分野では非常に有名な会社であり、1930年代にフィアット社によって買収された。

●フィアット　フィアット有限会社、トリノ（主力工場）
　今も昔もイタリアにおける最大の自動車製造メーカーである。軍事車両分野での特殊会社の買収を通じて、フィアット社はその指導的地位を拡大していった。ドイツ国防軍向けの生産状況は驚くほど小規模であり、その生産設備量に比べて極小数の車両のみ製造された。

乗用車：継続生産プログラムとしては、1944年3月からタイプ500が102台製造された。タイプ1100シリーズは、1944年に1334台、1945年1月に23台が生産され、そのうち3台がタイプ500のカプリオ・リムジンであった。タイプ1500は1944年に合計103台製造された。

商用車両：多種多様な型式のタイプ1100が合計1640台生産された。そのうち37台が1945年1月に製造された。1945年に製造された車両の中には、11台の救急車両も含まれていた。1944年の製造車両には、タイプ1100L Pritsche（プリチェ。サイドプレート開放式荷台トラック）、

この「機械化」された部隊は、おそらくは教育部隊ではなく前線部隊であろう。車両はフィアット500である。（ドイツ公文書館）

救急車両（タイヤサイズ5.50-15）、タイプ1100Lボックスカー（タイヤサイズ5.00-18）およびタイプ1100/508 Mil Pritsche（ミルプリチェ：軍用サイドプレート開放式荷台トラック。タイヤサイズ6.00-18）などがある。

トラック：1944年／1945年戦時生産プログラムにおいては、次のようなトラックが存在する。積載重量3tでディーゼルエンジン搭載のタイプ626/628。この両タイプはこの時期に4436台生産されたが、そのうちの23台は1945年1月製造分である。

継続生産プログラムにおいては、積載重量2.5t、キャブレターエンジン搭載のタイプ38Rが1944年に63台生産され、積載重量6.5tのディーゼルエンジン搭載のタイプ666NM（Nafta, Militare＝ナフタ軍用型）が1944年に合計79台生産された。そのうち2台は、積載重量5tのタイプ665NMであった。

装輪牽引車：重油燃焼式で40馬力の牽引車タイプOCIは、1944年に64台が供給された。そのうちBubba社の45馬力装輪牽引車は6月および7月に5台ずつ、フィアット社の30馬力装輪牽引車OCIは7月に6台製造された。

フィアット5tトラック665型。

ランチア4tトラック3RO型。イタリア軍の標準トラックの一つであり、ドイツ軍において多数が使用された。

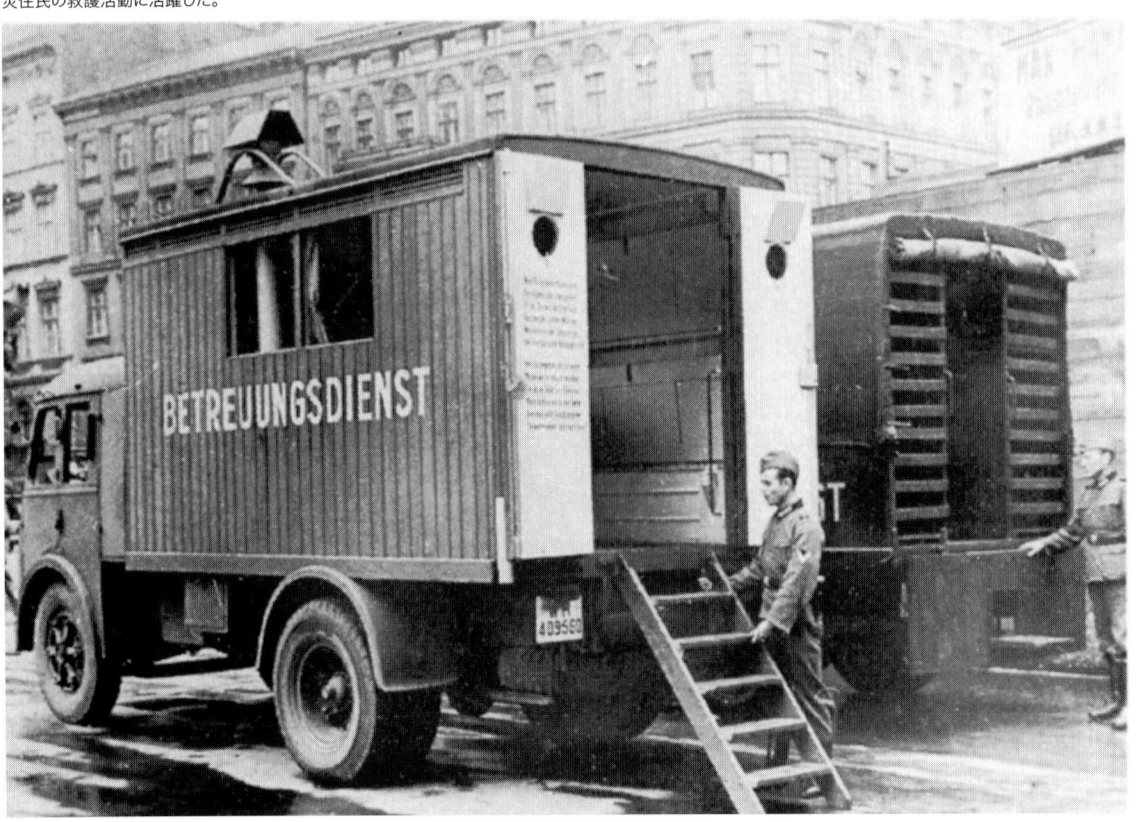

フィアット3tトラック626型。この車両は特殊上部ボディを装備しており、特に空襲後の被災住民の救護活動に活躍した。

OM3tトラックタウルス（トーラス）型。トット機関（略号OT）によりイタリアの補給道路で使用中の車両。

●イソッタ・フラスキーニ　イソッタ・フラスキーニ自動車工場、ミラノ

　1944年の継生産プログラムにおけるこの会社の唯一の生産車両は、3.5t積載荷重でキャブレターエンジン搭載のタイプD65トラックであり、397台が製造された。

●ランチア　ランチア＆自動車工場カンパニー有限会社、トリノ

　乗用車：1944年／1945年の継続生産および戦時生産プログラムについては、もはや計画されなかった。

装輪式シュレッパーパヴェージ（i）P4-100型。

　トラック：戦時生産プログラムにおいては、積載重量4.5tでディーゼルエンジン搭載の信頼性が高いタイプ3ROがある。ラジアルタイヤを装備する最初の型式は、1933年にイタリア軍に供給された。1944年から1945年1月までに、この4.5tトラック722台がドイツ国防軍へ供給された。

　1944年の継続生産プログラムにおいては、積載荷重3tでキャブレターエンジン搭載のタイプExcaro（エクスカーロ）267が、1945年1月までに1228台製造された。

●OM　オフィチーネ機械有限会社、ブレシアおよびミラノ

　フィアット有限会社の姉妹会社であり、もっぱら商用車両を製造していたが、その中にはイタリア軍向けの特殊車両も含まれていた。

　トラック：1944年戦時生産プログラムにおいては、キャブレターエンジンまたはディーゼルエンジン搭載のTaurus（トーラス）3tトラックのみが、ドイツ軍向けとして供給された。合計で1944年1月から1945年1月までに2305台がドイツ軍へ供給された。

●パヴェージ　パヴェージ・トロッティ有限会社、ミラノ

　すでに1924年にパヴェージ社は、分節型4輪式シュレッパーのプロトタイプを開発していた。1926年にはフィアットの資本傘下となり、会社は飛躍的に拡大した。パヴェージ社の設計仕様は多くの外国の興味を引き、多くのライセンス供与が行われた。

その一例としてドイツ国防軍も、パヴェージ社製装輪式シュレッパーを装輪式シュレッパーパヴェージ（i）タイプP4-100として採用し、この取り扱い説明書もドイツ語に訳された。（D618/29　1944年9月14日制定）この装輪式シュレッパーは、1936年から1942年まで生産されたが、量産タイプが3種類存在する。PC26シリーズはキャブレターエンジンP4を搭載し、油圧式ギア変速機を装備していた。PC30シリーズはゼニス（Zenith）キャブレターエンジンを搭載し、油圧式ギア変速機を装備しており、PC30Aシリーズはゼニスキャブレターエンジンを搭載し、遠心式ギア変速機を装備していた。搭載されたフィアット社製P4/1型4気筒キャブレターエンジンは、排気量4724ccで55馬力であった。最大速度は22km/hであり、最少旋回半径は直径9.5mであった。タイヤサイズは150×1160で4輪駆動であった。車軸幅は2425mm（フォルクスヴァーゲンは2400mm）で、地上間隙は480mmと平均以上であった。

全重量は6.5tであり、積載重量は2tまでで110リットルの燃料を3分割された燃料タンクで携行可能であった。そのため航続距離は100kmに達し、燃費はかなり良好であった。

●SPA　リグリア・ピエモンテ自動車会社、トリノ
軍事特殊車両の製造メーカーであるSPA社は、最初フィアットの傘下にあったが後に譲渡され、フィアット・SPA・セイラノ企業連合体を構成した。特に路外走行機能を持つ後輪2輪駆動型と4輪駆動型の装輪牽引車を生産し、一部はドイツ軍の監督下において戦争終結まで生産を継続した。

トラック：1944年の継続生産プログラムにおいては、6×4型のドヴンケ（路外走行車）35が製造された。この車両は1936年から製造されており、60馬力6気筒キャブレターエンジンを搭載し、積載重量は2tから3tであった。この車両はサイズ7.25-20から210-20までのタイヤ（後輪ダブルタイヤ）が選択可能であり、1944年1月から1945年1月末までにドイツ国防軍向けに307台が生産された。

小型タイプのCLF39は積載荷重1tであり、1944年に198台が製造された。ドイツ国防軍向けの車両は、シングルタイヤ型でサイズ7.00-18の全4輪駆動タイプであり、25馬力4気筒キャブレターエンジンを搭載していた。

重トラックとしては、1945年1月までに115馬力6気筒ディーゼルエンジン搭載のドヴンケ41が生産された。車両はシングルタイヤ型でタイヤサイズ11.25-24を装着し、積載荷重5tで路外走行可能であり、牽引力6tのワイヤーウィンチを装備していた。1944年1月からドイツ国防軍向けに121台が生産され、車両は1948年まで継続生産された。

装輪式シュレッパー：シュレッパー継続生産プログラムにおいては、タイプAS37が挙げられる。トラトレ・レジェロ（Trattre Leggero）として4輪駆動で52馬力のエンジン出力を有しており、ドイツ軍へ供給された。1944年の生産当初は44台で、そのうち2月と3月の1台ずつはイタルトラクトア（Italtraktor）社のウルズス45馬力エンジンを搭載する装輪式シュレッパーであった。

その後のプログラムとして、52馬力排気量4053ccのSPA18TL4気筒キャブレターエンジン搭載のTL37装輪牽引車が生産された。車軸幅2500mm、積載荷重は800kgであった。ドイツ国防軍向けとしては1944年に375台、1945年1月に7台が製造された。

SPAドヴンケ35型は後輪2輪駆動方式であり、ドイツ軍向けにも製造された。

1tトラックSPA CLF39型は1944年になっても生産された。

SPA社としてドイツ軍向けに製造した最後の車両はタイプTM40装輪牽引車であり、110馬力ディーゼルエンジンを搭載し、4輪駆動型であった。この車両のドイツ軍の呼称は装輪牽引車110PS SPA（i）である。

1944年には合計533台の牽引車が、ドイツ軍部隊用として製造された。

5tトラックSPAドヴンケ41型は1944年になってもドイツ軍向けに製造が続けられた。

SPA装輪式シュレッパー110PS (i)は、戦後になっても生産が継続された。

SPA装輪式シュレッパーTL37 (i)をベースとした2cm高射砲自走砲。1942年に改造されてドイツ軍部隊で使用された。

261

装甲化車両

　装甲化車両にイタリアが興味を持ち始めたのは1912年のことであり、砲兵兵器廠によってフィアット社製シャシをベースとした装甲車がトリノにて展覧に供された。第一次世界大戦においても興味は衰えず、多数の装甲化装輪車の製造および運用を行ない、その一部は大きな成果を挙げた。イタリア装輪装甲車の歴史は、極めて長いのである。

●装甲偵察車　フィアット／SPA　AB40（i）

　まず1939年6月に、時代に即したイタリア軍用の装甲偵察車が発表された。（型式名称ABm1）この車両は4輪駆動および4輪独立操向、車体前方および後方操縦席、360度回転砲塔などの提示条件を最初にクリアしたものであり、駆動機構は排気量5000ccで80馬力の6気筒キャブレターエンジンを車体後部に搭載していた。

　車両重量は6910kgで乗員数4名であり、回転砲塔の兵装としてブレダ機関銃2挺が装備された。3挺目の8mm機関銃は、車体後方操縦席の隣に配置された。ドイツ国防軍は1943年10月1日に450両の基本生産のうち37両を受領し、その他20両が製造中であった。戦闘能力はフランスのパナール178型と同程度であった。1945年2月27日には、修理・整備中の車両の中からAB40 11両が供給されたが、そのうちの1両は指揮型車両であった。

●装甲偵察車　フィアット／SA　AB41（i）

　AB40の改良型であるAB41は、ブレダ2cmカノン砲モデル35を採用し、他に機関銃1挺を回転砲塔に装備していた。車体重量7.7tでエンジン出力は88馬力に高められたが、下部車体の基本装甲厚6/8mmは変わらなかった。砲塔装甲は18mmまでであった。1945年2月に修理・整備中のAB41が20両ドイツ軍へ引き渡された。*

ドイツ軍によって使用される装甲偵察車フィアット／SPA AB41（i）。

　1945年2月27日付のOKH陸軍兵器局／イタリア支局の資料によると、次のような生産数が明らかになっている：

	1943年	1944年
AB41（2cmカノン砲、機関銃2挺）	－	23
AM42（4.7cmカノン砲、機関銃2挺）	－	60

*訳者注：警察部隊の例では、1944年9月19日に増強改編された第14警察戦車中隊の第小隊にAB41型装甲車3両が配備されている。また、SS警察連隊"ボーツェン"が、ランチア19型旧式装甲車1両とAB41型装甲車1両を装備したのが知られている。

●装甲偵察車　フィアット／SPA　AB43（i）

　AB41に新型砲塔を採用した型式はAB43と呼称された。スペースが広く低い砲塔は、L/32口径4.7cmカノン砲と機関銃1挺が装備されていた。1943年10月1月に原型車両が完成し、310両の量産契約が結ばれた。ドイツ軍は、貧弱な装甲を除くとAB43に対して有用な印象を受けたようである。

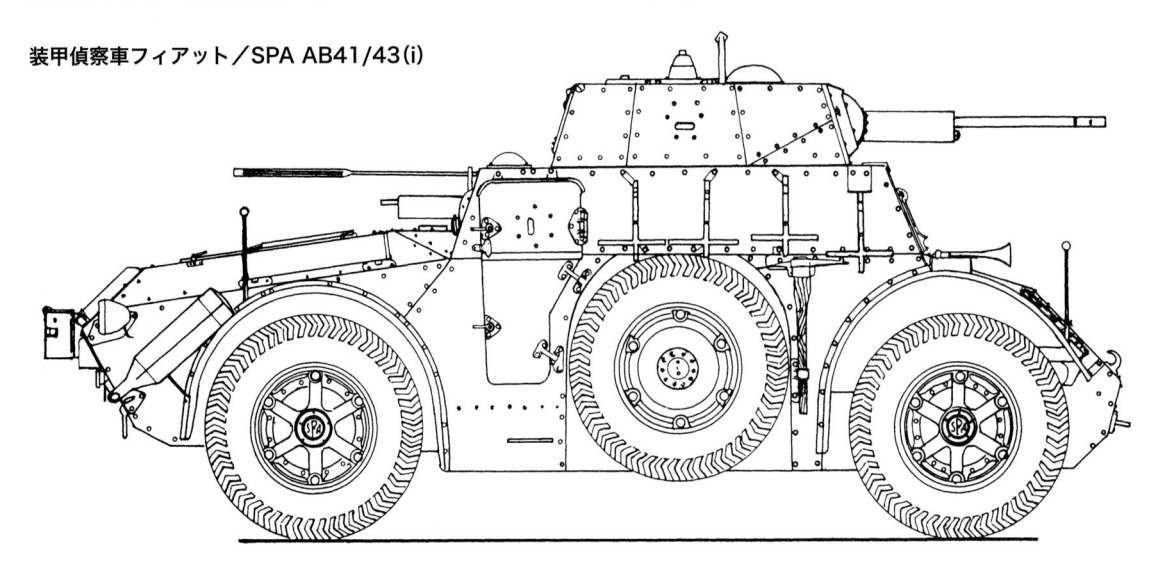

装甲偵察車フィアット／SPA AB41/43（i）

回転砲塔に4.7cmカノン砲を搭載した装甲偵察車フィアット／SPA AB43（i）。

AB40、41および43は、軌道走行用の鉄道車輪を装備した車両も製造された。4輪すべてに砂まき装置が備え付けており、軌道上の走行に万全を期していた。

実験的に1両のAB41へ防盾付L/32口径4.7cmカノン砲モデル35を、上方および後方がオープンなままで搭載することが計画されたが、プロジェクトはそれ以上は進まなかった。

最後にAB40をベースとした弾薬輸送車型を挙げておく。車両はオープントップ式で装甲化されたボックス構造を上部車体に有しており、補給車両として投入され成功を収めた。

● LINCE（リンチェ）装甲化連絡車

この4輪駆動車両は、特にパルチザン地域の連絡将校に対して最適であった。1943年10月1日に300両の契約が結ばれた。1945年2月27日付の陸軍兵器局／イタリア支局の報告によれば、1944年にこの車両は104両製造された。なお、車両には8mm機関銃1挺が装備されていた。

基本的にこの車両は、イギリスのダイムラー・スカウトカーにランチア8気筒Astura（アストラ）エンジン（排気量2617cc、60馬力）を搭載して丸ごとコピー生産したものであった。車両は独立懸架であり、乗員2名で戦闘重量は3140kgであった。*

*訳者注：Lince（リンチェ）はイタリア語で「山猫」を指す。1945年4月の時点で、SS第15警察連隊／第Ⅰ大隊が少なくとも1両のリンチェ連絡用装甲車を装備していた。1945年4月21日にロマニャーノ－ノヴァラ街道において、補給部隊が180余名のパルチザンに襲撃されたが、リンチェ連絡用装甲車が奮戦してこれを撃退し、すべての死傷者と伴に生還した逸話が残されている。なお、1944年12月30日現在で、第4戦車連隊／第Ⅰ大隊がリンチェ2両を装備していたことが知られている。

装甲化全軌道車両

イタリアの自動車メーカーの卓越したエンジニアリング能力に比べて、装甲部隊への貢献度は第二次世界大戦終結まで極めて乏しかった。イタリア製戦闘戦車は、ほとんど例外なく空間的制約があり、装甲が貧弱で低出力で車両工学的には時代遅れであった。すでに以前からドイツ軍部隊はこの事実を認知しており、一時的に北アフリカでイタリア製捕獲戦車を装備したオーストラリア軍も、同じような経験をしている。

以下は第202戦車大隊の1945年2月21日付の報告書（添付番号Nr.124/45）の抜粋であり、命じられた任務についてドイツ機材への装備変換を依頼する内容である：

1944年1月の第202戦車連隊の編成時、ソミュア35S装甲戦闘車18両とオチキス38H装甲戦闘車41両を装備していた。大隊は第2戦車軍より1944年1月からイタリア製機材へ換装するよう命令を受けた。これによって大隊はフィアットM15/42装甲戦闘車67両を割り当てられた。整備中隊の点検を通じて、約70％の車両がエンジンブロックとシリンダーヘッドが凍結により割れていることが確認された。

電気設備は全ての車両で故障しており、一部は新製品へ交換が必要である。カノン砲および機関銃は激しく腐食している。

第2戦車軍は一番ましな車両49両を抽出し、その他は修理用として部品を取り外すことを命じ、これにより1944年9月初めまでに47両が可動状態となった。

戦闘期間中にこれらの車両は、エンジンおよび走行装置が激しく消耗した。全損失（地雷および対戦車砲弾）により、24両の戦車が失われ、新たな補充は行われなかった。

これらの機材に関しては、大隊は対パルチザン戦にのみ投入した。

ブルガリア方面からのソ連の進撃により、1944年10月初め、ベオグラード付近で大隊は初めてロシア軍のT34とルーマニア軍のⅣ号戦車と対峙した。イタリア製戦車

イギリス軍の「スカウトカー（偵察用装甲車）」のコピー生産型である装甲連絡車両LINCE（リンチェ）（i）。

M15/42は、戦闘ではこれらの敵に対しては無力であった。装甲についても、兵装についても、ロシア製戦車や全ての近代的対戦車防御兵器に遥かに及ばなかった。例として：
・市街戦において、味方戦車が1両のT34によって体当たりされて横転した。
・3.7cm対戦車砲により、砲塔装甲に大きな穴がすぐに開く。
・1945年1月のヴコヴァール南方の戦闘で、作戦中の戦闘戦車は7.62cm対戦車砲を配備されたパックフロント（対戦車砲陣地）に遭遇し、最初の砲撃により2両が撃破された。
・味方の装甲については、あらゆる対戦車銃がどの場所においても貫通可能である。

このため、搭乗員の損害は高かった。不十分な装甲と小さな射程のカノン砲を装備したイタリア戦車は、充分な装甲と大きな射程を有する敵の近代戦車に対して投入することは不可能であった。そして、継続的なメンテナンスにもかかわらず、技術的なトラブルで僅かな時間のうちに戦列から脱落した。スペアパーツは、他の車両から部品取りすることによってのみ得られた。

まとめ：
ドイツ製ではない機材を使用するためには、乗員は基本的に教育・訓練が必要であり、保有するイタリア製機材は、次のような懸念がある。
・新たなスペアパーツの供給不能により、さらなる技術的問題による欠員発生の可能性
・近代的な対戦車兵器に対する不充分な兵装と装甲
・限定された使用条件
・性能に見合わない燃費の悪さ
・高い搭乗員の損害

以上のことを考慮し、大隊は4年間もフランス製およびイタリア製機材を装備して来たが、第202戦車大隊の将校、下士官および兵士一同は、最大限の期待をもってドイツ製機材への装備変換を持ち望む次第である。

イタリア軍の武装解除作戦「ACHSE（枢軸）」により、1943年9月8日以降、次のようなイタリア戦闘車両が保有されることとなった。

装甲戦闘車両（Carro Armato＝カルロ・アルマート）

・M13/40戦車、M14/41戦車、M15/42戦車－製造中止
ディーゼルエンジン搭載型M13/40戦車、M14/41戦車
キャブレターエンジン搭載型M15/42戦車

同じシャーシにより製造された指揮型戦車（Carro Comando）については、1943年10月1日までに16両が捕獲された。さらに指揮戦車89両分について資材があり、M15/42戦車向けの砲塔28基もある。

これらの戦闘能力については、装甲戦闘車38（t）と同等である。
1943年10月1日現在の合計在庫量は115両である。*

*訳者注：警察部隊においては、第12警察戦車中隊が1944年9月以降にM15/40戦車5両を装備している。

・P40戦車：
車両については、部隊への供給が今だ行われていない。主な問題点は330馬力空冷ディーゼルエンジンである。すでに実験車両5両を保有している。1943年10月5日に締結した契約したP40戦車75両分を除き、さらなる75両分の大部分の資材を有するがエンジンは皆無である。
戦闘能力は50mm正面装甲厚のIV号戦車とほぼ同等である。

・新型戦闘戦車
ジェノバのアンサルド・フォッサーティ社が重戦闘戦車43型（Carro Pesante43）の生産を計画している。車体重量35t、前面80mm装甲厚、側面60mm装甲厚で兵装はL/42口径90mmカノン砲である。（パンターのコピー生産）エンジン並びに木造モックアップはまだ製作中である。

突撃砲（Carro Semovente＝カルロ・セモベンテ）

・M15/42戦車ベースの突撃砲75/18型（1943年10月1日までに123両捕獲）
・M15/42戦車ベースの突撃砲75/34型（1943年10月1日までに36両捕獲）

その他にさらなる75/18型55両分と75/34型80両分の資材を保有している。合計でM42戦車ベースの突撃砲は294両に上る。*

戦闘能力はL/24またはL/48口径7.5cmカノン砲搭載ドイツ突撃砲と同じである。

*訳者注：その他に1943年10月1日までにセモベンテM42指揮型16両が捕獲され、その他に41両分の資材を保有していた。

・M43戦車ベースの突撃砲75/34型：量産型車両1両を保有。80両分の資材がすでに準備中。*
・M43戦車ベースの突撃砲105/25型：1943年10月1日現在で26両を保有。さらに60両の製造契約を9月5日に締結。**

戦闘能力は10.5cm榴弾砲装備のドイツ突撃榴弾砲と同じである。

*訳者注：警察部隊においては、第12警察戦車中隊が1944年9月以降、M43戦車ベースの突撃砲75/34型9両を装備していたことが知られている。
**訳者注：1944年1月に編成された第914突撃砲旅団は、同年6月1日現在でセモベンテ105/25型31両を装備する珍しい突撃砲旅団であった。しかしながら、アンコーナ付近での激戦のため、1ヶ月後の7月1日には保有数は僅かに7両となり、完全に戦力を喪失してパルマへ移動し、そこでドイツ製突撃砲を補充して再編成が行われた。
なお、第26戦車師団には1943年12月1日現在で、セモベンテ75/34型または18型18両、セモベンテ105/25型7両装備していたことが知られている。

装甲戦闘車M15/42（i）。

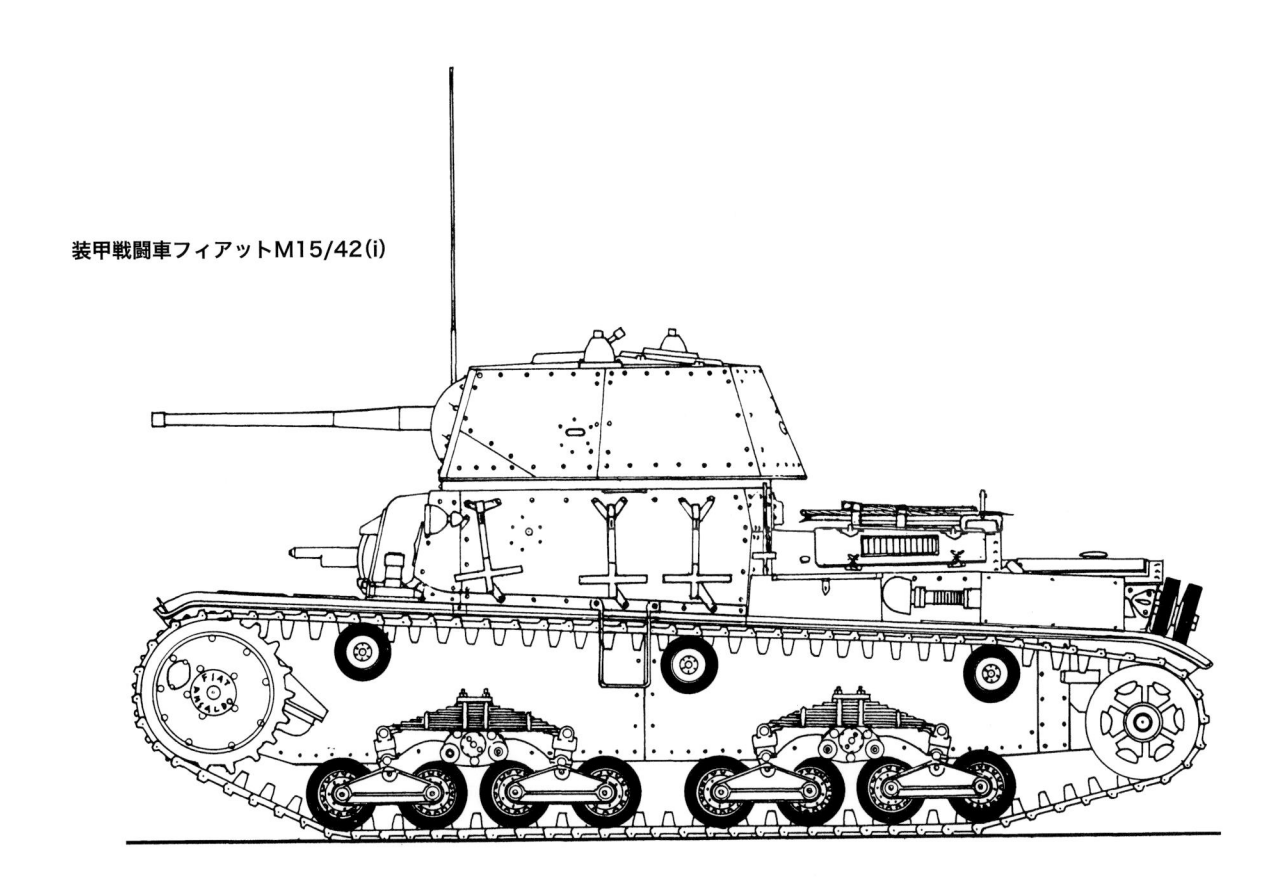

装甲戦闘車フィアットM15/42（i）

265

M43シャーシをベースとした突撃砲（セモベンテ）75/34のプロトタイプ。

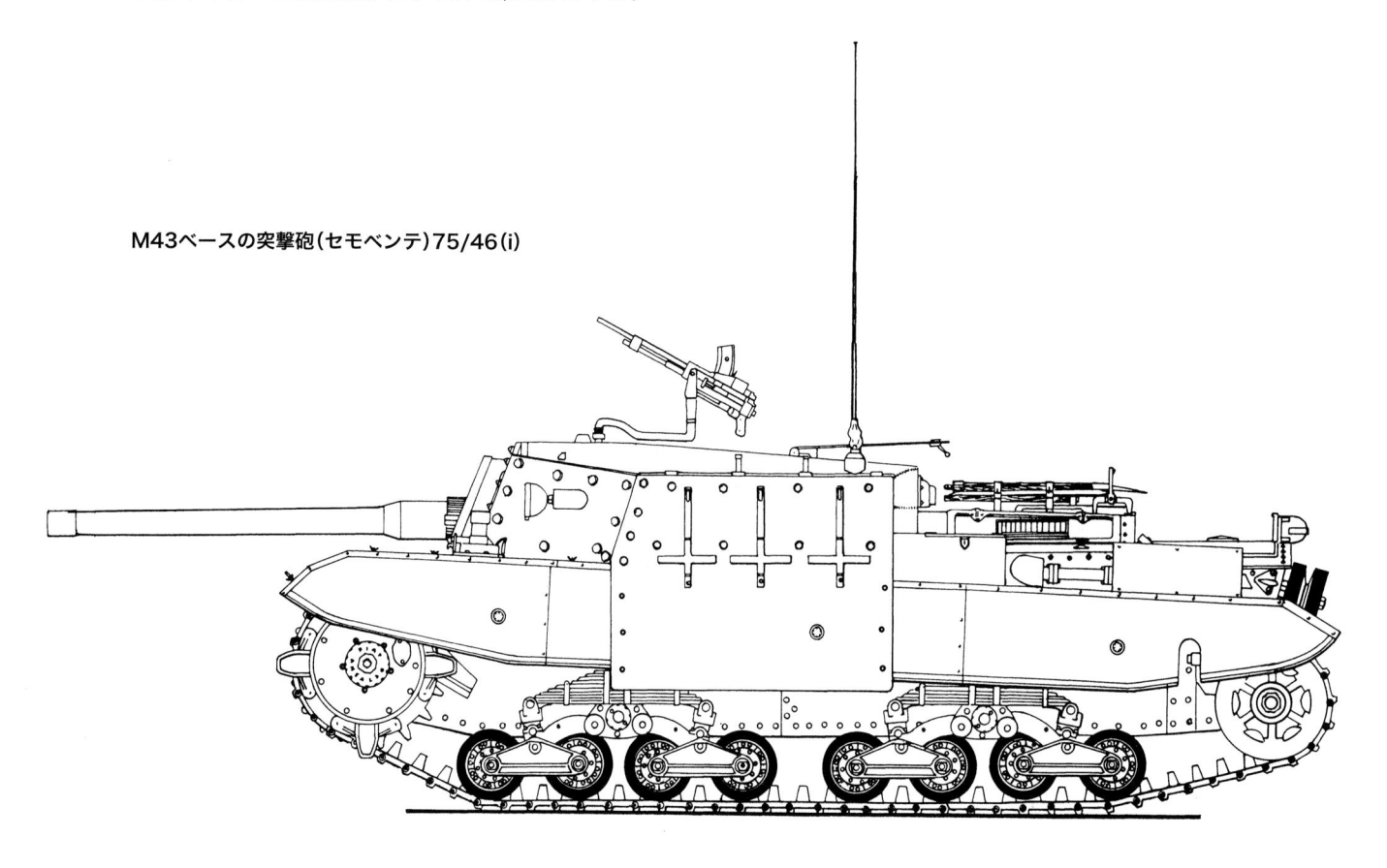

M43ベースの突撃砲（セモベンテ）75/46（i）

- M14/41戦車ベースの突撃砲90/53型：30両がシシリー島へ配備されたが、現在保有数はゼロである。
- L/42口径90mmカノン砲および対空機関銃装備の突撃砲：実験車両1両を保有。
- L/40口径149mm自走砲：実験車両1両のみ保有していたが、クンマースドルフ（陸軍試験場）へ移送された。

イタリア軍はドイツを雛型として、兵装を車体正面に据え付けて回転砲塔がない車両を配備したが、方向射界は限定されていた。

イタリア製突撃砲は約1.8mという低い車高が魅力であり、車体重量は軽量で13tから16tであった。これに対して不満足な点としては、限定された視認性、狭隘な戦闘室と貧弱な前面装甲板であった。

装甲トロッコ車（パンツァー・ドライジーネ）：
1943年10月1日現在で9両がイタリア鉄道へ配備されていた。これまで部隊から存在を確認した報告は受けていない。さらに8両について生産契約を締結した。*

*訳者注：少なくともサラエボ—モスタール間の鉄道区間を中心に、OM36型パンツァー・ドライジーネが1両投入されていたことが知られている。

一般的評価：
- イタリアにおける捕獲車両の報告数については、上昇が期待できる。
- イタリア製戦闘戦車は、特に口径的には旧式である。

製造メーカー：（車両）
アンサルド・フォッサーティ社　ジェノバーセストリ
フィアット・SPA社，トリノ
ランチア社，トリノ
ブレダ社，ミラノ

兵装、弾薬、スペアパーツ：
- 主兵装は前述したほとんど全ての装甲車両で利用可能である。
- 戦闘車両のカノン砲用弾薬は、全ての口径において不足している。
- ドイツの戦車兵站局にあたる装甲車両も含めた全ての自動車向けの国営スペアパーツセンターがセント・ラザーロにあり、その他に製造メーカーの下にも在庫がある。これにより、スペアパーツの供給は保障されている。
- 唯一の大規模な軍整備工場は、ボローニャのOARE工場である。その他に、アンサルド・フォッサーティ社の工場がイタリアおよびドイツ戦車の補修・整備の受け入れに適しているが、工場はフル稼働していない。アンサルド・フォッサーティ社とフィアット社は（受け入れの）準備を完了している。イタリア製機材を装備する部隊向けの専門家の教育については常時可能である。

クンマースドルフ試験場へ移送された149mm L/40自走砲の実験車両。

生産再開の状況：
　特別委任を受けたOKH／兵器局イタリア支部により、残された製造部材を利用して生産することで、イタリア軍の発注契約が引継がれた。しかしながら、主に組み立て製造工程に限られており、工場はフル稼働には至っていない。

●装甲戦闘車両P40（i）
　このイタリア軍の先進的な戦闘戦車のプロトタイプは、1942年に姿を現した。戦闘重量は26tであり、乗員4名で回転砲塔にはL/34口径7.5cmカノン砲および8mm機関砲1挺を装備していた。1943年10月から1944年4月までに、150両の生産契約が締結されたが、実際には1944年に61両が製造された。技術的ネックとなったのは330馬力の空冷ディーゼルエンジンであり、駆動に安定性を欠いていた。
＊

＊訳者注：61両製造されたP40戦車については、1944年10月から12月にかけて、イタリアに駐留していた第10警察戦車中隊、第15警察戦車中隊およびSS第24戦車猟兵中隊"カルストイェーガー"に各14両が配備された。配備の内訳は中隊本部（2両）、第1～第3小隊（各4両）であった。このほかに、戦車教育大隊"ジュート"へ5両配備されているが、残りの14両については不明である。

1943年10月1日付報告から抜粋：
「200両分の車体が存在することが確認されており、L/34口径7.5cmカノン砲が榴弾砲として威力は充分であることを考慮すると、イタリア製25t捕獲戦車にマイバッハHL120（300馬力）を組み込むプロジェクトは、急ぎ必要があるのは明らかである。4個機甲砲兵連隊の編成は、この車両を各36両利用すれば可能である。
　このため、エンジン供給については、ディーゼルエンジンの代わりにキャブレターエンジン（排気量24050cc 420馬力V12型）が組み込まれることとなる。エンジン製造が車両製造に追いつくことが不可能であるため、エンジン無搭載の38両のP40戦車は、地点防御用の固定トーチカとして利用された」

●イタリアにおける装甲戦闘車両パンターのコピー生産
　1943年1月8日付の文書である「OKH（陸軍軍備長官兼補充軍司令官）／兵器試験第6課／文書番号5／43軍機」によれば、装甲戦闘車両パンターのコピー生産権をイタリアに付与し、設計基礎資料、工場設計図面その他を譲渡することが決定された。
　総統命令により、イタリアにおいて独伊軍が装甲戦闘車両パンターを互いに装備する計画が進行中であり、そのためにイタリア軍向けにパンターがコピー生産されることとなったのである。しかも、このためにイタリア軍やコピー生産対象の個々の会社が、ライセンス料を支払う必要はなかった。コピー生産に必要不可欠な図面や設計基礎資料は、イタリア王立戦時省に交付された。
　開発会社であるニュールンベルクのMAN社は、イタリア軍向けという目的の違うコピー生産を行う際の権益を守るため、今だかつて前例がないことはあったが、イタリア

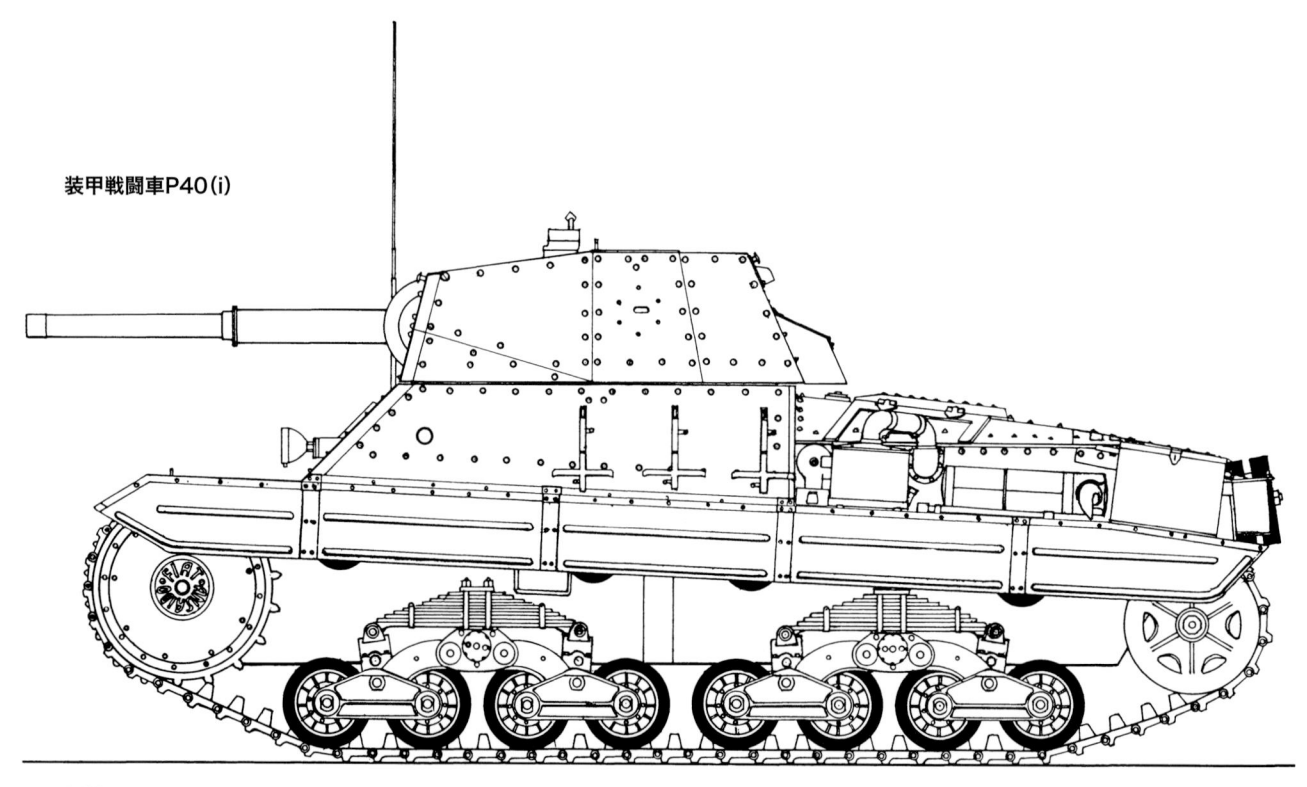

装甲戦闘車P40(i)

装甲戦闘車P40（i）は、戦争中に生産されたイタリア製戦車の中でもっとも進歩的な戦車であった。

装甲戦闘車P40（i）の正面および後面写真。

正面上方および後面上方から見た装甲戦闘車P40（i）。

装甲戦闘車パンターG型（Sd.Kfz.171）。

での特許権出願を委任された。ドイツでの特許権を非公開とし、OKH／兵器局第6課（C）が契約により守秘義務を解除することにより、ようやく特許権はイタリア側で認可された。

　コピー生産会社としてはフィアット・アンサルド社が予定されていたが、1943年の戦況の悪化によりプロジェクトの実施は困難となり、実現することはなかった。

　OKH／陸軍兵器局イタリア支局の1945年2月27日付のリストによれば、イタリアにて製造された装甲車両の生産数は次のように記録されている。

装甲戦闘車両：

	1943年	1944年
CV33/35	−	17
L6/40	15	−
L6/40 指揮型	1	1
M15/42	−	28

突撃砲：

L6/47	52	22
L6/40 指揮型	7	3
L6/40 指揮官車	9	27
M15/42 7.5cm-L/18	−	55
M15/42 7.5cm-L/34	30	50
M14/42 指揮型	−	39
M43 7.5cm-L/46	−	7
M43 7.5cm-L/34	−	10
M43 10.5cm-L/25	8	79
	106	292

修理中から引き渡されたイタリア製装甲機材の数量

装甲戦闘車両：

CV33/35	16
L6/40	3
M13/40	4
M14/41	−
M15/42 7.5cmL/18	16
M15/42 7.5cmL/34	3
P40	−

突撃砲：

L6/40	5
M15/42	22
M15/42 10.5cmL/25	1
M43	1

その他装甲化装輪車両数両

装甲戦闘車P40、P43およびパンターのスケール比較（木造モックアップ）。

●消防警察向け補助工作車両

1944年以降、ドイツ本国における空襲後に道路や連絡路を啓開するのが、次第に困難となりつつあった。このため、火災地域を進むために全軌道車両を使用し、下記の任務を行うアイディアが生まれた。

- 捜索車両
- 消防車両
- 救助車両
- 牽引車両

このような目的に改修するため、イタリア製およびロシア製捕獲戦車、すなわちフィアット・アンサルドCV33/35火炎放射型やロシア製砲兵シュレッパー630（r）が流用された。両タイプの試作品1両ずつが1944年6月8日にルッケンヴァルデのケーベ社で公開され、多数の問題点が明らかになった。

- 作業中の熱放射に対する防護
- 作業中の面積および冷却の確保
- 消火水タンク、担架、呼吸装置などの空間及び面積の確保
- 酸素欠乏や高温地域を走行する際に、エンジンに酸素供給する装置
- 履帯に追加の滑り止め（グロッサー）を装着し、瓦礫を越える機動性の改良

同時に中型兵員装甲輸送車（Sd.Kfz.251/16）が展示されたが、約700リットルの消火水タンクを装備しており、2本の消火ホースを挿入することにより水を散布可能であり、これにより水を噴霧して水幕を形成し、空襲後の火災高温地域で人々を運び出すことができた。

しかしながら、これは研究のみに止まった。

在イタリアのドイツ軍は1945年4月28日に降伏し、イタリア王国は1946年6月18日の国民投票後に共和国宣言がなされた。

北アメリカの連合諸国

概要

　第二次世界大戦中の陸軍の機械化分野においては、連合軍諸国が遥かに大きな成果を示した。

　ドイツ軍の手に落ちたアメリカ製車両は言うに足りない数であったが、その機能性、信頼性と外観は、その後何十年にも渡って軍事車両のイメージを大衆に植え付けた。

　アメリカ合衆国（USA）においては、その地理的条件、豊富な原材料、企業の高い生産能力などにより自国は不可侵であり、巨大な人口ストックとも相まって未曾有の発展を遂げる必要条件がそろっていた。

　1939年から1945年までの期間、USAでは合計3200436台の軍事車両（装甲車両を除く）および82000台以上の商用牽引車を生産した。1939年の時点で軍事車両の生産が行われていなかったに係らず、極めて短い期間に生産数は上昇し、1942年6月の月産数は全てのクラスに渡って62258台の軍事トラックをアメリカ軍へ供給したが、これは1939年から1940年までの年間総生産量を上回るものであった。軍事車両の開発・生産は、国ではなく民間会社が主体となったが、これは他国には見られない点であり、徹底的な標準化に狙いを定めて実践したのであった。

乗用車

　すべての製造メーカーの商用タイプが、非戦闘部隊におけるスタッフカーや連絡車両などに使用された。戦闘部隊はほとんど例外なく「ジープ」を装備したが、第二次世界大戦において最も特徴が際立つ車両であった。ウィルス社およびフォード社の両社だけで639245台を供給した。（比較：フォルクスヴァーゲンのキューベル（バケツ）型は、同時期に約52000台生産された）

トラック

　特殊軍事トラックの標準化は、模範的に進められた。ジープについても0.25tトラック4×4と明示され、1942年には0.5tトラック4×4が0.75tトラックに交代となった。積載重量順では、その次が1.5tトラック4×4と6×6であった。

　アメリカ軍のトラック戦時生産プログラムの中で最も有名なのが、2.5tクラストラック4×4、6×4および6×6型であり、少なくとも812262台以上が生産された。これらは現在でも数カ国で使用されている。

　その他の型式プログラムは下記の通りである：
・4t（4×4よび6×6）

軍用車両へ転用されたアメリカ製車両の大部分は、このシボレー1937年型「マスターGB」シリーズであった。オランダとベルギーで捕獲されたこれらの車両は終戦までドイツ軍によって使用された。西方快速旅団においては、衛生車両として12両が配備された。

アメリカ製の商用トラックについても似たような運命を辿った。写真はファーゴ（USA）3tトラックFJシリーズの1939年型であるが、運転席の上部ボンネットはオリジナルではない。

- 4－5t（4×4）
- 5t（4×2）準軍事車両
- 5－6t（4×4）
- 6t（6×6）
- 7.5t（6×6）
- 10t（6×4）
- 12t（6×4および6×6）

ドイツ軍の手に落ちたアメリカ製車両のほとんどは、北アフリカ戦によるものである。

半軌道車両

アメリカ製半軌道兵員輸送装甲車の派生型は、上部がオープントップ式のM3タイプが圧倒的に多く、1941年から1944年までに41170両が製造された。ドイツ半軌道車両と比較して、軌道走行装置の設計が単純で抵抗の少ないゴム製履帯を採用しており、基本的には前輪駆動方式*であった。この車両は水準大きく超える寿命を示し、今日でもなお（例えばイスラエルで）多数使用されている。

*訳者注：ドイツ製半軌道車両は基本的に前輪駆動方式ではなかった。

装甲化兵員輸送車M3（a）、識別番号401（a）

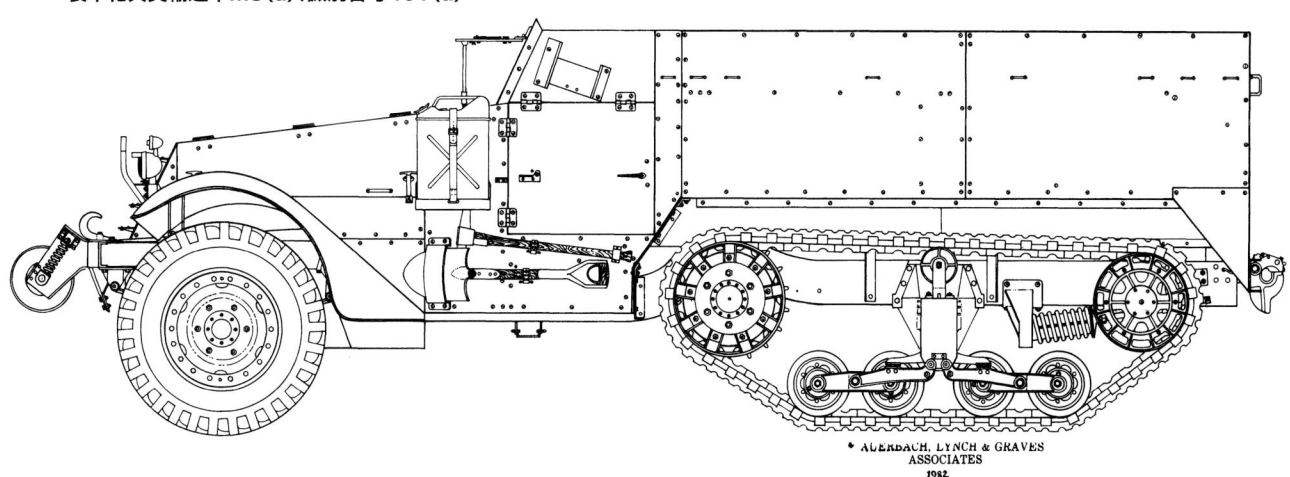

外国製機材用ドイツ軍識別番号は、その当時からすでに非常に不明確であり、主として出典は外国出版物によるものである。M3タイプはT7-401 (a) と呼称されたが、その識別シートには、その他のメモが多数記載されている。例に挙げると「この記述は出版物より引用した。注意！発見の際の報告と速やかなる保全」などである。

こうして僅かなアメリカ製戦闘車両が、北アフリカの戦闘終結前に多大な苦労の末にドイツまで輸送することに成功した。

装甲化装輪車両

典型的なアメリカ軍の偵察車両は、ホワイト社が製造したスカウトカーM3A1であった。この4輪駆動方式の車両は20000両以上が生産され、他の連合国にも譲渡された。ドイツ軍識別番号は装甲偵察車M3A1-209 (a) である。

最も使用されたアメリカ製装甲偵察車は、ドイツ軍の任務規定には登場していない。ヨーロッパへ投入されなかったそれより古い車両が記載される一方で、フォード社製の軽装輪装甲車6×6型M8タイプ (T22E2) については、ほとんど言及されていない。このタイプは合計で12654両が生産された。車両後部には110馬力のヘラクレス社製6気筒キャブレーションエンジンJXD型が組み込まれており、総重量7482kgの車体にはM6型3.7cmカノン砲を搭載した回転砲塔が搭載され、乗員は4名であった。最大速度は90km/hに達し、航続距離は644kmであった。*

*訳者注：1945年2月11日現在で、第11戦車師団／第11機甲偵察大隊は、グレイハウンドM8装輪車2両を装備していた。また、第116戦車師団でも使用した例が知られている。

装甲化全軌道車両

北アメリカの戦車製造メーカーの規模は、その生産能力と相まって注目すべきものであったが、それに比べて車両の戦闘能力は低かった。アメリカは軽戦車および中型戦車のみ製造した。これは補給に関してのハンディキャップの結果であり、輸送船積載時の大きさと重量に関する制限を忠実に守る必要があったためである。また、不幸なことに、アメリカ軍も歩兵支援戦車と巡航戦車との区分を行っていたことも注目すべき点であった。

M3、M5およびM24系列の軽戦闘戦車は、第二次大戦の全ての期間中に投入されており、ここでは補足的な言及に止めることとする。

この戦争期間中、有名なのは中型戦闘戦車M3および特にM4（シャーマン）である。両戦車は最初に北アフリカへ投入され、火力および装甲については、はっきりとした優位性をドイツ軍のライバルに示した。

1939年から1945年までの期間に、アメリカでは合計88410両の戦闘戦車が製造された。（比較：大英帝国24802両、ドイツ帝国24360両）中型戦闘戦車については、M3タイプが6258両、M4タイプが49234両生産された。

戦闘戦車M3-747 (a) は重量28tで乗員7名であった。回転砲塔には高初速度を誇る3.7cmカノン砲が装備され、その他に車両前部右側に7.5cmカノン砲が取り付けられていたが、その方向射界は制限されていて左右15度であった。

中型戦闘戦車M3は、2887両が大英帝国へ、1386両はソ連へと供給された。その運用性は、武装配置の関係（車

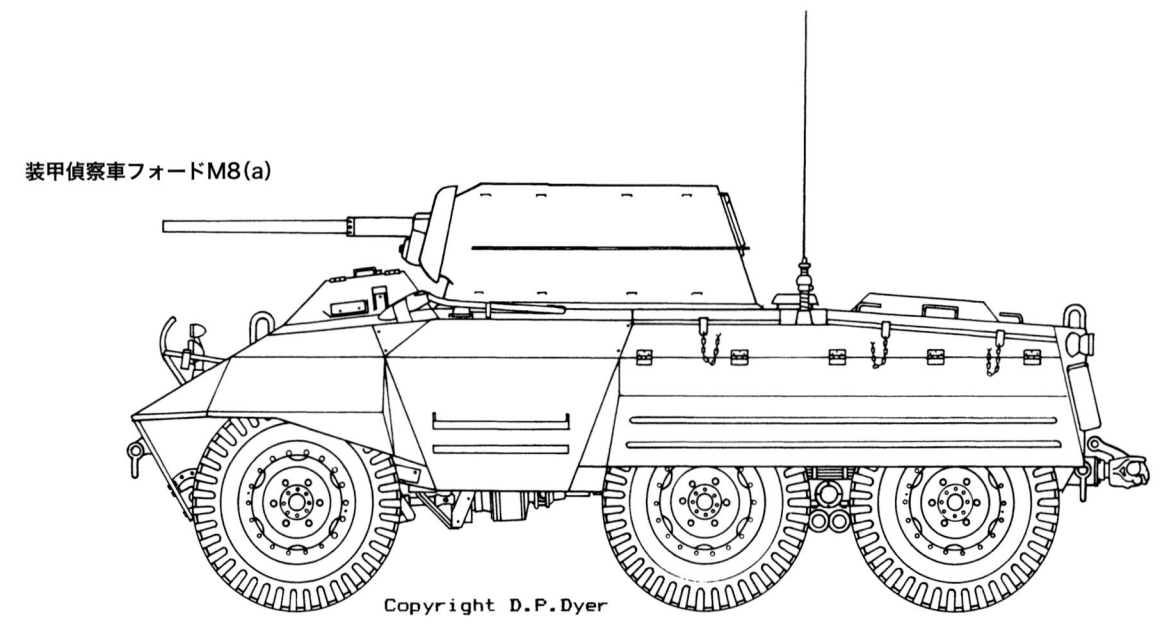

装甲偵察車フォードM8(a)

体前面のカノン砲）と多すぎる乗員の数（7名）の関係で制限されたものであった。

　戦闘戦車M4"シャーマン"は、アメリカにおいて最も多く製造された戦闘戦車であり、合計で49234両が生産された。ドイツ軍識別番号は748（a）であった。シャーマンは第二次大戦の戦訓を元にしたM3戦車の発展型であった。L/40口径7.5cmカノン砲は、360度全周回転砲塔に装備された。2個の水圧制御ジャイロ装置により走行時の射撃が可能であり、照準手によって望む方向へ固定することができた。このスタビライザーシステムは、シャーマンによって初めて量産化され、戦闘戦車に実現化されたものであった。

　イギリス軍は17181両を受領し、ソ連は4065両を受け取った。また、新生フランス軍の戦車部隊もシャーマンを装備した。後にはドイツを見習って乗員数は5名となった。

　少数ではあるが多種多様なM4車両がドイツ軍の手に落ちた。＊　＊＊これらの車両がドイツ側の重要な作戦に投入されたことについては、次の最終章で扱うこととする。

＊訳者注：SS第10戦車師団"フルンズベルク"のSS第10戦車連隊／第Ⅰ大隊副官のバッハマンSS中佐は、1945年1月17日朝、オーバーライン戦区のアリスハイム市街へ偵察に出かけた際、攻撃準備中の敵シャーマン戦車群を発見した。彼は素早く大隊へ戻るとパンター2両と伴に前進し、短時間の集中砲撃によりシャーマンを数両撃破した。この戦闘でアメリカ兵60名が捕虜となり、さらに囚われの身となっていたドイツ軍歩兵20名を解放することができ、さらに農場の納屋に隠された新品のシャーマン12両が捕獲された。バッハマンは元捕虜のドイツ兵を再武装させ、その監視の下で捕虜となったアメリカ戦車兵に捕獲戦車を運転させて、無事、本部があるオッフェンハイムまで輸送することができた。こうしてシャーマン12両が無傷で捕獲され、SS第10戦車連隊の第5中隊として戦争終了まで使用された。この戦果はバッハマンを含む僅か12名の兵士によるものであり、1945年2月10日付けでエルヴィン・バッハマンSS中佐は騎士十字章を授与された。

＊＊訳者注：戦争末期の1945年3月31日に編成された兵器試験場の残存戦車からなる戦車中隊"ベルカ"は、シュタール型（駐退複座がない型）ヘッツァー3両、Ⅳ号戦車1両、Ⅲ号戦車2両、シャーマン（短砲身）2両、シャーマン（長砲身）1両を装備していた。

北アフリカからクンマースドルフまでの長い旅路が始まる。装甲戦闘車M3、識別番号747（a）の1両が22tフラットベットトレーラー（Sd.Anh.116）に積載され、ドイツへと送り出された。

アメリカ戦闘戦車の「グライフ」作戦への投入

　ヘルムート・リトゲン退役大佐は、ドイツ乗員によるアメリカ戦闘車両の作戦投入についての調査内容を、寛大にも我々へ好意的に開示してくれた。

　1943年4月、ウクライナで戦っていた第6戦車師団の第

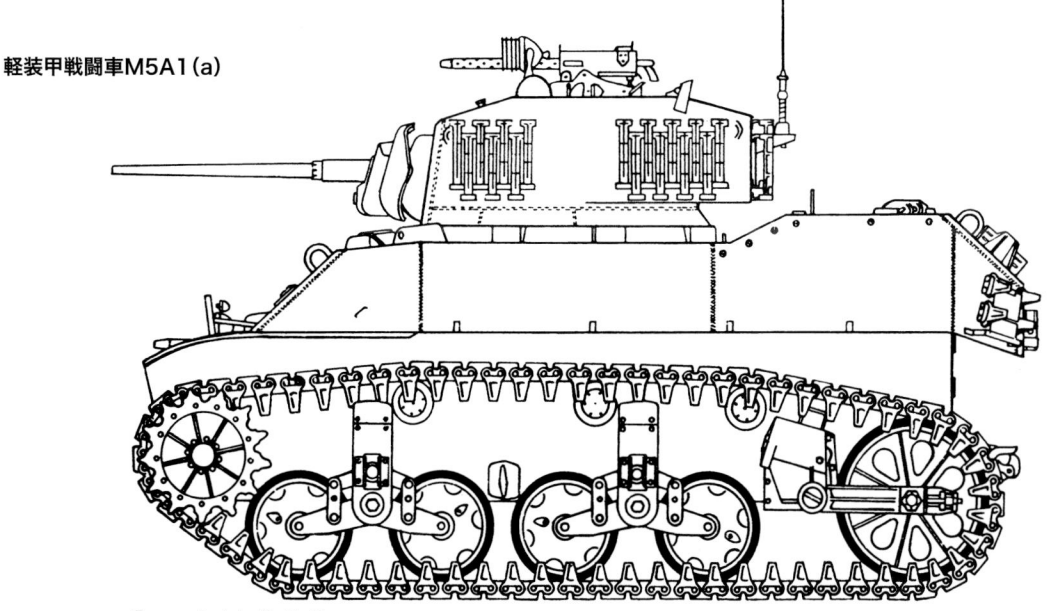

軽装甲戦闘車M5A1（a）

Copyright D.P.Dyer

クンマースドルフ試験場で詳細な試験に供される装甲戦闘車M3「ジェネラル・リー」。

西側連合軍の標準戦車である装甲戦闘車M4シャーマン。写真はイギリス軍により主砲を17ポンド砲へ換装した車両。公式名称はシャーマン・ファイアフライVC型でドイツ軍によって捕獲・使用中のもの。

　11戦車連隊／第Ⅰ大隊は、再編成と新型戦闘戦車パンターへの改編のため、戦線から引き揚げられた。1944年に再びガリツィアへ投入された際、ドライアー中尉率いる第4中隊はセルビアーブルガリア国境付近での特別作戦のために戦線から引き抜かれた。

　敵の戦線後方への戦車突破とコマンド部隊、敵背後への空挺降下を組み合わせた共同作戦は、1940年の西方戦役や1941年のギリシャ侵攻で真価を発揮した。同じような作戦として、アルデンヌ攻勢においてマース河橋梁を目標としてSS第1戦車師団"ライプシュタンダーテ"がリュティヒへ突進して無傷で奪取することが計画された。この作戦の秘匿名称（コードネーム）は「グライフ」と命名され、このためにグライフェンヴェーア演習場においてオットー・スコルツェニーSS中佐指揮の特別部隊、第150戦車旅団が編成され、最終的に総兵力約2000名の2個戦闘団を有することとなった。

・1個戦闘団は、1個戦車中隊、3個機甲偵察中隊および2個機械化歩兵大隊と支援兵器から構成されていた。砲兵部隊は欠如しており、戦闘力よりも迅速性が求められた。戦闘団はまず最初にSS第1戦車師団に追従し、その後、混乱に乗じてアメリカ軍の軍服を着用して戦線を突破して潜入して、マース橋梁まで突進して奇襲によりこれを脱出する。

中型装甲戦闘車M4「シャーマン」、識別番号748(a)

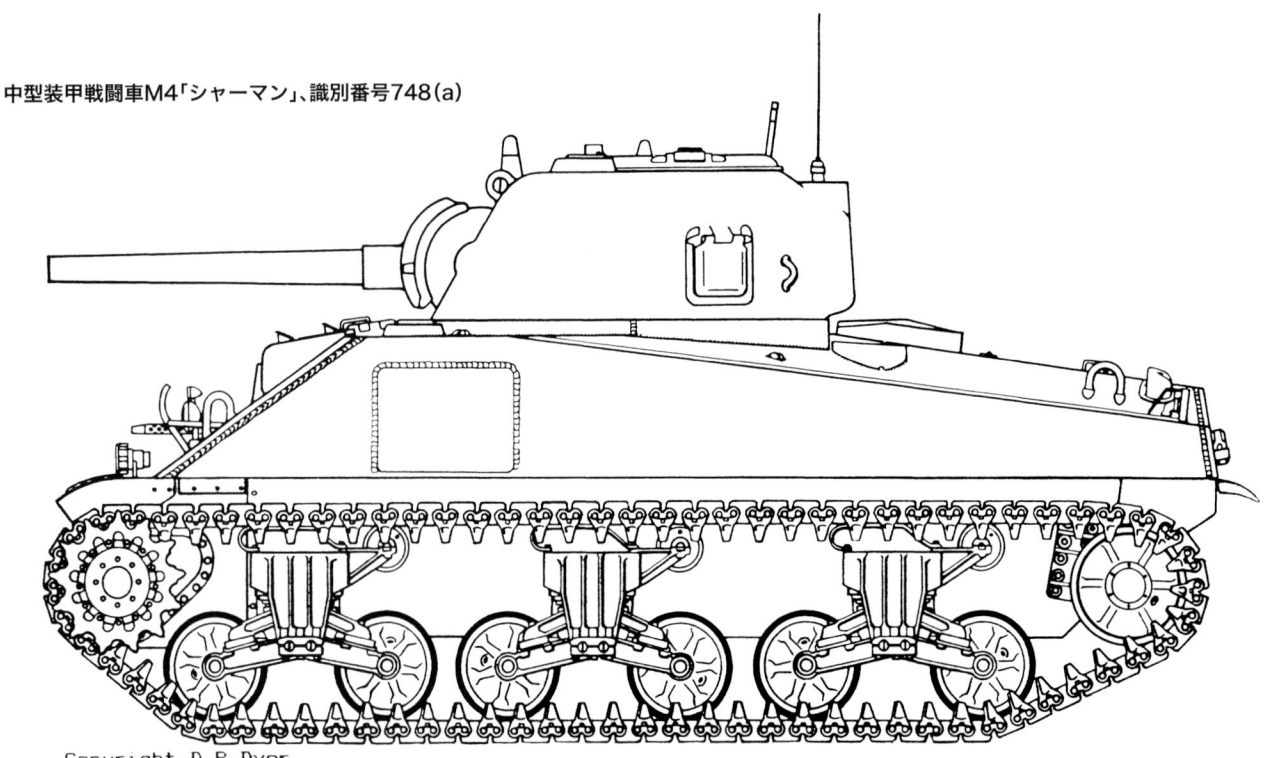

Copyright D.P.Dyer

・アメリカ軍の軍服を着用した英語が話せる兵士が搭乗したジープを含む新たな小コマンド部隊を含む戦闘団シュタイラウは、交通を阻害し、道路標識を曲げ、流言飛語やうわさを流して敵戦線の後方地域を混乱と妨害を引き起こす任務を有する。

国際法上は敵の軍服を利用して敵地域へ潜入することは、戦術として禁止されてはいなかった。一方、戦闘中に敵の軍服を悪用したり、破壊工作（サボタージュ）や襲撃することは、明白な国際法違反であった。

1944年初頭、第11戦車連隊／第Ⅰ大隊は、休養のためにグラーフェンヴェーア演習場の周辺に駐留した。将校用カジノの会議の席で、参集した陸軍、空軍や海軍からのあらゆる階級の将校に対してスコルツェニーは挨拶を行ない、戦況を決定的に覆す作戦が計画中であり、無条件に命を投げ出すことが前提になることを示唆した。できないと感じた者は、翌日には姿を消すことが要求されたが、全員が欠けることなく翌日の会議に出席した。機密保持は最高レベルに引き上げられた。

スコルツェニー部隊、すなわち第150戦車旅団は、グラーフェンヴェーアの南兵舎に集合し、歩哨ポスト網と厳しい検閲により兵舎は外から完全に遮断された。旅団は統一された降下猟兵の軍服と給養を支給された。毎日のように英語を話せる兵士が兵舎へ到着したが、多数が水兵であった。しかしながら、アメリカでの経験者は、期待していたほど多くはなかった。健康上の理由や家族の事情（訳者注：例えば長男や一人息子）ではねられた者は、作戦開始まで（機密保持のため）兵舎へそのまま止まる必要があった。

ドライアー中尉は命令を受領するため、専門家コマンド部隊と伴にベルリンのOKHへと出頭した。そこで陸軍兵站局のシュテッティン・アルトダム支局のホイジンガー中将から、戦車博物館に展示されているアメリカおよびイギリス捕獲戦車を選び出し、譲り受けてクンマースドルフ兵器実験場まで送ることを命令された。使用可能な戦車をシュテッティンにて点検後、兵站局長には大変気の毒ではあるが、ベルリンの展示会のためと称して必要な戦車はクンマースドルフへと積載された。

全ての鉄道輸送は夜間のみに行われ、車両は防水シートで覆われて厳重な機密保持が行われた。クンマースドルフでは戦車の技術的チェックが行われ、第150戦車旅団のためにグラーフェンヴェーアへ積載する前に、ドイツ製無線装置などが取り付け・接続され、弾薬補給が行なわれた。

使用可能なアメリカ戦車M4"シャーマン"は少数で、第4中隊が装備するには不充分であり、さらに戦闘戦車パンター12両が追加され、鉄板の上張りによってアメリカ対戦車自走砲M10に似せて加工された。アメリカ軍の識別マークが塗装され、カバーシートによりドイツ軍の鉄十字章（バルケンクロイツ）は隠された。

グラーフェンヴェーアでの訓練は、アメリカ軍の通常装備と習慣に慣れることに全力が注がれた。アメリカ軍の軍服については、ドイツ戦線地域と作戦中においては、ドイツ軍の軍服の上から着用した。また、各戦車は、英語が話せる指揮官に率いられることとなった。

1944年12月上旬、第4中隊は西方へと移動し、ケルンからは夜間に限った道路行軍によりアイフェル高地のロスハイマーの森とホーエン・フェンの中間点へと向かった。

1944年12月15日にアルデンヌ攻勢の命令が発せられた。攻撃師団群の最初の攻撃の後、アメリカ軍の軍服に身を包んだ戦闘団は、「ドイツ軍はすべてを破壊する新兵器を持って、すぐ後ろから迫って来る。我々はマース河後方まで撤退する。」というデマを流すこととなっていた。「グライフ」作戦の成否は、SS第1戦車師団の迅速な突破にかかっていた。これが失敗した時、スコルツェニーはコマンド部隊"シュタイナウ"をフリーにして、敵の後方部隊に混乱を巻き起こした。彼らは野戦通信ケーブルを切断し、道路標識を誤った方向へ曲げ、アメリカ軍最高司令官のブラッドレー大将は釈明を余儀なくされた。GI軍服のドイツ兵の大半は、マース河に到達する前に化けの皮がはがれしまった。しかしながら、50万人のGIが互いに猫と鼠の間柄になる以前は（互いに疑心暗鬼になって警戒する以前は）、彼らがすぐに道路上で見つけられることはなかった。どんな階級でも、身分証明書もなく、何の文句もなく尋問を免除して各十字路を通過することができたのである。

1944年12月18日、「グライフ」作戦は見込みがないと判断され、最終的に放棄されるに至った。戦闘団は通常部隊へ投入されたが、連合軍の砲兵や空軍力の優位性は圧倒的であった。*

1945年1月に第11戦車連隊／第4中隊は、休養と赤外線暗視（インフラロート）装置を装備するためムンスター演習場へと移動し、最終的にはベルリン付近の戦闘で全滅した。

*訳者注：実際に第150戦車旅団へ配属されたシャーマンはたった2両であり、しかもそのうち1両はコネクティング・ロッドが折れて可動不能であり、作戦にはシャーマンは1両も投入されなかったというのが通説である。また、偽装パンターについてはX戦闘団には5両が配備され、さらに無改造でオリーブドラブに塗られてアメリカ軍識別マークを描いたⅢ号突撃砲G型 5両がY戦闘団へ配備された。第150戦車旅団の両戦闘団は、1944年12月21-22日のマルメディへの攻撃を実施したが、甚大な損害を蒙って撃退された。結局、旅団は12月28日には第18国民擲弾兵師団の一部と交替し、サン・ヴィト付近へと撤退して1月初めには解隊となった。

終焉

　陸軍兵站局のシュテッティン・アルトダム支局は戦争終結の直前に、将来的なドイツ国防軍の戦車博物館のために既存戦車のストックを保存していた。捕獲戦車はクンマースドルフの陸軍兵器局兵器実験所において詳細に研究・分析されてシュテッティンへと身柄を移し、そこで風雨に曝されないように格納された。何年にもおよぶ細かい作業と綿密さが、この唯一無二の博物館を実現する必要条件であった。

　ドイツ国防軍の捕獲戦車の歴史は、1945年の戦争最後の日にシュテッティンで終焉を迎えた。

写し
（スタンプ：機密）

ヴァイクセル軍集団司令部
　　　　　　　　　　　　　　　　　上級司令部1945年3月9日
　上級設営班長／V（技師長）（戦車担当）報告書番号Nr.387/45 軍機
考察：捕獲戦車博物館
第3戦車軍司令部／上級設営班長／V（技師長）　宛
報告：戦車兵総監
OKH／監察第6課
Ⅰa（作戦参謀）／対戦車部隊担当本部将校

　ミルデブラート大佐とイケン少佐との電話での協議により、シュテッティン・アルトダムの博物館にある捕獲戦車は、シュテッティンの防衛、すなわち道路封鎖用として投入されることとなった。*与えられた任務に不適用な場合は、自ら爆破すること。使用した結果については、軍集団へ報告すること。
　　　　　　　　　　　　　　　　　　ヴァイクセル軍集団司令部
　　　　上級設営長
　　　　Ｉ．Ａ．
　　　（署名は判読不能）
　　　　大佐

---

*訳者注：1945年3月22日に5個要塞連隊を中心とした要塞師団"シュテッティン"が編成された。4月20日にソ連軍の総攻撃が行われ、4月25－26日に要塞師団"シュテッティン"ほかの残余は西方へ脱出し、街は1945年4月26日に陥落した。

技術的戦訓報告
Technischer Erfahrungsbericht

突撃砲兵中隊の戦闘報告（1941年10月／11月、ロシア戦線／摘要）

1. 砲および弾薬

　搭載された軽榴弾砲16型は非常に有用であることがわかった。l.F.H（軽榴弾砲）16型の火力は7.5cm戦車カノン砲の約3倍である。

　弾薬補給もスムーズで問題はなかった。と言うは、第6種装薬を除くl.F.H18用砲弾の発射が可能であり、l.F.H18用砲弾はどこでも入手できた。その他のl.F.H（軽榴弾砲）16型の利点は、照準装置が扱いやすいという点である。砲撃速度は非常に高く、砲弾と薬包の取り扱いも良好であった。すべての薬包については、戦車徹甲弾の第3種装薬の分量にまで減少された。

　射撃時における砲兵戦車の安定は、軽い重量であるにもかかわらず良好であった。第3種装薬までは、トレールスペード（駐鋤）なしでも射撃可能であり、第5種装薬においては（衝撃に対する）機器保護のためにトレールスペード（駐鋤）を用いて射撃を行った。

　射撃総数は1300発であり、1門当たり平均200発であった。

2. 車両シャーシおよびエンジン

　カーデン・ロイド型戦車は非常に有用であり、耐久性は最高であった。エンジンやシャーシの故障は、悪路や悪い地形条件下においても発生しなかった。非常に悪い道路条件での航続距離は平均1400kmに及ぶ。

　戦車の操縦性は極めて良好であり、6.5tという軽量、長さ4m、幅2.2m、高さ2mという大きさは、厳しい状況においても作戦投入が突撃砲として可能であった。なお、路外走行能力も非常に良好であった。

　燃費が良いという点も、困難な補給条件において大きな利点の一つであると言える。

3. 構造および装甲

　砲兵戦車のオープントップ式構造は、いずれの点から見ても非常に優れている。特記すべき利点としては：

1. 全周を見渡せる優れた視界性
2. 近接戦闘時に搭載された機関銃の他、短機関銃、拳銃および手榴弾による効果的な防御が可能
3. 行軍、戦闘、特に射撃時における優れた操作性：迅速な弾薬補充、砲撃された場合の迅速な脱出退避
　前面22mm、側面14mmの装甲は、すべての軽歩兵火器に対しては完全なる防御力を有することがわかった。
　弾薬、薬包、無線機器、測距儀およびその他の機器の車内配置は、非常に良好と判断された。
4. 優れた路外走行性と歩兵火器に対して充分な装甲防御力により、砲兵戦車はいかなる条件においても歩兵に追従可能である。砲兵戦車が陣地に着いてから砲撃準備完了までの間、味方機関銃の援護射撃がまず必要である。兆弾射撃や煙幕射撃も非常に大きな効果を発揮した。敵は砲撃の大きな効果のため、今まで知られていない重戦車の存在を推察しているようである。

技術データ
Technische Daten

乗用車、および軽牽引機材

製造国	オランダ	フランス	フランス	フランス
製造メーカー	DAF	ラフリー	ラティル	トリッペル製造工場
型式	MC139	V15T	M7T1	SG6
製造年	1939年	1938-42年	1938-39年	1940-44年
出典	N44945仕様書	1942年1月31日制定マニュアルD663/7	製造メーカー	トリッペル社資料
エンジン製造メーカー／型式	シトロエン(ミッドシップ)	ラフリーV15	ラティルM7	オペル2.5l
気筒数、配置形式	4／直列	4／直列	4／直列	6／直列
ボア／ストローク(mm)	78×100	86×99.5	85×120	80×82
排気量(ccm)	1900	2312	2724	2473
圧縮比	6	5.45	6.25	6
回転数：定格／最大	3200/4000	3200	2200(制限値)	3500
最大出力(PS)	48	52	50	55
バルブ配置方式	オーバーヘッド式	オーバーヘッド式	直立式	オーバーヘッド式
クランクシャフト軸受け	3×ジャーナル軸受け	3×ジャーナル軸受け	3×ジャーナル軸受け	4×ジャーナル軸受け
キャブレター／燃料噴射ポンプ	1ゾーレックス	1ゾーレックス35RFNVG	1ゾーレックス35RFNV	1オペル-ファルシュトローム
点火順序	1-3-4-2	1-4-3-2	1-4-3-2	1-5-3-6-2-4
始動機(スターター)	ボッシュAJB0.8/6	パリ-ローヌDS315/12V	パリ-ローヌ12V	ボッシュCJ 0.8/6(12V)
発電機(点灯用)	デュセリエ6V	パリ-ローヌGS26/12V	パリ-ローヌ12V	ボッシュDJ6
蓄電池：数／ボルト／Ah(容量)	1/6	1/12/75	1/6/75	1/6/87.5
燃料供給方式	ポンプ	低圧およびポンプ	ポンプ	ポンプ
冷却方式	油冷却	油冷却	油冷却	油冷
メインクラッチ	シングルディスク、乾式	シングルディスク、乾式	シングルディスク、乾式	シングルディスク、乾式
変速機(ミッション)	トランスギア減速	スライディングギア減速	スライディングギア減速	特殊スライディングギア減速
ギアシフト段数	3/1×2	4/1×2	4/1×2	3/1×2
駆動輪型式	4×4	4×4	4×4	4×4
駆動軸最終減速比	3.44	5.59		5.16
最大速度(km/h)	70／水上10	58	59.6	105／水上14.5
航続距離(km)				210
前部シャフト	独立懸架ホイール	独立懸架ホイール	独立懸架ホイール	独立懸架ホイール
ステアリング方式	全輪操向式	ウォーム式	ウォーム式	ラック式
最少旋回半径(m)		12.9	11.0	11.0
懸架装置：前輪／後輪	トーションバー	スクリュー／クオータースプリング	スクリュースプリング	スクリュースプリング
グリース補給機構	集中グリース貯槽式	高圧グリース貯槽式	集中グリース貯槽式	集中グリース貯槽式
ブレーキ装置				
製造メーカー	シトロエン	ベンディックス	ウェスチングハウス	テヴェス
方式	油圧式	機械式	油圧式	油圧式
種類	インターナルブロック型	インターナルブロック型	インターナルブロック型	インターナルブロック型
フットブレーキの動作対象	4輪	4輪	4輪	4輪
ハンドブレーキの動作対象	4輪	駆動装置	4輪	カルダンシャフト
車輪の種類	スチールプレートディスク	スチールプレートディスク	スチールプレートディスク	スチールプレートディスク
タイヤ寸法：前輪／後輪	6.00-16	230×40または5.90-16	210×18または230×18	6.00-16または7.50-17
車輪距離：前輪／後輪(mm)	1465	1504/1544	1450	1450
軸距(mm)	2500	2145	2700	2500
地上間隙(mm)	370	334	450	260
車長×車幅×車高(mm)	3565×1740×1600	4210×1800×1365	4117×1800×1350	4770×1800×1700
総重量(kg)	1250(無人時)	3100	2830	1660(無人時)
積載重量(kg)		700	500	陸上500／水上1200
燃費(l/100km)			25	25
燃料貯蔵量(l)		75+20=95	65または80	62
備考	プロトタイプ1台のみ			上部ボディ：ドラウツ社、ハイルボルン

	乗用車	トラック		
製造国	USA	フランス	フランス	フランス
製造メーカー	ウィリスオーバーランド&フォード	シトロエン	シトロエン	ラフリー
型式	MB（フォードGPW）	23（PUD7）	45（P38）	BS／GSA
製造年	1941-45年	1941-44年	1941-44年	1939-42年
出典	TM9－803その他	1942年10月6日 制定マニュアルD632/52	1942年9月15日 制定マニュアルD632/51	1941年11月10日 制定マニュアルD614/12
エンジン製造メーカー／型式	ウィリス442	シトロエン1.9l	シトロエンP38	オチキス486
気筒数、配置形式	4／直列	4／直列	6／直列	4／直列
ボア／ストローク(mm)	79.38×111.13	78×100	94×110	86×99.5
排気量(ccm)	2199	1911	4580	2312
圧縮比	6.48	6.5	5.8	5.9
回転数：定格／最大	4000	3500	2500	3000
最大出力(PS)	54	48	73	48
バルブ配置方式	直立式	オーバーヘッド式	オーバーヘッド式	オーバーヘッド式
クランクシャフト軸受け	3×ジャーナル軸受け	3×ジャーナル軸受け	7×ジャーナル軸受け	3×ジャーナル軸受け
キャブレター／燃料噴射ポンプ	1カーター	1ゾーレックス30RGHT	1ゾーレックス40RVAFG	1ツェニートーシュトロームベルクEX22
点火順序	1-3-4-2	1-3-4-2	1-5-3-6-2-4	1-4-3-2
始動機（スターター）	オートライト6V	ボッシュAJB0.8/6	デュセリエ	パリーローヌDS315 12V
発電機（点灯用）	オートライト6V	ボッシュRJC75/6-900	デュセリエ	パリーローヌGS247 12V
蓄電池：数／ボルト／Ah（容量）	1/6/116	1/6/75	2/6/75	2/6/60
燃料供給方式	ポンプ	ポンプ	ポンプ	ポンプ（ギヨー）
冷却方式	油冷却	油冷却	油冷却	油冷却
メインクラッチ	シングルディスク乾式	シングルディスク乾式	ダブルディスク乾式	シングルディスク乾式
変速機（トランスミッション）	ワーナースライディングギア減速	スライデイングギア減速	スライディングギア減速	スライディングギア減速、部分シンクロ
ギアシフト段数	3/1×2	4/1	4/1	4/1
駆動輪型式	4×4	4×2	4×2	4×2
駆動軸最終減速比：	4.88	6.83	7.5	7.8または6.45
最大速度(km/h)	97	76	70	55
航続距離(km)	450			400
前部シャフト	リジットシャフト	リジットシャフト	リジットシャフト	リジットシャフト
ステアリング方式	ロス式	ウォーム式	ウォーム式	ウォーム式
最少旋回半径(m)	11.0	7.5	10.9	18.0
懸架装置：前輪／後輪	ハーフスプリング長手方向	ハーフスプリング長手方向	ハーフスプリング長手方向	ハーフスプリング長手方向
グリース補給機構	高圧グリース貯槽式	集中グリース貯槽式	集中グリース貯槽式	高圧グリース貯槽式
ブレーキ装置：				
製造メーカー	ロッキード	ロッキード	ロッキード/ウェスチングハウス	ベンディックス SA型
方式	油圧式	油圧式	油圧式	機械サーボ式
種類	インターナルブロック型	インターナルブロック型	インターナルブロック型	インターナルブロック型
フットブレーキの動作対象	4輪	4輪	4輪	4輪
ハンドブレーキの動作対象	駆動装置	後輪	駆動装置	後輪
車輪の種類	スチールプレートディスク	スチールプレートディスク	スチールプレートディスク	スチールプレートディスク
タイヤ寸法：前輪／後輪	6.00-16	16×50C	230×20	17×50
車輪距離：前輪／後輪(mm)	1226	1625/1540	1800/1780	1750/1570
軸距(mm)	2033	3750	4600	3350
地上間隙(mm)	220			240
車長×車幅×車高(mm)	3370×1570×1303	5540×1980×2710	7100×2350×3100	5400×1960×2580
総重量(kg)	1656	4200	7600	3700
積載重量(kg)	路上=550/路外=360	2000	3500	1000
燃費(l/100km)		18-21	35-38	18
燃料貯蔵量(l)		50	70	50
備考				

トラック

製造国	フランス	フランス	フランス	フランス
製造メーカー	プジョー	プジョー	ルノー	ルノー
型式	DK5	DMA	AHS	AHN
製造年	1940-41年	1940-44年	1941-44年	1941-44年
出典	1942年9月30日制定マニュアルD632/54	1943年10月10日制定マニュアルD661/13	1944年5月8日制定マニュアルD661/9	1944年4月15日制定マニュアルD661/11
エンジン製造メーカー／型式	プジョーTHU2	プジョー2.5l	ルノー603S	ルノー622B
気筒数、配置形式	4／直列	4／直列	4／直列	6／直列
ボア／ストローク(mm)	83×99	83×99	85×105	85×120
排気量(ccm)	2142	2140	2383	4086
圧縮比	6	6	5.8	6
回転数：定格／最大	3200	3000	2800	2800
最大出力(PS)	65	51	50	75
バルブ配置方式	オーバーヘッド式	オーバーヘッド式	直立式	直立式
クランクシャフト軸受け	3×ジャーナル軸受け	3×ジャーナル軸受け	3×ジャーナル軸受け	4×ジャーナル軸受け
キャブレター／燃料噴射ポンプ	1ツェニトーシュトロームベルク	1ツェニト30JMFG	1ゾーレックス35RFAI	1ゾーレックス40FAPI
点火順序	1-3-4-2	1-3-4-2	1-3-4-2	1-5-3-6-2-4
始動機(スターター)	パリーローヌ12V	デュセリエ12v	ルノー6V/0.8PS	ルノー6V/0.8PS
発電機(点灯用)	パリーローヌ12V	デュセリエ12V	ルノー6D48または93	ルノー6VD42または93
蓄電池：数／ボルト／Ah(容量)	1/12/40	1/12/60	1/6/90	1/6/90
燃料供給方式	ポンプ	ポンプ	ポンプ	ポンプ
冷却方式	油冷却	油冷却	油冷却	油冷却
メインクラッチ	シングルディスク、乾式	シングルディスク、乾式	シングルディスク、乾式	シングルディスク、乾式
変速機(トランスミッション)	スライディングギア減速	スライディングギア減速	スライディングギア減速	スライディングギア減速
ギアシフト段数	4/1	4/1	4/1	4/1
駆動輪型式	4×2	4×2	4×2	4×2
駆動軸最終減速比：			6.83	6.6
最大速度(km/h)	105	55	65	68
航続距離(km)	350			
前部シャフト	独立懸架ホイール	独立懸架ホイール	リジットシャフト	リジットシャフト
ステアリング方式	ウォーム式	ウォーム式	ウォーム式	ウォーム式
最少旋回半径(m)	12.4	11.0	13.46	15.9
懸架装置：前輪／後輪	リーフスプリングクロス／ハーフスプリング長手方向	リーフスプリングクロス／ハーフスプリング長手方向	ハーフスプリング長手方向	ハーフスプリング長手方向
グリース補給機構	高圧グリース貯槽式	高圧グリース貯槽式	高圧グリース貯槽式	高圧グリース貯槽式
ブレーキ装置：				
製造メーカー	プジョー	プジョー	ルノー	ルノー
方式	機械式	機械式	油圧式	油圧式
種類	インターナルブロック型	インターナルブロック型	インターナルブロック型	インターナルブロック型
フットブレーキの動作対象	4輪	4輪	4輪	4輪
ハンドブレーキの動作対象	4輪	4輪	後輪	後輪
車輪の種類	スチールプレートディスク	スチールプレートディスク	スチール鋳造スポーク	スチール鋳造スポーク
タイヤ寸法：前輪／後輪	15×50	6.00−20TT	6.50-20	210-20または34×7
車輪距離：前輪／後輪(mm)	1354/1434	1580/1650	1454/1520	1747/1610
軸距(mm)	3390	2800	3125	3730
地上間隙(mm)	200	220	220	250
車長×車幅×車高(mm)	5120×1920×2500	4800×1996×2280	5600×2036×2430	6420×2350×2500
総重量(kg)	3000	4090	4520	7003
積載重量(kg)	1400	2150	2000	3500
燃費(l/100km)	15-16	18-20	20	28.5
燃料貯蔵量(l)	55	70	100	100
備考				

トラック

製造国	フランス	イギリス	イタリア	イタリア
製造メーカー	ルノー	ヴォクスホール	アルファロメオ	OM
型式	AHR	ベッドフォードMWD	800R.E.	タウルス
製造年	1941-44年	1939-45年	1940-44年	1939-45年
出典	1942年10月8日 制定マニュアルD632/58	その他資料	1944年10月15日 制定マニュアルD618/51	1944年7月24日 制定マニュアルD618/15
エンジン製造メーカー／型式	ルノー622B	ベッドフォード27.34HP	アルファロメオ800	OMCIR（ガソリン） CRID（ディーゼル）
気筒数、配置形式	6／直列	6／直列	6／直列	4／直列
ボア／ストローク(mm)	85×120	85.72×101.6	115×140	110×140
排気量(ccm)	4086	3518	8725	5320
圧縮比	6	6.22	16	5.45
回転数：定格／最大	2800	2425(制限値)	2000	1800
最大出力(PS)	75	72	108	72
バルブ配置方式	直立式	オーバーヘッド式	オーバーヘッド式	オーバーヘッド式
クランクシャフト軸受け	4×ジャーナル軸受け	4×ジャーナル軸受け	7×ジャーナル軸受け	5×ジャーナル軸受け
キャブレター／燃料噴射ポンプ	1ゾーレックス40FAPI	1ゾーレックス35RZFAIPO	1ボッシュPEB70D	1ツェニト42VIF
点火順序	1-5-3-6-2-4	1-5-3-6-2-4	1-5-3-6-2-4	1-3-4-2
始動機(スターター)	SEV6V	ルーカスM45G-P23	ボッシュBPD6/24	ボッシュBNG4/24
発電機(点灯用)	SEV6V	CAV/ルーカスD45DN51	ボッシュRKC300/24-1300	ボッシュRKC300/24-1300
蓄電池：数／ボルト／Ah（容量）	1/6/120	1/6/75	2/12/100	2/12/90
燃料供給方式	ポンプ	ポンプ	ポンプ	ポンプ
冷却方式	油冷却	油冷却	油冷却	油冷却
メインクラッチ	シングルディスク、乾式	シングルディスク、乾式	シングルディスク、乾式	シングルディスク、乾式
変速機(トランスミッション)	スライディングギア減速	スライディングギア減速	スライディングギア減速	スライディングギア減速
ギアシフト段数	6/1	4/1	4/1×2	5/1
駆動輪型式	4×2	4×2	4×2	4×2
駆動軸最終減速比：		6.2	2.04×4.2	
最大速度(km/h)	60	64	49.2	59.2
航続距離(km)	207	386	500	
前部シャフト	リジットシャフト	リジットシャフト	リジットシャフト	リジットシャフト
ステアリング方式	ウォーム式	ウォーム式	ウォーム式	ウォーム式
最少旋回半径(m)	16.5	13.65	13.4	14.0
懸架装置：前輪／後輪	ハーフスプリング長手方向	ハーフスプリング長手方向	ハーフスプリング長手方向	ハーフスプリング長手方向
グリース補給機構	高圧グリース貯槽式	高圧グリース貯槽式	高圧グリース貯槽式	高圧グリース貯槽式
ブレーキ装置：				
製造メーカー	ルノー	ロッキード	アルファロメオ	
方式	機械式サーボ	油圧式	圧縮空気による油圧式	圧縮空気式、油圧式
種類	インターナルブロック型	インターナルブロック型	インターナルブロック型	インターナルブロック型
フットブレーキの動作対象	4輪	4輪	4輪	4輪
ハンドブレーキの動作対象	4輪	後輪	駆動装置	後輪
車輪の種類	スチール鋳造スポーク	スチールプレートディスク	スチール鋳造スポーク	スチール鋳造スポーク
タイヤ寸法：前輪／後輪	230-20	9.00-16	270-20または10.50-20	7.50-20
車輪距離：前輪／後輪(mm)	1790/1650	1600/1500	1940/1734	1600/1640
軸距(mm)	4440	2500	3800	3800
地上間隙(mm)	280	226	260	210
車長×車幅×車高(mm)	7150×2250×3070	4360×2000×2290	6840×2350×2850	6600×2250×2665
総重量(kg)	8700	2140	12000	6680
積載重量(kg)	5000	760	6500	3000
燃費(l／100km)	35	29	20.5	33
燃料貯蔵量(l)	100	45+45=90	142	110
備考				

	トラック		装輪牽引機材	
製造国	USA	フランス	フランス	イタリア
製造メーカー	スチュードベーカー	ラティル	ラフリー	パヴェージ
型式	US6×4	FTARN	S35T	L/40
製造年	1941-45年	1932-35年	1935-37年	1931-33
出典	1943年12月16日制定マニュアルT9-807	1943年1月12日制定マニュアルD614/9	1941年9月18日制定マニュアルD614/5	その他資料
エンジン製造メーカー/型式	ヘラクレスJXD	ラティルF	ラフリー	フィアットL20
気筒数、配置形式	6／直列	4／直列	4／直列	4／直列
ボア／ストローク(mm)	101.6×107.9	110×160	115×150	75×130
排気量(ccm)	5340	6082	6200	3998
圧縮比	5.82	5.2	5.65	4.8
回転数：定格／最大	2600	1750	2200	1500
最大出力(PS)	87	68	100	33.5
バルブ配置方式	直立式	直立式	直立式	オーバーヘッド式
クランクシャフト軸受け	7×ジャーナル軸受け	3×ジャーナル軸受け	3×ジャーナル軸受け	2シリンダー、1ジャーナル軸受け
キャブレター／燃料噴射ポンプ	1カーター429S	1ゾーレックス	1ゾーレックスRFNV	1ツェニト36UDH
点火順序	1-5-3-6-2-4	1-3-4-2	1-2-4-3	1-2-4-3
始動機(スターター)	オートライトMAB4071 6V	パリ-ローネ12V	パリ-ローネ12V	手動
発電機(点灯用)	オートライトGEW-4806	パリ-ローネ12V	パリ-ローネ12V	6V
蓄電池：数／ボルト／Ah (容量)	1/6/153	1/12	1/12	なし
燃料供給方式	ポンプ	ポンプ	ポンプ	低圧および自重式
冷却方式	油冷却	油冷却	油冷却	油冷却
メインクラッチ	シングルディスク、乾式	シングルディスク、乾式	シングルディスク、乾式	コーンプーリ、乾式
変速機(トランスミッション)	ワーナースライデイングギア減速	スライディングギア減速	スライディングギア減速	スライディングギア減速
ギアシフト段数	5/1×2	5/1	4/4×2	4/1
駆動輪型式	6×4	4×4	6×6	4×4
駆動軸最終減速比：	6.6			
最大速度(km/h)	72	36	40	38.4
航続距離(km)	370			
前部シャフト	リジットシャフト	リジットシャフト	独立懸架ホイール	独立懸架ホイール
ステアリング方式	ウォーム式	全輪操向式	ウォーム式	ピニオンギア式
最少旋回半径(m)	21.2	15.0	15.0	8.25
懸架装置：前輪／後輪	ハーフスプリング長手方向	ハーフスプリング長手方向	リーフスプリング	なし
グリース補給機構	高圧グリース貯槽式	高圧グリース貯槽式	高圧グリース貯槽式	高圧グリース貯槽式
ブレーキ装置：				
製造メーカー	ロッキード	ウェスチングハウス	ベンディクス-ウェスチングハウス	パヴェージ
方式	油圧式	低圧式	低圧式	機械式
種類	インターナルブロック型	インターナルブロック型	インターナルブロック型	ドラム型
フットブレーキの動作対象	6輪	4輪	6輪	前部駆動シャフト
ハンドブレーキの動作対象	駆動装置	駆動装置	駆動装置	後部操向カルダンシャフト
車輪の種類	スチールプレートディスク	スチールプレートディスク	スチールプレートディスク	ワイヤースポーク
タイヤ寸法：前輪／後輪	7.50-20	270×28	270×22	1086×80
車輪距離：前輪／後輪(mm)	1581/1721	1800	1800/1810	1450
軸距(mm)	3556+1118	3000	2100+1200	2250
地上間隙(mm)	254	440	340	510
車長×車幅×車高(mm)	6750×2235×2700	5900×2250×2950	5500×2100×2685	4050×1800×2180
総重量(kg)	8900	9500	9250	3150
積載重量(kg)	2500（路外）	3000	1200	500
燃費(l／100km)	50-60	97		
燃料貯蔵量(l)	151	126+85=211	100+45=145	50+13=63
備考	専らソ連向け		類似：ラートシュレッパー・オスト	派生型多数

装輪牽引機材

製造国	イタリア	イタリア	イタリア
製造メーカー	パヴェージ	SPA	SPA
型式	P4-100	TL37	TM40
製造年	1936-42年	1937-48年	1941-48年
出典	1944年9月14日制定マニュアルD618/29	フィアット社資料	1944年8月21日制定マニュアルD618/55
エンジン製造メーカー／型式	フィアットP4/1	フィアット－SPA18TL	フィアット366
気筒数、配置形式	4／直列	4／直列	6／直列
ボア／ストローク(mm)	100×150	96×140	120×138
排気量(ccm)	4724	4053	9365
圧縮比	5.3	4.9	17
回転数：定格／最大	1700	2000	1700
最大出力(PS)	55	57	95
バルブ配置方式	オーバーヘッド式	直立式	オーバーヘッド式
クランクシャフト軸受け	2×ロール軸受け＋1ジャーナル軸受け	3×ジャーナル軸受け	7×ジャーナル軸受け
キャブレター／燃料噴射ポンプ	1ツェニト42TTV	1ツェニト42TTVP	1ボッシュPE6B
点火順序	1-2-4-3	1-2-4-3	1-5-3-6-2-4
始動機(スターター)	手動	手動	ボッシュ10PS/24V
発電機(点灯用)	6V	マレリ6V	ボッシュRKC300/24-1300
蓄電池：数／ボルト／Ah（容量）	なし	1/6	2/12/220
燃料供給方式	低圧および自重式	ポンプ	ポンプ
冷却方式	油冷却	油冷却	油冷却
メインクラッチ	コーンプーリ、乾式	ダブルディスク、乾式	シングルディスク、乾式
変速機(トランスミッション)	スライディングギア減速	スライディングギア減速	スライディングギア減速
ギアシフト段数	4/1	5/1	5/1
駆動輪型式	4×4	4×4	4×4
駆動軸最終減速比：			3.6
最大速度(km/h)	22	38	43.35
航続距離(km)	100	355	390
前部シャフト	独立懸架ホイール	独立懸架ホイール	リジットシャフト
ステアリング方式	分節ウォーム式	ウォーム式	前輪操向式
最少旋回半径(m)	9.5	10.0	5.60
懸架装置：前輪／後輪	スクリュースプリング	スクリュースプリング	ハーフスプリング長手方向
グリース補給機構	高圧グリース貯槽式	高圧グリース貯槽式	高圧グリース貯槽式
ブレーキ装置：			
製造メーカー	パヴェージ	フィアット	フィアット／ロッキード
方式	機械式	機械式	圧縮空気による油圧式
種類	バンドブレーキ型	インターナルブロック型	インターナルブロック型
フットブレーキの動作対象	前部駆動シャフト	4輪	4輪
ハンドブレーキの動作対象	後部操向シャフト	駆動装置	駆動装置
車輪の種類	スチールスポーク	スチールプレートディスク	スチールプレートスポーク
タイヤ寸法：前輪／後輪	1160×150	9.00-24ソリッドタイヤ	50×9初期はソリッドタイヤ
車輪距離：前輪／後輪(mm)	1566	1518/1518	1630
軸距(mm)	2425	2500	2570
地上間隙(mm)	480	340	330
車長×車幅×車高(mm)	4155×2046×1650	4250×1830×2150	4680×2200×2800
総重量(kg)	5800	4100	6600
積載重量(kg)	1000	800	440
燃費(l/100km)		39	40-46
燃料貯蔵量(l)	75+30+5=110		138
備考			

半装軌式車両(非装甲および装甲)

製造国	フランス	フランス	フランス	フランス
製造メーカー	ユニック	ユニック	ソミュア	ソミュア
型式	P107	TU1	MCG	MCL6
製造年	1937-39年	1939-40年	1932-35年	1933-36年
出典	1941年5月20日制定マニュアルD628/1	1942年1月7日制定マニュアルD628/3	1942年3月4日制定マニュアルD628/6	1942年3月4日制定マニュアルD628/8
エンジン製造メーカー/型式	ユニックP39	ユニックM16D	ソミュア	ソミュアタイプ23
気筒数、配置形式	4/直列	4/直列	4/直列	4/直列
ボア/ストローク(mm)	100×110	80×107	100×150	115×150
排気量(ccm)	3450	2150	4712	6232
圧縮比	4.5	4.5	4.8	4.8
回転数:定格/最大	2200/2800	3200	2000	2000
最大出力(PS)	60	50	60	80
バルブ配置方式	オーバーヘッド式	オーバーヘッド式	E型=オーバーヘッド式/A型=直立式	オーバーヘッド式
クランクシャフト軸受け	5×ジャーナル軸受け	3×ジャーナル軸受け	3×ジャーナル軸受け	3×ジャーナル軸受け
キャブレター/燃料噴射ポンプ	1ゾーレックス35RTNB	1ゾーレックス35RFNY	1ゾーレックス40RFNV	1ゾーレックス46RZINP
点火順序	1-3-4-2	1-2-4-3	1-3-4-2	1-3-4-2
始動機(スターター)	シトロエン6または12V	12V	手動およびDS2	手動およびDS2
発電機(点灯用)	シトロエン6または12V	12V	CS2/12V	GS2/12V
蓄電池:数/ボルト/Ah(容量)	2/6または12/90	1/12/57	2/6/92	2/6/95
燃料供給方式	ポンプ	ポンプSEV4K	ポンプ	ポンプSEV
冷却方式	油冷却	油冷却	油冷却	油冷却
メインクラッチ	マルチディスク、乾式	シングルディスク、乾式	シングルディスク、乾式	ダブルディスク、乾式
変速機(トランスミッション)	スライディングギア減速	スライディングギア減速	スライディングスギア減速	スライディングギア減速
ギアシフト段数	4/1×2	4/1×2	5/1	5/1
駆動輪最終減速比:	2.9および3.2	0.1994	3.5	4.66
最大速度(km/h)	45	50	36	34
航続距離(km)	400	250	170	100
前部シャフト	リジットシャフト	リジットシャフト	リジットシャフト	リジットシャフト
ステアリング方式	ウォーム式	スピンドル式	ウォーム式	ウォーム式
最少旋回半径(m)				
懸架装置:前輪/後輪	ハーフスプリング長手方向	ハーフスプリング長手方向	ハーフスプリング長手方向	ハーフスプリング長手方向
グリース補給機構	高圧グリース貯槽式	高圧グリース貯槽式	高圧グリース貯槽式	高圧グリース貯槽式
ブレーキ装置:				
製造メーカー	ユニック/シトロエン	ユニック	ソミュア	ソミュア
方式	油圧式	機械式	機械式	機械式サーボ
種類	インターナルブロック型	インターナルブロック型	エクスターナルバンド型	エクスターナルバント/インターナルブロック型
フットブレーキの動作対象	駆動輪	前輪および駆動輪	駆動装置	駆動装置
ハンドブレーキの動作対象	駆動輪	前輪および駆動輪	駆動輪	駆動輪
車輪の種類	スチールプレートスポーク	スチールプレートディスク	スチールプレートディスク	スチールプレートディスク
タイヤ寸法:前輪/後輪	30×5SS	5.25-18	30×5	38×7
車輪距離:前輪/後輪(mm)	1395/1340	1277/1200	1485/1480	1700/1592
履帯接地長(mm)	2500	1400	1340	1560
履帯幅(mm)	260	175	300	350
地上隙間(mm)	340	310	370	360
車長×車幅×車高(mm)	4850×1800×2280	4200×1500×1310	4165×1880×2750	5860×2100×2650
総重量(kg)	5400	2910	5300（無人時）	10500
積載/牽引重量(kg)	1400	475	2000	1500
燃費(l/100km)	路上=40/路外=100	路上=28/路外=50	60	120-130
燃料貯蔵量(l)	160	80	80	120
備考	シトロエン社開発			

	半装軌式車両			全装軌牽引車
製造国	イタリア	USA		ソ連
製造メーカー	ブレダ	ホワイトほか		スターリネツ
型式	61	M3		65/SG65
製造年	1944-45年	1941-44年		1940-42年
出典	1944年制定マニュアルD607/12	1944年2月23日 制定マニュアルTM9-710		1942年12月14日 制定マニュアルD628/20
エンジン製造メーカー／型式	ブレダT14	ホワイト160AX		スターリネツM17
気筒数、配置形式	6／直列	6／直列		4／直列
ボア／ストローク(mm)	110×130	101.6×130.18		145×205
排気量(ccm)	7412	6330		18500
圧縮比	5	6.44		15.5
回転数：定格／最大	2400	3000		970
最大出力(PS)	130	128.78		75
バルブ配置方式	オーバーヘッド式	直立式		オーバーヘッド式
クランクシャフト軸受け	7×ジャーナル軸受け	7×ジャーナル軸受け		3×ジャーナル軸受け
キャブレター／燃料噴射ポンプ	2ツェニト42TTVPS	1シュトロームベルグ380053		1噴射ポンプ
点火順序	1-5-3-6-2-4	1-5-3-6-2-4		1-3-4-2
始動機(スターター)	ボッシュBNG4/24	デルコ・レミー1118488		2シリンダースターター
発電機(点灯用)	ボッシュCQLN300/24	デルコ・レミー1117308		ATMod.GAU100W
蓄電池：数／ボルト／Ah（容量）	2/12/105	1/12/168		1/6
燃料供給方式	ポンプ	ポンプ		ポンプ
冷却方式	油冷却	油冷却		油冷却
メインクラッチ	ダブルディスク、乾式	シングルディスク、乾式		シングルディスク、乾式
変速機(トランスミッション)	ZFスライディングギア減速	スライディングギア減速		スライディングギア減速
ギアシフト段数	5/1×2	4/1×2		3/1
駆動輪最終減速比：		前輪＝6.8／後輪＝4.44		後輪4.33
最大速度(km/h)	50	72		6.95
航続距離(km)	300	325		
前部シャフト	リジットシャフト	リジットシャフト		―
ステアリング方式	ウォーム式	ウォーム式		マルチディスク、乾式
最少旋回半径(m)	16.0	9.15		
懸架装置：前輪／後輪	クオータースプリング／ ハーフスプリング長手方向	ハーフスプリング長手方向／ コーンスプリング		スクリュースプリング
グリース補給機構	高圧グリース貯槽式	高圧グリース貯槽式		高圧グリース貯槽式
ブレーキ装置：				
製造メーカー	マレリ	ベンディックス／ワグナー		スターリネツ
方式	圧縮空気式	低圧油圧式		機械式
種類	インターナルブロック型	インターナルブロック型		バンドブレーキ型
フットブレーキの動作対象	駆動輪	前輪および駆動輪		操向ブレーキ
ハンドブレーキの動作対象	駆動輪	カルダンシャフト		操向ブレーキ
車輪の種類	スチール鋳造スポーク	スチールプレートディスク		-
タイヤ寸法：前輪／後輪	9.75-20	8.25-20		-
車輪距離：前輪／後輪(mm)	2020/1800	1805		1823
履帯接地長(mm)	2257/履帯タイプブレダ22437	1180		
履帯幅(mm)	360	305		500
地上間隙(mm)	390	435		405
車長×車幅×車高(mm)	6900×2450×2750	6500×1980×2240(M16)		4086×2416×2803
総重量(kg)	13000	9825		11200
積載／牽引重量(kg)	1800	1400		4100牽引重量
燃費(l/100km)	120	70		220g/PS/h
燃料貯蔵量(l)	170+35=205	113.7+113.7=227.4		300
備考	コピー生産：クラウス-マッファイKMm11			

装甲化装輪車両

製造国	ドイツ／オランダ	オランダ	ベルギー	フランス
製造メーカー	エアハート／シデリウス	DAF	フォード／マーモン・ヘリントン	パナール
型式	E-/4 1917	M39-タイプ3	91Y（原型車両）	178
製造年	1920年（改修型）	1939-40年	1939-40年	1935-40年
出典	Armamentaria1669	DAF資料	バルト・ファンダーフェン	1941年4月22日 制定マニュアルD658/11
エンジン製造メーカー／型式	エアハート	フォード - マーキュリー	フォード85HP	パナールSS
気筒数、配置形式	4／直列	8／V型	8／V型	4／直列
ボア／ストローク(mm)	136×160	81×95.4	77.79×95.25	120×140
排気量(ccm)	8600	3918	3613	6330
圧縮比	4	7	6.12	5.8
回転数：定格／最大	1200	3800	3800	2000
最大出力(PS)	80	96	85	105
バルブ配置方式	直立式	直立式	直立式	なし - 2サイクル
クランクシャフト軸受け	4軸受け	3×ジャーナル軸受け	3×ジャーナル軸受け	3×ジャーナル軸受け
キャブレター／燃料噴射ポンプ	1パラス	1シュトロームベルグ	1シュトロームベルグ	1ダブル - キャブレター
点火順序	1-3-4-2	1-5-4-8-3-7-2	1-5-4-8-6-3-7-2	1-3-4-2
始動機（スターター）	アイゼマン	フォード-ベンディックス12V	フォード-ベンディックス6V	12V
発電機（点灯用）	アイゼマン	フォード	フォード	12V
蓄電池：数／ボルト／Ah（容量）	1/12	2/6/100	1/6/100	2/12/146
燃料供給方式	圧力および自重式	ポンプ	ポンプ	ポンプ
冷却方式	油冷却	油冷却	油冷却	油冷却
メインクラッチ	ラミネートマルチディスク	シングルディスク、乾式	シングルディスク、乾式	マルチディスク、湿式
変速機（トランスミッション）	スライディングギア減速	スライディングギア減速	スライディングギア減速	プレセレクター／リヴァーシングギア減速
ギアシフト段数	6/6	4/4	4/1	4/4×2
駆動輪型式	4×4	6×4（希望により6×6）	4×4（改修後）	4×4
駆動軸最終減速比：			4.86または6.67	0.17142（二段式）
最大速度(km/h)	61.3	前進75/後進50		72.6
航続距離(km)	250	300		350
前部シャフト	リジットシャフト	独立懸架ホイール	リジットシャフト	リジットシャフト
ステアリング方式	スクリュー式（ダブルステアリング）	ウォーム式（ダブルステアリング）	ウォーム式	スクリュー式（ダブルステアリング）
最少旋回半径(m)	13.0	11.5	13.4	8.0
懸架装置：前輪／後輪	ハーフスプリング長手方向	スクリュー／ハーフスプリング長手方向	ハーフスプリング長手方向	ハーフスプリング長手方向
ブレーキ装置：				
製造メーカー	エアハート	フォード-ベンディックス	フォード-ベンディックス	パナール
方式	機械式	油圧式	油圧式	機械サーボ式
種類	バンドブレーキ型	インターナルブロック型	インターナルブロック型	ディスク型
フットブレーキの動作対象	駆動装置	5輪	4輪	4輪
ハンドブレーキの動作対象	後輪	駆動装置	後輪	4輪
車輪の種類	スチール鋳造スポーク	スチールプレートディスク	スチールプレートディスク	スチールプレートディスク
タイヤ寸法：前輪／後輪	930×140/1220×160	9.00-16	7.50-17	42×9
車輪距離：前輪／後輪(mm)	1600	1742	1420/1450	1737/1737
軸距(mm)	3900	2500+	3100	3120
地上間隙(mm)	320	430		260
車長×車幅×車高(mm)	5300×2000×2900	4750×2080×2160		5140×2010×2330
戦闘重量(kg)	7750	5800（6600まで可能）		8300
乗員数	7	5		4
燃費(l／100km)		30		路上=33 路外=90
燃料貯蔵量(l)	175+15=190	100		125
最大装甲厚(mm)	9	12		20
兵装	6cmカノン砲	2および3.7cm+機関銃3挺		2.5cmカノン砲+機関銃1挺
備考	オランダ軍の最初の装甲車			

装甲化装輪車両

製造国	イタリア
製造メーカー	SPAアンサルド
型式	AB41
製造年	1940－44年
出典	フィアット社資料
エンジン製造メーカー／型式	SPAAbm1
気筒数、配置形式	6／直列
ボア／ストローク(mm)	96×115
排気量(ccm)	4995
圧縮比	5.5
回転数：定格／最大	2500/3000
最大出力(PS)	88
バルブ配置方式	オーバーヘッド式
クランクシャフト軸受け	7×ジャーナル軸受け
キャブレター／燃料噴射ポンプ	1ツェニト42TTVP
点火順序	1-5-3-6-2-4
始動機(スターター)	マレリA20-12-2PS
発電機(点灯用)	フィアット300/12Var.5
蓄電池：数／ボルト／Ah (容量)	4/12/105
燃料供給方式	ポンプAutoflux2000
冷却方式	油冷却
メインクラッチ	シングルディスク、乾式
変速機(トランスミッション)	スライディングギア減速
ギアシフト段数	6/4
駆動輪型式	4×4
駆動軸最終減速比：	
最大速度(km/h)	78
航続距離(km)	400
前部シャフト	独立懸架ホイール
ステアリング方式	ウォーム式(ダブルステアリング)
最少旋回半径(m)	5.5
懸架装置：前輪／後輪	スクリュースプリング
ブレーキ装置：	
製造メーカー	フィアット/SPA
方式	油圧式
種類	インターナルブロック型
フットブレーキの動作対象	4輪
ハンドブレーキの動作対象	後輪
車輪の種類	スチール鋳造スポーク
タイヤ寸法：前輪／後輪	9.00-24または24×9.75
車輪距離：前輪／後輪(mm)	1630
軸距(mm)	3200
地上間隙(mm)	35
車長×車幅×車高(mm)	5200×1920×2480
戦闘重量(kg)	7500
乗員数	4
燃費(l/100km)	37
燃料貯蔵量(l)	118
最大装甲厚(mm)	9
兵装	2cmカノン砲1門＋機関銃2挺
備考	

装甲化全装軌式車両

製造国	フランス	フランス	フランス	フランス
製造メーカー	ルノー	ロレーヌ	ルノー	ルノー
型式	UE	37L	FT17	35R（ZM）
製造年	1931-38年	1937-40年	1916-18年	1934－39年
出典	1941年11月18日 制定マニュアルD658/25	1942年8月1日 制定マニュアルD658/41	1941年10月15日 制定マニュアルD658/30	1941年3月31日 制定マニュアルD658/15
エンジン製造メーカー／型式	ルノー	ドライエ135（103TT）	ルノー	ルノー447
気筒数、配置形式	4／直列	6／直列	4／直列	4／直列
ボア／ストローク(mm)	75×120	84×107	95×160	120×130
排気量(ccm)	2120	3556	4500	5878
圧縮比	5.8	6	4.5	5.3
回転数：定格／最大	2400/2800	2800	1500	2200
最大出力(PS)	38	700	39	82
バルブ配置方式	直立式	オーバーヘッド式	直立式	オーバーヘッド式
クランクシャフト軸受け	2×ジャーナル軸受け	4×ジャーナル軸受け	3×ジャーナル軸受け	3×ジャーナル軸受けル
キャブレター／燃料噴射ポンプ	1ゾーレックス36UDD	1ゾーレックス40RFNV	1ツェニト	1ツェニト42UDD
点火順序	1-3-4-2	1-5-3-6-2-4	1-3-4-2	1-3-4-2
始動機（スターター）	12V初期は6V	N388	手動	ベンディックス12S28B
発電機（点灯用）	12W	デュセリエW311,12V	-	ルノー12D56,240
蓄電池：数／ボルト／Ah（容量）	2/6/90	1/12/50	-	2/12/77
燃料供給方式	ポンプモデルH	ポンプSEV	ポンプ	ポンプSEVタイプ34
冷却方式	油冷却	油冷却	油冷却	油冷却
メインクラッチ	シングルディスク、乾式	シングルディスク、乾式	インターコーンプーリ	ダブルディスク、乾式
変速機（トランスミッション）	スライディングギア減速	スライディングギア減速	スライディングギア減速	スライディングギア減速
ギアシフト段数	3/1×2	5/1	4/1	4/1
駆動輪	フロントドライブ	フロントドライブ	リアドライブ	フロントドライブ
最終減速比：	2	2.5	22.2（4段シフト）	5.01
最大速度(km/h)	33.6	35	7.78	20.5
航続距離(km)	道路=125/路外=60	135	道路=60/路外=35	道路=138/路外=80
ステアリング方式	クレトラック式	クレトラック式	クラッチ式	クレトラック式
最少旋回半径(m)	12.0			8.5
懸架装置：前輪／後輪	リーフスプリング	リーフスプリング長手方向	リーフおよびスクリュースプリング	ゴムブロックスプリング
ブレーキ装置：				
方式	機械式	機械式	機械式	機械式
種類	バンドブレーキ型	バンドブレーキ型	エクスターナルバンド型	バンドブレーキ型
フットブレーキの動作対象	駆動輪	駆動輪	―	駆動輪
ハンドブレーキの動作対象	駆動輪	シャフト	駆動輪	駆動輪
走行装置の種類	走行輪と補助輪	走行輪と補助輪	走行輪と補助輪	走行輪と補助輪
車輪距離：前輪／後輪(mm)	1540	1330	1400	1560
履帯接地長(mm)	1450	2720	3200	2400
履帯幅(mm)	スチール178/ゴム230	220	340	260
履帯あたりの履帯ブロック数	132	110	―	123
地上間隙(mm)	270	300	500	320
車長×車幅×車高(mm)	2940×1750×1240	4200×1570×1215	4100×1750×2300	4020×1850×2100
接地圧(kg/cm²)	0.6	0.5	0.58	0.86
総重量(kg)	3300	6030	6500（MG搭載時） 6700（カノン砲搭載時）	9800
積載重量(kg)	400	810	700	800
乗員数	2	2	2	2
燃費(l/100km)	路上=45/路外=95	67		路上=122路外=214
燃料貯蔵量(l)	56	51+34/5+27=112.5	85	168（2燃料タンク）
最大装甲厚(mm)	9	12	16	45
兵装			機関銃1挺または3.7cmカノン砲1門	3.7cmカノン砲1門+機関銃1挺
備考	改修型多数	改修型多数		改修型多数

装甲化全装軌式車両

製造国	フランス	フランス	フランス	フランス
製造メーカー	オチキス	FCM	ソミュア	ルノー
型式	38H（モデルH、Dシリーズ）	FCM36	35S（AC4）	B1bis/B2
製造年	1935-39年	1935-36年	1935-36年	1938-40年
出典	1940年12月20日 制定マニュアルD658/1	1941年1月2日 制定マニュアルD50/12	1940年11月9日 制定マニュアルD658/5	1941年6月10日 制定マニュアルD658/20
エンジン製造メーカー／型式	オチキス6L6	ベルリエMDP	ソミュア	ルノー307
気筒数、配置形式	6／直列	4／直列	8／V型60度	6／直列
ボア／ストローク(mm)	105×115	130×160	120×140	140×180
排気量(ccm)	5976	8490	12700	16500
圧縮比	6	152	5	5.25
回転数：定格／最大	2800	1550	2000/2300	1900
最大出力(PS)	120	91	190	300
バルブ配置方式	オーバーヘッド式	オーバーヘッド式	オーバーヘッド式	オーバーヘッド式
クランクシャフト軸受け	7×ジャーナル軸受け	3×ジャーナル軸受け	5×ジャーナル軸受け	7×ジャーナル軸受け
キャブレター／燃料噴射ポンプ	1ゾーレックス46ZINP	1ボッシュPE4	2ゾーレックス56RTNV	2ツェニト70AR172
点火順序	1-5-3-6-2-4	1-3-4-2	1-8-2-7-4-5-3-6	1-5-3-6-2-4
始動機（スターター）	シンチラ12V	パリ-ローヌ24V	パリ-ローヌ24V,6PS	シンチラ24V
発電機（点灯用）	シンチラ12V	パリ-ローヌ	パリ-ローヌ24V	シンチラ24V,850W
蓄電池：数／ボルト／Ah（容量）	1/12	2/12	2/12/112	2/12/103
燃料供給方式	ポンプ	ポンプ	ポンプ	ポンプAM N00
冷却方式	油冷却	油冷却	油冷却	油冷却
メインクラッチ	シングルディスク、乾式	マルチディスク、乾式	マルチディスク、乾式	マルチディスク、乾式
変速機（トランスミッション）	スライディングギア減速	スライディングギア減速	スライディングギア減速	スライディングギア減速
ギアシフト段数	5/1	5/1×2	5/1	5/1
駆動輪	フロントドライブ	リアドライブ	リアドライブ	リアドライブ
最終減速比				
最大速度(km/h)	路上=36.5／路外=16	23	路上=45／路外=37	25
航続距離(km)	路上=150／路外=90	路上=230／路外=140	路上=260／路外=128	路上=140／路外=100
ステアリング方式	クレトラック式	クラッチ式	スーパーポジション式	スーパーポジション式
最少旋回半径(m)	8.25	6.5	3.0	1.20
懸架装置：前輪／後輪	スクリュースプリング	スクリュースプリング	リーフおよびスクリュースプリング	スクリュー／リーフスプリング
ブレーキ装置：				
方式	機械式	機械式	機械式	機械式、低圧式
種類	シューブレーキ型	バンドブレーキ型	シューブレーキ型	シューブレーキ型
フットブレーキの動作対象	駆動輪	駆動輪	ステアリングギア	駆動輪
ハンドブレーキの動作対象	駆動輪	駆動輪	駆動輪	駆動輪
走行装置の種類	走行輪と補助輪	走行輪と補助輪	走行輪と補助輪	走行輪と補助輪
車輪距離：前輪／後輪(mm)	1530	1540	1700	1920
履帯接地長(mm)	2530	2650	3500	5230
履帯幅(mm)	260	320	360	500
履帯あたりの履帯ブロック数	107	137	144,Fzg.51から103	63
地上間隙(mm)	370	360	420	480
車長×車幅×車高(mm)	4220×1850×2140	4465×2140×2205	5380×2120×2624	6370×2500×2790
接地圧(kg/cm²)	0.9	0.75	0.75	0.85
総重量(kg)	12000	12800	19500	32000
積載重量(kg)	800	580	1000	
乗員数	2	2	3	4
燃費(l/100km)	路上=138／路外=230	路上=90／路外=150	170	路上=283／路外=410
燃料貯蔵量(l)	187+20=207	260	310+100=410	200+100+100=400
最大装甲厚(mm)	45	40	55	60
兵装	3.7cmカノン砲1門+機関銃1挺	3.7cmカノン砲1門+機関銃1挺	4.7cmカノン砲1門+機関銃1挺	7.5cmカノン砲1門 +4.7cmカノン砲1門+機関銃2挺
備考	改修型多数	改修型多数		

装甲化全装軌式車両

製造国	フランス	イギリス	イギリス	イギリス
製造メーカー	ルノー	ヴィッカース-アームストロング	ヴルカン	ヴォクスホール
型式	AMR（ZT）	マークVIc	マークII（マチルダII）	マークIII（チャーチル）
製造年	1935-36年	1938-39年	1939-40年	1941-44年
出典	1941年1月2日制定マニュアルD50/12	1941年3月20日制定マニュアルD50/12	1941年ハンドブック	1942年7月制定マニュアルTS182
エンジン製造メーカー／型式	ルノー	メドゥー	AEC A183/184 2基	ベッドフォードツイン-シックス
気筒数、配置形式	4／直列	6／直列	6／直列	12／対抗（ボクサー）式
ボア／ストローク(mm)	120×130	88×120	105×130	127×139.6
排気量(ccm)	5881	4500	6750	21100
圧縮比	5.8	6	16	5.5
回転数：定格／最大	2200	2800	2000	2200
最大出力(PS)	82	88	87（1基エンジン当たり）	350
バルブ配置方式	オーバーヘッド式	直立式	オーバーヘッド式	オーバーヘッド式
クランクシャフト軸受け	3×ジャーナル軸受け	7×ジャーナル軸受け	7×ジャーナル軸受け	7×ジャーナル軸受け
キャブレター／燃料噴射ポンプ	1ツェニト42UDD	1ゾーレックス	1CAV BPE6	4ゾーレックス46FNHE
点火順序	1-3-4-2	1-5-3-6-2-4	1-5-3-6-2-4	1-6-9-12-5-4-11-8-3-2-7
始動機（スターター）	ルノー12S28B	CAVボッシュ12V	CAVBS5 24V	CAV12V
発電機（点灯用）	ルノー12D51	CAVボッシュ12V	CAVMO2	CAV12V
蓄電池：数／ボルト／Ah（容量）	2/12/77	1/12	4/6/130	2/6/150
燃料供給方式	ポンプSEV	ポンプ	ポンプ	ポンプ
冷却方式	油冷却	油冷却	油冷却	油冷却
メインクラッチ	シングルディスク、乾式	ダブルディスク、乾式	油圧式	シングルディスク、乾式
変速機（トランスミッション）	スライディングギア減速	スライディングギア減速	ウィルソン-プレセレクターギア減速	スライディングギア減速
ギアシフト段数	4/1	5/1	6/1	4,後期は5/1
駆動輪	フロントドライブ	フロントドライブ	リアドライブ	フロントドライブ
最終減速比	4.1		4.86	
最大速度(km/h)	路上=55／路外=35	42	23	26
航続距離(km)	路上=200／路外=95	210	路上=145／路外=90	路上=260／路外=155
ステアリング方式	クレトラック式	クラッチ式	クラッチ式	スパーポジション式
最少旋回半径(m)	8.8	6.0	4.2	7.8
懸架装置：前輪／後輪	ゴムシリンダー	ダブルスクリュースプリング	スクリュースプリング	スクリュースプリング
ブレーキ装置：				
方式	油圧式	機械式	機械式	油圧式
種類	バンドブレーキ型	バンドブレーキ型	バンドブレーキ型	シューブレーキ型
フットブレーキの動作対象	駆動装置	駆動輪	駆動輪	駆動輪
ハンドブレーキの動作対象	駆動輪	駆動輪	駆動輪	駆動輪
走行装置の種類	走行輪と補助輪	走行輪と補助輪	走行輪と補助輪	走行輪と補助輪
車輪距離：前輪／後輪(mm)	1410	1730	2080	2200
履帯接地長(mm)	1810	2180	3320	3800
履帯幅(mm)	190	225	350	560
履帯あたりの履帯ブロック数	155	158	69	
地上間隙(mm)	320	310	500	510
車長×車幅×車高(mm)	4250×1750×1800	3890×2050×2030	6000×2555×2500	7450×2800×2500
接地圧(kg/c㎡)	0.83	0.53	1.12	0.9
戦闘重量(kg)	7130	5250	26000	38000
積載重量(kg)		1300	1000	
乗員数	2	3	4	5
燃費(l/100km)	路上=65／路外=90	53.7(RAB)		
燃料貯蔵量(l)	130	110	190	720
最大装甲厚(mm)	13	15	80	88
兵装	2.cmカノン砲1門+機関銃1挺	1.5cmカノン砲1門+機関銃1挺	4cmカノン砲1門+機関銃1挺	5.7cmカノン砲1門+機関銃3挺
備考				

装甲化全装軌式車両

製造国	イギリス	ソ連	ソ連	ソ連
製造メーカー	レイランド	キーロフスキー工場ほか	キーロフスキー工場ほか	スターリネツほか
型式	マークⅡ-Ⅲ（クロムウェル）	KW-Ⅰ	KW-Ⅱ	T34/85
製造年	1943-44年	1939-42年	1940-142年	1943-45年
出典	1943年ハンドブック	1943年9月1日 制定マニュアルD658/75	1943年9月1日 制定マニュアルD658/75	その他資料
エンジン製造メーカー／型式	ロールスロイスメテオールⅠ	ディーゼルW2K	ディーゼルW2K	ディーゼルW2 34
気筒数、配置形式	12／V型60度	12／V型60度	12／V型60度	12／V型60度
ボア／ストローク(mm)	137.16×152.4	右150×186.7左180	右150×186.7左180	右150×186.7左180
排気量(ccm)	27000	38880	38880	38880
圧縮比	6	17.8	17.8	15
回転数：定格／最大	2550	2050	2050	2050
最大出力(PS)	600	550	550	550
バルブ配置方式	オーバーヘッド式	オーバーヘッド式	オーバーヘッド式	オーバーヘッド式
クランクシャフト軸受け	7×ジャーナル軸受け	8×ジャーナル軸受け	8×ジャーナル軸受け	8×ジャーナル軸受け
キャブレター／燃料噴射ポンプ	2 56-DC	1ポンプNK1	1ポンプNK1	1ポンプNK1
点火順序	1-12-5-8-3-10-6-7-2-11-4-9	同左	同左	同左
始動機（スターター）	ロータックス12V	電気または圧縮空気式	電気または圧縮空気式	電気または圧縮空気式
発電機（点灯用）	DW7	12V	12V	12V
蓄電池：数／ボルト／Ah（容量）	2/6/150	4/12/100	4/12/100	4/12/100
燃料供給方式	ポンプ	ポンプBNK6	ポンプBNK6	ポンプBNK6
冷却方式	油冷却	油冷却	油冷却	油冷却
メインクラッチ	ダブルディスク、乾式	マルチディスク、乾式	マルチディスク、乾式	マルチディスク、乾式
変速機（トランスミッション）	スライディングギア減速	スライディングギア減速	スライディングスギア減速	スライディングギア減速
ギアシフト段数	5/1	5/1	5/1	4または5/1
駆動輪	フロントドライブ	フロントドライブ	フロントドライブ	フロントドライブ
最終減速比：	3.71			
最大速度(km/h)	64	路上=35／路外=17	路上=35／路外=15	55
航続距離(km)	155	路上=335／路外=200	路上=220／路外=130	400（増加タンク）
ステアリング方式	スーパーポジション式	クラッチ式	クラッチ式	クラッチ式
最少旋回半径(m)	8.0	9.5	9.5	7.7
懸架装置：前輪／後輪	スクリュースプリング	トーションバー,クォーター	トーションバー,クォーター	スクリュースプリング
ブレーキ装置：				
方式	油圧式	機械式	機械式	機械式
種類	シューブレーキ型	バンドブレーキ型	バンドブレーキ型	バンドブレーキ型
フットブレーキの動作対象	駆動輪	駆動輪	駆動輪	駆動輪
ハンドブレーキの動作対象	駆動輪	駆動輪	駆動輪	駆動輪
走行装置の種類	走行輪（クリスティー）	走行輪と補助輪	走行輪と補助輪	走行輪（クリスティー）
車輪距離：前輪／後輪(mm)	2483	2630	2630	2450
履帯接地長(mm)	3750	4410	4410	3850
履帯幅(mm)	355および400	700	700	560
履帯当たりの履帯ブロック数		88	88	
地上間隙(mm)	410	520	520	370
車長×車幅×車高(mm)	6800×2900×2470	6800×3350×2750	6800×3350×3280	8100×3100×2750
接地圧(kg/cm²)	1.0	0.76	0.84	0.83
野戦重量(kg)	27000	43500	52000	32000
積載重量(kg)				1500
乗員数	5	4-5	6	5
燃費(l/100km)	440	路上=195／路外=320	路上=285／路外=490	180まで
燃料貯蔵量(l)	680	235+235+135=650	610	550（増加料タンクで810）
最大装甲厚(mm)	65	75	75	75
兵装	5.7cmカノン砲1門＋機関銃2挺	7.62cmカノン砲1門＋機関銃2-3挺	15.2cm野砲1門＋機関銃2-3挺	8.5cmカノン砲1門＋機関銃1挺
備考				

装甲化全装軌式車両

製造国	USA	USA
製造メーカー	フォードその他	キャデラック
型式	M4A3E8-HVSS	M24(T24)
製造年	1944-45年	1944-46年
出典	その他資料	マニュアルTM9-729その他
エンジン製造メーカー／型式	フォードGAA	キャデラック44 T24-2基
気筒数、配置形式	8／V型60度	8／V型90度
ボア／ストローク(mm)	137.16×152.4	88.9×114.3
排気量(ccm)	18000	7670
圧縮比	7.5	7.06
回転数：定格／最大	2800	3400
最大出力(PS)	420	110（1基エンジン当たり）
バルブ配置方式	オーバーヘッド式	オーバーヘッド式
クランクシャフト軸受け	5×ジャーナル軸受け	5×ジャーナル軸受け
キャブレター／燃料噴射ポンプ	2ベンディックスNA-Y5G	2WCD　ダブル
点火順序	5-2-7-1-8-3-6-4	1-8-7-3-6-5-4-2
始動機（スターター）	デルコ・レミー50A/30V	デルコ・レミー1108568,24V
発電機（点灯用）	オートライト50A/30V	デルコ・レミー1117309
蓄電池：数／ボルト／Ah（容量）	4/12	2/12/118
燃料供給方式	ポンプ	ポンプ
冷却方式	油冷却	油冷却
メインクラッチ	マルチディスク、乾式	油圧式
変速機（トランスミッション）	スライディングギア減速、シンクロ式	油圧式変速機(2基)
ギアシフト段数	5/1	4/1
駆動輪	フロントドライブ	フロントドライブ
最終減速比：	2.84	2.55
最大速度(km/h)	48.3	55
航続距離(km)	193	160
ステアリング方式	クレトラック式	スーパーポジション式
最少旋回半径(m)	11.3	14.0
懸架装置：前輪／後輪	コーンスプリング,水平式	リーフスプリング,クォーター
ブレーキ装置：		
方式	機械式	機械式
種類	シューブレーキ型	シューブレーキ型
フットブレーキの動作対象	－	駆動輪
ハンドブレーキの動作対象	駆動輪	駆動輪
走行装置の種類	走行輪と補助輪	走行輪と補助輪
車輪距離：前輪／後輪(mm)	2260	2438
履帯接地長(mm)	3850	3120
履帯幅(mm)	585	406
履帯当たりの履帯ブロック数	79	
地上間隙(mm)	395	450
車長×車幅×車高(mm)	5860×2940×2960	5486×2950×2770
接地圧(kg/cm²)	0.95	0.78
野戦重量(kg)	33800	18300
積載重量(kg)	1000	150
乗員数	5	5
燃費(l／100km)	395	275
燃料貯蔵量(l)	637	416
最大装甲厚(mm)	65	25
兵装	7.6cmカノン砲1門＋機関銃2挺	7.5cmカノン砲1門＋機関銃2挺
備考	シャーマン	チャーフィー

参考文献
Literaturnachweis

ミヒェル・アウブリー：私文書
アルフレート・ベッカー：私文書
ヴィリ・A・ベールケ：「第二次大戦におけるドイツ軍の装備」
アイクス・クロウー：「エンサイクロペディア・オブ・タンクス」
1941年3月20日制定マニュアルD50/12「外国製機材識別シート」
ヒラリー・L・ドイル：私文書
ドイル、チェンバレン、イェンツ：「エンサイクロペディア・オブ・ジャーマンタンクス」
エリック・エッカーマン：「将来性のある既存技術」
ハッソー・エルプ：「シュヴィムヴァーゲン」
ハインツ・グデーリアン：「ある兵士の追憶」
エアハート・ハーク：「ドイツ整備部隊の歴史」
R・P・ハニカット：「シャーマン」
ロバート・J・アイクス：「1916年以降の戦車」
ヤヌス・マグヌスキー：「荷馬車の戦士」
リチャード・M・オゴルキーヴィッツ：「戦闘車両の設計と開発」
リチャード・M・オゴルキーヴィッツ：「装甲」
フィオーレ・ファレッシ・パヴィ：「イタリアの戦艦1935−1945」
ヴァルター・J・シュピールベルガー：「ドイツ陸軍の半軌道車両」
ヴァルター・J・シュピールベルガー：「ドイツ陸軍の装輪−全軌道車両」
ヴァルター・J・シュピールベルガー：「ゲパルト対空戦車への道」
ピエール・トゥザン：「フランスの装甲車両1900−1944」
バルト・H・ファンダーフェン：「ハーフトラック」
バルト・H・ファンダーフェン：「軍用車両(1940年まで)」
バルト・H・ファンダーフェン：「戦闘車両(第二次世界大戦)」
アレクサンダー・ヴェアト：「戦時のロシア　1941−1945」

写真出典
Fotoquellen

アウブリー (60)、ベッカー (162)、ドイツ公文書館／軍事資料館(29)、ビューラー (2)、ドイル(55)、ガショット(1)、ゲーリー (22)、イケン(14)、コーザー (1)、クグラー (2)、レーゲンベルク博士(4)、シュピールベルガー (214)、ファンデーフェン(4)、フィルマー (1)、ヴェグマン(2)、ヴィーナー (1)

一部の写真画質については残念ながら良くないが、それは資料が古いことによるものである。

ヒラリー・L・ドイルとD.P.ダイアーの図面は、オリジナルはスケール1:24であるが、それを1:35に縮小してある。

【訳者紹介】

高橋 慶史（たかはし よしふみ）

1956年、岩手県盛岡市生まれ。慶応義塾大学電気工学部卒業後、ベルリン工科大学エネルギー工学科へ留学。帰国後の1981年から電力会社勤務。オール電化住宅の普及と営業に勤しむ傍ら、第二次大戦を中心としたドイツ・ミリタリー史を研究。著書に『ラスト・オブ・カンプフグルッペ（正・続）』、訳書に『軽駆逐戦車』、『パンター戦車』、『突撃砲（上・下）』、『ケーニッヒス・ティーガー重戦車1942－1945』、『ヘルマン・ゲーリング戦車師団史（上・下）』などがある（いずれも大日本絵画刊）。現在、『武装SS師団全史（仮題）』第Ⅰ～Ⅶ巻を執筆中で、2008年より順次出版予定。

訳者近影

Beute-Kraftfahrzeuge und-Panzer der deutschen Wehrmacht
捕獲戦車

発行日	2008年8月15日　初版第1刷
著　者	ヴァルター・J・シュピールベルガー
訳　者	高橋 慶史
発行人	小川 光二
発行所	株式会社 大日本絵画 〒101-0054東京都千代田区神田錦町1丁目7番地 Tel. 03-3294-7861（代表）　Fax.03-3294-7865 URL. http://www.kaiga.co.jp
企画・編集	株式会社 アートボックス 〒101-0054東京都千代田区神田錦町1丁目7番地 錦町1丁目ビル4F Tel. 03-6820-7000（代表）　Fax. 03-5281-8467 URL. http://www.modelkasten.com
監　修	小川 篤彦
装　丁	大村 麻紀子
DTP処理	小野寺 徹
印　刷	大日本印刷株式会社
製　本	株式会社ブロケード

ISBN 978-4-499-22965-4